高｜等｜学｜校｜教｜材

实验化学
原理与方法

第三版

刘洪来　王燕　熊焰　主编

俞晔　王月荣　孙慧萍　吴海霞　参编

U0228566

化学工业出版社

·北京·

《实验化学原理与方法》(第三版)将传统的无机化学、分析化学、有机化学、物理化学基础实验课的教学要求和实验原理归纳为：绪论；测量误差和实验数据处理；基本物理量的测量原理与技术；气液平衡数据的测定；化合物合成、分离原理与技术；常见离子和官能团的定性分离与鉴定；物质组成分析——化学分析法；物质组成分析——仪器分析；特殊实验技术 9 章内容，构建成"实验化学"课程的框架，作为穿插在课程不同阶段进行讲授的内容，以提高学生的化学实验理论思维水平，力求使学生能够系统地掌握化学实验方法与技术的共性，提高实验教学的质量。

《实验化学原理与方法》(第三版)可作为高等院校化学、化工类及相关专业的基础化学实验课教材，也可供从事化学研究的科技人员参考。

图书在版编目 (CIP) 数据

实验化学原理与方法/刘洪来，王燕，熊焰主编. —3 版.
北京：化学工业出版社，2017.9（2021.9 重印）
高等学校教材
ISBN 978-7-122-30262-5

Ⅰ.①实… Ⅱ.①刘…②王…③熊… Ⅲ.①化学实验-
高等学校-教材 Ⅳ.①O6-3

中国版本图书馆 CIP 数据核字（2017）第 173120 号

责任编辑：宋林青 李 琰　　　　　　　　　　装帧设计：关 飞
责任校对：王素芹

出版发行：化学工业出版社（北京市东城区青年湖南街 13 号　邮政编码 100011）
印　　刷：北京京华铭诚工贸有限公司
装　　订：三河市振勇印装有限公司
787mm×1092mm　1/16　印张 19　字数 477 千字　2021 年 9 月北京第 3 版第 4 次印刷

购书咨询：010-64518888　　　　　　　售后服务：010-64518899
网　　址：http://www.cip.com.cn
凡购买本书，如有缺损质量问题，本社销售中心负责调换。

定　　价：35.00 元　　　　　　　　　　　　　　版权所有　违者必究

前 言

本书是面向 21 世纪工科化学系列课程改革与实践课题组所组建的《实验化学》教材——《实验化学原理与方法》、《实验化学（Ⅰ）》和《实验化学（Ⅱ）》中的一册。在第一版和第二版的基础上，配合《实验化学（Ⅰ）》和《实验化学（Ⅱ）》的第三版进行了修订。

本书系统讲述了基础无机、分析、有机、物化与生化等各类化学实验的基本原理和共性方法，有利于学生提高实验课的理论思维，理解实验原理与方法的框架与脉络。

本次修订主要从以下几个方面进行：

1. 结合实验室安全教育，单列一章进行实验室安全知识的系统讲述。从实验室 EHS 管理的角度，全面提升学生的安全意识；

2. 完善基本物理量的测定方法与技术章节，结合测定技术的发展，及时更新常用的测定仪器及测定方法，如增加热性质测量与材料表征等内容；

3. 增加气液平衡数据的测定章节；

4. 以实验原理和方法为主线，系统梳理化合物制备、物质分离与提纯、物质组成与结构分析等章节，实现内容的整体优化组合。

总之，本次修订在保持第一版和第二版风格的基础上，本着贴近实际教学、跟踪技术发展的原则，强化化学原理、实验方法和实验技术，提高学生的实验综合素质。

本书第 1～3 章由熊焰修订，第 4 章由刘洪来修订，第 5、6 章由俞晔和孙慧萍修订，第 7 章由王燕修订，第 8 章由王月荣修订，第 9 章由吴海霞修订，全书由刘洪来和王燕统稿。

本书第三版得以顺利完成，离不开第一版和第二版编写人员的辛勤工作，在此谨向参加第一版和第二版编写的所有人员表示深深的谢意。感谢华东理工大学教务处的大力支持，同时也对关心本书的专家、同行和读者表示衷心的感谢。

由于编者水平有限，不妥和疏漏之处在所难免，恳请有关专家和读者对本书提出宝贵意见和建议，并致诚挚谢忱。

编　者
2017 年 5 月于华东理工大学

第一版前言

值此世纪之交，化学教育工作者都在考虑应该把怎样的大学化学带入 21 世纪。我校开展了"面向 21 世纪工科化学系列课程改革与实践"的工作，其中组建《实验化学》课程是该系列改革的一个重要组成部分。

鉴于过去无机、分析、有机、物化四门实验分别独立设课的一些缺陷，经过反复研讨，考虑到 21 世纪我国高校在人才培养上，应该强调学科的综合、知识与能力的综合，必须在整体上对学生进行比较系统、完整的化学实验知识与多方位能力的综合培养，因此有必要对工科院校的几门化学实验课程通盘考虑，进行整体优化组合，提高基础实验的教学质量与层次，以满足新世纪对工程技术人才培养的需求。因此组建一门《实验化学》课，是较为理想的途径之一。

由于生物化学的重要性日益被人们重视，因此在组建《实验化学》新课程时，除了包括传统的四门化学实验外，还增加了基础生物化学的有关内容。

实验作为独立的、探索性的实践，有它自身的原理与方法。因此，《实验化学》课除了按物质性质、化学反应、物质分离与分析、物理量测量与有关参数的测求等板块编写《实验化学（Ⅰ）》、《实验化学（Ⅱ）》教材外，为提高实验课的理论水平，使学生系统地掌握化学实验方法与技术的共性，加强实验原理与方法的教学，开设了与实验内容配套的《实验化学原理与方法》课，将本教材穿插在不同实验板块中进行讲授。

参加本书编写的有张济新、邹文樵、金韬芬、陈大勇、李梅君、肖繁花、欧伶和薛晓莺等。全书由张济新、邹文樵、陈大勇统稿。

同济大学陈秉埼教授对本书初稿提出了审阅意见和宝贵建议，同时本书初稿曾在校内印成讲义供教学改革试点班级的学生使用。本书付样前，根据陈秉埼教授的意见和建议，以及在教学中试用情况的反馈，对书稿作了修改。在此对关心本书的专家、同行和读者表示衷心的感谢。

《实验化学原理与方法》分为：测量误差与数据处理，实验室一般知识，基本物理量的测量原理与技术，物质分离原理与操作，化学合成，物质组分分析，常见离子与离子鉴定以及研究方法概述等八章。编者力求以此为框架概括基础化学实验原理与方法的共性。

在以此新框架编写教材过程中，编者深感在内容选取与安排上尚有不尽如人意之处，恳切希望读者对本书提出宝贵意见和建议，并致诚挚谢忱。

编　者
1998 年 8 月于华东理工大学

第二版前言

本书是面向 21 世纪工科化学系列课程改革新体系模式中的第一套《实验化学》教材——《实验化学原理与方法》、《实验化学（Ⅰ）》和《实验化学（Ⅱ）》中的一册。在第一版的基础上，配合《实验化学（Ⅰ）》（第二版）和《实验化学（Ⅱ）》（第二版）进行了修订。

本书在第一版的基础上，将传统的无机化学、分析化学、有机化学、物理化学基础实验课的教学要求和实验原理归纳为：测量误差和实验数据处理；基本物理量的测量原理与技术；化合物的合成、分离原理与技术；常见离子和官能团的定性分离与鉴定；物质组成分析——滴定分析；物质组成分析——仪器分析；特殊实验技术等 7 章，构建成"实验化学"课程的框架，作为穿插在课程的不同阶段进行讲授的教材，以提高学生的化学实验理论水平，力求使学生能够系统地掌握化学实验方法与技术的共性，提高实验教学的质量。

本书第二版由刘洪来教授和任玉杰教授负责修订，其中第 1、2 章由陈启斌修订，第 3、4 章由陈娅如和吴海霞修订，第 5 章由王燕修订，第 6 章由刘海燕修订，第 7 章由吴海霞和任玉杰编写，附录部分由任玉杰补充和修订，全书由刘洪来教授和任玉杰教授统稿。

本书第二版得以顺利完成，离不开第一版编写人员的辛勤工作，在此向参加第一版编写的所有人员表示深深的谢意。同时感谢虞大红教授在本书第二版编写过程中给予的建议和关注。同时也对关心本书的专家、同行和读者表示衷心的感谢。

限于编者水平，不妥和疏漏之处在所难免，恳请有关专家和读者对本书提出宝贵意见和建议，并致诚挚谢忱。

编　者
2007 年 3 月于华东理工大学

目 录

第❶章

绪　论

1.1　化学实验的重要意义

近年来，化学学科发展迅速，同时，其在发展过程中也为相关学科的发展提供了物质基础。因此，可以说化学已成为当今众多学科中的一门中心学科。

化学是一门以实验为基础的学科，许多化学理论与规律是从实验中总结出来的。随着科学技术的飞速发展，现代化学的发展已进入到理论与实践并重的阶段。化学离不开实验，化学实验的重要性主要表现在三个方面。首先，化学实验是化学理论产生的基础，化学的规律和成果是以实验成果为基础的。其次，化学实验也是检验化学理论正确与否的唯一标准。例如，在化学合成中的"分子设计"，其方案是否可行，最终将由实验来检验，并通过实验技术来完成。最后，化学学科发展的最终目的是发展生产力。据估计，在国际市场上，化学化工产品已成为仅次于电子产品的第二大类产品，而化学实验正是化学学科与生产力发展的基础。

化学学科已发生巨大变化，其中实验化学的发展日新月异，成果惊人。至 20 世纪末化合物总量已达 1100 多万种，而且化合物的合成已经达到分子设计的水平。实验测量的技术精度空前提高，空间分辨率可达 0.1nm；时间分辨率可达 10^{-15} s；测定物质的浓度只需要 10^{-10} g·L^{-1}。今天，化学家不仅研究地球重力场作用下发生的化学过程，而且已开始系统研究物质在磁场、电场和光能、力能以及声能作用下的化学反应；在高温、高压、高纯、高真空、无氧无水等条件下研究在太空失重和强辐射、高真空等情况下的化学反应过程。因此化学实验是推动化学学科乃至相关学科飞速发展的关键。

1.2　化学实验教学的目的

科学实验是培养人才的重要手段。化学实验教学有其专业的独特性，其目的和要求如下所示：

① 观察、认识和理解化学反应事实，验证理论和方法；

② 掌握化学实验的基本技能，进行科学实验工作方法的训练，培养学生独立思维和独立工作的能力；

③ 培养学生严肃的科学态度，严谨的学风和良好的实验室工作习惯。

化学实验作为高等理工科院校化工、材料、环境、生物等工程专业的主要基础课程，是培养学生动手和创新能力的重要环节。学生通过系统地学习可以逐渐熟悉化学实验的基本知识及基本操作技能，获得大量物质变化的感性认识，掌握化合物的一般制备、分离、成分分析和有关物性常数测定的方法；加深对化学基本原理和基础知识的理解和掌握，从而养成独立思考、独立准备和进行实验的实践能力；培养细致地观察和记录现象，正确地归纳、总结、处理数据和分析实验结果，以及用语言表达实验结果的能力。

1.3　化学实验课程的要求

为了实现、达到化学实验课程的教学目的，规范实验教学过程，学生应在以下环节严格要求自己。

1.3.1　实验预习

为了使实验能够获得良好的效果，实验前必须进行预习，阅读实验教材、教科书和参考资料中的相关内容。弄清实验目的和原理、仪器结构；使用方法和注意事项；药品或试剂的等级、物化性质（熔点、沸点、折射率、密度、毒性与安全等数据）。特别是对于易燃、易爆品，应做好详细的紧急预案。实验装置、实验步骤要做到心中有数，避免边做边翻书的"照方抓药"式实验。实验前认真地写出预习报告，预习报告应简明扼要，但切忌照抄书本。实验过程或步骤需简捷明了，必要时可以用框图或箭头等符号表示。

若预习不够充分，教师可以让学生停止实验，要求在了解实验内容之后再进行实验。

1.3.2　实验操作

学生进行实验时，需根据实验教材上规定的方法、步骤和试剂用量进行操作。实验操作过程中应做到以下几点：

① 认真操作，细心观察现象，并及时、如实地做好详细记录；

② 如果发现实验现象和理论不符合，应首先尊重实验事实，并认真分析和检查原因，也可以做对照试验、空白试验或自行设计的实验来核对，必要时应多次重做验证，从中得到有益的科学结论和学习科学思维的方法；

③ 实验过程中应勤于思考，仔细分析，力争自己解决问题，但遇到疑难问题而自己难以解决时，可请指导教师指点；

④ 在实验过程中应保持安静；讨论时声音要小，严格遵守实验室工作规则。

实验过程是个手脑并用的过程，要多问几个为什么。对于性质和表征实验，要搞清楚化合物的性质和相关的表征手段，这些手段基于什么理论和原理，以及表征方法的使用条件和局限性。对于综合、设计和研究性实验，重在培养创新和开拓意识以及综合应用化学理论和实践知识的能力，因此首先要明确需要解决的问题；然后根据所学的知识（必要时应当查阅文献资料）和实验室能提供的条件选定实验方法，并深入研究这些方法的原理、仪器、实验条件和影响因素，以此作为设计方案的依据；最后写成预习报告并和指导教师讨论、修改、定稿后即可实施。

1.3.3 实验报告

实验报告不仅是概括与总结实验过程的文献性资料，而且是学生以实验为工具，获取化学知识的实际过程模拟，因而其同样是实验课程的基本训练内容。实验报告从一定角度反映了一个学生的学习态度、实际水平与能力。实验报告的格式与要求，在不同的学习阶段略有不同，但基本应包括：实验名称、实验时间、实验目的、实验简明原理、实验仪器（厂家、型号、测量精度）、药品（纯度等级）、实验装置（画图表示）、实验现象与观测数据、原始数据记录表（附在报告后）、实验数据与数据处理（列出原始数据、计算公式、计算示例，做出必要的图形，如有必要实验结果还需用列表或作图形式表达）、问题回答以及进一步讨论。

处理实验数据时，宜用列表法、作图法，具有普遍意义的图形还可以回归成经验公式，得出的结果应尽可能地与文献数据进行比较。通过这种形式培养学生科学的思维模式，提高学生的文献查阅能力和文字表达能力。

对实验结果进行讨论是实验报告的重要组成部分，既可锻炼学生分析问题能力，也是报告最精彩、重要的部分，其内容可以是实验现象的分析与解释、实验结果误差的定量分析及其产生原因分析、对实验进一步研究与改进的建议等，还可以包括实验者的心得体会（是指经提炼后学术性的体会，并非感性的表达）。做好实验的关键在于实验结果的可靠程度与合理性评价，实验现象的分析和解释等，提出实验的改进意见，或提出另一种比实验更好的方案或路线等。注重培养学生思考和分析问题的习惯，尤其是培养发散性思维和收敛性思维模式，为具有真正的创新性思维打下基础。

1.4 实验注意事项

① 首先应核对仪器，对不熟悉的仪器及设备，应先仔细阅读其说明书，仪器或实验装置准备完毕需经指导教师检查合格方能开始实验。

② 特殊仪器需向实验室领取，实验完毕后及时归还。

③ 应按照实验指导书的内容和步骤进行实验操作，如有更改意见，应事先和指导教师讨论后方可实行。

④ 实验应在整洁有序的过程中完成，公用仪器及试剂不要随意变更原有位置，用毕应立即放回原处。

⑤ 实验完毕后，应将实验数据交由指导教师检查并签字。

⑥ 实验完毕后应清理实验桌，洗净并核对仪器，经指导教师同意后方能离开实验室。

1.5　实验室守则

实验室守则是人们从长期的实验室工作中归纳总结出来的，它是保持正常实验环境和工作秩序、防止意外事故、做好实验的一个重要前提，人人必须做到，必须遵守。

① 实验前一定要做好预习和实验准备工作，检查实验所需的药品、仪器是否齐全。如做规定以外的实验，应先经教师允许。

② 实验时要集中精神，认真操作，仔细观察，积极思考，如实详细地做好实验记录。

③ 实验中必须保持安静，不准大声喧哗，不得到处乱走。学生不得无故缺席，因故缺席未做的实验应该及时补做。

④ 实验台上的仪器、药品应整齐地放在指定的位置上并保持台面的清洁，每人准备一个废液杯，回收废液后倒入废液缸，切勿倒入水槽。实验中的废纸等垃圾集中倒入垃圾箱，碎玻璃、废试剂瓶等应分类回收。

⑤ 爱护国家财物，小心使用仪器和实验室设备，注意节约水、电、气等。每人应使用自己的仪器，不得动用他人的仪器。共用仪器和临时共用的仪器在用毕后应及时洗净，并立即放回原处。如有损坏，必须登记补领并且按照规定赔偿。

⑥ 按规定的量取用药品，注意节约。称取药品后，及时盖好原瓶盖。放在指定地方的药品不得擅自拿走。

⑦ 使用精密仪器时，必须严格按照操作规程进行操作，细心谨慎，避免粗枝大叶而损坏仪器。如发现仪器有故障，应立即停止使用，报告教师及时排除故障。

⑧ 剧毒药品必须有严格的管理、使用制度，领用时要登记，用完后要回收或销毁。把洒落过毒物的桌子和地面擦净，洗净双手。

⑨ 加强环境保护意识，采取积极措施，减少有毒、有害气体和废液对大气、水和周围环境的污染。

⑩ 在使用煤气、天然气时要严防泄漏，火源要与其他物品保持一定的距离，用后要关闭煤气阀门。

⑪ 实验后，应将所用仪器洗净并整齐地放回实验柜内。实验台和试剂架必须擦净，最后关好电、水和煤气开关。实验柜内仪器应存放有序，清洁整齐。

⑫ 每次实验后，由学生轮流值日，负责打扫和整理实验室，并检查水、煤气开关、门、窗是否关紧，电闸是否拉掉，以保持实验室的整洁和安全。教师检查合格后方可离去。

⑬ 如果发生意外事故，应保持镇静，不要惊慌失措；遇有烧伤、烫伤、割伤时应立即报告教师，及时救治。

1.6　实验室 EHS 制度

化学实验室中存放着部分易燃易爆、有毒性、有腐蚀性的化学药品，以及玻璃仪器、某些电器设备、煤气等具有一定危险性的设施。如果实验人员在药品存取或实验操作中稍有不当，可能会引起触电、火灾、爆炸以及其他伤害事故；此外，实验中产生的有毒有害气体、废液、废渣等可能会对实验人员甚至周边人员的身体健康以及环境造成直接或间接的影响。

EHS 是 environment（环境）、health（健康）和 safety（安全）的缩写，是强调以降低实验操作及设备对环境的影响、确保实验人员和周边人员的健康和安全为目的安全管理理念。实验室 EHS 制度要求实验人员重视实验安全工作，学习安全知识，严格遵守关于水、电、煤气和各种药品、仪器的安全使用及废弃物处理的规定，并掌握必要的救护措施。

1.6.1 常见化学药品的分类、危险特性与贮存要求

化学药品应根据其理化特性（如易燃性、挥发性、潮解性、反应活性等）、毒性、环境危害性等性质进行合理地分类存放。实验室中的化学药品按照危险特性和保存条件一般可分为以下几类。

（1）易燃易爆的液体药品

易燃易爆的液体药品包括闪点低于 60℃ 的液体和易产生过氧化物的液体。闪点（flash-point，FP）定义为液体在规定结构的容器中受热挥发出可燃气体与液面附近的空气混合，达到一定浓度可被火星点燃时的温度。闪点低于 60℃ 的液体在一定的蒸气压下，遇到明火或者电器插座、真空泵、静电、手机等产生的火花均可能发生燃烧，因此存放时应置于具有通风装置的金属防火柜中，禁止存放于冷藏室或非防爆冰箱中，同时禁止与氧化剂或无机酸共同存放。这一类药品包括醇类、醚类、丙酮、乙醛、乙腈、乙酸戊酯、苯、环己烷、二甲基二氯硅烷、二氧六环、乙酸乙酯、四氢呋喃、甲苯等常见有机试剂。值得注意的是，醚类（如乙醚、异丙基醚）、四氢呋喃、乙醛等有机物暴露在空气中时会在 α 位上形成过氧化物，具有高度易燃性。当遇明火、强光、强氧化剂、强还原剂、高温，甚至振动或摩擦时都可能会引起爆炸；当过氧化物浓度过高（特别是蒸发浓缩）时爆炸的风险增大。因此，这类药品在保存时除了需遵守上面的规则外，还必须记录接收药品和开启瓶盖的时间，定期检查其中过氧化物含量，贮存超过 12 个月弃用。

（2）具有毒性的液体药品

这类药品进入肌体后，累积达一定的量，能与体液和器官组织发生生物化学作用或生物物理学作用，扰乱或破坏肌体的正常生理功能，引起某些器官和系统暂时性或持久性的病理改变，甚至危及生命。因此，存放和使用时应避免药品蒸气的吸入和皮肤接触。这类药品保存时可与易燃品共同存放于具有通风装置的防火柜中，也可以存放在封闭的普通药品柜中，但超过 1L 的大剂量的药品容器的存放位置应低于实验台面，并且卤代类有机物应与碱性药品分开保存。这类药品主要包括四氯化碳、氯仿、硫酸二甲酯、氟烷、巯基乙醇、二氯甲烷、苯酚等易挥发性药品，此外还包括丙烯酰胺溶液、溴化乙锭、三乙醇胺等挥发性小的药品。

（3）酸类化学药品

酸类化学药品包括无机酸（如盐酸、磷酸、硫酸、硝酸等）和有机酸（如甲酸、冰醋酸、丙酸、丁酸、巯基丙酸、三氟乙酸等）。这类药品具有强腐蚀性，如不慎接触皮肤、眼睛会有强刺激性，甚至造成严重的灼烧，此外有机酸还具有一定的可燃性（闪点 38～60℃）。酸类药品中很多具有挥发性（如盐酸、氢氟酸、硝酸、发烟硫酸、冰醋酸等），在空气中易产生酸雾，会腐蚀药品标签、金属药品柜等，因此酸类药品应保存在具有通风装置的药品柜中，并注意远离碱性药品。其中，强氧化性酸（如硫酸、硝酸、高氯酸、铬酸等）具有高反应活性和强腐蚀性，相互间甚至会发生反应，因此存放时还应用塑料容器将彼此隔

开，并应与有机酸分开存放。另外，该类药品的存放位置应低于视平线。

（4）无机碱液

无机碱液包括氨水以及氢氧化钠、氢氧化钾、氢氧化钙等无机碱的水溶液。这类药品对皮肤、眼睛都具有腐蚀性，保存时可放于独立的药品柜中，也可与可燃物共同存放，但应与卤代类有机物分开存放。另外，该类药品的存放位置应低于视平线。

（5）氧化性液体药品（不包括氧化性酸）

氧化性液体药品如过硫酸铵溶液、双氧水（浓度≥30％）等。该类药品会产生氧气，如遇明火会加剧燃烧并不易扑灭，另外该类药品氧化性强，能与许多物质发生反应，具有一定的腐蚀性，并有潜在的引发爆炸的风险。这类药品应与其他类药品分开存放，远离易燃物，并严禁直接放置于木制品或纸制品上。

（6）易自燃或遇湿易燃的化学药品

易自燃或遇湿易燃的化学药品包括：自燃点低，在湿空气中易发生氧化反应，放出热量，而自行燃烧的化学药品（如白磷）；与湿空气中的水分发生剧烈的放热反应甚至生成可燃性气体从而引起燃烧爆炸的化学药品，如活泼金属（锂、钠、钾、钙等）、金属氢化物（硼氢化钠、氢化钙、四氢锂铝等）、硼烷类（硼烷、乙硼烷、二氯硼烷等）、二乙基氯化铝、三甲基铝、无水氯化铝、三溴化铝、电石、乙酰氯、氯磺酸、氧化钙、酸酐等。该类药品在保存时应进行双层防水密封处理，可与干燥的惰性药品共同存放，但应与液体药品保持隔离，必要时需在惰性环境（如充氮的干燥器）中保存。此外，实验室中少量的金属钾、钠可保存在煤油中，少量白磷可保存在水中，使用时用镊子夹取。

（7）干燥的固体药品（不包括上面提到过的药品）

该类药品没有严格的存放要求，一般要求存放在药品柜或药品架上，密封保存，与液体药品分开存放并且位置高于液体药品。

（8）压缩气体和液化气体

压缩气体和液化气体指压缩、液化或加压溶解的气体。这类气体的主要危险性如下：一是爆炸性，因受热、振动、撞击等因素影响而使容器内部气体膨胀、压力急剧增大，导致气瓶阀门松动漏气，甚至使容器破裂爆炸；二是毒害性，吸入少量剧毒气体，即引起中毒或死亡，如氯气、甲醛、硫化氢等；三是燃烧性，部分压缩气体极易燃烧，泄漏扩散到空气中组成爆炸性混合气体，在常温常压下遇明火、高温即会发生燃烧或爆炸，如氢气、甲烷、乙烷、乙炔、环氧乙烷等。气体气瓶在贮存时应注意：将气瓶保存在凉爽的、干燥的、通风良好、远离热源的空间（部分压缩气体需在冰箱中低温保存，如环氧乙烷），避免气瓶直接受阳光照射；标准气体气瓶应放置在气瓶架或专用推车上，或用铁链进行固定，以保证其直立状态，防止碰撞和倒伏；容器外表颜色应保持鲜明容易辨认；应按化学特性分区摆放，避免氧化性气体与还原性气体、可燃气体和助燃气体相邻放置。使用时还必须注意，各种气压表不得混用，开启气体阀门时应站在气压表的一侧，不准将头或身体对准气瓶总阀，以防万一阀门或气压表冲出伤人。

（9）放射性物品

放射性物品指放射性比活度大于 $7.4×10^4$ Bq/kg 的物品。按其放射性大小可分为一级放射性物品、二级放射性物品和三级放射性物品。放射性物质放出的射线对人体的危害很大，不能用化学方法中和使其不放出射线，只能设法把放射性物质清除或者用适当的材料予以吸收屏蔽。放射性物品的贮存和使用应注意：避免放射性物质进入体内和污染身体；减少人体接受来自外部辐射的剂量；尽量减少以至杜绝放射性物质扩散造成危害；对放射性废物要储存在专用污物筒中,按规定处理。

此外,实验室中化学药品的存放还要做到:

① 化学药品要密封保存在合适的容器中,标签清晰完整,对有毒、易爆药品要有特殊标记,以免错用药品发生危险;

② 具有毒性、腐蚀性的液体必须放在低于人的视平线的位置;

③ 液体药品与固体药品必须分开存放;

④ 禁止将化学药品长期存放在实验台、通风橱等实验操作区域;

⑤ 禁止将易燃、有挥发毒性或具有腐蚀性的药品存放在冷藏室内;

⑥ 至少每年一次对化学药品进行全面的整理,将不用的、不需要的、过期的化学药品按实验室废弃物的处理要求进行清理。

购买到的化学药品的燃、爆性能,毒性和环境危害,以及安全使用、泄漏应急救护处置、主要理化参数、法律法规等方面的信息都可以通过查阅化学品安全技术说明书（material safety data sheet,MSDS）或化学品供应商提供的产品说明书得到。

此外,根据《常用危险化学品的分类及标志（GB 13690—2009）》规定,根据化学品的危险特性,将危险化学品分为 8 类:爆炸品,压缩气体和液化气体,易燃液体,易燃固体、自燃物品和遇湿易燃物品,氧化剂和有机过氧化物,有毒品,放射性物品,腐蚀品。这些危险化学品的包装上均有其相应的危险化学品标志。同时,当一种危险化学品具有一种以上的危险性时,用主标志表示主要危险性类别,用副标志表示重要的其他的危险性类别。因

图 1-1　常用危险化学品标志中 16 个主标志

此，熟悉这些标志就能对该化学品的危险特性有大致了解，从而更加重视在化学品贮存和实验操作中的安全性。常用危险化学品标志的主标志见图 1-1，副标志见图 1-2。

图 1-2   常用危险化学品标志中 11 个副标志

1.6.2   实验室安全操作

进入实验室应做到以下几点。

① 严禁在实验室内饮食、吸烟，或把食具带进实验室。实验完毕，必须洗净双手。

② 绝对不允许随意混合各种化学药品，以免发生意外事故。

③ 不要用湿的手、物接触电源。水、电、煤气一经使用完毕，就立即关闭水龙头、煤气开关，拉掉电闸。

④ 应配备必要的护目镜。倾注药剂或加热液体时，容易溅出，不要俯视容器，尤其是浓酸、浓碱、溴等具有强腐蚀性，切勿使其溅在皮肤或衣服上，眼睛更应注意防护。严禁用嘴直接吸取强酸、强碱，应以洗耳球吸取。稀释强酸、强碱（如浓硫酸）时应将它们慢慢倒入水中，而不能反向进行，以免发生迸溅。加热试管时，切记不要使试管口对着自己或别人。

⑤ 一切能产生刺激性气体或有毒气体（如 H_2S、HF、Cl_2、CO、NO_2、Br_2 等）的实验必须在通风橱中进行，有时也可用气体吸收装置吸收产生的有毒气体。不要俯向容器去嗅放出的气味。面部应远离容器，用手把逸出容器的气体慢慢地扇向自己的鼻孔。

⑥ 一切有毒药品必须妥善保管，按照实验规则取用。有毒药品（如重铬酸钾、钡盐、铝盐、砷的化合物、汞的化合物，特别是氰化物）不得进入口内或接触伤口。有毒废液不可倒入下水道中，应集中存放，并及时加以处理。在处理有毒物品时，应戴护目镜和乳胶手套。

⑦ 使用易燃有机溶剂，如苯、乙醚、乙醇、丙酮等，应远离火源。实验室不允许存放

大量易燃物品。

⑧ 某些容易爆炸的试剂，如浓高氯酸、有机过氧化物、芳香族化合物、多硝基化合物和硝酸酯等要防止受热和敲击。在实验中，仪器装置和操作必须正确，以免引起爆炸。例如常压下进行蒸馏和加热回流，仪器装置必须与大气相通。

⑨ 金属汞易挥发，并通过呼吸道而进入人体内，逐渐积累会引起慢性中毒。所以做有关金属汞的实验应特别小心，不得把金属汞洒落在桌上或地上。一旦洒落，必须尽可能收集起来并用硫黄粉盖在洒落的地方，使金属汞转变成不挥发的硫化汞。

⑩ 氢气与氧气混合后遇火易爆炸，操作时必须严禁接近明火。在点燃氢气前，必须先检查并确保纯度符合要求。银氨溶液不能留存，因久置后会变成氮化银，也易爆炸。某些强氧化剂（如氯酸钾、硝酸钾、高锰酸钾等）或其混合物不能研磨，否则将引起爆炸。

⑪ 实验室所有药品不得携出室外，用剩的有毒药品应交还给教师。

⑫ 遵守气体钢瓶的使用规则。

1.6.3 实验室防护设施与个人防护用品

实验室防护设施主要有实验室通风装置、紧急冲洗装置等。

实验室通风装置的主要功能是排气。在化学实验室中，实验操作时可能会产生各种有毒有害气体、有异味的气体、湿气以及易燃、易爆、腐蚀性物质。因此，为了保护使用者的安全、防止实验中的污染物质在实验室中扩散，在污染源附近要使用通风装置。一般而言，对于污染性、毒害性较小的实验可采用台面通风装置及时排出有害气体，而对于污染性、毒害性较大的实验必须在通风橱中进行。

紧急冲洗装置是当实验人员的眼睛或者身体接触有毒有害以及其他具有腐蚀性化学物质的时候，可用这些设备对眼睛和身体进行紧急冲洗或者冲淋，以避免化学物质对人体造成进一步伤害。但是，这些设备只是对眼睛和身体进行初步的处理，不能代替医学治疗，情况严重的，必须尽快进行进一步的医学治疗。

个人防护用品（personal protective equipment，PPE）包括实验服、手套、防护眼镜、呼吸防护用品等。

实验服是进入实验室的基本要求，可避免实验人员的皮肤和衣服遭受化学药品或生物制剂的污染。离开实验室时应脱下实验服，以避免污染被带到其他区域。根据实验要求的不同，可选择不同种类的实验服，例如：使用强腐蚀性药品时，可选择橡胶围裙或耐化学药品的实验服；使用毒性较大的化学药品或生物制剂时，可选用一次性的实验服。

手套可以有效地避免化学药品、高温物体或破碎的玻璃仪器等对手部造成的伤害。选用手套时应注意：选用的手套要具有足够的防护作用；使用前，尤其是一次性手套，要检查手套有无小孔或破损、磨蚀的地方，尤其是指缝；使用中不要将污染的手套任意丢放；摘取手套一定要注意正确的方法，防止将手套上沾染的有害物质接触到皮肤和衣服上，造成二次污染；不要共用手套，以免造成交叉感染；戴手套前要治愈或罩住伤口，阻止细菌和化学物质进入血液；戴手套前要洗净双手，摘掉手套后要洗净双手；不要忽略任何皮肤红斑或痛痒、皮炎等皮肤病，如果手部出现干燥、刺痒、气泡等，要及时请医生诊治。

防护眼镜在工业生产中又称为劳保眼镜，分为安全眼镜和防护面罩两大类，作用主要是防护眼睛和面部免受紫外线、红外线和微波等电磁波的辐射以及粉尘、烟尘、金属和砂石碎屑以及化学溶液溅射的损伤。使用时应根据不同场合的需求来选择合适类型的防护眼镜。

呼吸防护用品分为过滤式（净化式）和隔绝式（供气式）两种。过滤式呼吸器只能在不缺氧的劳动环境（即环境空气中氧的含量不低于18%）和低浓度毒污染使用，一般不能用于罐、槽等密闭狭小容器中作业人员的防护，包括过滤式防尘呼吸器和过滤式防毒呼吸器。隔离式呼吸器能使戴用者的呼吸器官与污染环境隔离，由呼吸器自身供气（空气或氧气），或从清洁环境中引入空气维持人体的正常呼吸。这类呼吸器可在缺氧、尘毒严重污染、情况不明、有生命危险的工作场所使用，一般不受环境条件限制，按供气形式分为自给式和长管式两种类型。

1.6.4 实验室仪器设备的安全使用

实验室中常用的仪器设备包括玻璃仪器、电器设备、煤气装置等。

玻璃仪器使用时要注意防止割伤或烫伤，要做到：玻璃仪器应放置在实验台的中央，禁止放在实验台连接处；使用前要检查是否有裂痕，禁止使用有破损的玻璃仪器；禁止对量筒、锥形瓶、滴定管、集气瓶等加热；对试管、烧杯等耐热玻璃仪器加热时应小心操作，不要用手直接触碰刚加热过的玻璃仪器。

电气设备是化学实验中必不可少的设备，因此对实验人员来说了解一定的电气安全知识是十分必要的。电对人体的伤害可分为外伤和内伤。电外伤包括电灼伤、电烙印等，通常是局部性的，一般情况下危害不大。而电内伤就是电击，是电流通过人体内部组织而引起的，通常所说的触电事故基本上都是指电击。一般情况下，45V以上具有较大电流的电源是危险电源。对于50Hz的交流电，10mA以上能使肌肉强烈收缩；25mA以上可导致呼吸困难，甚至停止呼吸；100mA以上可使心脏的心室产生纤维颤动，以致无法救治。直流电对人体的危害也与交流电相仿。若两手同时接触45V的乙电（干电池的一种）两极，两极间产生的电流会对人体造成伤害。为防止触电，在实验中应注意如下几点。

① 一切电气设备应足够绝缘，其金属外壳应接地线。决不允许用潮湿的手进行操作。

② 禁止带电修理或安装设备，禁止用电笔试高压电。

③ 在安装仪器或连接线路时，电源线应最后接上。在结束实验拆除线路时，电源线应首先断路。

④ 防止设备超负荷工作或局部短路，要使用合格的保险丝。

⑤ 如发生触电事故，参见1.6.6节第⑨点。

⑥ 如遇电线起火，立即切断电源，用砂或二氧化碳、四氯化碳灭火器灭火，禁止用水或泡沫灭火器等导电液体灭火。

煤气是一种无色、易燃、易爆和有毒的气体，与空气混合后遇明火会发生燃烧爆炸。使用煤气时应注意以下几点。

① 进入实验室先了解煤气总阀门的位置。煤气的管线、阀门，计量表一定要完整好用，以防止发生泄漏，并严禁个人私自拆换管线、阀门、计量表。

② 经常检查煤气管道、接头、开关及器具是否有泄漏。可用肥皂水进行试验，严禁用明火试漏。

③ 使用煤气加热液体时，盛器内的液体不要太多，以免其溢出将火焰熄灭，造成煤气泄漏。

④ 若发生煤气泄漏，应将全部门窗打开，并用扇子、扫帚等赶散室内的煤气，附近严禁动用明火、使用手机或按任何电器开关，并立即通知供气部门进行检修。

⑤ 不要随意接触煤气阀门。

⑥ 若发生煤气起火，千万不要慌乱，应立即关闭煤气阀门，并用二氧化碳、干粉、

1211 等灭火器扑救。

1.6.5　实验室废弃物处理

实验中经常会产生某些有毒的气体、液体和固体，都需要及时排弃，特别是某些剧毒物质，如果直接排出就可能污染周围空气和水源，损害人体健康。因此，对废液、废气和废渣（统称"三废"），要经过一定的处理后，才能排弃。

产生少量有毒气体的实验应在通风橱内进行。通过排风设备将少量毒气排到室外，使排出气在外面大量空气中稀释，以免污染室内空气。产生毒气量大的实验必须备有吸收或处理装置，如二氧化氮、二氧化硫、氯气、硫化氢、氟化氢等酸性气体可用导管通入碱液中，使其大部分吸收后排出；一氧化碳等可燃性有机毒物可于燃烧炉中供给充分的氧气使其完全燃烧，生成二氧化碳和水。

实验室废渣应作适当处理，严禁随处扔弃有害废渣，要注意防止扬散或流失，以防扩散污染。少量低毒的废渣可埋于地下（应有固定地点）；贵重或稀有材料应尽量回收，以求变废为利；带病原体的废渣，必须在专用的焚烧炉内焚化，或作灭菌消毒处理；含汞、镉、铍、铅、砷、六价铬、氰化物、黄磷、有机磷及其他高毒性的可溶性废渣，严禁埋入地下或排入地面水体，必须设专门容器加以收集，再作适当处理；对于放射性废渣，更应按照相关规定恰当处理。

实验中产生的废液不允许随意倒入下水道中，经适当的处理后方可倒入专门的废液桶中。下面介绍一些常见废液处理的方法。

① 实验中大量的废液通常是废酸液。废酸缸中废酸液可先用耐酸塑料网纱或玻璃纤维过滤，滤液加碱中和，调 pH 值至 6~8 后就可排出。少量滤渣可埋于地下。

② 废铬酸洗液可以用高锰酸钾氧化法使其再生，重复使用。氧化方法：先在 110~130℃ 下将其不断搅拌、加热、浓缩除去水分后，冷却至室温，缓缓加入高锰酸钾粉末。每1000mL 加入 10g 左右，边加边搅拌，直至溶液呈深褐色或微紫色，不要过量。然后直接加热至有三氧化硫出现，停止加热。稍冷，通过玻璃砂芯漏斗过滤，除去沉淀，冷却后析出红色三氧化铬沉淀，再加适量硫酸使其溶解即可使用。少量的废铬酸洗液可加入废碱液或石灰使其生成氢氧化铬（Ⅲ）沉淀，将此废渣埋于地下。

③ 氰化物是剧毒物质，含氰废液必须认真处理。对于少量的含氰废液可先加氢氧化钠调至 pH>10，再加入几克高锰酸钾使 CN⁻ 氧化分解。大量的含氰废液可用碱性氯化法处理，先用碱将废液调至 pH>10，可加入漂白粉，使 CN⁻ 氧化成氰酸盐，并进一步分解为二氧化碳和氮气。

④ 含汞盐废液应先调 pH 至 8~10，然后，加适当过量的硫化钠生成硫化汞沉淀，并加硫酸亚铁生成硫化亚铁沉淀，从而吸附硫化汞共沉淀下来。静置后分离，再离心，过滤，溶液汞含量降到 $0.02mg \cdot L^{-1}$ 以下方可排放。少量残渣可埋入地下，大量残渣可用焙烧法回收汞，但一定要在通风橱内进行。

⑤ 含重金属离子的废液，最有效和最经济的处理方法是加碱或加硫化钠把重金属离子变成难溶性的氢氧化物或硫化物沉积下来，然后过滤分离，少量残渣可埋于地下。

⑥ 对于较纯的有机溶剂（含有少量其他试剂和被测物）应回收利用。

1.6.6　实验室事故处理

实验室中发生意外事故的急救处理如下。

① 玻璃割伤 应先取出伤口中的碎片，并在伤口处擦龙胆紫药水（或红汞、碘酒），必要时撒些消炎粉或敷些消炎膏，用纱布包扎好伤口。如伤口较大，应立即就医。

② 烫伤 不要用冷水洗涤伤处。伤处皮肤未破时，可涂擦饱和碳酸氢钠溶液或用碳酸氢钠粉调成糊状敷于伤处，也可抹獾油或烫伤膏（如玉树油等）；如果伤处皮肤已破，可涂些紫药水或1‰高锰酸钾溶液。伤势重时，应立即就医。

③ 酸灼伤 酸溅在皮肤上，可先用水冲洗，然后擦碳酸氢钠油膏或凡士林；也可先用大量水冲洗，再用饱和碳酸氢钠溶液（或稀氨水、肥皂水）洗，最后再用水冲洗。若酸溅入眼内或口内，用水冲洗后，再用3‰$NaHCO_3$溶液洗眼睛或漱口，并立即就医。

④ 碱溅伤 碱溅在皮肤上立即用水冲洗，然后用2‰醋酸溶液或硼酸饱和溶液洗，再涂凡士林或烫伤油膏，若溅在眼内或口内，除冲洗外，应立即就医。

⑤ 磷灼伤 用1‰硝酸银、5‰硫酸铜或浓高锰酸钾溶液洗伤口，然后包扎。

⑥ 溴腐蚀致伤 用苯或甘油洗伤口，再用水洗。

⑦ 吸入刺激性或有毒气体 吸入刺激性或有毒气体（如氯气、氯化氢气体）时，可吸入少许乙醇和乙醚的混合蒸气解毒。吸入刺激性或有毒气体（如硫化氢或一氧化碳气）而感到不适时，立即到室外呼吸新鲜空气。但应注意氯气、溴中毒不可进行人工呼吸，一氧化碳中毒不可使用兴奋剂。

⑧ 误食毒品 一般是服用肥皂液或蓖麻油，也可将5～10mL稀硫酸铜溶液加入一杯温水中服用，并用手指插入喉部以促使呕吐，然后立即就医。同时，为了降低胃中毒品浓度，延缓吸收速度，可食用牛奶、生鸡蛋、面粉、淀粉或土豆泥的悬浮液等。

⑨ 触电 应迅速切断电源，或用干木条或其他绝缘物品，把触电者拉离电源。然后迅速将触电者转移到附近适当的地方，解开衣服，使其全身舒展。不管有无外伤或烧伤，都要立刻找医生处理。如果触电者处于休克状态，并且心脏停跳或停止呼吸时，要毫不迟疑地立即施行人工呼吸或心脏按摩，并送往医疗部门继续抢救。

⑩ 火灾 起火后要立即一面灭火，一面防止火势蔓延（如采取切断电源，移走易燃药品等措施）。灭火的方法要针对起因选用合适的方法和灭火设备。一般的小火可用湿布、石棉布或砂子覆盖燃烧物即可灭火。火势大时可使用泡沫灭火器。但电器设备所引起的火灾，只能使用消防砂、二氧化碳或四氯化碳灭火器灭火，不能使用泡沫灭火器，以免触电。另外，有些试剂如金属钠与水作用会引起燃烧或爆炸，因此不可用水扑灭。实验人员衣服着火时，切勿惊慌乱跑，赶快脱下衣服，或用石棉布覆盖着火处。伤势较重者，应立即送医院。

以上仅举出几种预防事故的措施和急救方法，如需更详尽地了解，可查阅有关的化学手册和文献。

1.7 化学手册及 GB、ISO 简介

1.7.1 化学手册

在实际工作中，常需了解各种物质的性质（如物质的状态、熔点、沸点、密度、溶解度、化学特性等）；在实验数据处理计算时也常常需要一些常数（如电离常数、配合物稳定常数等）。因此，人们编辑了各种类型的手册，供有关人员查用。学会使用这些手册，对于

培养分析问题和解决问题的能力是很重要的。下面介绍几种常用的化学手册。

（1）《化工辞典》

《化工辞典》（第四版）由化学工业出版社于 2000 年出版，该书为一本综合的化工方面的工具书，其中列有化合物的分子式、结构式及其物理化学性质，并有简要的制备方法和用途介绍。

（2）《Dictionary of Organic Compounds（汉译海氏有机化合物辞典）》

这套辞典列出了有机化合物的化学结构、物理常数、化学性质及其衍生物等，并附有制备的文献资料和美国化学文摘登记号。全套书共 9 卷，收录常见有机化合物 3 万余条，加衍生物达 6 万余条。其中 1～6 卷为正文，按化合物名称的英文字母顺序排列，7～9 卷分别为化合物名称索引（Name Index）、分子式索引（Molecular Formula Index）及化学文摘登记号索引（Chemical Abstracts Service Registry Number Index）。该辞典的中译本，即《汉译海氏有机化合物辞典》，译自 I. M. Heibron 编著的 1953 年第 3 版 Dictionary of Organic Compounds。中译文仍按英文俗名的字母顺序排列。1982 年出版了第 5 版，由 J. Buckingham 主编，增加了化合物的光谱数据、毒害和危险性资料，但有些物理常数仍需查阅前版。

（3）《试剂手册》

《试剂手册》是由中国医药集团上海化学试剂公司编著，至 2002 年，已经出到第三版。该书收集了无机试剂、有机试剂、生化试剂、临床试剂、仪器分析用试剂、标准品、精细化学品等资料编辑而成。每个化学品列有中英文正名、别名、化学结构式、分子式、相对分子质量、性状、理化常数、毒性数据、危险性质、用途、质量标准、安全注意事项、危险品国家编号及中国医药集团上海化学试剂公司的商品编号等详尽资料。入书的化学品 11560 余种，按英文字母顺序编排，后附中、英文索引，使用方便，查找快捷。

（4）Aldrich

美国化学试剂公司出版。是一本试剂目录，它收集了 1.8 万多个化合物。一个化合物作为一个条目，内含相对分子质量、分子式、沸点、折射率、熔点等数据。其中，较复杂的化合物还附了结构式，并给出了该化合物核磁共振和红外光谱图的出处。每个化合物均给出了不同包装的价格，这对有机合成、订购试剂和比较各类化合物的价格很有好处。书后附有分子式索引，便于查找，还列出了化学实验中常用仪器的名称、图形和规格。公司每年出一本试剂目录，若有需要，只要填写附在书中的回执，该公司免费寄送参考。

（5）《简明化学手册》

北京出版社 1980 年出版的《简明化学手册》是北京师范大学无机化学教研室为满足无机化学教学和学生综合训练的需要而编写的，主要内容有化学元素、无机化合物、水溶液、常见的有机化合物等，内容简明扼要。1982 年 10 月又进一步修订再版。

甘肃人民出版社出版的《简明化学手册》是 1980 年西北师范学院化学系根据大学无机化学、有机化学、分析化学等基础课教学和相关科研的需要而编写的。主要内容有物理数据、元素性质、无机和有机化合物性质、分析化学基础知识、热力学有关数据、标准电极电势表等，可供高校化学专业师生、中等学校教师、化工科技人员及其他科技人员使用。

（6）《化学数据手册》

《化学数据手册》由杨厚昌译自 J. G. Stark 和 H. G. Wallace 编的《Chemistry Data Book》。自 1969 年英文版问世以来，深受各国化工工作者和有关大专院校师生的欢迎，曾多次修订再版。该书的特点是短小精悍、简明扼要，基本上包括了最新、最常用的物理化学方面的技术数据，包括元素、原子和分子的性质，热力学和动力学数据，有机化合物的物理性质，分析和其他方面的一些数据。

(7)《Handbook of Chemistry and Physics（化学和物理手册）》

《Handbook of Chemistry and Physics（化学和物理手册）》英文版，由 CRC 出版社出版。它介绍数学、物理、化学常用的参考资料和数据，逐年修改出版，1998 年出版第 78 版。它是应用最广的手册。

(8)《Lange's Handbook of Chemistry（兰氏化学手册）》

这是较常用的化学手册，该书第 1 版至第 10 版由 N. A. 兰格（Lange）先生主持编纂，原名为《Handbook of Chemistry》。兰格先生逝世后，从 1973 年第 11 版开始由 J. A. 迪安（Dean）任主编，并更为现名，以纪念兰格先生。全书共分 11 部分，内容包括原子和分子结构、无机化学、分析化学、电化学、有机化学、光谱学、热力学性质、物理性质等方面的资料和数据，并附有化学工作者常用数学方面的有关资料。该书所列数据和命名原则均取自国际纯粹化学与应用化学联合会最新数据和规定。化合物中文名称按中国化学会 1980 年的命名原则命名。

(9)《危险化学品安全技术全书》

本书由化学工业出版社出版，第一版于 1997 年出版，第二版在前版基础上进行了修改补充，于 2008 年出版。本书是一本有关危险化学品安全管理的技术全书，是为全面落实《安全生产法》、《危险化学品安全管理条例》等法律法规，根据国家标准《化学品安全技术说明书编写规定》（GB 16483—2008）的格式和要求编写而成的。本书选录的 1008 种化学品，是目前我国生产、流通量大，最常用的化学品；也是列入我国的一些重要的危险化学品管理名录、目录或标准，危害性大的化学品。每种物质列 16 大项，分别为化学品标识、成分与组成信息、危险性概述、急救措施、消防措施、泄漏应急处理、操作处置与储存、接触控制与个体防护、理化特性、稳定性和反应性、毒理学资料、生态学资料、废弃处置、运输信息、法规信息和其他信息；大项下又列出若干小项目，共 70 余项。

(10)《国际化学品安全卡手册》

本书由欧洲共同体委员会和国际化学品安全规划署合编，国家环境保护局组织翻译，由化学工业出版社 1995 年出版。本书为一套化学品安全信息卡片，卡片介绍了常用有毒化学物质的理化性质、基本毒性数据、接触危害、爆炸预防、急救/消防、储存、溢汛处置、包装与标志和环境数据等 16 项基础数据。这些数据是由美国等 10 个国家的 16 个著名权威机构的专家提出，并经国际公认的专家组成的评审委员会审查，因而，数据具有科学性、权威性、可靠性。

1.7.2　GB 与 ISO 简介

标准文献（GB 与 ISO）是从事化学以及与化学有关的领域科学研究及生产实践的一类重要参考资料，通过介绍能让大家更好地了解、查阅和利用各种标准文献。

狭义的标准文献是指按规定程序制定，经公认权威机构批准的一整套在特定范围内必须执行的规格、规则、技术要求等规范性文献。广义的标准文献是指与标准化工作有关的一切文献，包括标准形成过程中的各种档案、宣传推广标准的手册及其他出版物、揭示报道标准文献信息的目录、索引等。

标准常分为基础标准、技术标准、强制性标准、中国国家标准（GB）、国际标准（ISO/IEC）等。所谓标准，是对重复性事物和概念所做的统一规定，以科学、技术和实践经验的综合成果为基础，经有关方面协商一致，由主管机构批准，以特定形式发布，作为共同遵守的准则和依据。基础标准是具有广泛指导意义的最基本的标准，如对专业名词、术语、符号、计量单位等所做的统一规定。技术标准是为科研、设计、工艺、检测等技术工作以及产品和工程的质量而制定的标准，它们还可以细分为两类，即产品标准（对品种、检验方法、技术要求、包装、运输、贮存等所做的统一规定）和方法标准（对检查、分析、抽样、统计等所做的统一规定）。强制性标准是法律发生性的技术，即在该法律生效的地区或国家必须遵守的文件。包括三类：保障人体健康的标准、保障人身和财产安全的标准、法律和行政法规强制执行的标准。

中国国家标准是由国家标准化主管机构批准、发布，在全国范围内统一的标准，它是由各专业标准化技术委员会或国务院有关主管部门提出草案，报国家标准化主管部门或由国家标准化主管部门委托的部门审批、发布，对于特别重要的标准，由国务院审批、发布。《中华人民共和国标准化法》将我国标准分为国家标准、行业标准、地方标准、企业标准四级。国家标准由"标准代号＋顺序号＋年代"组成，如 GB/T 3389.1—1996。其中 GB/T 为标准代号，代表中华人民共和国推荐性国家标准，GB 代表国家强制性标准，GB/Z 代表国家标准化指导性技术文件。

国际标准是指国际标准化组织 ISO 和国际电工委员会 IEC 所制定的标准，以及国际标准化组织已列入《国际标准题内关键词索引》中的 27 个国际组织制定的标准和公认具有国际先进水平的其他国际组织制定的某些标准。

国际标准化组织（International Organization for Standardization，ISO）是目前世界上最大、最有权威性的国际标准化专门机构。ISO 标准共分为 6 种，具体包括：ISO 推荐标准（ISO Recommendation，ISO/R）、ISO 技术报告（ISO Technical Report，ISO/TR）、ISO 标准（ISO Standard）、ISO/IEC 联合技术委员会（JTC1）制定的标准（ISO IEC Standard）、国际标准的补充草案（Draft Addendum to an International Standard，ISO/DAD）、国际标准的修改草案（Draft Amendment to an International Standard，ISO/DAM）。

随着越来越激烈的市场竞争及"入世"以来，认证作为提高企业管理水平和信誉的一种手段，已被越来越多的企业接受。目前，我国为质量体系认证提供的依据标准有 ISO 9000、ISO 14000。

(1) ISO 9000 标准

ISO 9000 族标准是质量管理和质量保证的总称。我国采用的国家标准代号为 GB/T 19000 标准。该国家标准发布于 1987 年，于 1994 年进行了部分修订，该族标准包括了约 25 个标准。ISO 9000 标准总结了各工业发达国家在质量管理方面的先进经验，主要用于企业质量管理体系的建立、实施和改进，为企业在质量管理和质量保证方面提供指南。其中 ISO 9001、ISO 9002、ISO 9003 标准，是针对企业产品产生的不同过程，制定了 3 种模式化的质量保证要求，作为质量管理体系认证的审核依据。目前，世界上 80 多个国家和地区的认证机构，均采用这 3 个标准进行第三方的质量管理体系认证。

(2) ISO 14000 标准

ISO 14000 标准是环境管理体系系列标准总称。该系列标准发布于 1996 年，到目前为止，该系列标准正式发布了 5 个标准。我国等同采用的国家标准代号是 GB/T 14000 系列标准。

ISO 14000 标准是在人类无限制地消耗自然资源，同时又破坏自然环境的情况下，规范从政府到企业等所有组织的环境行为，为企业建立并保持环境管理体系提供指导，使企业采取污染预防和持续改进的手段，达到降低资源消耗，改善环境质量，走可持续发展道路的目的。其中，ISO 14001《环境管理体系规范及使用指南》标准是环境管理体系认证所依据的标准。

1.7.3 标准的查询方法

标准文献的检索途径，大都是从标准目录中查找。标准目录主要有分类、主题和标准号三种检索途径。各地图书馆工具书阅览室一般都收藏有印刷型中国国家标准、部分国内行业标准以及按学科或专题分类的标准汇编。国外标准有 ASTM、VDI 等组织或专业协会颁布的标准。如果不熟悉标准分类情况，可先从主题索引中查找。已知标准号时，可直接查找标准全文。电子版标准目录可检索万方数字资源系统——中外标准类数据库。

1.7.4 因特网免费检索资源

(1) 中国环境标准网

免费查询下载国家环境标准、环境保护标准的全文，包括水环境标准、大气环境标准、固废污染控制标准、移动源排放标准、环境噪声标准、土壤环境标准、放射性环境标准、生态保护标准、环境基础标准、其他环境标准。

(2) 中国标准化研究院

中国标准化研究院标准馆是国家级标准文献服务中心。其标准文献收藏量为全国之最。藏有 60 多个国家、70 多个国际和区域性标准化组织、450 多个专业协（学）会的成套标准以及全部中国国家标准和行业标准，收集了 160 多种国内外标准化期刊和 7000 多册标准化专著，并提供代查代索、咨询、标准查新等多项服务。

(3) 国家标准化管理委员会

可检索国家标准目录，获得标准的题录信息，并了解标准化动态、国家标准制定计划、国标修改通知等信息。免费检索国家标准、行业标准、部分国际标准（ISO、IEC）、标准新书目、标准图书目录、作废标准情况等，提供在线订购标准全文和会员咨询服务等。

(4) 标准网

免费检索 ISO、IEC、主要国家标准、欧洲标准、中国行业标准等，提供标准动态信息和标准公告信息。

(5) 国家科技图书文献中心《国外标准库》

免费检索 ISO、IEC、英国、德国、法国和日本的国家标准。

(6) 中国国家标准咨询服务网

报道国际、国内技术标准方面重大事态和标准制定、修订动态。主要栏目包括标准查询、标准动态、标准法规、标准书目、立标动态、标准研究、标准论坛等。可注册免费会员，提供标准全文订购服务。

(7) 中国标准咨询网

免费检索标准目录，通过购买阅读卡可以浏览部分标准全文。

(8) 中国标准服务网

免费注册用户可以检索标准目录，但阅读标准全文需要付费。

(9) 北京市质量技术监督信息网

免费检索国家标准、行业标准、ISO、IEC、欧洲标准、地方标准、北京企业标准等目录，提供网上订购全文服务。

(10) 国际标准化组织（ISO)

该网站可检索 ISO 的所有已颁布标准，并提供在线订购全文的服务。

(11) 国际化学品安全卡（中文版)

该网站是由中国石化北京化工研究院进行网络研发和数据维护，可根据化学品的名称、安全卡编号或 CAS 登记号等直接检索得到该化学品的国际化学品安全卡资料。

(12) 化学试剂公司的官网

许多化学试剂公司会对其出售的化学药品提供相应的安全技术说明书（MSDS 或 SDS)，可在其官网上直接查询，如阿拉丁试剂公司（Aladdin)、阿法埃莎化学有限公司（Alfa Aesar)、西格玛-奥德里奇试剂公司（Sigma-Aldrich）等。

需要指出的是，网络资源远不只这些，通过网络可以查找大量信息。

第❷章
测量误差和实验数据处理

2.1 国际单位制（SI）和我国的法定计量单位

任何一个物理量都是用数值和单位的组合来表示，即：

$$数值 \times 单位 = 量$$

其中"数值"是将某一物理量与该物理量的标准量进行比较，所得到的比值，所以测得的物理量必须注明单位，否则就没有意义。

我国对于"单位"有明确的法定计量单位的规定，是在国民经济、科学技术、文化教育等一切领域必须执行的强制性国家标准。我国的法定计量单位等效采用国际标准。它包括国际单位制的基本单位、辅助单位、导出单位；由以上单位构成的组合形式单位；由词头和以上单位所构成的十进制倍数和分数单位；可与 SI 并用的我国法定计量单位。

国际单位制是在米制基础上发展起来的国际通用单位制，经过几届国际计量大会的修改，已发展成为由七个基本单位、两个辅助单位和十九个具有专门名称组成的单位制。所有的单位都有一个主单位，利用十进制倍数和分数的二十个词头，可组成十进制倍数单位和分数单位。SI 概括了各门科学技术领域的计量单位，形成有机联系、科学性强、命名方法简单、使用方便的体系，已被许多国家和国际性科学技术组织所采用。SI 的基本单位及其定义见表 2-1。至于 SI 的完整叙述和讨论，可参阅有关书刊以及我国的国家标准 GB 3100—1993，GB 3101—1993，GB 3102.1—1993～GB 3102.13—1993 等文件。

在使用 SI 时，应注意以下几点关于单位与数值的规定。

① 组合单位相乘时应用圆点或空格，不用乘号。如密度单位可写成 $kg \cdot m^{-3}$ 或 kg/m^3，不可写成 $kg \times m^{-3}$。

② 组合单位中不能用一条以上的斜线。如 $J/(K \cdot mol)$，不可写成 $J/K/mol$。

③ 对于分子无量纲，分母有量纲的组合单位，一般用负幂形式表示。如 K^{-1}、s^{-1}，不可写成 $1/K$、$1/s$。

④ 任何物理量的单位符号应放在整个数值的后面。如 $1.52m$ 不可写作 $1m52$。

表 2-1　SI 基本单位及其定义

量的名称	单位名称	单位符号	定义
长度	米	m	光在真空中 1/299792458s 时间间隔内所经路径的长度
质量	千克(公斤)	kg	等于国际千克原器的质量
时间	秒	s	铯-133 原子基态的两个超精细能级之间跃迁所对应的辐射的 9192631770 个周期的持续时间
电流	安[培]	A	在真空中,截面积可忽略的两根相距 1m 的无限长平行圆直导线内通以等量恒定电流时,若导线间相互作用力在每米长度上为 $2×10^{-7}$N,则每根导线中的电流为 1A
热力学温度	开[尔文]	K	水在三相点时热力学温度的 1/273.16
物质的量	摩[尔]	mol	是一系统的物质的量,该系统中所包含的基本单位数与 0.012kg 的碳-12 的原子数目相等。在使用摩尔时,基本单位应予指明,可以是原子、分子、离子、电子及其他粒子,或是这些粒子的特定组合
发光强度	坎[德拉]	cd	一光源在给定方向上的发光强度,该光源发出频率为 $540×10^{12}$Hz 的单色辐射,且在此方向上的辐射强度为 $1/683W·Sr^{-1}$

⑤ 不得使用重叠的冠词。如 nm（纳米）、Mg（兆克），不可写作 mμm（毫微米）、kkg（千千克）。

⑥ 数值相乘时，为避免与小数点相混，应采用乘号不用圆点，如 2.58×6.17 不可写作 2.58·6.17。

⑦ 组合单位中，中文名称的写法与读法应与单位一致。比如热单位是 J/(kg·K)，即"焦耳每千克开尔文"，不应写或读为"每千克开尔文焦耳"。

2.2　数据记录、有效数字及其运算规则

2.2.1　数据记录

在测量和数学运算中，确定该用几位数字是非常重要的。初学者往往认为在一个数值中小数点后面位数越多，这个数值就越准确；或在计算结果中保留的位数越多，准确度就越高。这两种认识都是错误的。正确的表示法是：记录和计算测量结果都应与测量的误差相适应。不应超过测量的精确程度。也即是说，为了得到准确的实验结果，不仅要准确地测量物理量，而且还应正确地记录和计算测得的数据，所记录的测量值的数字不仅表示数量的大小，而且要正确地反映测量的精确程度。

人们在进行客观测试工作中，既要掌握各种测定方法，又要对测量结果进行评价，分析测量结果的准确性、误差的大小及其产生的原因，以求不断提高测量结果的准确性。例如，分析天平称得某份试样的质量为 0.5120g，该数值中 0.512 是准确的，最后一位数字"0"是可疑的，可能有正负一个单位的误差，即该试样实际质量是在 (0.5120±0.0001)g 范围内的某一数值。此时称量的绝对误差（absolute error）为 ±0.0001g；相对误差（relative error）为：

$$\frac{±0.0001}{0.5120}×100\%=±0.02\%$$

若将上述称量结果写成 0.512g，则意味着该份试样的实际质量将为（0.512±0.001）g 范围内的某一数值，即称量的绝对误差为±0.001g，相对误差也将变为±0.2%。可见在记录测量结果时，于小数点后末尾多写或少写一位"0"，从数学角度看，关系不大，但是所反映的测量精确程度无形中被夸大或缩小了 10 倍。除了末尾数字是估计值外，其余数字都是准确的，这样的数字称为"有效数字"。

数字"0"在数据中具有双重意义。它既可作为有效数字使用，如上例的情况；在另一种场合，则仅起定位的作用，如称得另一试样质量为 0.0769g，此数据仅有三位有效数字，数字前面的"0"只起定位作用。在改换单位时，并不能改变有效数字的位数，如滴定管读数 20.30mL，两个"0"都属有效数字，若换算成以升为单位，则为 0.02030L，这时前面的两个"0"则是定位用的，不属有效数字。当需要在数的末尾加"0"作定位用时，宜采用指数形式表示，如质量为 14.0g，若以毫克为单位，应写成 1.40×10^4 mg，不会引起有效数字位数的误解，若写成 14000mg，则其有效数字为五位。

由此可见，为获得准确的分析结果，不仅要准确测量，而且还要正确记录测量数据和进行计算。记录的数据和计算的结果不仅表示数值的大小，而且要正确反应测量的精度。有效数字就是实际能测量的数字。有效数字保留的位数应根据分析方法和仪器的准确度决定，应使数值中只有最后一位数字是可疑的。

2.2.2 数字修约规则

实验中所测得的各个数据，由于测量的准确程度不完全相同，因而其有效数字的位数可能也不相同，在计算时应弃去多余的数字进行修约。过去人们采用"四舍五入"的数字修约规则。现在根据我国国家标准（GB），应采用下列规则。

① 在拟舍弃的数字中，若左边的第一个数字小于 5（不包括 5）时，则舍去。例 14.2432→14.2。

② 在拟舍弃的数字中，若左边的第一个数字大于 5（不包括 5）时，则进一。例 26.4843→26.5。

③ 在拟舍弃的数字中，若左边的第一个数字等于 5，其右边的数字并非全部为零时，则进一。例 1.0501→1.1。

④ 在拟舍弃的数字中，若左边的第一个数字等于 5，其右边的数字皆为零时，所拟保留的末尾数字若为奇数则进一，若为偶数（包括"0"），则不进。例如：

$$0.3500 \rightarrow 0.4 \quad\quad 12.25 \rightarrow 12.2$$
$$0.4500 \rightarrow 0.4 \quad\quad 12.35 \rightarrow 12.4$$
$$1.0500 \rightarrow 1.0 \quad\quad 1225.0 \rightarrow 1220$$
$$1235.0 \rightarrow 1240$$

⑤ 所拟舍去的数字，若为两位以上数字时，不得连续进行多次修约，例需将 215.4546 修约成三位，应一次修约为 215。

若 125.4546→215.455→215.46→215.5→216，则是不正确的。

2.2.3 有效数字运算规则

在实验过程中，往往需经过几个不同的测量环节，然后再依计算式求算结果。由于在分析结果的计算中，每个测量值的误差都可传递到结果内，因此在运算过程中，要注意按照下列规则合理取舍各数据的有效数字位数。

① 加减运算中，当几个数据相加、减时，它们的和或差只能保留一位可疑数字，结果的有效数字的位数应与绝对误差最大（小数点后位数最少）的一个数据相同，如：

$$7.85 + 26.1364 - 18.64738 = 15.34$$

② 乘除运算中，当几个数据相乘、除时，它们的积或商的有效数字的位数的保留以其中相对误差最大的那个数，即有效数字的位数应以相对误差最大（即位数最少）的数据为准，如：

$$\frac{0.07825 \times 12.0}{6.781} = 0.138$$

③ 若一数据的第一位有效数字为 8 或 9 时，则有效数字的位数可多算一位，如 8.42 可看作四位有效数字。

④ 计算式中用到的常数、分数，如 π、e 以及乘除因子 $\sqrt{3}$，1/2 等，可以认为其有效数字的位数是无限的，不影响其他数字的修约。

⑤ 对数计算中，对数小数点后的位数应与真数的有效数字位数相同，如 $[H^+] = 7.9 \times 10^{-5} \, mol \cdot L^{-1}$，则 $pH = 4.10$。

⑥ 大多数情况下，表示误差时，取一位有效数字即已足够，最多取两位。

⑦ 实验中按操作规程使用经校正过的容量瓶、移液管时，其体积如 250mL、10mL，达刻度线时，其中所盛（或放出）溶液体积的精度一般认为有四位有效数字。

在取舍有效数字时，还应注意以下几点。

① 计算过程中，可暂时多保留一位数字，得到最后结果时，再根据"四舍六入五成双"的原则舍弃多余的数字。

② 有关化学平衡的计算，可根据具体情况保留两位或三位有效数字。

③ 对于高含量组分（>0.1）的测定，分析结果一般要求有四位有效数字；中等含量组分（0.01~0.1）的测定，一般要求三位有效数字；微量组分（<0.01）的测定，一般要求两位有效数字。

2.3 误　差

在测量任何一个物理量时，人们发现，即使采用最可靠的方法、最精密的仪器并由技术很熟练的人员操作，也不可能得到绝对准确的结果。同一个人在相同条件下，对同一试样进行多次测定，所得结果也不会完全相同。这表明，误差是客观存在的。因此有必要了解误差产生的原因、出现的规律、减免误差的措施，并且学会对所得数据进行归纳、取舍等一系列处理方法，使测定结果尽量接近客观真实值。

2.3.1　准确度和精密度

（1）准确度

准确度是指测定值 x 与真实值 μ 的接近程度。两者之间的差值越小，测定结果的准确度越高。分析结果与真实值之间的差别即为误差。准确度的好坏可以用误差表示。误差可用绝对误差和相对误差表示。这就是说，准确度的高低，可用绝对误差和相对误差表示：

$$绝对误差 = x - \mu \tag{2-1}$$

$$相对误差 = \frac{x - \mu}{\mu} \times 100\% \qquad (2\text{-}2)$$

绝对误差只能显示出误差变化的范围，不能确切地表示测量精度。相对误差表示误差在真实值中所占的百分率。相对误差越小，表明测量结果的准确度越高；反之，准确度就越低。相对误差与真实值和绝对误差两者的大小有关，用相对误差表示各种情况下的测定结果的准确度更为确切、合理。

绝对误差和相对误差都有正值和负值。正值表示测定结果偏高，负值表示测定结果偏低。

在实际工作中，真实值往往不知道，无法说明准确度的高低，因此有时用精密度说明测定结果的好坏。

（2）精密度

精密度是指在确定条件下，反复多次测量，所得结果之间的一致程度。用偏差表示个别测定值 x_i 与几次测定平均值 $\overline{x}$ 之间的差，亦有绝对偏差和相对偏差之分。

$$绝对偏差\ d = x_i - \overline{x}_i \qquad (2\text{-}3)$$

$$相对偏差 = \frac{d}{\overline{x}} \times 100\% = \frac{x_i - \overline{x}_i}{\overline{x}} \times 100\% \qquad (2\text{-}4)$$

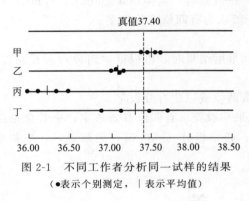

图 2-1　不同工作者分析同一试样的结果
（●表示个别测定，｜表示平均值）

精密度表示测定结果的重现性。各测量值越接近，精密度就越高；反之，精密度越低。

应该指出，准确度和精密度是两个不同的概念，图 2-1 可说明二者的关系，甲、乙、丙、丁四人测定同一试样中的铁含量，甲的准确度、精密度均好，结果可靠；乙的精密度高，但准确度低；丙的准确度和精密度均差；丁的平均值虽然接近真值，但由于精密度差，其结果也不可靠。可见精密度是保证准确度的先决条件。精密度差，所得结果不可靠，但精密度高不一定保证其准确度也高。

2.3.2　误差分类及产生原因

根据误差的来源和特点，误差可分为系统误差（或称可测误差）和偶然误差（或称随机误差、未定误差）。

（1）系统误差

系统误差是由于测定过程中某些经常性的原因所造成的误差，它对测量结果的影响比较恒定，会在同一条件下的多次测定中重复地显示出来，使测定结果系统地偏高或偏低。例如方法误差（由测定方法本身引起的）、仪器误差（仪器本身不够准确）、试剂误差（试剂不够纯）以及主观误差（正常操作情况下操作者自身的原因）。然而，某些系统误差对测定结果的影响并不恒定，甚至实验条件变化时，误差的正负值也将改变。例如，标准溶液因测定温度变化而影响溶液的体积，从而使其浓度变化。这种影响属于不恒定的影响，但如果掌握了溶液体积随温度变化的规律，对测量结果作适当校正，仍可使误差接近消除。

产生系统误差的具体原因有以下几种。

① 测定方法不当　测定方法本身不够完善，如反应不完全，指示剂选择不当；或者由于计算公式不够严格，公式中系数的近似性而引入的误差。

② 仪器本身缺陷　测定中用到的砝码、容量瓶、滴定管、温度计等未经校正，仪器零位未调好，指示剂不正确等仪器系统的因素造成的误差。

③ 环境因素变化　测定过程中温度、湿度、气压等环境因素变化，对仪器产生影响而引入误差。

④ 试剂纯度不够　如试剂中含有微量杂质或干扰测定的物质，所使用的去离子水（或蒸馏水）不合规格，也将引入误差。

⑤ 操作者的主观因素　如有的人对某种颜色的辨别特别敏锐或迟钝；记录某一信号的时间总是滞后；读数时眼睛的位置习惯性偏高或偏低；又如在滴定第二份试样时，总希望与第一份试液的滴定结果相吻合，因此在判断终点或读取滴定管读数时，可能就受到"先入为主"的影响。

（2）偶然误差

偶然误差是由于测定过程中各种因素的不可控制的随机变动所引起的误差。如观测时温度、气压的偶然微小波动，个人一时辨别的差异，在估计最后一位数值时，几次读数不一致。由于引起的原因具有偶然性，偶然误差的大小、方向都不固定，在操作中不能完全避免。

除了上述两类误差之外，往往可能由于工作上的粗枝大叶、不遵守操作规程，以致丢损试液、加错试剂、看错读数、记录出错、计算错误等，而引入过失误差，这类"误差"实属操作错误，无规律可循，对测定结果有严重影响，必须注意避免。对含有此类因素的测定值，应予剔除，不能参加计算平均值。

2.3.3　提高测量结果准确度的方法

为了提高测量结果的准确度，应尽量减小系统误差、偶然误差和过失误差。认真仔细地进行多次测量，取其平均值作为测量结果。在消除过失误差的前提下，这样可以减小偶然误差。根据不同类型的误差采取相应的措施减免误差。对于系统误差可采取下列方法。

（1）对照试验

选用公认的标准方法与所采用的测定方法对同一试样进行测定，找出校正数据，消除方法误差。或用已知含量的标准试样，用所选测定方法进行分析测定，求出校正数据。对照试验是检查测定过程中有无系统误差的最有效方法，其目的是判断试剂是否失效、反应条件是否控制得当、操作是否正确以及仪器是否正常等。

对照试验可以用不同的测定方法，或由不同单位不同人员对同一试样进行测定来相互对照，以说明所选方法的可靠性。

（2）空白试验

在不加试样的情况下，按照试样的测定步骤和条件进行测定，所得结果称为空白值。从试样的测定结果中扣除空白值，就可消除由试剂、去离子水或蒸馏水及所用器皿引入杂质所造成的系统误差，其目的是消除试剂和仪器带进杂质所造成的系统误差等。

（3）仪器校正

用国家标准方法与选用的测量方法相比较，以校正所选用的测量方法。对准确度要求较高的测量，实验前对所使用的砝码、滴定管、移液管、容量器皿、温度计或其他仪器进行校正，求出校正值，提高测量准确度。

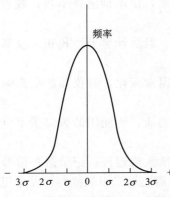

图 2-2 偶然误差的正态分布曲线

是否善于利用空白试验、对照试验是分析问题和解决问题能力大小的主要标志之一。

偶然误差虽然由偶然因素引起，但其出现规律可用正态分布曲线（图 2-2）表示。

由图 2-2 可知，偶然误差的规律是：

① 绝对值相等的正误差、负误差出现的概率几乎相等；

② 小误差出现概率大，大误差出现概率小；

③ 很大误差出现的概率近于零。

表征正态分布曲线的函数形式亦称为高斯方程：

$$y = \frac{1}{\sigma\sqrt{2\pi}}\exp\left[-\frac{(x-\mu)^2}{2\sigma^2}\right] \tag{2-5}$$

式中　y——偶然误差的概率；

　　　　x——各个测定值；

　　　　σ——测定的标准偏差（关于 σ 的讨论见下节）；

　　　　μ——正态分布的总体平均值，在消除了系统误差后，即为真值。

正态分布函数中有两个参数，真值 μ 表征数据的集中趋势，是曲线最高点所对应的横坐标。另一参数为标准偏差 σ，表征测定数据的离散性，它取决于测定的精密度，σ 小，曲线峰形窄，数据较集中；σ 大，曲线峰形宽，数据分散。

从偶然误差的规律可知，在消除系统误差情况下，平行测定的次数越多，测得值的平均值越接近真值，因此可适当增加测定次数，减少偶然误差。

2.4 测定结果的数据处理

测量的目的在于获得真值，在校正了系统误差之后，进行无限次测量，数据的平均值可视为真值。因此，有限次测量数据需要进行合理的处理，才能对真值的取值范围作出科学的判断。在对所需的物理量进行测量之后，首先要把数据加以整理，剔除由于明显的原因而与其他测定结果相差甚远的那些数据，对于一些精密度似乎不甚高的可疑数据，则按照本节所述的 Q 检验（或根据实验要求，按照其他规则）决定取舍，然后计算数据的平均值、各数据对平均值的偏差、平均偏差与标准偏差，最后按照要求的置信度求出平均值的置信区间。

2.4.1 平均偏差（亦称算术平均偏差）

通常用来表示一组数据的分散程度，即结果的精密度，计算式为：

$$\overline{d} = \frac{\sum|x_i - \overline{x}|}{n} \tag{2-6}$$

式中，$\overline{d}$ 为平均偏差；x_i 为各个测定值；$\overline{x}$ 为几次测定的平均值。

相对平均偏差为　　　　　　$\dfrac{\overline{d}}{\overline{x}} \times 100\%$ 　　　　　　(2-7)

用平均偏差表示精密度比较简单，但有时数据中的大偏差得不到应有的反映。如下面两

组 $x_i - \overline{x}$ 的数据：

	A 组	B 组			A 组	B 组
$x_i - \overline{x}$	+0.26	-0.73	$x_i - \overline{x}$		+0.32	-0.14
	-0.25	+0.22			+0.40	0.00
	-0.37	+0.51	$\overline{d}$		0.32	0.32

两组测定结果的平均偏差虽然相同，但 B 组中明显出现一个大的偏差，其精密度不如 A 组好。

2.4.2 标准偏差

当测定次数趋于无穷大时，总体标准偏差 σ 计算式为：

$$\sigma = \sqrt{\frac{\sum (x_i - \mu)^2}{n}} \tag{2-8}$$

式中，μ 为无限多次测定的平均值，称为总体平均值，即：$\lim\limits_{n \to \infty} \overline{x} = \mu$。显然，经过校正系统误差后，$\mu$ 即为真值。

在实际的测定工作中，只作有限次数的测定，根据概率可以推导出在有限测定次数时的样本标准偏差 s 可计算如下：

$$s = \sqrt{\frac{\sum (x_i - \overline{x})^2}{n-1}} \tag{2-9}$$

上例中两组数据的样本标准偏差分别为：$s_A = 0.36$，$s_B = 0.46$。可见标准偏差比平均偏差能更灵敏地反映出大偏差的存在，因而能较好地反映测定结果的精密度。

相对标准偏差（relative standard deviation）亦称变异系数（CV），其计算式为：

$$CV = \frac{s}{\overline{x}} \times 100\% \tag{2-10}$$

2.4.3 置信度与平均值的置信区间

以上讨论的 $\overline{d}$、s 都是平行测定值与平均值之间的偏差问题，为了表示测定结果与真实值间的误差情况，还应进一步了解平均值与真值之间的误差。

在实际工作中，我们不可能对某个样品作无限次的测量，那么我们怎样用有限次测量的结果来估计该样品的真实值呢？图 2-2 中曲线上各点的横坐标是 $x_i - \mu$，其中 x_i 为每次测定的数值，μ 为总体平均值（真值）。曲线上各点的纵坐标表示某个误差出现的频率，曲线与横坐标从 $-\infty$ 到 $+\infty$ 之间所包围的面积代表具有各种大小误差的测定值出现概率的总和（100%），由计算可知，对于无限次数测定而言，在 $\mu - \sigma$ 到 $\mu + \sigma$ 区间内，曲线所包围的面积为 68.3%，即真值落在 $\mu \pm \sigma$ 区间内的概率（亦称为置信度）为 68.3%。还可算出落在 $\mu \pm 2\sigma$ 和 $\mu \pm 3\sigma$ 区间的概率分别为 95.5% 和 99.7%。置信度实际上就是人们对所作判断有把握的程度。反过来，这也使我们能够通过用有限次测量的平均值 $\overline{x}$ 和 s 来确定真实值可能处于什么区域，该区域称为置信区间，该区域的限度称为置信限度。一般来说，置信度越高，置信区间就越宽，相应判断失误的机会就越小。但置信度过高，则会因置信区间过宽而使其实用价值不大。故判断时，置信度高低应定得合适：既要使置信区间宽度足够小，又要使置信度较高。

对于有限次数的测定，真值 μ 与平均值 $\bar{x}$ 之间的关系为：

$$\mu = \bar{x} \pm \frac{ts}{\sqrt{n}} \tag{2-11}$$

式中，s 为标准偏差；n 为测定次数；t 为在选定的某一置信度下的概率系数，可根据测定次数从表 2-2 中查得。从表 2-2 可知，t 值随 n 的增加而减少，也随置信度的提高而增大。

表 2-2　对于不同测定次数及不同置信度的概率系数 t 值

测定次数 n	置信度				
	50%	90%	95%	99%	99.5%
2	1.000	6.314	12.706	63.657	127.32
3	0.816	2.292	4.303	9.925	14.089
4	0.765	2.353	3.182	5.841	7.453
5	0.741	2.132	2.276	4.604	5.598
6	0.727	2.015	2.571	4.032	4.778
7	0.718	1.943	2.447	3.707	4.317
8	0.711	1.895	2.365	3.500	4.029
9	0.706	1.860	2.306	3.355	3.832
10	0.703	1.833	2.262	3.250	3.690
11	0.700	1.812	2.228	2.169	3.581
21	0.687	1.725	2.086	2.845	3.153
∞	0.674	1.645	1.960	2.576	2.807

利用上式可以估算出，在选定的置信度下，总体平均值在以测定平均值为中心的多大范围内出现，这个范围称为平均值的置信区间。

【例】　测定试样中 SiO_2 的质量分数，经校正系统误差后，得到下列数据：0.2862，0.2859，0.2851，0.2848，0.2852，0.2863。求平均值、标准偏差、置信度分别为 90% 和 95% 时的平均值的置信区间。

解：$\bar{x} = \dfrac{0.2862 + 0.2859 + 0.2851 + 0.2848 + 0.2852 + 0.2863}{6} = 0.2856$

$$s = \sqrt{\frac{0.0006^2 + 0.0003^2 + 0.0005^2 + 0.0008^2 + 0.0004^2 + 0.0007^2}{6-1}} = 0.0006$$

查表 2-2，置信度为 90%，$n = 6$ 时，$t = 2.015$

$$\mu = 0.2856 \pm \frac{2.015 \times 0.0006}{\sqrt{6}} = 0.2856 \pm 0.0005$$

同理，对于置信度为 95%，可得：

$$\mu = 0.2856 \pm \frac{2.571 \times 0.0006}{\sqrt{6}} = 0.2856 \pm 0.0007$$

由计算结果，置信度为 90% 时，$\mu = 0.2856 \pm 0.0005$，即说明 SiO_2 含量的平均值为 28.56%，而且有 90% 的把握认为 SiO_2 的真值 μ 在 28.51%～28.61% 之间。把两种置信度下的平均值置信区间相比较可知，如果真值出现的概率为 95%，则平均值的置信区间将扩大为 28.49%～28.63%。

从表 2-2 还可看出，在一定测定次数范围内、适当增加测定次数，可使 t 值减小，因而求得的置信区间的范围越窄，即测定平均值与总体平均值 μ 越接近。

2.4.4 可疑数据的取舍

在实际工作中，常常会遇到一组平行测定中有个别数据远离其他数据，该数据称为可疑值或离群值。在计算前必须对这种可疑值进行合理的取舍，若可疑值不是由明显的过失造成的，就要根据偶然误差分布规律决定取舍。

可疑值的取舍实际上是区分偶然误差和过失误差的问题。现介绍一种确定可疑数据取舍的方法，即 Q 检验法。

当测定次数在 3～10 次时，根据所要求的置信度按照下列步骤，对可疑值进行检验，再决定取舍。

① 将各数据按递增的顺序排列：x_1，x_2，…，x_n，其中 x_1 或（和）x_n 为可疑值；

② 求出

$$Q = \frac{x_n - x_{n-1}}{x_n - x_1} \quad \text{或} \quad Q = \frac{x_2 - x_1}{x_n - x_1} \tag{2-12}$$

③ 根据测定次数 n 和要求的置信度（如 90%）查表 2-3 得出 $Q_{0.90}$；

④ 将 Q 与 $Q_{0.90}$ 相比，若 $Q > Q_{0.90}$ 则弃去可疑值，否则应予保留。

在 3 个以上数据中，需要对一个以上的可疑数据用 Q 检验决定取舍时，首先检验相差较大的值。

表 2-3 不同置信度下舍弃可疑数据的 Q 值表

测定次数 n	$Q_{0.90}$	$Q_{0.95}$	$Q_{0.99}$	测定次数 n	$Q_{0.90}$	$Q_{0.95}$	$Q_{0.99}$
3	0.94	0.98	0.99	7	0.51	0.59	0.68
4	0.76	0.85	0.93	8	0.47	0.54	0.63
5	0.64	0.73	0.82	9	0.44	0.51	0.60
6	0.56	0.64	0.74	10	0.41	0.48	0.57

2.5 误差传递及其应用

许多实验中都包含一系列的测量步骤，直接测量出几个实验数据，然后按照一定的公式算出最后的结果。显然，各测量步骤所引入的测量误差必将传递到最后结果中，而影响其准确度。例如，由实验测得在一定温度 T、压力 p 下某气体的质量 m、相应的体积为 V，通过 $M = mRT/pV$ 求得该气体的摩尔质量。显然，这类间接测量的误差是由各直接测量值的误差决定的。

2.5.1 函数相对误差的传递规律

设一函数 $u = f(x, y, z)$，x、y、z 为测量值，其相应的绝对误差分别为 Δx、Δy、Δz。将 u 全微分，则

$$du = \left(\frac{\partial u}{\partial x}\right)_{y,z} dx + \left(\frac{\partial u}{\partial y}\right)_{x,z} dy + \left(\frac{\partial u}{\partial z}\right)_{x,y} dz$$

$$\frac{\mathrm{d}u}{u} = \frac{1}{f(x,y,z)}\left[\left(\frac{\partial u}{\partial x}\right)_{y,z}\mathrm{d}x + \left(\frac{\partial u}{\partial y}\right)_{x,z}\mathrm{d}y + \left(\frac{\partial u}{\partial z}\right)_{x,y}\mathrm{d}z\right]$$

由于 Δx、Δy、Δz 的值都很小，可以用其代替上式中的 $\mathrm{d}z$、$\mathrm{d}y$、$\mathrm{d}z$，且在估算 u 的最大误差时，是取各测量值误差的绝对值之和（即误差的累积）。因此，表示函数相对平均误差的普遍式可变为：

$$\frac{\mathrm{d}u}{u} = \frac{1}{f(x,y,z)}\left(\left|\frac{\partial u}{\partial x}\right|\cdot|\Delta x| + \left|\frac{\partial u}{\partial y}\right|\cdot|\Delta y| + \left|\frac{\partial u}{\partial z}\right|\cdot|\Delta z|\right)$$

在此基础上利用

$$\frac{\Delta u}{u} \approx \frac{\mathrm{d}u}{u} = \mathrm{d}\ln f(x,y,z)$$

所以欲求任一函数的相对平均误差，也可以先取其函数的自然对数，然后再微分。这一方法比较方便。例如：$u = x + y + z$

$$\mathrm{d}\ln u = \mathrm{d}\ln(x+y+z)$$

$$\frac{\Delta u}{u} = \frac{|\Delta x| + |\Delta y| + |\Delta z|}{x+y+z}$$

u 的最大可能的绝对误差的绝对值 $|\Delta u|_{\max}$ 为各测定量绝对误差的绝对值之和，即

$$|\Delta u|_{\max} = |\Delta x| + |\Delta y| + |\Delta z|$$

对于乘除运算，如 $u = xyz^2$，则 u 的最大可能相对误差的绝对值 $\left|\frac{\Delta u}{u}\right|_{\max}$ 为各测定量相对误差的绝对值之和，即

$$\frac{\Delta u}{u} = \left|\frac{\Delta x}{x}\right| + \left|\frac{\Delta y}{y}\right| + 2\left|\frac{\Delta z}{z}\right|$$

应该指出，以上讨论的是各测定量的误差相互叠加而形成的最大可能误差，实际上，各测定量的误差可能相互部分抵消，因此经传递后造成的误差比按上式计算的要小些。

2.5.2 函数标准误差的传递规律

函数的相对误差除了可以用平均误差表示外，还常用标准误差表示。设测量值 x、y、z 的标准误差分别为 S_x、S_y 和 S_z；则对于函数 $u = f(x,y,z)$，u 的相对标准误差 S_u 为：

$$\frac{S_u}{u} = \sqrt{\left(\frac{1}{u}\frac{\partial u}{\partial x}\right)^2 S_x^2 + \left(\frac{1}{u}\frac{\partial u}{\partial y}\right)^2 S_y^2 + \left(\frac{1}{u}\frac{\partial u}{\partial z}\right)^2 S_z^2}$$

对于加减法运算，最后结果的方差（即标准误差 S_u 的平方）为各测定量的方差之和。如：$u = x + y + z$，则

$$S_u^2 = S_x^2 + S_y^2 + S_z^2，\text{即 } S_u = \sqrt{S_x^2 + S_y^2 + S_z^2}$$

对于乘除法运算，最后结果的相对误差的平方等于各测定量相对误差平方之和。例如：$u = xy/z$，则

$$\left(\frac{S_u}{u}\right)^2 = \left(\frac{S_x}{x}\right)^2 + \left(\frac{S_y}{y}\right)^2 + \left(\frac{S_z}{z}\right)^2，\text{即 } \frac{S_u}{u} = \sqrt{\left(\frac{S_x}{x}\right)^2 + \left(\frac{S_y}{y}\right)^2 + \left(\frac{S_z}{z}\right)^2}$$

从上述各计算式可知，在一系列测定步骤中，若某一测量环节引入 1% 的误差（或标准偏差），而其余几个测量环节即使都保持 0.1% 的误差（或标准偏差），整个测定的最后结果的误差（或标准偏差）也仍然在 1% 以上。因此在测定过程中，应注意使每个测量环节的误差（或标准偏差）接近一致或保持相同的数量级。

2.5.3　误差传递分析的应用

下面以计算函数的相对平均误差为例，讨论函数误差传递分析的两个应用。

① 在确定的实验条件下，求函数的最大误差和误差的主要来源。

【例】 在测定萘溶解在苯中的溶液凝固点下降的实验中，试应用稀溶液依数性的公式 $M = \dfrac{K_f m_B}{m_A (t_f^* - t_f)}$，求算萘的摩尔质量。

式中，m_A 与 m_B 分别为纯苯与萘的质量；t_f^* 与 t_f 分别为纯苯与溶液的凝固温度；K_f 为苯的凝固点下降常数；M 为萘的摩尔质量。

解： 若用分析天平称取萘 $m_B \approx 0.2g$，其称量误差 $\Delta m_B = \pm 0.0002g$；用工业天平称取溶剂苯 $m_A \approx 20g$，$\Delta m_A = \pm 0.04g$；用贝克曼温度计测量温差 $t_f^* - t_f \approx 0.3℃$；其测量误差 $\Delta(t_f^* - t_f) = \pm 0.004℃$。那么萘的摩尔质量的最大相对误差可根据下式求得：

$$\mathrm{d}\ln M = \mathrm{d}\ln\left[\frac{K_f m_B}{m_A(t_f^* - t_f)}\right]$$

$$\mathrm{d}\ln M = \mathrm{d}\left[\ln K_f + \ln m_B - \ln m_A - \ln(t_f^* - t_f)\right]$$

$$\frac{\Delta M}{M} = \left|\frac{\Delta m_B}{m_B}\right| + \left|\frac{\Delta m_A}{m_A}\right| + \left|\frac{\Delta(t_f^* - t_f)}{t_f^* - t_f}\right| \quad (\text{积累误差})$$

由此可见，在上述条件下，测求萘的摩尔质量的最大相对误差可达 $\pm 1.6\%$。其主要来源于凝固点下降的温差测定，即 $\dfrac{\Delta(t_f^* - t_f)}{t_f^* - t_f}$ 项。所以要提高整个实验的精度，关键在于选用更精密的温度计。因为若改用分析天平称量溶剂，并不会提高结果的精度，相反却造成仪器与时间的浪费。如果采用增大溶液浓度的方法，从而增加温差，使误差 $\dfrac{\Delta(t_f^* - t_f)}{t_f^* - t_f}$ 减小，也是不可取的，因为溶液浓度增大后就不符合稀溶液条件，若仍应用上述稀溶液公式将引入系统误差。

② 怎样选用不同精度的仪器，以满足函数最大允许误差的要求？

【例】 测定一个半径 $r \approx 1cm$，高 $h \approx 5cm$ 的圆柱体的体积 V，要求体积的相对平均误差 $\Delta V/V = \pm 1\%$，问测量 r 与 h 的精度要求如何？

已知圆柱体体积 $V = \pi r^2 h$，根据

$$\frac{\Delta V}{V} = 2\frac{\Delta r}{r} + \frac{\Delta h}{h} = \pm 0.01$$

为求各直接测量值的精度（Δr，Δh），据等传播假设，令各测量值对函数误差的贡献相同，即：

$$2\frac{\Delta r}{r} = \frac{\Delta h}{h} = \pm\left(\frac{1}{2} \times 0.01\right)$$

所以

$$\Delta r = \pm\frac{0.01}{2 \times 2}r = \pm 0.0025 \times 10mm = \pm 0.025mm$$

$$\Delta h = \pm\frac{0.01}{2}h = \pm 0.005 \times 50mm = \pm 0.25mm$$

因此，测量半径 r 应使用螺旋测微器；测量高度 h 可用游标卡尺。

2.6 实验数据的整理与表达

取得实验数据后，应进行整理、归纳，并以简明的方法表达实验结果，通常有列表法、图解法和数学方程法以及计算机处理法等，可根据具体情况选择使用。现将几种表示法分别介绍如下。

2.6.1 列表法

将一组实验数据中的自变量和因变量的数值按一定形式和顺序一一对应列成表格。列表法是数据处理中最简单的方法，它排列整齐，使人一目了然。制表时需注意以下事项。

① 每一表格应有序号及完整而又简明的表名。在表名不足以说明表中数据含义时，则在表名或表格下方再附加说明，如有关实验条件、数据来源等。

② 表格中每一横行或纵行应标明名称和单位。在不加说明即可了解的情况下，应尽可能用符号表示，如 V/mL，p/MPa，T/K 等，斜线后表示单位。因为物理量的符号本身是带有单位的，比上其单位，即等于表中的纯数字。

③ 自变量的数值常取整数或其他方便的值，其间距最好均匀，并按递增或递减的顺序排列。

④ 表中所列数值的有效数字位数应取舍适当；同一纵行中的小数点应上下对齐，以便相互比较；数值为零时应记作"0"，数值空缺时应记一横划"—"。公共的乘方因子应写在开头一栏并与物理量符号相乘。

⑤ 直接测量的数值可与处理的结果并列在一张表上，必要时在表的下方注明数据的处理方法或计算公式。

列表法简单易行，不需要特殊图纸（如方格纸）和仪器，形式紧凑，又便于参考比较，在同一表格内，可以同时表示几个变量间的变化情况。因此，实验的原始数据一般是采用列表法记录。

2.6.2 图解法

将实验数据按自变量与因变量的对应关系标绘成图形，能够把变量间的变化趋向，如极大、极小、转折点、变化速率以及周期性等重要特征直观地显示出来，便于进行分析研究，是整理实验数据的重要方法。此外，根据所作图还可以求得速率、截距及外推值等，因此作图的好坏与实验结果及作图技巧有着直接的关系。

为了能把实验数据正确地用图形表示出来，需注意以下一些作图要点。

① 图纸的选择　坐标纸的种类有直角坐标纸、三角坐标纸、半对数坐标纸及对数坐标纸等。通常多用直角坐标纸，有时也用半对数坐标纸或对数坐标纸，在表达三组分体系的相图时，则选用三角坐标纸。

② 坐标轴及分度　习惯上以横轴（x）代表自变量，纵轴（y）代表因变量，每个坐标轴应注明名称和单位，如 $c/mol \cdot L^{-1}$，λ/nm，T/K 等，斜线后表示单位，10 的幂次以相乘的形式写在变量旁。坐标分度应便于从图上读出任一点的坐标值，而且其精度应与测量的

精度一致。对于主线间分为十等分的直角坐标，每格所代表的变量值以 1，2，4，5 等数量为最方便，不宜采用 3，6，7，9 等数量；通常可不必拘泥于以坐标原点作为分度的零点。曲线若是直线或近乎直线，则应使图形位于坐标纸的中央位置或对角线附近；如果作直线，应选择正确的比例，使直线呈 45°倾斜为好。

比例尺的选择对于正确表达实验数据及其变化规律是很重要的。图 2-3 为 Gemini 表面活性剂 $\left[C_{18}H_{37}\overset{+}{N}(CH_3)_2CH_2-\text{⟨benzene⟩}-CH_2(CH_3)_2\overset{+}{N}-C_{18}H_{13}\cdot 2Br^-\right]$ 在氯仿溶液中的紫外吸收光谱图。其中（a）为正确图形，各点数值的精度与实验测量的精度相当，曲线显出吸收峰的情况；（b）的波长坐标轴比例不合适，其精度超过实际情况；（c）的吸光度坐标轴比例不合适，精度与实际情况也不相符，吸收峰值给得太大，不能充分显示出吸收峰的规律。

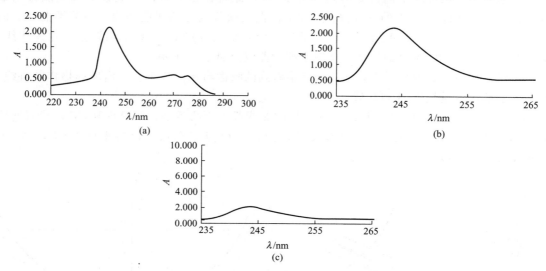

图 2-3　Gemini 表面活性剂在氯仿溶液中的紫外吸收光谱图
（a）正确图形；（b）波长坐标比例太大；（c）纵、横坐标比例都不妥当

③ 作图点的标绘　把数据标点在坐标纸上时，可用点圆符号（⊙），圆心小点表示测得数据的正确值，圆的大小粗略表示该点的误差范围，也即是符号的总面积代表了实验数据误差的大小。若需在一张纸上表示几组不同的测量值时，则各组数据应分别选用不同形式的符号，以示区别，如用□、×、*、+、⊗、△等符号，并在图上注明不同的符号各代表何种情况。

④ 绘制曲线　作曲线时，应尽量多地通过所描的点，但不要强行通过每一个点。对于不能通过的点，应使其等量地分布于曲线两边，且两边各点到曲线的距离的平方和要尽可能相等。例如，若各实验点成直线关系时，用铅笔和直尺依各点的趋向，在点群之间划一直线，注意应使直线两侧点数近乎相等，或者更确切地说，应使各点与曲线距离的平方和为最小。

对于曲线，一般在其平缓变化部分，测量点可取得少些，但在关键点，如滴定终点、极大、极小以及转折等变化较大的区间，应适当增加测量点的密度，以保证曲线所表示的规律是可靠的。

描绘曲线时，一般不必通过图上所有的点及两端的点，但力求使各点均匀地分布在曲线两侧邻近。对于个别远离曲线的点，应检查测量和计算中是否有误，最好重新测量，如原测量确属无误，就应引起重视，并在该区间内重复进行更仔细的测量以及适当增加该点两侧测量点的密度。

描出的曲线应平滑均匀。作图时先用硬铅笔（2H）沿各点的变化趋势轻轻描绘，再以曲线板逐段拟合手描线的曲率，绘出光滑曲线。为使各段在连接处光滑连续，不要将曲线板上的曲线与手描线所有重合部分一次描完，每次只描 1/2~2/3 段为宜。

⑤ 图名和说明　每图应有图名，并注明取得数据的主要实验条件及实验日期。

⑥ 图解微分　图解微分的关键是作曲线的切线，而后求出切线的斜率值，即图解微分值。若 $x \sim y$ 之间呈曲线关系，如图 2-4 所示。要求曲线上一点的斜率，可采用如下方法。

a. 镜面法　用一块平面镜垂直地通过 A 点，此时在镜中可以看到该曲线的映像（如 Aa'），调节平面镜与 A 点的垂直位置，使镜内曲线映像与原曲线能连成一条光滑曲线，而看不到转折（即 Aa' 线与 Aa 线重合）。此时，沿镜面所作的直线就是曲线上 A 点的法线。作该法线的垂线，即 A 点的切线，其斜率即为曲线上 A 点的斜率。

b. 玻璃棒法　其原理同上，从玻璃棒中看到的映像与原曲线重合，沿玻璃棒作的直线，即 B 点法线，其垂线即 B 点切线。

c. 平行线段法　如图 2-5 所示，在选择的曲线段上作两条平行线 AB 和 CD，然后连接 AB 和 CD 的中点 PQ 并延长，与曲线交于 O 点，过 O 点作 AB、CD 的平行线 EF，则 EF 就是曲线 O 点的切线。

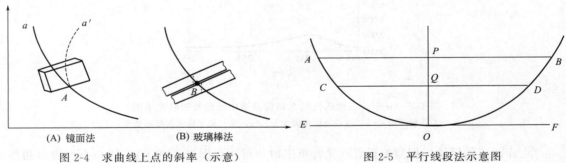

图 2-4　求曲线上点的斜率（示意）　　图 2-5　平行线段法示意图

⑦ 多项式求导法　根据最小二乘法将此曲线拟合为多项式：

$$y = a_0 + a_1 x + a_2 x^2 + a_3 x^3$$

对其在 A 点（x_1，y_1）求导，即求得 A 点斜率为 $a_1 + 2a_2 x + 3a_3 x^2$。

2.6.3　数学方程表示法

上述的图解法可以形象地表现出某一被测的物理量随其影响因素而变化的趋势或规律，有时为了更精确地表达这种因变量与自变量之间的数量关系，需将实验数据进行整理，总结为一个数学方程。因此，先将有关数据作图，根据所得的图形，凭借已有的知识和经验，试探选择某一函数关系式，并确定其中各参数的最佳值，最后再对所得的函数关系式进行验证，以确定最佳的数学方程。

在各种实验曲线中，以直线的方程 $y = ax + b$ 最为简单，运用、计算也很方便，因此有时可将其他的函数关系式，通过坐标变换，使函数式直线化。表 2-4 中列举一些示例。

表 2-4　通过坐标变换使函数直线化

原函数式	坐标变换		直线化后的方程 $Y = mX + c$
	Y	X	
$y = bx^a$	$\ln y$	$\ln x$	$Y = aX + \ln b$
$y = ba^x$	$\ln y$	x	$Y = X\ln a + \ln b$
$y = be^{ax}$	$\ln y$	x	$Y = aX + \ln b$
$y = a + bx^2$	y	x^2	$Y = bX + a$
$y = a + b\lg x$	y	$\lg x$	$Y = bX + a$
$y = \dfrac{1}{ax + b}$	$\dfrac{1}{y}$	x	$Y = aX + b$
$y = \dfrac{1}{ax + b}$	$\dfrac{x}{y}$ 或 $\dfrac{1}{y}$	x 或 $\dfrac{1}{x}$	$Y = aX + b$ 或 $Y = bX + a$

直线方程中的斜率和截距可从图解法的直线上直接求得，但在要求较高的场合下，图解法所得常数的精度往往不能满足要求，因此可用最小二乘法进行回归，求得较精确的数学方程。

最小二乘法认为各实验点与回归直线间都存在或正或负的偏差（$y_i - y_{i,\text{计}}$），但是偏差的平方和均为正值。如果各点对某一直线的偏差平方和为最小，则该直线即为最佳的回归直线。基于这一原理，对于方程

$$y = ax + b$$

假设各实验点的 x_i 为精确值，y_i 是包含偶然误差的值，设有 n 组 x_i、y_i 实验数据，根据上述假设，即令 $\sum(y_i - y_{i,\text{计}})^2$ 为最小，由极值条件可知：

$$\left[\frac{\partial \sum (y_i - ax_i - b)^2}{\partial a}\right]_b = 0$$

$$\left[\frac{\partial \sum (y_i - ax_i - b)^2}{\partial a}\right]_a = 0$$

联立二方程后，解之可得：

$$a = \frac{\sum x_i \sum y_i - n\sum x_i y_i}{(\sum x_i)^2 - n\sum x_i^2}$$

$$b = \frac{\sum x_i y_i \sum x_i - \sum y_i \sum x_i^2}{(\sum x_i)^2 - n\sum x_i^2} = \frac{\sum y_i - a\sum x_i}{n}$$

或 $b = \bar{y} - a\bar{x}$（$\bar{x}$、$\bar{y}$ 分别为 x、y 的平均值）

回归方程的数字运算中，由于数据较多，而且步骤较繁，容易出错，最好在得出回归方程后进行验算，其方法之一是检验下式是否成立：

$$\sum y = a\sum x + nb$$

【例】　根据下列实验数据，用最小二乘法回归直线方程。

x	1.00	1.50	2.00	2.50	3.00	3.50	4.00	4.50
y	2.892	2.410	1.985	1.603	1.187	0.797	0.505	0.156

解：

x	y	x^2	y^2	xy
1.00	2.892	1.00	8.364	2.892
1.50	2.410	2.25	5.808	3.615
2.00	1.985	4.00	3.940	3.970
2.50	1.603	6.25	2.570	4.008
3.00	1.187	9.00	1.409	3.561
3.50	0.797	12.25	0.635	2.790
4.00	0.505	16.00	0.255	2.020
4.50	0.156	20.25	0.024	0.702
22.00	11.535	71.00	23.005	23.558

$$a = \frac{22.00 \times 11.535 - 8 \times 23.558}{22.00^2 - 8 \times 71.00} = -0.777$$

$$b = \frac{11.535}{8} - (-0.777) \times \frac{22.00}{8} = 3.579$$

所以回归方程为：$y = -0.7773x + 3.579$

验算：$a\sum x + nb = (-0.777) \times 22.00 + 8 \times 3.579 = 11.538 \approx \sum y = 11.535$。说明计算无误。

用最小二乘法得到线性方程虽然计算较繁，但其结果准确，具有统计意义。

采用最小二乘法时，在数字运算过程中不宜过早地修约数字，应在得出 a、b 的具体数值后，再进行合理修约；常数 a 的有效数字位数应与自变量 x 的有效数字位数相等，或至多比 x 多保留一位。

由于在有些实验中，两个变量之间不呈十分严格的线性关系，这时即使用回归计算勉强求得一条回归直线，并不能表达客观现象的规律，也是没有意义的，因此要通过专业知识作出判断，或用相关系数 γ 说明 x 与 y 之间线性关系的密切程度。当 $|\gamma| = 1$ 时，说明 y 与 x 完全线性相关；而 $\gamma = 0$ 时，表明二者毫无线性关系，但是不否定 x 与 y 之间可能存在其他的非线性关系。因此在实验报告或论文中，如果用回归分析得出回归方程，往往还需算出相关系数 γ。

$$\gamma = \frac{\sum(x_i - \overline{x}_i)(y_i - \overline{y}_i)}{\sqrt{\sum(x_i - \overline{x}_i)^2 \sum(y_i - \overline{y}_i)^2}}$$

或

$$\gamma = \frac{\sum x_i y_i - \frac{1}{n}\sum x_i \sum y_i}{\sqrt{\sum x_i^2 - \frac{1}{n}(\sum x_i)^2}\sqrt{\sum y_i^2 - \frac{1}{n}(\sum y_i)^2}}$$

由上例中各实验数据可求得其相关系数为 0.9979，说明 y 与 x 之间的线性相关较为密切。

2.6.4 计算机处理实验数据和作图

随着计算机的普及，计算机处理实验数据和作图的软件也越来越多。如电子表格软件 Excel、专业作图软件 Origin、适用于物理化学计算的 Pascal、Fortran 语言等。

由于一般计算机中都有 Office 套装软件 Excel，而且使用方便，因此实验中常用列表法处理实验数据和一般函数曲线的绘制。现以"过氧化氢催化分解反应速率系数测定"实验数据处理为例，介绍应用 Excel 软件处理实验数据的主要方法。在本实验中采用积分法，以 $\ln(V_\infty-V_t)$ 对时间 t 作图，将得到一条直线，直线的斜率即为一级反应的反应速率系数。具体操作步骤如下。

（1）输入实验数据

进入 Excel 软件，在二维表格内输入得到的实验数据，如：

	A	B	C	D	E	F	G
1	过氧化氢催化分解反应速率系数测定						
2							
3				T=298.2K		C(H₂O₂)=3%	
4	V_∞=		5.2 mL	V₀=50mL		C(KI)=0.2mol/L	
5				Vₜ=V₀-V_d		V∞=V₀-V_d∞	
6							
7	t/min	V_d/mL	(V∞-Vₜ)/mL	ln((V∞-Vₜ)/mL)			
8	0.00	48.60					
9	1.00	42.80					
10	2.00	37.80					
11	3.00	33.50					
12	4.00	29.80					
13	5.00	26.60					
14	6.00	23.80					
15	7.00	21.40					
16	8.00	19.30					
17	9.00	17.50					
18	10.00	15.90					
19	11.00	14.50					
20	12.00	13.20					

（2）数据计算

① 选中 C7 单元格在里面输入公式"＝＄B8－＄B＄4"，得数值 43.40。公式中＄B＄4 是绝对引用，＄B8 是混合引用。

② 在 D8 单元格输入公式"＝LN（＄C8）"。

③ 选定 B8：D8 区域，向下拖曳 D7 右下角的实心十字填充柄至第 20 行得到所有需要的数据。

输入完成后的数据表格如下：

C8			＝＄B8-＄B＄4				
	A	B	C	D	E	F	G
1	过氧化氢催化分解反应速率系数测定						
2							
3				T=298.2K		C(H₂O₂)=3%	
4	V_∞=		5.2 mL	V₀=50mL		C(KI)=0.2mol/L	
5				Vₜ=V₀-V_d		V∞=V₀-V_d∞	
6							
7	t/min	V_d/mL	(V∞-Vₜ)/mL	ln((V∞-Vₜ)/mL)			
8	0.00	48.60	43.40	3.7705			
9	1.00	42.80	37.60	3.6270			
10	2.00	37.80	32.60	3.4843			
11	3.00	33.50	28.30	3.3429			
12	4.00	29.80	24.60	3.2027			
13	5.00	26.60	21.40	3.0634			
14	6.00	23.80	18.60	2.9232			
15	7.00	21.40	16.20	2.7850			
16	8.00	19.30	14.10	2.6462			
17	9.00	17.50	12.30	2.5096			
18	10.00	15.90	10.70	2.3702			
19	11.00	14.50	9.30	2.2300			
20	12.00	13.20	8.00	2.0794			

（3）以 $\ln(V_\infty-V_t)$ 对时间 t 作图

选中 A8 到 A20，按住"Ctrl"键，继续选取 D8 到 D20，然后点击工具栏的 ▥ 按钮，将弹出一个对话框，选择"XY 散点图"，再选择一种线型，按图表向导完成后续操作，得到如下图形：

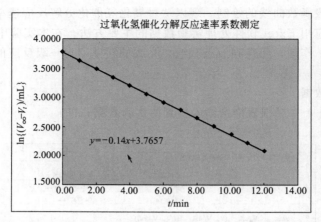

图表内所有的元素都可以修改，在某个元素上单击鼠标右键，将出现该元素可以执行的操作，选择相应菜单就可对图表中所有的元素进行更改。

（4）对实验数据进行线性回归

选中 B22 到 C24，在单元格内输入"＝LINEST（D6：D18，A6：A18，1，1）"，同时单击"Ctrl＋Shift＋Enter"，可得到如下结果，其中 D6：D18 是 Y 轴值域，A6：A18 是 X 轴值域，后面的两个 1，1 表示截距和回归统计都出现。

21		k	b
22	回归参数	-0.13999	3.765679911
23	标准偏差	0.000273	0.001930011
24	R^2,SE(y)	0.999958	0.003682227

线性回归结果表明：$\ln(V_\infty - V_t)$-t 作图为一直线，该反应为一级反应，其反应的速率系数 $k_1 = 0.14 \ \text{min}^{-1}$。

第3章
基本物理量的测量原理与技术

3.1 温度的测量及其控制

3.1.1 温标

作为两个互为热平衡系统的特征参数——温度，都是用某一物理量作为测温参数来表征的。原则上，只要该物理量随冷热的变化会发生单调的明显变化，而且能够复现，都可以用于表征温度。例如，水银温度计用等截面的汞柱高度、镍铬-镍硅热电偶用两种金属的温差热电势、铂电阻温度计用铂的电阻、饱和蒸气温度计用液体的饱和蒸气压等物理量，进行测温。实验证明，不同的测温参数与温度值之间不存在同样的线性关系，而且温度本身也没有一个自然的起点，因此，实际上只能人为规定一个参考点的温度值，从而建立一套标准——温标，规定温度的零点及其分度的方法以统一温度的测量。

最科学的温标是由开尔文（Lord Kelvin）用可逆热机效率作为测温参数而建立的热力学温标，它与测温物质的性质无关。此温标下的温度即热力学温度 T，单位为开尔文，用 K 表示。由于可逆热机无法成功制造，所以热力学温标不能在实际中应用。

理想气体的 p、V 值随温度变化而不同，且与热力学温度成严格的线性关系，据此建立了理想气体温标，用理想气体温度计可以复现热力学温标下的温度值。理想气体温度计是国际第一基准温度计。例如，按照 $T = f(p)$，用气体压力来表征温度的恒容气体温度计。

鉴于理想气体温度计结构复杂，操作麻烦，不能得到普遍使用，因此人们致力于建立一个易于使用且能精确复现，又能十分接近热力学温标的实用性温标，用它来统一世界各国的温度测量。这就是以热力学温标为基础，依靠理想气体温度计为桥梁的协议性的国际实用温标（ITS）。其主要内容是：

① 用理想气体温度计确定一系列易于复现的高纯度物质相平衡温度作为定义固定点温度，并给予最佳的热力学温度值；

② 在不同温度范围内，规定统一使用不同的基准温度计，并按指定的固定点分度；

③ 在不同的定义固定点之间的温度，规定用统一的内插公式求取。

目前，我们贯彻的是 1990 年第 18 届国际计量大会通过的 1990 年国际实用温标，即 ITS-90。它选取了氧三相点（54.3584K）、水三相点（273.16K）、锌凝固点（692.677K）、金凝固点（1337.33K）等 14 个固定点。对于基准温度计的使用，规定在 13.8033K 到 1234.93K 之间用铂电阻温度计，1234.93K 以上用辐射温度计。在不同温度区间也都规定了各自特定的内插公式及其求算方法。据此所测得的温度值与热力学温度极为接近，其差值在现代测温技术的误差之内。

为贯彻国际实用温标，测温仪器分为三级：基准温度计、标准温度计与一般测温计（或记录仪表）。根据测温精度要求不同，建立了一套温标传递系统（参见表 3-1），它是用上一等级的温度计对下一等级的温度计进行标定与检验，以保证温度测量的统一。我国国家计量科学院按国际计量局统一基准，负责国家级基准温度计的校验，并定期标定各省、市计量单位的基准温度计。它还与各行业的测温工作形成一个逐级的温标传递组织网，通过对温度计的分度与校验以完成温标的传递，保证温度计在国际范围内的一致性和准确性。

表 3-1 水银温度计的温标传递系统

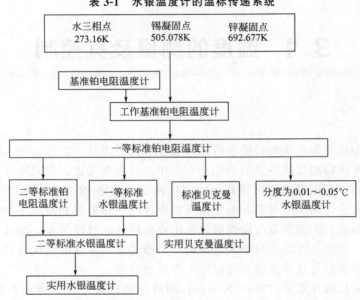

应该指出，在 SI 中，热力学温度单位为 K(开尔文) $\left(1\text{K 等于水三相点温度的}\dfrac{1}{273.16}\right)$，但在其专有名词导出单位中仍有摄氏温度 t 的名称，t 的单位符号为℃。这里的℃已不是历史上所定的 1 大气压下水的冰点为 0℃、沸点为 100℃进行分度的摄氏度，而是用热力学温度 T 按下式定义：

$$t/\text{℃} \equiv T/\text{K} - 273.15 \tag{3-1}$$

所以，SI 中的摄氏温度仅是热力学温度坐标零点移动的结果，它反映了以 273.15K 为基点的热力学温度间隔。

3.1.2 玻璃液体温度计

（1）水银温度计与酒精温度计
常用的玻璃液体温度计典型结构如图 3-1 所示。

其中毛细管顶部的安全泡，用于防止温度超过温度计使用范围时可能引起的温度计破裂。毛细管底部的扩大泡是于代替毛细管贮藏液体之用，以满足在测温范围内温度示值精度的要求。玻璃液体温度计利用液体的热胀冷缩性质来表征温度。当感温泡的温度变化时，内部液体体积随之变化，表现为毛细管中液柱弯月面的升高或降低。应该指出，我们观察到的毛细管中液柱高度的变化，实质上是液体本身体积变化与玻璃（感温泡、毛细管）体积变化之差。所以，在有关校正计算中，常用到液体视膨胀系数 α 的概念，即

$$\alpha = \alpha_1 - \alpha_g \tag{3-2}$$

式中，α_1、α_g 分别为液体与玻璃的平均膨胀系数。对水银温度计而言，$\alpha_1 = 0.00018℃$，$\alpha_g = 0.00002℃$，则汞的视膨胀系数 $\alpha = 0.00016℃^{-1}$。在玻璃液体温度计中，水银温度计使用最广泛。其优点如下所示：

① 汞体积随温度变化线性关系很好（尤其是在 100℃ 以下），便于温度计示值等分刻度；

② 液相稳定的范围宽（常压下汞凝固点为 $-38.9℃$，若配成汞铊齐，凝固点可降到 $-60℃$ 常压下汞沸点为 356.9℃，若在毛细管中充一定的惰性气体，沸点可升到 500℃ 以上）；

③ 汞对玻璃表面不润湿，沾附少，所以可用内径很小的毛细管，有利于提高示值精度。

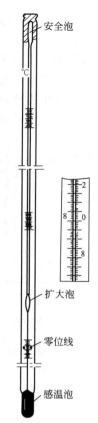

图 3-1　水银温度计

水银温度计按精度等级可分为一等标准温度计，二等标准温度计与实验温度计。实验温度计分度有 1℃、1/5℃、1/10℃ 等几种。按温度计在分度时的条件不同，可分为全浸式与局浸式两种。全浸式温度计使用时必须将温度计上的示值部分全浸入测温系统（为了读数方便起见，水银柱的弯月面可露出系统，但不超过 1cm）；而局浸式温度计使用时只需浸到温度计下端某一规定的位置。一般来说，分度为 1/10℃ 的精密温度计都是全浸式温度计。

表 3-2　水银与酒精有关物性数据的比较

液体	沸点 ℃	凝固点 ℃	比热容 $J \cdot kg^{-1} \cdot ℃^{-1}$	膨胀系数 $℃^{-1}$	热导率 $W \cdot m^{-1} \cdot ℃^{-1}$	测温范围 ℃
水银	356.9	-38.9	125.5	1.8×10^{-4}	8.33	$-30 \sim 600$
酒精	78.5	-117	2426.7	1.1×10^{-3}	0.180	$-80 \sim 80$

酒精温度计也是常用的玻璃液体温度计。从表 3-2 可见，测温液体用酒精代替水银的优点是：

① 膨胀系数大，在温度变化相同时，液柱高度的变化更显著；

② 凝固点低，利于低温测量。

不过酒精温度计有以下四个缺点：

① 体积随温度变化的线性关系较差，所以温度计示值等分刻度的误差较大；

② 平均比热容比水银大将近 20 倍。显然，酒精温度计热惰性大，测温灵敏度差；

③ 传热系数小，故测温滞后现象明显；

④ 酒精对玻璃润湿性好，易产生沾附现象，所以玻璃毛细管内径不宜太小，否则示值精度较差。

即使如此，由于酒精毒性比汞小，制作方便，故在一般测温中（尤其在低温测量中），酒精温度计仍被普遍使用。

（2）水银温度计的读数校正

水银温度计的读数误差主要来源于：玻璃毛细管内径不均匀、温度计的感温泡受热后体积发生变化、全浸式温度计局浸使用。

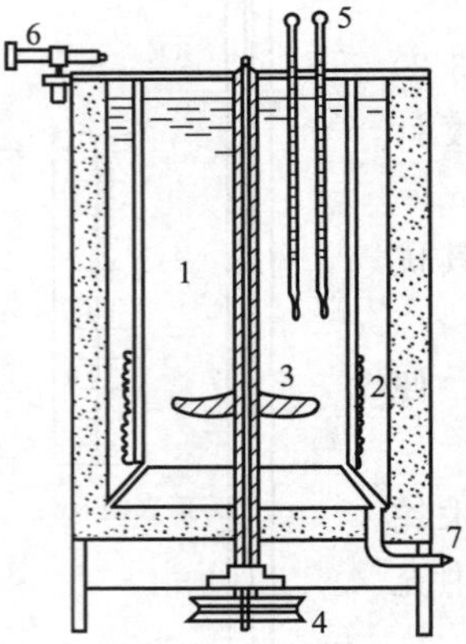

基于上述原因，测温时对温度计的读数要进行如下相应的校正。

① 示值校正

由于毛细管直径不均匀和水银不纯引起温度计的示值偏差。此项偏差可用比较法校正。即将二等标准温度计与待校的温度计同置于恒温槽中，比较两者的示值以求出校正值。

实验装置如图 3-2 所示。对用于示值校正的恒温槽，要求其控温精度较高，误差不超过 ±0.03℃。恒温浴的介质：−30℃～室温，用酒精；室温～80℃，用水；80～300℃，用变压器油或菜油。

【例】 对某一 1/10℃ 分度的水银温度计进行示值校正。当标准温度计指示为 42.00℃ 时，在待校的温度计上读得 42.05℃，则示值校正值为

$$\Delta t_示 =（标准值）−（测量值） \qquad (3-3)$$
$$\Delta t_示 = 42.00℃ − 42.05℃ = −0.05℃$$

图 3-2 水银温度计的示值校正
1—浴槽；2—电热丝；3—搅拌器；4—接电动机转轮；5—标准温度计和待测温度计；6—放大镜；7—出液口

② 零位校正

因为玻璃属于过冷液体，当温度计在高温使用时，体积膨胀，但冷却后玻璃结构仍冻结在高温状态，感温泡体积不会立即复原。因而导致了零位下降。

在示值校正中作为基准的二等标准温度计虽每年经计量局检定，但若该温度计经常在高温使用，有可能从上次检定以来感温泡体积已发生了变化。因此，当再要用它对待校温度计进行示值校正时，就应将它插入冰点器中（如图 3-3 所示）对其零位进行检查。零位校正的方法如下。

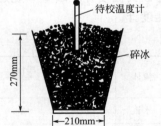

图 3-3 简便的冰点器
（零位校正）

将二等标准温度计处在其示值最高温度下维持半小时，取出并冷却到室温后马上浸入冰点器中，测定其零位值与原检定单上的零位值之差。一般认为，零位位置的改变使温度计上所有示值产生相同的改变。如某标准温度计检定单上零位值为 −0.02℃，观测值为 0.03℃，即升高 0.05℃，因此该温度计所有示值均应比检定单上的检定值高 0.050℃。零位校正值 $\Delta t_零$ 不仅与温度计的玻璃成分有关，而且与其受冷热变化的使用经历有关。所以，标准温度计应定期检定零位值。

③ 露茎校正

全浸式温度计使用时往往受到测温系统的各种限制，只能局浸使用。这时露在环境中的那部分毛细管和汞柱未处在待测的温度下，而是处在环境温度之中，因此需进行露茎校正。

设 n 为露出的汞柱高度（以℃表示），$t_观$ 是观察到的温度值，$t_环$ 是用辅助温度计测得露在环境中那部分汞柱（露茎）的温度值。如图 3-4 所示，则露茎校正值 $\Delta t_露$ 表示为

$$\Delta t_露 = 0.00016n(t_观 - t_环) \tag{3-4}$$

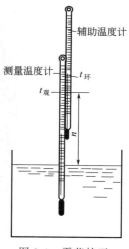

【例】 将一支 1/10 分度的全浸式温度计局浸使用，在液面处待校温度计刻度为 60.50℃，在温度计上观察到 $t_观$ 为 80.35℃，则露出汞柱高度

$$n = 80.35℃ - 60.50℃ = 19.85℃$$

辅助温度计测得露茎环境温度为 30.10℃，按式(3-3) 可求得露茎校正值：

$$\Delta t_露 = 0.00016 \times 19.85℃ \times 80.35℃ - 30.10℃ = 0.16℃$$

综上所述，标准温度计的读数值 $t_观$ 应进行如下校正，即实际温度值

$$t = t_观 + \Delta t_示 + \Delta t_露 \tag{3-5}$$

图 3-4　露茎校正

(3) 贝克曼温度计

① 结构及特点

贝克曼温度计是水银温度计的一种。它的特点是：测温精度高；只能测量温度的变化，不能测定温度的真值；测温范围可以调节。这些特点是由其特殊结构所决定的，见图 3-5。

温度计上的标度通常只有 5℃，每 1℃ 长 5cm，中间分成 100 等分，故可直接读出 0.01℃，借助于放大镜，可估计到 ±0.002℃。在温度计上端有一 U 形汞储器，通过毛细管与底部感温泡相连，借此可调节感温泡中的汞量。汞储器背后的温度标度表示了该温度计使用的温度范围（如 -20～120℃）。虽然贝克曼温度计刻度范围只有 5℃，但是通过调节感温泡中的汞量，却可以在使用的温度范围内精密地测出不超过 5℃ 的温度变化值。因此，这种温度计广泛地使用于量热实验以及需要测量微小温差的场合（如溶液凝固点下降、沸点上升等）。

② 感温泡中汞量的调节方法

首先将温度计倒持，使感温泡中的汞和汞储器中的汞在毛细管尖口处相接，然后利用汞的重力或热胀冷缩原理使汞从感温泡转移到汞储器，或者从汞储器转移到感温泡。汞储器背后的小刻度板就是为了指示在不同温度下调节汞量而设置的。

例如，我们需要在 20℃ 的介质中调节贝克曼温度计使其汞柱处于主刻度板 2～4 之间。那么，只要先将温度计倒持，使感温泡中的汞与汞储器中的汞相接，然后看汞储器中的汞弯月面处于小刻度板何处，这时有两种情况。

a. 汞的弯月面处于小刻度板上大于 20℃ 处，即表示汞储器中汞太多。此时可将温度计正立于冷水中，汞即从汞储器缩回到感温泡中，待汞储器中汞弯月面在小刻度板 20℃ 处时，迅速将温度计取出，用手轻轻拍击金属帽（在标尺的侧面拍），见图 3-6，汞柱即在毛细管尖口处断开。随后将温度计插入 20℃ 介质中，汞柱就可处在主刻度板 2～4 之间。

b. 汞的弯月面处于小刻度板上小于 20℃ 处，则需设法使汞从感温泡转移一部分到汞储器中。为此可用手微温倒持的温度计感温泡，使汞转移向汞储器，当到达小刻度板上 20℃ 处，迅速将温度计正立，如图 3-6 所示，拍击金属帽使汞柱于毛细管尖口处断开。

图 3-5 贝克曼温度计

图 3-6 拍击金属帽操作

应该指出,以上两步操作,可能需进行多次,方能达到目的。此外,上下两刻度板虽然大小不同,但是每1℃所含的汞量是相同的。对测温的准确度要求较高时,应将贝克曼温度计的测量值进行平均分度值与毛细管直径的校正。

3.1.3　热电偶

(1) 热电偶测温原理

当两种不同的金属 A 与 B 组成回路时,一个接点温度为 t,称为热端,另一个接点温度

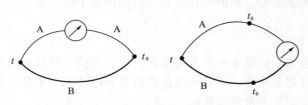

图 3-7　温差电现象

为 t_0,称为冷端(或参考端)。由于 A 与 B 金属的电子逸出功不同,在接点处产生的接触电位以及同一金属的两端由于温度不同而产生的温差电位,即构成了回路中的总热电势。从而,在回路中就有电流通过。这就是著名的塞贝克温差电现象,如图 3-7 所示。

实验证明,回路总热电势 $E_{AB}(t, t_0)$ 为两接点热电势 $\varphi_{AB}(t)$ 与 $\varphi_{AB}(t_0)$ 之差。显然,其值取决于 A、B 材料的性质与两接点的温度,即

$$E_{AB}(t, t_0) = \varphi_{AB}(t) - \varphi_{AB}(t_0) \qquad (3\text{-}6)$$

按国际实用温标规定,用热电偶测温时,冷端应处于101325Pa下冰水混合物的平衡温度,即 0℃。所以,当 A、B 材料确定后,$\varphi_{AB}(t_0) = c$(常数),回路的热电势仅为热端温度的单值函数,即

$$E_{AB}(t, t_0) = \varphi_{AB}(t) - c = f(t) \qquad (3\text{-}7)$$

据此整理成的各热电偶 $E\text{-}t$ 关系的图表或公式,即可方便地用于测求不同的温度。

(2) 常用热电偶及其性能

关于常用热电偶的性能,可参见表3-3。

表 3-3　常用热电偶的有关特性

材料	分度号	极性正负		100℃电势 mV	测温范围 ℃	备注
		正极	负极			
铜-康铜①	T	红色	银白色	4.227	−100~200	铜易氧化,宜在还原气氛中使用
镍铬-考铜①	(EA-2)	暗色	银白色	6.808	0~600	热电势大,是好的低温热电偶,但负极易氧化
镍铬-镍硅	K(EU-2)	无磁性	有磁性	4.095	400~1000	$E \sim t$ 线性关系好,大于 500℃要求氧化气氛
铂铑$_{10}$-铂	S(LB-3)	较硬	柔软	0.645	800~1300	宜在氧化性或中性气氛中使用

① 为 60%Cu 与 40%Ni 的合金,考铜为 56%Cu 与 44%Ni 的合金。

此外,还值得推荐的是已成为商品的各种铠装热电偶。它由金属套管、绝缘材料（如 MgO 粉末）和热电偶三者结合而成,见图 3-8。由于它具有坚固耐用、外径较小（1~8mm）且有良好的可弯曲性等优点,便于安插到测温系统的特殊部位,所以获得了普遍的应用。

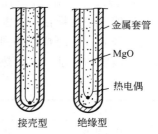

图 3-8　铠装热电偶

（3）热电偶的点焊、校验和冷端补偿

热电偶接点的形成是采用直流电（或交流电）的电弧焊接方法,见图 3-9。先将擦去氧化膜的两种金属丝绞合,然后将其接点与石墨棒的端点在一定电压下瞬间接触而产生电弧。把接点熔成小珠状。接点的焊接质量直接影响到测量的可靠性,因此要求焊点圆滑且无裂纹、焊渣,其直径以约为金属直径的两倍为宜。

将制备的热电偶与相应测温范围的标准热电偶并排放在管式炉内进行校验,如图3-10所示。在不同温度下,测出被测热电偶与标准热电偶的电动势,将其绘成图表或按多项式 $E = a + bt + ct^2$ 测出三个特定点温度,即锌点（419.58℃）、锑点（630.74℃）和铜点（1084.5℃）的热电势,求得系数 a、b、c 后,即可计算不同热电势所对应的温度。

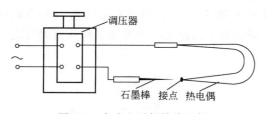

图 3-9　交流电弧焊接热电偶

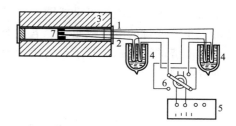

图 3-10　热电偶的校正装置
1—标准热电偶；2—待校热电偶；3—电炉；4—冰水浴；5—电位压差计；6—热向开关；7—保温铜块

值得注意的是,热电偶的热电势与温度的对应表,或根据热电势而标定的温度仪表都是以冷端 $t_0 = 0℃$ 为条件的。所以,进行上述校验时都必须把冷端置于冰水浴中。

实际测温时,常遇到冷端所处的温度有三种情况。

① 冷端处于冰水浴中　这时可直接从对应的 $E/\text{mV} \sim t/℃$ 表中查到实际温度。

② 冷端温度为 t_n（即冷端周围的环境温度）　这时应利用中间温度定律进行热电势补偿。中间温度定律指出：热电偶两接点温度为（t,0）的热电势等于两接点温度分别为

(t,t_n) 和 $(t,0)$ 的热电势的代数和。t_n 在此即为中间温度。这就是说

$$E(t,t_n)=E(t,0)-E(t_n,0) \tag{3-8}$$

若 $t_n>0$，则 $E(t_n,0)>0$，$E(t,t_n)<E(t,0)$。仪表指示值偏低，应加上 $E(t_n,0)$ 的校正值。

【例】 用镍铬-镍硅热电偶（EU-2）测一炉温，若冷端温度 $t_n=30℃$，测得 $E_{EU}(t,30)=23.71mV$，求真实炉温。

从有关热电偶手册中的 EU-2 分度表，查到 $E_{EU}(30,0)=1.20mV$，根据式(3-8)，

$$E(t,0)=23.71mV+1.20mV=24.91mV$$

对应 EU-2 的 24.91mV，即 600℃。可见，若不进行校正而用 23.71mV，即表示为 572℃ 的话，相差达 28℃。

③ 冷端处在温度波动的环境之中 此时可用补偿导线或冷端补偿器来校正。

补偿导线是指在一定温度范围内与热电偶的热电性能相接近的金属导线。将其与热电偶同极相接后，把冷端延伸到温度恒定的位置（如冰水浴中或恒定的 t_n 温度环境中）即可克服冷端温度的波动。常用热电偶的补偿导线材料见表 3-4。

表 3-4　常用热电偶及其补偿导线

热电偶	铜-康铜	镍铬-考铜	镍铬-镍硅	铂铑$_{10}$＝铂
补偿导线及其 极性标志颜色	铜(＋,红色) 康铜(一,银白色)	镍铬(＋,红色) 铜(一,黄色)	铜(＋,红色) 康铜(一,蓝色)	铜(＋,红色) 铜镍(一,绿色)

冷端温度补偿器是一个串接在热电偶测温线路中可以输出毫伏信号的直流不平衡电桥。它的特点在于输出的 mV 值随冷端温度而变化，从而达到冷端温度自动补偿的目的。

(4) 热电偶配用示温仪表

与热电偶配用的示温仪表有两大类。

① 动圈式仪表（如毫伏计、XC 温度指示仪表等）

其工作基本原理见图 3-11。热电偶输出的热电势，经仪表内电路转换成为电流 I，电流经过处于永久磁铁中的可动线圈，在可动线圈两边产生了力矩，使其在磁场中偏转。偏转角度的大小与通过的电流成正比。若整个测量回路总电阻 R 一定，则动圈偏转角的大小就反映了热电势的大小。从指示偏转角的示值指针在刻度板上的位置，即可读出毫伏值或与之对应的温度值。

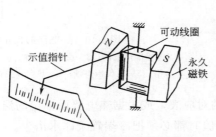

图 3-11　动圈式仪表工作原理

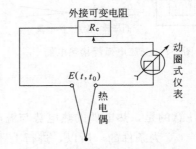

图 3-12　动圈式仪表外接电路

根据

$$I=\frac{E(t,0)}{R} \tag{3-9}$$

式中，R 为仪表的内阻与包装热电偶、连接导线、外接可变电阻等外阻之和。显然，只有在恒定条件下，指针的偏转角才是温度的单值函数。所以，每一动圈仪表上都标明实用时的"外接电阻"规定值。为保证测温精度，在测量线路中应串接一个可变电阻 R_c。通过调节 R_c，使实际外接电阻与仪表要求的外阻值（15Ω）一致，见图 3-12。

② 补偿式仪表（如 UJ 直流电位差计、XW 自动电子电位差计等）

它的测温原理是利用外加电压补偿（或抵消）热电偶产生的热电势，当整个回路的电流等于零时，外加的电压值即为所求的热电势。因此，它与动圈式仪表不同，热电偶与连接导线的电阻值对测量结果没有影响。

顺便说明，高阻抗的数字电压表，因其回路中电流极小，故属于补偿式仪表之列。

3.1.4 电阻温度计

电阻温度计是利用导体或半导体的电阻为测温参数来测量温度的。对纯金属而言，温度升高，由于自由电子热运动的加剧以及金属晶格的振动对自由电子运动的干扰使其电阻增大，所以它的温度系数大于零。而半导体的电阻与温度的关系比较复杂，通常其温度系数小于零。

电阻温度计的主要指标是电阻的温度系数 a，即每升高 1℃ 电阻的变化值。若用 $0\sim100$℃ 之间电阻的变化定义 a，

$$a = \frac{\mathrm{d}R}{R\,\mathrm{d}t} = \frac{R_{100} - R_0}{100R_0} \tag{3-10}$$

式中，R_{100} 与 R_0 分别为 100℃ 与 0℃ 下的电阻值。显然，a 愈大，测温灵敏度愈高。

(1) 金属电阻温度计

常见的有铂电阻温度计，其结构如图 3-13 所示。电阻温度计与热电偶一样，使用时需配备电桥或直流电位差计等二次仪表。

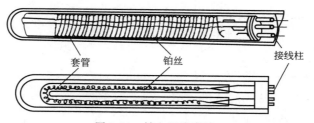

图 3-13　铂电阻温度计

为提高测量精度，电阻温度计常备有四根导线，在使用时采用如下接法，可以消除外接引线电阻不同对测量结果的影响。

① 电桥法

测量线路见图 3-14。图中 R_a、R_b 为等阻值桥臂。r_a、r_b、r_c、r_d 为电阻温度计 R_x 的四根引线 a、b、c、d 的电阻。R_1、R_2 是在图 3-14(a)、(b) 两种接线情况下电桥平衡时的可变电阻的阻值。根据电桥平衡条件：

$$R_1 + r_a = R_x + r_d$$
$$R_2 + r_d = R_x + r_a$$

所以

$$R_x = \frac{R_1 + R_2}{2} \tag{3-11}$$

测得 R_x 值后，通过阻值与温度的换算表，就可求得对应的温度。

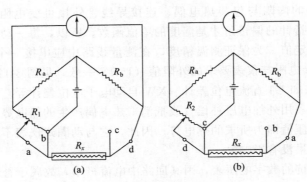

图 3-14　电桥法求 R_x

② 电位计法

测量线路见图 3-15，用精密的电位计分别测定标准电阻 R_s 和热电阻 R_x 两端的电位差，设分别为 U_s 和 U_x。若通过串联电路的电流为 I，则

$$R_x = \frac{U_x}{I} = \frac{R_s U_x}{U_s} \tag{3-12}$$

从 R_x 值即可得到相应的温度。

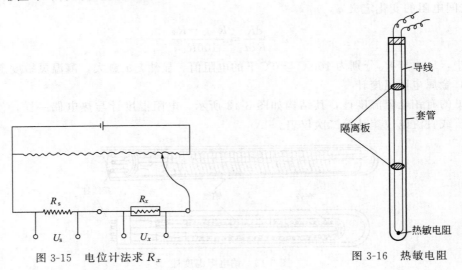

图 3-15　电位计法求 R_x　　　　　　　图 3-16　热敏电阻

(2) 热敏电阻温度计

热敏电阻温度计是由铁、镍、锌等金属氧化物在高温熔制而成。实验室中常用的是成圆珠状的热敏电阻，见图 3-16。

由于热敏电阻在温度升高时，有更多的电子越过禁带进入导带，使电阻的温度系数表现为负值，通常可表示为：

$$a = -\frac{B}{T^2} \tag{3-13}$$

式中，B 为材料的特性常数。一般地，温度升高 1℃，其相对电阻值降低 3%～6%，此值要比金属电阻（如铂）大 10 倍左右。而且，其本身电阻值较大（可达几千欧姆）、热容又小，所以测温灵敏度很高。

使用热敏电阻进行测温的线路如图 3-17 所示。开始调节桥路平衡，则 C、D 间电位差

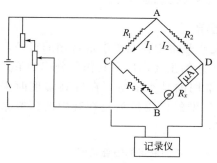

图 3-17　热敏电阻测温线路

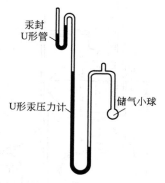

图 3-18　饱和蒸气温度计

为零。当温度变化时，引起 R_x 变化，造成了 C、D 间有不平衡电位 U_{CD} 输出，所以 U_{CD} 值即对应于某一温度变化值。

$$U_{CD}=U_{CB}-U_{BD}$$

根据 $\qquad U_{CB}=I_1R_3,\ U_{BD}=I_2R_x$

所以 $\qquad\qquad U_{CD}=U_{AB}\left(\dfrac{R_3}{R_1+R_3}-\dfrac{R_x}{R_2+R_x}\right)$ $\qquad\qquad$ (3-14)

显然，U_{CD} 的大小取决于桥路工作电压 U_{AB} 与 R_x 的变化值，而后者依赖于系统的温度变化与热敏电阻的温度系数。原则上说，U_{AB} 愈大，测温灵敏度也愈高，但客观上受热敏电阻额定功率的限制。因为若通过电流太大，导致自身发热，造成测量误差。例如有电阻值为 $5k\Omega$ 的热敏电阻，额定功率为 $0.2mW$，若通过电流为 $200\mu A$，则实际消耗功率为 $(200\times10^{-6}A)^2\times5000\Omega=0.2mW$。所以，若用 1.5V 的甲电（一种干电池）作为工作电源，经电位器分压后，输入的 U_{AB} 值应使通过热敏电阻的电流小于 $200\mu A$。为此，可在桥路中接一微安表以供调节 U_{AB} 之用。

3.1.5　饱和蒸气温度计

饱和蒸气温度计的测温参数是液体的饱和蒸气压，可按饱和蒸气压与温度的单值函数关系而确定温度值。它常用于测量低温系统的温度，其结构如图 3-18 所示。它由三部分组成：储气小球、U 形汞压力计、汞封 U 形管。当小球浸入被测低温系统时，小球内气体部分冷凝为液体，待达到气液两相平衡时，从汞压力计上读得的压力即为该温度下的饱和蒸气压。

由于汞柱高度总有一定的限制，故测温范围也受到限制。当汞压计高为 1m 时，若储气小球中充以氨气，则测温范围为 $-30\sim-80℃$；若充以氧气，则测温范围为 $-180\sim-210℃$ 等等。

制作此类温度计，除了要求所用气体与汞压计中的汞必须非常纯净外，汞压计左管上方还必须处于真空状态。为此，可在抽真空的条件下将汞压计向左倾斜，使部分汞移入上方小的 U 形管内造成汞封，随即再将 U 形管出口烧结。

实验室中常见的氧饱和蒸气温度计多用于测定液氮的温度。不同温度下氧的饱和蒸气压见表 3-5。

表 3-5　不同温度下氧的饱和蒸气压

T/K	74	76	78	80	82	84	86	88	90	90.18
p/kPa	12.36	16.92	22.70	30.09	39.21	50.36	63.94	80.15	99.40	101.325

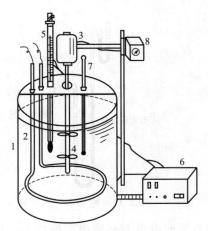

图 3-19　液浴恒温槽
1—浴槽；2—电加热棒；3—马达；
4—搅拌器；5—电接点水银温度计；
6—继电器；7—精密温度计；
8—调速变压器

3.1.6　恒温槽及其控温原理

（1）液浴恒温槽

液浴恒温槽是实验室中控制恒温最常用的设备，全套装置见图 3-19。它的主要构件及其作用分述如下。

① 浴槽　最常用的是水浴槽，在较高温度时采用油浴，见表 3-6。浴槽的作用是为浸在其中的研究系统提供一个恒温的环境。

表 3-6　不同液浴的恒温范围

恒温介质	恒温范围/℃
水	5～95
棉籽油、菜油	100～200
52～62 号气缸油	200～300
55%KNO_3＋45%$NaNO_3$	300～500

② 加热器　常用的是电阻丝加热棒。对于容积为 20L 的水浴槽，一般采用功率约 1kW 的加热器。为提高控温精度常通过调压器调节其加热功率。

③ 搅拌器　其作用是促使浴槽内温度均匀。

④ 温度调节器　常用电接点水银温度计（即水银导电表）。它相当于一个自动开关，用于控制浴槽以达到所要求的温度。其控制精度一般在±0.1℃，结构见图 3-20。

它的下半部与普通温度计相仿，但有一根铂丝（下铂丝）与毛细管中的水银相接触；上半部在毛细管中也有一根铂丝（上铂丝），借助顶部磁钢旋转可控制其高低位置。定温指示标杆配合上部温度刻度板，用于粗略调节所要求控制的温度值。当浴槽内温度低于指定温度时，上铂丝与汞柱（下铂丝）不接触；当浴槽内的温度升到下部温度刻度板指定温度时，汞柱与上铂丝接通。原则上依靠这种"断"与"通"，即可直接用于控制电加热器的加热与否。但由于电接点水银温度计只允许约 1mA 电流通过（以防止铂丝与汞接触面处产生火花），而通过电热棒的电流却较大，所以两者之间应配继电器以过渡。

⑤ 继电器　常用的是各种型式的电子管或晶体管继电器，它是自动控温的关键设备，其简明工作原理见图 3-21。

插在浴槽中的电接点温度计，在没有达到所要求控制的温度时，汞柱与上铂丝之间断路，即回路Ⅰ中没有电流。衔铁由弹簧拉住与 A 点接触，从而在回路Ⅱ中有电流通过电热棒，这时继电器上红灯亮，表示加热。随着电热棒加热使浴槽温度升高，当电接点温度计中汞柱上升到所要求的温度时就与上铂丝接触，回路Ⅰ中的电流使线圈产生磁性将衔铁吸起，回路Ⅱ断路。此时，继电器上绿灯亮，表示停止加热。当热浴槽温度由于向周围散热而

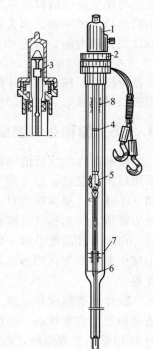

图 3-20　电接点温度计
1—调节帽；2—磁钢；3—调温转动铁芯；4—定温指示标杆；5—上铂丝引出线；6—毛细管；7—下部温度刻度线；8—上部温度刻度线

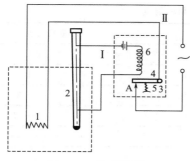

图 3-21　控温原理

1—电热棒；2—电接点温度计；3—固定点；

4—衔铁；5—弹簧；6—线圈

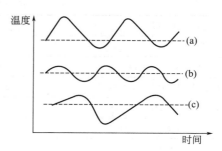

图 3-22　温度波动曲线

（a）加热功率过大；（b）加热功率适当；

（c）加热功率过低

下降，汞柱又与上铂丝脱开，继电器重复前一动作，回路Ⅱ又接通。如此不断进行，使浴槽内的介质控制在某一要求的温度。

在上述控温过程中，电热棒只处于两种可能的状态，即加热或停止加热。所以，这种控温属于二位控制作用。

⑥ 水银温度计　常用分度为 $1/10℃$ 的温度计，供测定浴槽的实际温度。

应该指出，恒温槽控制的某一恒定温度，实际上只能在一定范围内波动。因为控温精度与加热器的功率、所用介质的热容、环境温度、温度调节器及继电器的灵敏度、搅拌的快慢等都有关系。此外，在同样的条件下，浴槽中位置的不同，恒温的精度也不同。图3-22 表示因加热功率不同而导致恒温精度的变化情况。

（2）超级恒温槽

基本结构和工作原理与上述恒温槽相同，见图 3-23。特点是内有水泵，可将浴槽内恒温水对外输出并进行循环。同时，浴槽外壳有保温层，浴槽内设有恒温筒，筒内可作液体恒温（或空气恒温）之用。若要控制较低的温度，可在冷凝管中通冷水予以调节。

（3）低温的获得

低温的获得主要靠一定配比的组分组成冷冻剂，并使其在低温建立相平衡。表3-7 列举了常用的冷冻

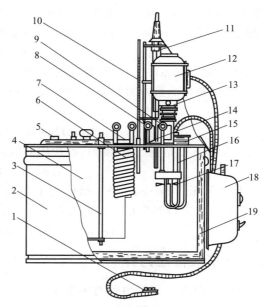

图 3-23　超级恒温槽

1—电源插头；2—外壳；3—恒温筒支架；4—恒温筒；

5—恒温筒加水口；6—冷凝管；7—恒温筒盖子；

8—水泵进水口；9—水泵出水口；10—温度计；

11—电接点温度计；12—发动机；13—水泵；

14—加水口；15—加热元件盒；16—两组加热

元件；17—搅拌叶；18—电子继电器；19—保温层

剂及其制冷温度。

表 3-7　常用冷冻剂及其制冷温度

制冷剂	液体介质	制冷温度/℃
冰	水	0
冰与 NaCl(3∶1)	20％NaCl 溶液	−21
冰与 MgCl$_2$·6H$_2$O(3∶2)	20％NaCl 溶液	−27～−30
冰与 CaCl$_2$·6H$_2$O(2∶3)	乙醇	−20～−25
冰与浓 HNO$_3$(2∶1)	乙醇	−35～−40
干冰	乙醇	−60
液氮		−196

3.2　压力的测量与控制

3.2.1　压力单位

压力是指均匀垂直于物体单位面积上的力，即压强。在国际单位制（SI）中，压力的单位是帕斯卡（Pa），即牛顿每平方米（N·m^{-2}）。历史上常用的压力单位还有以下几个。

① 标准大气压（atm）　过去，标准大气压也被称为物理大气压，它与 Pa 的关系：

$$1atm＝101325Pa \tag{3-15}$$

② 毫米汞柱（mmHg）　毫米汞柱作为压力单位的定义为：在汞的标准密度为 13.5951g·cm^{-3} 和标准重力加速度为 980.665cm·s^{-2} 下，1mm 高的汞柱对底面的垂直压力。所以

$$1mmHg＝0.133322kPa \tag{3-16}$$

③ 巴（bar）　巴是在气象学上广泛应用的压力单位，它与 Pa 的关系为：

$$1bar＝10^5 Pa \tag{3-17}$$

④ 工程大气压（kgf·cm^{-2}）　指作用于 1cm^2 的面积上有 1kgf 的力，它虽是非法定单位，但在工程技术上曾是广泛应用的压力单位。

$$1kgf·cm^{-2}＝9.80665×10^4 Pa \tag{3-18}$$

3.2.2　U 形液柱压力计

(1) 开式、闭式 U 形压力计与零压计

U 形液柱压力计由于制作容易，使用方便，能测量微小的压差，而且准确度也较高。实验室中广泛用于测量压差或真空度。

图 3-24(a) 为两端开口的 U 形压力计。液面高度差（h）与压差（$p_1 - p_2$）有如下关系：

$$h=\frac{1}{\rho g}(p_1-p_2)=\frac{1}{\rho g}\Delta p_t \tag{3-19}$$

式中，ρ 为 U 形管内液体密度；g 为重力加速度。由此式可见，U 形管两端液柱的高度

差与压差成正比，故可用 h 表示 Δp_t。显然，选用液体的密度愈小，测量的灵敏度愈高。常用的液体是油、水或汞。液面差靠肉眼观察可精确到约 ± 0.2mm，若用测高仪，可进一步提高精度。

由于 U 形压力计两边玻璃管的内径很难完全相等，因此 h 值不可用一边的液柱高度变化乘以 2 来确定，以免引进读数误差。

测量低于 20kPa（约相当于 150mmHg）的压力，常用闭式 U 形汞压力计，见图 3-24（b）。其封闭端上部为真空，图中汞柱高 h 代表系统压力。与开口式比较，使用时不必测量大气在测定某一恒温系统的压力（如固体分解压力、气体反应平衡压力等），因为 U 形汞压力计体积较大，很难组合在恒温系统中，所以常借助于零压计与 U 形汞压力计配套使用。其装置见图 3-25。通过调节三通活塞，使零压计两边液面相平，这时，从外接的 U 形汞压力计上即可读得某温度下系统的压力。

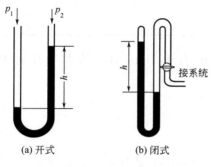

(a) 开式　　(b) 闭式

图 3-24　U 形压力计

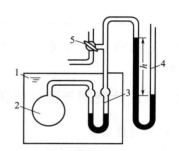

图 3-25　零压计测压装置

1—恒温槽；2—样品瓶；3—零压计；

4—U 形压力计；5—三通活塞

零压计中的液体通常选用硅油或石蜡油，因其蒸气压小（当然不能与系统中的物质有化学作用）。当它与 U 形汞压力计连用时，因硅油的密度与汞相差甚大，故零压计中两液面若有微小高度差，可以忽略不计。若零压计中充以汞，在计算时则要考虑两汞面之间的高度差。

（2）汞柱压力计读数的校正

① 温度校正　由于 mmHg 作为压力单位是用汞标准密度而定义的，所以汞柱压力计的测量值必须进行温度校正。设汞的体膨胀系数为 β（1.815×10^{-4}℃$^{-1}$），压力计标尺的线膨胀系数为 α（约 10^{-6}℃$^{-1}$），ρ_0、ρ_t 分别为汞标准密度与温度 t 时的密度，h、h_t 分别为校正到汞标准密度与温度 t 时从标尺上读到的汞柱高度。根据

$$\rho_0 = \rho_t(1+\beta t)$$

则

$$h\rho_0 g = h_t(1+\alpha t)\rho_t g \qquad (3\text{-}20)$$

因木标尺的 α 值很小，对测量值的影响可忽略不计，则

$$h = \frac{h_t}{1+\beta t} \approx h_t(1-0.00018t) \qquad (3\text{-}21)$$

或

$$\Delta p \approx \Delta p_t(1-0.00018t) \qquad (3\text{-}22)$$

故

$$\frac{|\Delta p - \Delta p_t|}{\Delta p} = \frac{0.00018t}{1-0.00018t}$$

设 $t = 25$℃，从上式计算可知，若不进行温度校正，引入的相对误差约为 0.5%。

应该指出，用 U 形汞压力计测得的 h_t（mm）应根据 1mmHg$=1.333 \times 10^2$Pa 的关系式

将它换算为以 Pa 表示的压差 Δp_t，再按式(3-22)进行温度校正。

② 液柱弯月面校正 在压力计中充以汞（或水）时，因其对玻璃润湿情况不同，分别形成凸弯月面与凹弯月面。读数时视线应与弯月面相切。汞的表面张力较大，由标尺读得的压力值要比实际的低些，故在精确测量时应加上弯月面校正值。此校正值不仅与玻璃管的内径大小有关，还与管壁清洁程度有关。所以，同一管径的 U 形玻璃管中两边液柱的弯月面也会有不同的高度。表 3-8 列出不同管径的玻璃管内汞弯月面高度的校正值。

表 3-8　在玻璃管内汞弯月面的校正值（×133Pa）

管径/mm	弯月面高度/mm					
	0.6	0.8	1.0	1.2	1.4	1.6
5	0.65	0.86	1.19	1.45	1.80	
6	0.41	0.56	0.178	0.98	1.21	1.43
7	0.28	0.40	0.53	0.67	0.82	0.97
8	0.20	0.29	0.38	0.46	0.56	0.65

例如，玻璃管内径为 6mm，汞弯月面高度为 1.2mm 时，其汞弯月面为 0.98×133Pa＝130Pa。

3.2.3　气压计使用与读数校正

(1) 结构与使用

测量大气压力，实验室用得最普遍的是福廷（Fortin）式气压计，见图 3-26。其主要部分是一根插在汞储槽内的玻璃管。此玻璃管顶端封闭，内部真空。槽中的汞面经槽盖缝隙与大气相通，则管内汞柱高度表示了大气压力。玻璃管外为一黄铜管，其顶部开有长方形窗孔，窗孔旁附刻度标尺及游标尺，转动螺旋使游标尺上下移动，可精确测得汞柱高度。黄铜管中部附有温度计，用以对读数进行温度校正。汞储槽的底部为一皮袋，下部由螺旋支撑，转动此螺旋可调节汞面的高低。汞储槽上部有一针尖向下的固定象牙针，其针尖即为标尺的零点。

气压计应垂直悬挂。使用时首先调节零点，即旋转底部螺旋，调节汞储槽的汞面恰与象牙针尖接触（调节时利用槽后白瓷板的反光，仔细观察汞面与针尖的空隙逐渐减少），然后转动螺旋调节游标尺，直到游标尺下缘恰与汞柱的凸弯月面相切（此时在切点两侧应露出似三角形的小空隙），即可从黄铜标尺与游标尺上读取读数。

(2) 读数及其校正

读数时找出与游标尺零线对应的黄铜标尺上的刻度，读出整数部分，另在游标尺上读出小数点后的读数，并记下气压计上的温度值。

由于黄铜标尺的长度与汞的密度都随温度而变，且重力加速度与地球纬度有关，所以由气压计直接读出的是以 mm 表示的汞柱高度，其常不等于定义的气压 p。为此，必须进行温度和重力加速度的校正。此外，还需对气压计本身的误差进行

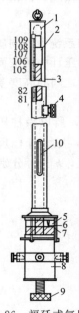

图 3-26　福廷式气压计

1—抽真空玻璃管；2—游标尺；
3—黄铜管；4,9—螺旋；5—玻璃
管；6—象牙针；7—通大气汞面；
8—汞储槽；10—温度计

校正。

① 温度校正　若 p_t 是在温度为 t 时于黄铜标尺上读得的气压读数，已知汞的体膨胀系数 β，黄铜标尺的线膨胀系数为 α，参照式（3-20）则有

$$p = p_t\left(1 - \frac{\beta - \alpha}{1 + \beta t}t\right) \tag{3-23}$$

令 Δ_t 为温度校正项，显然

$$\Delta_t = \frac{(\beta - \alpha)t}{1 + \beta t}p_t \tag{3-24}$$

所以
$$p = p_t - \Delta_t$$

已知汞在 $0 \sim 35℃$ 的平均体膨胀系数 $\beta = 0.0001815℃$，黄铜标尺的线膨胀系数 $\alpha = 0.0000184℃$，Δ_t 可简化为

$$\Delta_t = \frac{0.0001631t}{1 + 0.0001815t}p_t \tag{3-25}$$

【例】　在 $15.7℃$ 下从气压计上测得气压读数 $p_t = 100.43\text{kPa}$，求经温度校正后的气压值。

$$\Delta_t = \frac{0.0001631 \times 15.7}{1 + 0.0001815 \times 15.7} \times 100.43 = 0.26\text{kPa}$$

所以　　　　　　　　$p = p_t - \Delta_t = 100.43 - 0.26 = 100.17\text{kPa}$

② 重力加速度校正　已知在纬度为 θ，海拔高度为 H 处的重力加速度 g 和标准重力加速度 g_0 的关系式是

$$g = (1 - 0.0026\cos 2\theta - 3.14 \times 10^{-7}H)g_0 \tag{3-26}$$

对在某一地点使用的气压计而言，θ、H 均为定值，所以此项校正值为一常数。

③ 仪器误差校正　此项气压计固有的仪器误差值，是由气压计与标准气压计的测量值相比较而得。对一指定的气压计，此校正值为常数。

在实验室中常将重力加速度和仪器误差这两项校正值合并，设其为 Δ，则大气压力 $p_{大气}$ 应为：

$$p_{大气} = p_t - \Delta_t - \Delta \tag{3-27}$$

由上述例题，已求得 $\Delta_t = 0.26\text{kPa}$，若 $\Delta = 0.12\text{kPa}$，则

$$p_{大气} = 100.43 - 0.26 - 0.12 = 100.05\text{kPa}$$

3.2.4　电测压力计的原理

电测压力计是由压力传感器、测量电路和电性指示器三部分组成。压力传感器的作用是感受压力并把压力参数变换为电阻（或电容）信号，输到测量电路，测量值由指示仪表显示或记录。电测压力计有助于自动记录、远距离测量等优点，应用日益广泛。用于测量负压的电阻式 BFP-1 型负压传感器即为一例。

BFP-1 型负压传感器外形及结构见图 3-27。它的工作原理是：有弹性的应变梁 2，一端固定，另一端和连接系统的波纹管 1 相连，称为自由端。当系统压力通过波纹管底部作用在自由端时，应变梁便发生挠曲，使其两侧的上下四块 BY-P 半导体应变片因机械变形而引起了电阻值变化。测量时，利用这四块应变片组成的不平衡电桥（在应变梁同侧的两块分别置于电桥的对臂位置），见图 3-28 所示。在一定的工作电压 U_{AB} 下，首先调节电位器 R_x 使桥路平衡，即输出端的电位差 U_{CD} 为零。这表示传感器内部压力恰与大气压相等。随后将传感

器接入负压系统，因压力变化导致应变片变形，电桥失去平衡，输出端得到一个与压差成正比的电位差 U_{CD}，通过电位差计（或数字电压表）即测出该电位差值。利用在同样条件下得到的电位差—压力的工作曲线，即可得到相应的压力值。

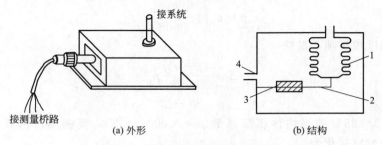

(a) 外形　　　　　　　　(b) 结构

图 3-27　BFP-1 型负压传感器外形与内部结构

1—波纹管；2—应变器；3—应变片；4—导线引出孔

　　在使用传感器之前，要先作测量条件下的标定工作，即求得输出电位差 U_{CD} 与压差 Δp 之间的比例系数 k，$k = \dfrac{\Delta p}{U_{CD}}$，以便确定不同 U_{CD} 下对应的 Δp 值。对于精度要求不十分高的情况，可按图 3-29 装置进行标定。在一定的 U_{AB} 下，通过真空泵对系统造成不同的负压，从 U 形汞压力计和电位差计可测得相应的 Δp 和 U_{CD} 值。用按式(3-22)经温度校正后的 Δp 值对 U_{CD} 作图，直线的斜率即为此传感器的 k 值。

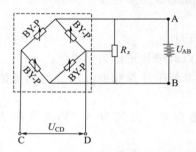

图 3-28　负压传感器的测压原理

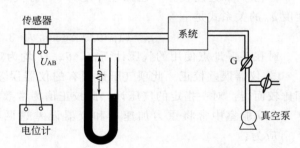

图 3-29　负压传感器的标定装置

3.2.5　恒压控制

　　实验中常要求系统保持恒定的压力（如 101325Pa 或某一负压），这就需要一套恒压装置，其基本原理如图 3-30 所示。在 U 形的控压计中充以汞（或电解质溶液），其中设有 a、b、c 三个电接点。当待控制的系统压力升高到规定的上限时，b、c 两接点通过汞（或电解质溶液）接通，随之电控系统工作使泵停止对系统加压；当压力降到规定的下限时，a、b 接点接通（b、c 断路），泵向系统加压，如此反复操作以达到控压目的。

　　（1）控压计

　　常用的是如图 3-31 所示的 U 形硫酸控压计。在右支管中插一铂丝，在 U 形管下部接入另一铂丝，灌入浓硫酸，使液面与上铂丝下端刚好接触。这样就通过硫酸在两铂丝间形成通路。使用时，先开启左边活塞，使两支管内均处于要求的压力下，然后关闭活塞。若系统压力发生变化，则右支管液面波动，两铂丝之间的电信号时通时断地传给继电器，以此控制泵或电磁阀工作，从而达到控压目的（这与电接点温度计控温原理相同）。控压计左支管中间的扩大球的作用是只要系统中压力有微小的变化都会导致右支管液面较大的波动，从而提高了控压的灵敏度。由于浓硫酸黏度较大，控压计的管径应取一般 U 形汞压力计管径的 3～4 倍为宜。至于控制恒常压的装置，一般采用 KI（或 NaCl）水溶液的控压计，就可取得很好的灵敏度。

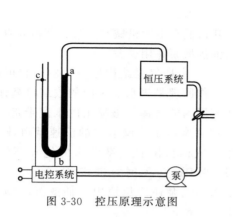

图 3-30　控压原理示意图

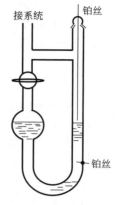

图 3-31　U 形硫酸控压计

（2）电磁阀

它是靠电磁力控制气路阀门的开启或关闭，以切换气体流出的方向，从而使系统增压或减压。常用的电磁阀结构见图 3-32。在装置中电磁阀工作受继电器控制，当线圈中未通电时，铁芯受弹簧压迫，盖住出气口通路，气体只能从排气口流出。当线圈通电时，磁化了的铁箍吸引铁芯 4 往上移动，盖住了排气口通路，同时把出气口通路开启，气体从出气口排出。这种电磁阀称为二位三通电磁阀。

图 3-33 为另一种利用稳压管控制流动系统压力的装置。从钢瓶输出的气体，经针形阀与毛细管缓冲后，再经过水柱稳压管流入系统。通过调节水平瓶的高度，给定了流动气体的压力上限，若流动气体的表压大于稳压管中水柱的静压差 h，气体便从水柱稳压管的出气口逸出而达到控压目的。

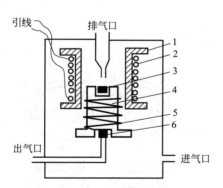

图 3-32　Q23XD 型电磁阀结构
1—铁箍；2—螺管线圈；3,6—压紧橡皮；
4—铁芯；5—弹簧

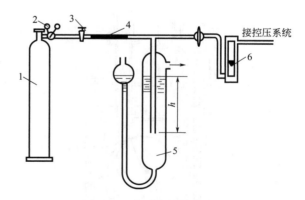

图 3-33　流动系统控压流程
1—钢瓶；2—减压阀；3—针形阀；4—毛细管；
5—水柱稳压器；6—流量计

3.2.6　真空的获得与测量

（1）真空的获得

压力低于 101325Pa 的气态空间统称为真空。按气体的稀薄程度，真空可分为几个范围：

粗真空　101.325～1.33kPa

低真空　1.33～0.133Pa

高真空　0.133～0.133×10^{-5}Pa

在实验室中，获得粗真空常用水抽气泵；获得低真空用机械真空泵；获得高真空则需要机械真空泵与油扩散泵并用。

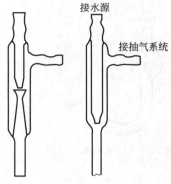

① 水抽气泵　水抽气泵结构见图3-34。它可用玻璃或金属制成。其工作原理是当水从泵内的收缩口高速喷出时，静压降低，水流周围的气体便被喷出的水流带走。使用时，只要将进水口接到水源上，调节水的流速就可改变泵的抽气速率。显然，它的极限真空度受水的饱和蒸气压限制，如15℃时为1.70kPa，25℃时为3.17kPa等。

实验室中水抽气泵还广泛地用于抽滤沉淀物以及捡拾散落在地的水银微粒。

② 旋片式机械真空泵　图3-35为单级旋片式机械真空泵的结构。它的内部有一圆筒形定子与一精密加工的实心圆柱转子，转子偏心地装置在定子腔壁上方，分隔进气管和排气管，并起气密作用。两个翼片S及S′横嵌在转子圆柱体的直径上，被夹在它们中间的一根弹簧压紧，见图3-36。S及S′将转子和定子之间的空间分隔成三部分。当旋片在图3-36(a)所示位置时，气体由待抽空的容器经过进气管C进入空间A；当S随转子转动而处于图3-36(b)所示位置时，空间A增大，气体经C管吸入；当继续转到图3-36(c)所示位置时，S′将空间A与进气管C隔断；待转到图3-36(d)所示位置，A空间气体从排气管D排出。转子如此周而复始地转动，两个翼片所分隔的空间不断地吸气和排气，使容器抽空达到一定的真空度。

图 3-34　水抽气泵

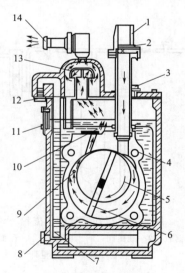

图 3-35　旋片式机械真空泵

1—接系统口；2—滤气网；3—加油口；4—定子；

5—转子；6—翼片；7—吸油管；8—重力吸油口；

9—气镇空气进口；10—出气阀门；11—观察口；

12—压力吸油口；13—油阱；14—出气口

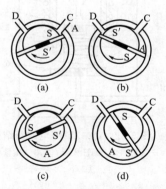

图 3-36　旋片机械真空泵抽气过程

旋片式机械真空泵的压缩比可达 700∶1，若待抽气体中有水蒸气或其他可凝性气体存在，当气体受压缩时，蒸气就可能凝结成小液滴混入泵内的机油中。这样，一方面破坏了机油的密封与润滑作用；另一方面蒸气的存在也降低了系统的真空度。为解决此问题，在泵内排气阀附近设一个气镇空气进入的小口。当旋片转到一定位置时气镇阀门会自动打开，在被压缩的气体中掺入一定量的空气，使之在较低的气体压缩比时，即可凝性气体尚未冷凝为液体之际，便可顶开排气阀而把含有可凝性蒸气的气体抽走。

单级旋片机械泵能达到的极限压强一般约为 $0.133\sim 1.33Pa$。欲达到更高的真空度，可采用双级泵结构，如图 3-37 所示。当进气口压力较高时，后级泵体 II 所排出的气体可顶开排气阀，也可进入内通道。当进气口压力较低时，泵体 II 所压缩的气体全部经内通道被泵体 I 抽走，再由排气阀排出。这样便降低了单级泵前后的压差，避免了转子与定子间的漏气现象，从而使双级机械泵极限真空可抽达 $0.0133Pa$ 左右。

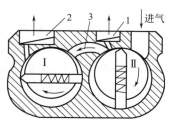

图 3-37　双级旋片机械泵
工作原理示意图
1,2—排气阀；3—内通道

使用机械泵时，因被抽气体中多少都含有可凝性气体，所以在进气口前应接一冷阱或吸收塔（如用氯化钙或分子筛吸收水蒸气，用活性炭吸附有机蒸气等）。停泵前，应先使泵与大气相通，避免停泵后因存在压差而把泵内的机油倒吸到系统中去。

③ 扩散泵　扩散泵的类型很多，构成泵体的材料有金属和玻璃两种。按喷嘴个数有"级"之分，如三级泵、四级泵等。泵中工作介质常用硅油。扩散泵总是作为后级泵与上述的机械泵作为前级泵联合使用。

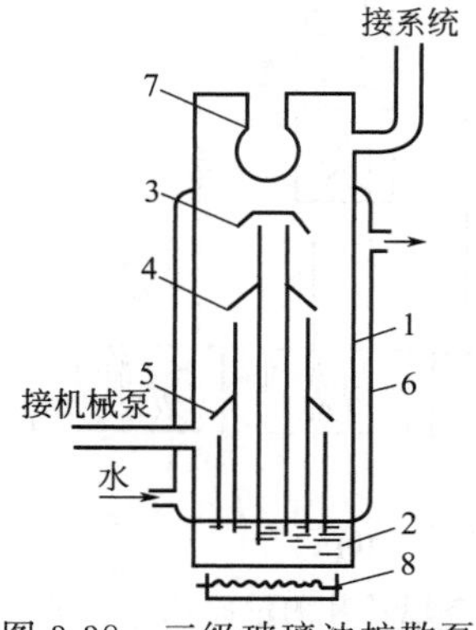

图 3-38 表示三级玻璃油扩散泵。它的结构和工作原理简述如下：泵的底部为蒸发器，内盛一定量的低蒸气压扩散泵油。待系统被前级机械泵减压到 $1.33Pa$ 后，由电炉 8 加热至油沸腾，油蒸气沿中央导管上升，从加工成一定角度的伞形喷嘴 3、4、5 射出，形成高速的射流，油蒸气射到泵壁上冷凝为液体，又流回到泵底部的蒸发器中，循环使用。与此同时，周围系统中的气体分子被油蒸气分子夹带进入射流，从上到下逐级富集于泵体的下部，而被前级泵抽走。

图 3-38　三级玻璃油扩散泵
1—玻璃泵体；2—蒸发栅与
扩散泵油；3~5—一、二、
三级伞形喷嘴；6—冷却水夹套；
7—冷阱；8—加热电炉

由于硅油（聚甲基硅氧烷或聚苯基硅氧烷）摩尔质量大，其蒸气动能大，能有效地富集低压下的气体分子，且其蒸气压低（室温下小于 $1.33\times 10^{-5}Pa$），所以是油扩散泵中理想的工作介质。为避免硅油氧化裂解，要待前级泵将系统压力抽到小于 $1.33Pa$ 后才可启动扩散泵。停泵时，应先将扩散泵前后的旋塞关闭（使泵内处于高真空状态），再停止加热，待泵体冷却到 50℃以下再关泵体冷却水。

（2）真空的测量

测量真空系统压力的量具称为真空规。真空规可分两类：一类是能直接测出系统压力的绝对真空规，如麦克劳（Mcleod）真空规；另一类是经绝对真空规标定后使用的相对真空规，热偶真空规与电离真空规是最常用的相对真空规。

① **热偶真空规**

热偶真空规（又称热偶规），由加热丝和热电偶组成，如图 3-39 所示，其顶部与真空系统相连。当给加热丝以某一恒定的电流时（如 120mA），则加热丝的温度与热电偶的热电势大小将由周围气体的热导率 λ 决定。在一定压力范围内，当系统压力 p 降低，气体的热导率减小，则加热丝温度升高，热电偶热电势随之增加。反之，热电势降低。p 与 λ（对应于热电势值）的关系可表示为

$$p = c\lambda \qquad\qquad (3\text{-}28)$$

式中，c 称为热偶规管常数。这种函数关系经绝对真空规标定后，以压力数值标在与热偶规匹配的指示仪表上。所以，用热偶规测量时从指示仪表上可直接读得系统压力值。

热偶规测量的范围为 $0.133 \sim 133.3\text{Pa}$。这是因为若压力大于 133.3Pa，则热电势随压力变化不明显；若压力小于 0.133Pa，则加热丝温度过高，导致热辐射和引线传热增加，因此而引起的加热丝温度变化不决定于气体压力，即热电势变化与气体压力无关。

② 电离真空规

电离真空规又称电离规，其结构和原理如图 3-40 所示。实际上它相当于一个三极管，具有阴极（即灯丝）、栅极（又称加速极）和收集极［见图 3-40(a)］。使用时将其上部与真空系统相连，通电加热阴极至高温，使之发射热电子。由于栅极电位（如 200V）比阴极高，故吸引电子向栅极加速。加速运动中的电子碰撞管内低压气体分子并使之电离为正离子和电子。由于收集板的电位更低，所以电离后的离子被吸引到收集极形成了可测量的离子流。发射电流 I_e，气体的压力 p 与离子流强度 I_i 之间有如下关系

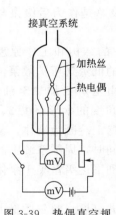

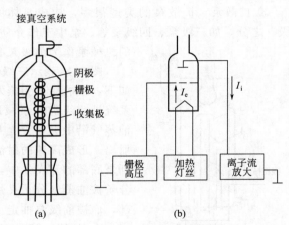

图 3-39　热偶真空规　　　　　　图 3-40　电离真空规及其测量原理

$$I_i = kpI_e \qquad\qquad (3\text{-}29)$$

式中，k 是为电离规管常数。可见，当 I_e 恒定时，I_i 与 p 成正比。这种关系经标定后即可在与电离规匹配的指示仪表上直接读出系统的压力值［图 3-40(b)］。

为防止电离规阴极氧化烧坏，应先用热偶规测量系统压力，待小于 0.133Pa 后方可使用电离规。此外，阴极也易被各种蒸气（如真空泵油蒸气）玷污，以致改变了电离规管常数 k 的数值，所以在其附近设置冷阱是必要的。电离规的测量范围在 $0.133 \times 10^{-5} \sim 0.133\text{Pa}$。

(3) 真空系统的组装与检漏

任何真空系统，不论管路如何复杂，总是可分解为三个部分：由机械泵和扩散泵组成的真空获得部分，由热偶规、电离规及其指示仪表组成的真空测量部分，以及待抽真空的研究系统。为减少气体流动的阻力，在较短时间内达到要求的真空度，管路设计时应少弯曲，少

用旋塞，而且管路要短，管径要粗。

新组装的真空系统难免在管路接口处有微裂缝形成小漏孔，使系统达不到要求的真空度。如何找到存在的小漏孔，即检漏，在真空技术中是一项重要的环节。

对玻璃的真空系统，检漏常用高频火花检漏仪。它的外形如图 3-41 所示。按下开关接通电源后，通过内部塔形线圈在放电簧端形成高频高压电场，在大气中产生高频火花。当放电簧在玻璃管道表面移动时，若没有漏孔，则在玻璃管道表面形成散开的杂乱的火花；若移动到漏孔处，由于气体导电率比玻璃大，将出现细长而又明亮的火花束。此火花束的末端指向玻璃表面上一个亮点，此亮点即为漏孔所在。根据火花束在管内引起的不同的辉光颜色，还可估计系统在低真空下的压力，见表 3-9。

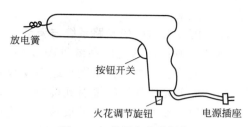

图 3-41　高频火花检漏仪

表 3-9　不同压力下辉光颜色

p/Pa	10^5	10	1	0.1	0.01	<0.01
颜色	无色	红紫	淡红	灰白	玻璃荧光	无色

此外，也可利用热偶（或电离）真空规的示值变化检漏：将丙酮、乙醚等易挥发的有机物涂于有漏孔的可疑之处后，如果真空规示值突然变化随后又复原，即表明该处确有漏孔。

3.3　光性测量

3.3.1　折射率与阿贝（Abbe）折射仪

（1）基本原理

当单色光从介质Ⅰ进入介质Ⅱ时，由于光在两种介质中的传播速度不同，发生折射现象如图 3-42 所示。根据光的折射定律，入射角 i 和折射角 γ 有如下关系

$$\frac{\sin i}{\sin \gamma} = \frac{v_{\text{I}}}{v_{\text{II}}} = \frac{n_{\text{II}}}{n_{\text{I}}} \tag{3-30}$$

式中，v_{I}、v_{II} 与 n_{I}、n_{II} 分别为光在介质Ⅰ、Ⅱ中的传播速度和折射率。

按式（3-30），若 $n_{\text{II}} > n_{\text{I}}$，则折射角 γ 恒小于入射角 i。当 i 增大到 90°时，γ 也相应增大到最大值 γ_c，此时介质Ⅱ中在 Oy 到 OA 之间有光线通过，表现为亮区；而在 OA 到 Ox 之间则为暗区。γ_c 称为临界折射角，它决定明暗两区分界线的位置。因 $\sin 90° = 1$，式（3-30）可简化为

$$n_{\text{I}} = n_{\text{II}} \sin \gamma_c \tag{3-31}$$

若介质Ⅱ的折射率 n_{II} 固定，则临界折射角 γ_c 决定

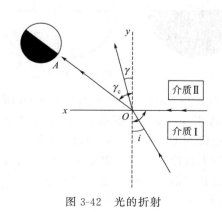

图 3-42　光的折射

于介质Ⅰ的折射率 $n_Ⅰ$。式（3-31）即为用阿贝折射仪测定液体折射率的基本依据。

（2）阿贝折射仪的光路系统与调节

阿贝折射仪内部光路系统见图 3-43。直角棱镜 2、3 在其对角线的平面上重叠，中间仅留微小缝隙使放入其中的待测液体形成薄层。当一单色光线从反射镜射到棱镜 2 时，由于棱镜 2 的对角线平面是粗糙的毛玻璃，光线在毛玻璃上产生散射，散射光通过缝隙中的液层，从各个方向进入棱镜 3 产生折射。因为棱镜 3 折射率较高（约 1.85），所以折射线均落在临界折射角 γ_c 之内，并穿过棱镜 3。若用白光为光源，由于白光是各种波长的混合光，波长不同的光产生的折射也不同，以致呈现的明暗界线是一条较宽的模糊色带，这种现象称为色散。为消除色散，从棱镜 3 出来的折射光再经过两组色散棱镜（阿密西棱镜），通过调节色散棱镜的位置就可以得到清晰的明暗分界线。随后由物镜将此明暗分界线成像于分划板上，经目镜放大后成像供实验者观察。

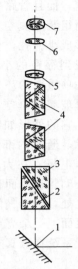

图 3-43　阿贝折射仪光路系统

1—反光镜；2,3—棱镜；4—色散棱镜；5—物镜；6—分划板；7—目镜

上已述及，经下面棱镜 2 的毛玻璃表面进入上面棱镜 3 的射线为散射光，入射角从 0°到 90°都有，见图 3-44。设 a 为进入棱镜 2 入射角为 90°的入射光线，b 为小于 90°的入射光线，当这些光线通过棱镜 3 后，物镜将其聚焦于目镜视野之内。光线 a 的折射角最大，故在视野左边不会有光线通过，表现为暗区。而入射角小于 90°的光线，折射后都在视野右边聚集，表现为明亮区。通过转动棱镜的位置，可把明暗区的分界线调节到视野中的十字线交叉点，随后从目镜的标尺中就可读得该液体的折射率数值，见图 3-45。

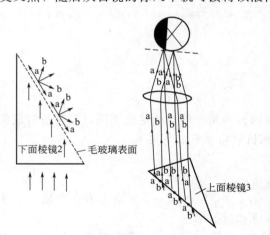

图 3-44　明暗分界线的形成

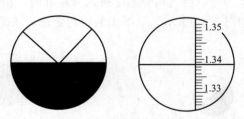

图 3-45　读数时目镜下的视野与测量值

阿贝折射仪测定折射率的范围是 1.3～1.7，精度可达 ±0.0001。它的外形如图 3-46 所示。由于液体折射率与所用的光线波长和温度有关，通常用 n_D^t 表示（即指 t℃时该液体对波长为 589.3nm 的钠光 D 线的折射率）。为此在阿贝折射仪的上下两棱镜的外面设有恒温水接头，以保持棱镜恒温，其温度可从插在夹套中的温度计上读出。在实际测定时，从反射镜接收日光的光源，通过调节消色补偿器，使日光中不同波长的混合光经色散棱镜的作用，会聚成与钠光 D 线相同的光路，因而测得结果即为 n_D 的数值。

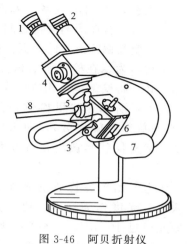

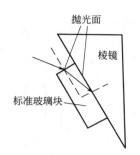

图 3-46 阿贝折射仪

图 3-47 标准玻璃块的安置

1—目镜；2—读数放大镜；3—恒温水接头；

4—消色补偿器；5,6—棱镜；7—反射镜；8—温度计

阿贝折射仪使用之前，需用已知折射率的液体（如去离子水 $n_D^{25}=1.3325$）或标准玻璃块对其示值刻度进行校正。用标准玻璃块校正的方法如下：打开棱镜，将它向后旋转 $180°$，在标准玻璃块的抛光面上加一滴溴代萘后贴在上棱镜的抛光面上，标准玻璃块抛光之侧面应向上以便接收光线，见图 3-47。先调节折射仪中读数为玻璃块的折射率值（已标在玻璃块上），再转动色散棱镜手轮，观察明暗分界线是否恰在视野十字线交叉点。如有偏差，可用示值调节螺丝调整。

3.3.2 旋光角与旋光仪

（1）偏振光与旋光角

一束可在各个方向振动的单色光，通过各向异性的晶体（如冰晶石）时，产生两束振动面相互垂直的偏振光，见图 3-48。由于这两束偏振光在晶体中的折射率不同，所以当单色光投射到用加拿大树胶粘贴的冰晶石组成的尼科尔（Nicol）棱镜时，按照全反射原理，此两束偏振光中，垂直于纸面的一束发生全反射而被棱镜框的涂黑表面所吸收。因此只得到另一束与纸面平行的平面偏振光，见图 3-49。这种产生平面偏振光的物体称为起偏镜。常用的起偏镜除尼科尔棱镜外，还有聚乙烯醇人造起偏片。

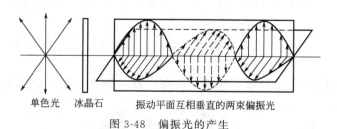

图 3-48 偏振光的产生

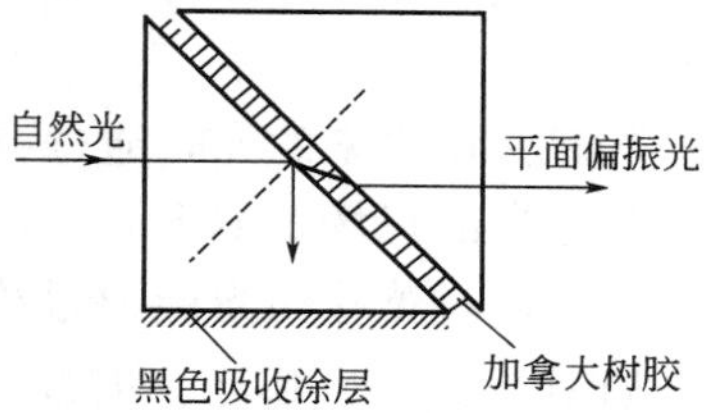

图 3-49 尼科尔起偏镜

要测定起偏镜出来的偏振光在空间的振动平面，还需一块检偏镜与之配合使用。如图 3-50 所示。

若起偏镜与检偏镜的光路相互平行，则起偏镜出来的偏振光全部通过检偏镜，在检偏镜后得到亮视场，如图 3-50(a) 所示；若两者光路相互垂直，则从起偏镜出来的偏振光不能通

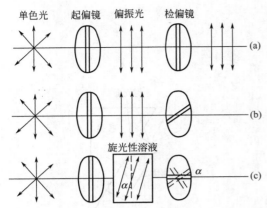

单色光　起偏镜　偏振光　检偏镜

(a)

(b)

旋光性溶液

α

(c)

图 3-50　偏振光的产生振动面的测定

过检偏镜，得到暗视场，如图 3-50（b）所示。此时，若在两偏振镜之间放一旋光性物质，它使起偏镜出来的偏振光振动面旋转过了 α 角，为了在检偏镜后依然得到暗视场，那么必须将检偏镜也相应地旋转 α 角，如图 3-50（c）所示。这里检偏镜旋转的角度 α（有左旋、右旋之分），即为该物质的旋光度。旋光仪就是测定旋光性物质旋光度的仪器。

为了比较各物质旋光能力的大小，引入比旋光度作为标准。比旋光度，即当偏振光通过 10cm 长、每毫升含有 10^{-3} kg 旋光性物质的溶液时旋光度，用 $[\alpha]_\lambda^t$ 表示。角标 t、λ 表示测定时的温度和所用光的波长。如蔗糖 $[\alpha]_D^{20}=66.00°$（右旋）、葡萄糖 $[\alpha]_D^{20}=52.50°$（右旋）、果糖 $[\alpha]_D^{20}=-91.9°$（左旋）等。

（2）旋光仪光路系统与调节

图 3-51 是旋光仪光路系统示意图。

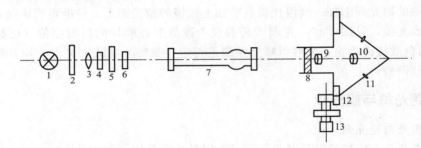

图 3-51　旋光仪光路系统

1—光源；2—毛玻璃；3—聚光镜；4—滤色镜；5—起偏镜；6—石英片；7—样品管；
8—检偏镜；9—物镜；10—目镜；11—读数放大镜；12—度盘及游标；13—读数盘转动手轮

为了提高测量的准确性，旋光仪采用三分视场的方法来确定读数。在起偏镜后安置一块占视场宽度约 1/3 的石英片，使起偏镜出来的偏振光透过石英片的那部分光旋转某一角度，再经检偏镜后即出现三分视场。转动检偏镜于不同位置，在三分视场中可见到三种不同的情况。

若起偏镜出来的光，通过石英片的部分不能通过检偏镜，而其余均能通过，则出现中间黑、两旁亮的视场，如图 3-52（a）所示。

若通过石英片的光能通过检偏镜而其余部分却不能通过，则出现中间亮、两旁暗的视场，如图 3-52（b）所示。若起偏镜出来的光，包括通过石英片的光都以同样的分量通过检偏镜，则出现整视场亮度均匀，三分视场的界线消失，此谓零度视场，如图 3-52（c）所示。

测量时，以试样管中不放溶液（即空管）或装入去离子水后的零度视场，定为旋光仪的零

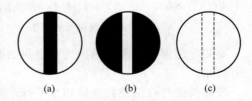

(a)　　　　(b)　　　　(c)

图 3-52　三分视场的不同情况

点。然后，当试样管中装有含旋光性物质的溶液后，旋转检偏镜位置，待出现零度视场时，此旋转角即为该物质旋光度。利用调节三分视场中亮与暗的变化进行读数要比视场中仅有亮与暗的两分场灵敏得多。

影响旋光度的因素有：光的波长、温度和溶液浓度。通常用钠光灯作光源。温度升高$1℃$旋光度约降低0.3%，因此对要求高的测量应配以恒温装置。溶液浓度增加，旋光度增大。对旋光性小的物质应选择较长的试样管。为了消除读数盘的偏心差，旋光仪中采用双向读数（游标上可直接读到$0.05°$），再取其平均值。

3.3.3 光的吸收与分光光度计

(1) 基本原理

分光光度计是一种利用物质分子对不同波长的光具有吸收特性而进行定性或定量分析的光学仪器。根据选择光源的波长不同，有可见光分光光度计（波长$380\sim780nm$）、近紫外分光光度计（波长$185\sim385nm$）、红外分光光度计（波长$780\sim300000nm$）等等。

当一束平行光通过均匀、不散射的溶液时，一部分被溶液吸收，一部分透过溶液。能被溶液吸收的光的波长取决于溶液中分子发生能级跃迁时所需的能量。所以，利用物质对某波长的特定吸收光谱可作为定性分析的依据。

朗伯-比尔（Lambert-Beer）定律指出：溶液对某一单色光吸收的强度与溶液的浓度c、液层的厚度b有如下的关系：

$$\lg \frac{I_0}{I} = kcb \tag{3-32}$$

或

$$\frac{I}{I_0} = 10^{-kcb} \tag{3-33}$$

式中，I_0与I分别为某波长单色光的入射光强度和通过溶液的透射光强度；$\lg \frac{I_0}{I}$为吸光度，常以A表示；k是为决定于入射光波长、溶液组成及其温度的常数；$\frac{I}{I_0}$为透光率，常以T表示。所以上二式又可以写为：

$$A = kcb \tag{3-32a}$$

$$T = 10^{-kcb} \tag{3-33a}$$

当溶液浓度以$mol \cdot L^{-1}$为单位，吸收池（亦称比色皿）厚度以cm为单位时，常数k称为摩尔吸光系数，通常以ε表示。故朗伯-比尔定律也可写作：

$$A = \varepsilon cb \tag{3-32b}$$

显然，当装溶液的吸收池厚度b一定时，吸光度即与溶液浓度成正比，故在实际应用中多采用式(3-32b)作为定量分析的依据。

当溶液中含有多种组分时，总的吸光度则等于各组分吸光度的加和，即

$$A = b \sum_i k_i c_i \tag{3-34}$$

某浓度的两组分溶液在一定波长下，它们的吸光度的加和关系如图 3-53 所示。若溶液中含有浓度分别为c_1、c_2的两组分，设A_{λ_1}与A_{λ_2}分别在λ_1与λ_2波长下

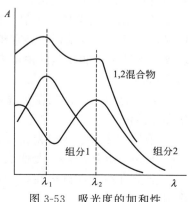

图 3-53 吸光度的加和性

实验测得的总吸光度，已知吸收池厚度 b 为 1cm，则有：

$$A_{\lambda_1} = k'_{\lambda_1} c_1 + k''_{\lambda_1} c_2 \qquad (3\text{-}35)$$

$$A_{\lambda_2} = k'_{\lambda_2} c_1 + k''_{\lambda_2} c_2 \qquad (3\text{-}36)$$

联立此两方程求解，即得 c_1、c_2。

使用分光光度计除了可测定组分浓度外，还可通过测量吸光度，对有色弱酸（或有色弱碱）的离解常数、配合物的配位数进行测定，其原理和具体的解析式可参阅有关的分析化学教材。

(2) 可见光区分光光度计的光路简介

图 3-54 是 721 型分光光度计（适用波长为 420～700nm）的结构示意图。光源（钨丝灯）发出白光，经单色器（棱镜）色散成不同波长的单色光，由狭缝（图中未画出）射出某一选定波长的单色光，入射到吸收池盛放的溶液中，一部分光被溶液吸收后，透射光照射到光电管上，经过光电转换，微弱的光电信号通过微电流放大器放大后，由微安表显示吸光度 A（或透光度 T）的数值。

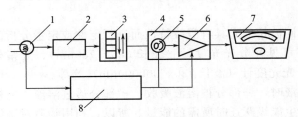

图 3-54　721 型分光光度计结构示意图

1—光源；2—单色铅；3—吸收池；4—光电管暗盒；
5—光电管；6—放大器；7—微安表；8—稳压栅

紫外分光光度计的光路，其光源、单色器分光、吸收光检测系统原则上与上述一样。主要区别在于因需要的波长不同，所以采用的光源也不同。在紫外分光区中，一般用重氢灯（波长为 200～365nm）作光源。分光的单色器不用玻璃棱镜，而用不易被湿气侵蚀的玻璃光栅（如在玻璃片的 1mm 内刻 1200 条刻痕，在两刻痕之间通过的光线，形成光栅的衍射光谱，起分光作用）。吸收光转换为电信号后，也可采用自动记录。

(3) 测量条件的选择

为了保证光度测定的准确度和灵敏度，在测量吸光度时还需注意选择适当的测量条件，包括入射光波长、参比溶液和读数范围三方面的选择。

① 入射光波长的选择　由于溶液对不同波长的光吸收程度不同，即进行选择性的吸收，因此应选择最大吸收时的波长 λ_{max} 为入射光波长，这时摩尔吸光系数 ε 数值最大，测量的灵敏度较高。有时共存的干扰物质在待测物质的最大吸收波长 λ_{max} 处也有强烈吸收，或者最大吸收波长不在仪器的可测波长范围内，这时可选用 ε 值随波长改变而变化不太大的范围内的某一波长作为入射光波长。

② 参比溶液的选择　入射光照射装有待测溶液的吸收池时，将发生反射、吸收和透射等情况，而反射以及试剂、共存组分等对光的吸收也会造成透射光强度的减弱，为使光强度减弱仅与溶液中待测物质的浓度有关，必须通过参比溶液对上述影响进行校正，选择参比溶液的原则是：

a. 若共存组分、试剂在所选入射光波长 $\lambda_{测量}$ 处均不吸收入射光，则选用蒸馏水或纯溶剂作参比溶液；

b. 若试剂在所选入射光波长 $\lambda_{测量}$ 处吸收入射光，则以试剂空白作参比溶液；

c. 若共存组分在 $\lambda_{测量}$ 处吸收入射光，而试剂不吸收入射光，则以原试液作参比溶液；

d. 若共存组分和试剂在 $\lambda_{测量}$ 处都吸收入射光，则取原试液掩蔽被测组分，再加入试剂后作为参比溶液。

除采用参比溶液进行校正外，还应使用光学性质相同、厚度相同的吸收池盛放待测溶液和参比溶液。

③ 吸光度读数范围的选择　由计算可知，浓度测定时的相对误差和透光度读数范围有关，当透光度在 $10\%\sim70\%$ 范围内，浓度测定的相对误差在 $\pm2\%$ 之内（设透光率读数的绝对误差为 0.5%），超出上述范围，浓度测定的相对误差将大为增加，因此在光度测量时，应调节透光度读数范围在 $10\%\sim70\%$，或吸光度读数范围在 $0.1\sim0.65$ 之间。一般地，依据仪器类型、结构等不同，上述读数范围可能稍有变动。

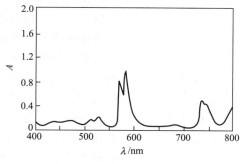

图 3-55　镨钕玻璃滤光片吸收光谱

(4) 分光光度计的校正

主要是波长刻度读数和吸光度刻度读数的校正。波长读数可通过测量已知标准特征峰的物质（如镨钕玻璃或苯蒸气）的吸收光谱与其标准吸收光谱图相比较而进行校正（见图 3-55）。吸光度刻度读数校正值是利用与标准溶液（如铬酸钾溶液）的吸光度相比较而得。一般在 25℃ 下，取 0.0400g 铬酸钾溶于 1L 0.05 mol·L^{-1} 的 KOH 溶液中，在不同波长下测量其吸光度。现将其部分标准吸光度数据列于表 3-10 中。

表 3-10　标准铬酸钾溶液的吸光度

波长/nm	500	450	400	350	300	250	200
吸光度	0.0000	0.00325	0.3872	0.5528	0.1518	0.4962	0.4559

3.4　电化学测量

3.4.1　电导、电导率及其测定

电解质溶液依靠溶液中正负离子的定向运动而导电。其导电能力的大小常用电导 G 与电导率 κ 表示。

设有面积为 A、相距为 l 的两铂片电极插在电解质溶液中，根据电阻定律，测得此溶液的电阻 R 可表示为

$$R=\rho\frac{l}{A} \tag{3-37}$$

式中，ρ 为电阻率，单位 $\Omega\cdot m$。定义电导 G 为电阻的倒数 $\left(G=\dfrac{1}{R}\right)$，代入上式得

$$G=\frac{1}{\rho}\frac{A}{l} \tag{3-38}$$

令 $\dfrac{l}{A}=K_{\text{cell}}$，则

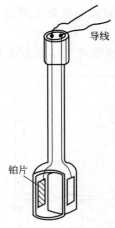

图 3-56　电导电极

$$\kappa = G\frac{l}{A} = GK_{cell} \tag{3-39}$$

根据 SI 规定，G 的单位为 S（西门子，西），$1S=1\Omega^{-1}$。κ 为电阻率倒数，称为电导率，单位为 $S \cdot m^{-1}$。K_{cell} 称为电导池常数。对电解质溶液，电导率即相当于在电极面积为 $1m^2$、电极距离为 $1m$ 的立方体中盛有该溶液时的电导。测电导用的电导电极如图 3-56 所示，主要部件是两片固定在玻璃上的铂片，其电导池常数 K_{cell} 值可通过测定已知电导率的溶液（一般用各种标准浓度的 KCl 溶液）的电导按式(3-39)计算求得。

电导电极据被测溶液电导率的大小可有不同的形式：若被测溶液电导率很小（$\kappa < 10^{-3}\,S \cdot m^{-1}$），一般选用光亮铂电极；若被测溶液电导率较大（$10^{-3}\,S \cdot m^{-1} < \kappa < 1S \cdot m^{-1}$），为防止极化的影响，选用镀上铂黑的铂电极以增大电极表面积，减小电流密度；若被测溶液的电导率很大（$\kappa > 1S \cdot m^{-1}$），即电阻很小，应选用 U 形电导池，见图 3-57。这种电导池两电极间距离较大（$5 \sim 16cm$），极间管径很小，所以电导池常数很大。

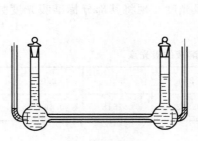

图 3-57　U 形电导池

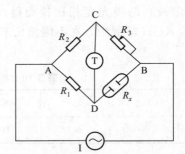

图 3-58　平衡电桥法测定原理
R_1、R_2、R_3—电阻；R_x—电导池

电导或电导率的测定实质上是电阻的测定，测定的方法有平衡电桥法与电阻分压法两种。现分述如下。

（1）平衡电桥法

原理如图 3-58 所示。R_x 为装在电导池内待测定的电解质溶液的电阻。桥路的电源 I 应用较高频率（如 $1000Hz$）的交流电源。因为若用直流电，必将引起离子定向迁移而在电极上放电。即使采用频率不高的交流电源，也会在两电极间产生极化电势，导致测量误差。T 为平衡检测器，相应地应用示波器或耳机。

根据电桥平衡原理，通过调节 R_1、R_2、R_3 电阻值，待电桥平衡时，即桥路输出电位 U_{CD} 为零时，可从下式求得：

$$R_x = \frac{R_1}{R_2}R_3 \tag{3-40}$$

为减少测定 R_x 的相对误差，在实际工作中常用等臂电桥，即 $R_1=R_2$。应当指出，桥路中 R_1、R_2、R_3 均为纯电阻，而 R_x 是由两片平行的电极组成，具有一定的分布电容。由于容抗和纯电阻之间存在着相位上的差异，所以按图 3-58 测量，不能调节到电桥完全平衡。若要精密测量，应在 R_3 处并联一个适当的电容，使桥路的容抗也能达到平衡。

（2）电阻分压法

电导仪的工作原理就是基于电阻分压的不平衡测量，其原理见图3-59。

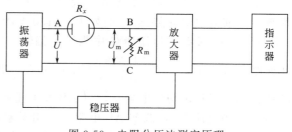

稳压器输出一个稳定的直流电压供振荡器与放大器稳定工作。振荡器采用电感负载式的多谐振荡电路，具有很低的输出阻抗，它的输出电压不随电导池的电阻 R_x 变化而变化。因此，它为由

图 3-59　电阻分压法测定原理

电导池 R_x 与电阻 R_m 所组成的电阻分压回路提供了稳定的标准电压 U。因此，此回路的电流 I 为

$$I = \frac{U}{R_x + R_m} \tag{3-41}$$

在 R_m 两端的电压降 U_m 为

$$U_m = IR_m = \frac{UR_m}{R_x + R_m} \tag{3-42}$$

根据式（3-38），则

$$U_m = \frac{UR_m}{(1/G) + R_m} \tag{3-43}$$

$$U_m = \frac{UR_m}{(K_{cell}/\kappa) + R_m} \tag{3-44}$$

若电导池常数 K_{cell} 值已知，R_m、U 为定值，则电阻 R_m 两端的电压降 U_m 是溶液电导率 κ 的函数，即 $U_m = f(\kappa)$。因此，经适当刻度，在电导率仪指示板上可直接读得溶液的电导率值。

为了消除电导池两电极间的分布电容对 R_x 的影响，电导率仪中设有电容补偿电路，它通过电容产生一个反相电压加在 R_m 上，使电极间分布电容的影响得以消除。

电导仪的工作原理与电导率仪相同。根据式（3-43），当 R_m、U 为定值时，U_m 是溶液电导 G 的函数。据此，即可在电导仪的指示板上直接读得溶液的电导值。

3.4.2　抵消法测定原电池电动势

（1）直流电位差计

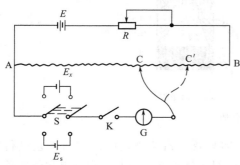

图 3-60　抵消法的测定原理

E—工作电池；R—可变电阻；AB—滑线电阻；
S—双刀双闸开关；E_x—待测电池；E_s—标准电池；
K—电键；G—检流计

直流电位差计是按照抵消法原理设计的一种在电流接近于零的条件下测量电位差的仪器。它的精度很高，是测定电动势的最基本的仪器。

抵消法原理见图3-60。由图中可见，电路可分为工作回路和测量回路两部分。工作回路由工作电池 E、可变电阻 R 和滑线电阻 AB 组成。测量回路由双刀双闸开关 S、待测电池 E_x（或标准电池 E_s）、电键 K、检流计 G 和滑线电阻的一部分组成。这里，工作回路中的工作电池与测量回路中的待测电池并接，当测量回路中电流为零时，工作电池在滑线电阻 AB 上的某一段电位降恰等于待测电池的电动势。

测量时，先将开关 S 合向标准电池 E_s，将滑动触点调节到 C 点。此时，AC 上的电位降恰等于标准电池电动势 E_s。例如 $E_s = 1.0183V$，令 $R_{AC} = 1018.3\Omega$，通过调节可变电阻 R，使按下电键 K 时，检流计 G 中指针不偏转，即电流为零。这样利用标准电池即标定了工作回路电流 I 值，使 $I = \dfrac{1.0183}{1018.3} = 1.000mA$，即在电阻丝 AB 上，每欧姆长度的电位降为 $1.0mV$。由于 AB 是均匀电阻丝，故 AB 段中任一部分的两端电位降与其长度成正比。然后将 S 合向待测电池 E_x，调节 AB 电阻丝上滑动触点的位置，如调至 C' 点时，按下电键 K，检流计指针不发生偏转，则待测电池的电动势 $E_x = IR_{AC'}$，若 $R_{AC'} = 1097.4\Omega$，则 $E_x = 1.0974V$。

目前，使用较多的是 UJ 型电位差计。如 UJ-25 型，该仪器上标有 0.01 级字样，表明其测量最大误差为满度值的 0.01%，即万分之一。它的可变电阻 R 由粗、中、细、微四挡组成，滑线电阻 AB 由六个转盘组成，所以测量读数最小值为 $10^{-6}V$。另外，如 UJ-36 型电位差计，测量原理相同，但精度较低，常用于测定热电偶的热电势，它的优点在于把标准电池、检流计等均组装在同一仪器中，使用比较方便。

(2) 标准电池

常用的标准电池为饱和式，有 H 管型和单管型两种，如图 3-61 所示。负极为镉汞齐（含 12.5% Cd），正极为汞和硫酸亚汞的糊体，两极之间盛以硫酸镉晶体 $CdSO_4 \cdot \dfrac{8}{3}H_2O$ 的饱和溶液。电池内反应如下：

负极
$$Cd(汞齐) \longrightarrow Cd^{2+} + 2e^-$$
$$Cd^{2+} + SO_4^{2-} + \dfrac{8}{3}H_2O \longrightarrow CdSO_4 \cdot \dfrac{8}{3}H_2O$$

正极
$$Hg_2SO_4(s) + 2e^- \longrightarrow 2Hg(l) + SO_4^{2-}$$

总反应
$$Cd(汞齐) + Hg_2SO_4 + \dfrac{8}{3}H_2O \longrightarrow 2Hg(l) + CdSO_4 \cdot \dfrac{8}{3}H_2O$$

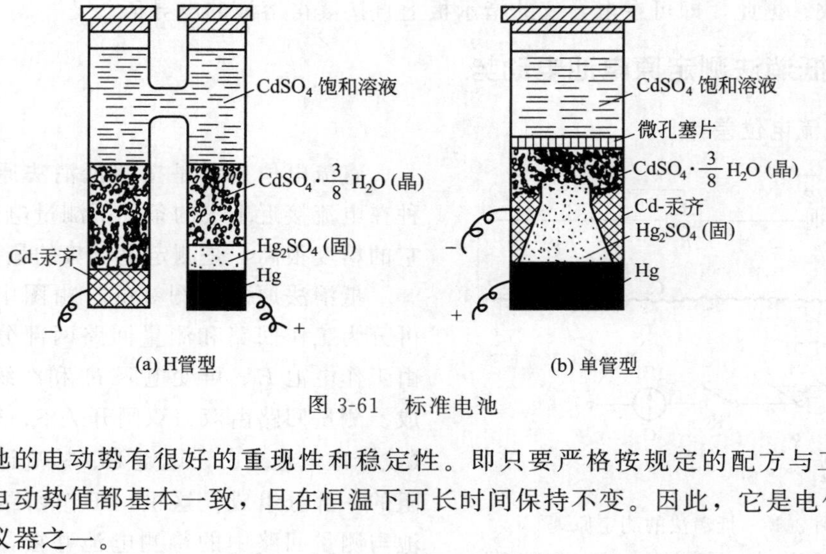

图 3-61　标准电池

标准电池的电动势有很好的重现性和稳定性。即只要严格按规定的配方与工艺进行制作，所得的电动势值都基本一致，且在恒温下可长时间保持不变。因此，它是电化学实验中基本的校验仪器之一。

标准电池检定后只给出 20℃ 下的电动势 $E_{s,20}$ 值，在实际测量时，若温度为 t℃，其电动势 $E_{s,t}$ 按如下校正式计算：

$$E_{s,t} = E_{s,20} - 4.06 \times 10^{-5}(t-20) - 9.5 \times 10^{-7}(t-20)^2 \qquad (3\text{-}45)$$

尽管标准电池的可逆性好，但仍应严格限制通过标准电池的电流。一般要求通过的电流应小于 $1\mu A$。因此，在测量时必须短暂、间歇地按电键，更不能用万用电表等直接测它的电压。从其结构上可以看到，标准电池不可倒置或过分倾斜，而且要避免振动。

此外，还有一种标准电池是干式的，其中溶液呈糊状且不饱和，故也称不饱和标准电池。这种标准电池的精度略差，一般可免除温度校正，常安装在便携式的电位差计之中。

（3）检流计

检流计主要用于直流电工作的电测仪器（如电位差计、电桥等）中指示平衡（示零）之用，有时也用于热分析或光-电系统中测量微小的电流值。

使用比较普遍且精度较高的是复射式光点检流计，它的工作原理如图 3-62 所示。活动线圈置于 U 形磁铁之间，线圈由吊丝与弹簧片固定，下悬可随线圈转动的平面镜。光源发出的光，经平面镜与反射镜多次反射后投于标尺上。当线圈中通过微小电流时，线圈在磁场力

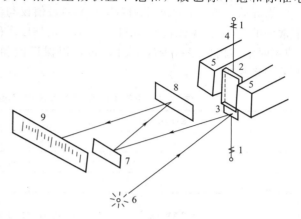

图 3-62　复射式光点检流计
1—弹簧片；2—活动线圈；3—平面镜；
4—吊丝；5—U 形磁铁；6—光源；
7，8—反射镜；9—标尺

作用下带动平面镜转动，转动角经反射镜放大后可看到光点在标尺上移动。由此可十分灵敏地测出极微弱的电流。

当检流计与电位差计联用时，要注意两者间灵敏度的匹配。例如，上述的 UJ-25 型电位差计最小的电压分度为 10^{-6} V，若待测的原电池内阻为 1000Ω，则要求与之匹配的检流计必须能检出的最小电流应为 $\dfrac{10^{-6}}{1000}=10^{-9}$ A。因为检流计的标尺是以 mm 为最小分度，所以要求检流计的灵敏度应为 10^{-9} A·mm^{-1}。ACl5-4 型光点检流计即可满足此要求。

此外，实验室中也常用指针式的平衡指示仪。它的基本原理是利用运算放大器，将微弱直流电经放大后输入灵敏的检流系统，采用大面积的指针式表头代替光点式检流。其优点在于读数稳定、清晰（尤其在室内光线比较明亮的情况下），抗干扰能力强，精度也相当高。如 ZH_2-B 平衡指示仪即为一例。

3.4.3　参比电极与盐桥

（1）甘汞电极

实验室中最常用的参比电极是甘汞电极。作为商品出售的有单液接与双液接的两种，它们的结构如图 3-63 所示。

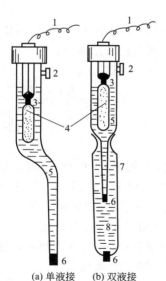

(a) 单液接　(b) 双液接
图 3-63　甘汞电极
1—导线；2—加液口；3—汞；4—甘汞；
5—KCl 溶液；6—素瓷塞；7—外管；
8—外充满液（KCl 或 KNO$_3$ 溶液）

甘汞电极的电极反应为：

$$Hg_2Cl_2(s)+2e^- \longrightarrow 2Hg(l)+2Cl^-(a_{Cl^-})$$

它的电极电位可表示为：

$$E\{Cl^-|Hg_2Cl_2(s),Hg\}=E^{\ominus}\{Cl^-|Hg_2Cl_2(s),Hg\}-\frac{RT}{F}\ln a_{Cl^-} \tag{3-46}$$

由此式可知，$E\{Cl^-|Hg_2Cl_2(s),Hg\}$ 值仅与温度 T 和氯离子活度 a_{Cl^-} 有关。甘汞电极中常用的 KCl 溶液有 $0.1mol \cdot L^{-1}$、$1.0mol \cdot L^{-1}$ 和饱和三种浓度，其中以饱和式为最常用（使用时溶液内应保留少许 KCl 晶体，以保证饱和）。各种浓度的甘汞电极的电极电位与温度的关系见表 3-11。

表 3-11　不同 KCl 浓度的 $E\{Cl^-|Hg_2Cl_2(s),Hg\}$ 与温度的关系

KCl 浓度/mol·L^{-1}	电极电位 $E_{甘汞}$/V
饱和	$0.2412-7.6\times10^{-4}(t-25)$
1.0	$0.2801-2.4\times10^{-4}(t-25)$
0.1	$0.3337-7.0\times10^{-5}(t-25)$

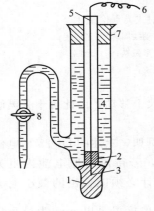

图 3-64　甘汞电极

1—汞；2—甘汞糊状物；3—铂丝；
4—饱和氯化钾溶液；5—玻璃管；
6—导线；7—橡皮塞；8—活塞

甘汞电极在实验中也可自制：在一个干净的研钵中放一定量的甘汞（Hg_2Cl_2）、数滴汞与少量饱和 KCl 溶液，仔细研磨后得到白色的糊状物（在研磨过程中，如果发现汞粒消失，应再加一点汞；如果汞粒不消失，则再加一些甘汞……以保证汞与甘汞相饱和）。随后在此糊状物中加入饱和 KCl 溶液，搅拌均匀成悬浊液。将此悬浊液小心地倾入电极容器中，见图 3-64，待糊状物沉淀在汞面上后，打开活塞 8，用虹吸法使上层饱和 KCl 溶液充满 U 形支管，再关闭活塞 8，即制成甘汞电极。

（2）银-氯化银电极

银-氯化银电极与甘汞电极相似，都是属于金属-微溶盐-负离子型的电极。它的电极反应和电极电位表示如下：

$$AgCl(s)+e^- \longrightarrow Ag(s)+Cl^-(a_{Cl^-})$$

$$E\{Cl^-|AgCl,Ag\}=E^{\ominus}\{Cl^-|AgCl,Ag\}-\frac{RT}{F}\ln a_{Cl^-}$$

$$\tag{3-47}$$

可见 $E\{Cl^-|AgCl,Ag\}$ 也只取决于温度与氯离子活度。

制备银-氯化银电极的方法很多。较简便的方法是取一根洁净的银丝与一根铂丝，插入 $0.1mol \cdot L^{-1}$ 的盐酸溶液中，外接直流电源和可调电阻进行电镀。控制电流密度为 $5mA \cdot cm^{-2}$，通电时间约 5min，在作为阳极的银丝表面即镀上一层 AgCl。用去离子水洗净，为防止 AgCl 层因干燥而剥落，可将其浸入适当浓度的 KCl 溶液中，保存待用。

银-氯化银电极的电极电位在高温下较甘汞电极稳定，但 AgCl(s) 是光敏性物质，见光易分解，故应避免强光照射。当银的黑色微粒析出时，氯化银将略呈紫黑色。

（3）盐桥

盐桥的作用在于减小原电池的液体接触的界面电位。常用盐桥的制备方法如下。

在烧杯中配制一定量的 KCl 饱和溶液，再按溶液质量的 1% 称取琼脂粉浸入溶液中，用水浴加热并不断搅拌，直至琼脂全部溶解。随后用吸管将其灌入 U 形玻璃管中（注意，U

形管中不可夹有气泡），待冷却后凝成冻胶即制备完成。将此盐桥浸于饱和 KCl 溶液中，保存待用。

盐桥内除用 KCl 外，也可用其他正负离子的电迁移率相接近的盐类，如 KNO_3、NH_4NO_3 等。具体选择时应防止盐桥中离子与原电池溶液中的物质发生反应，如原电池溶液中含有 Ag^+ 或 Hg_2^{2+}，为避免沉淀产生，不可使用 KCl 盐桥，应选用 KNO_3 或 NH_4NO_3 盐桥。

3.4.4 电极的预处理

（1）镀铂黑

为防止电极极化，经常需要在铂电极上镀铂黑。使用的镀液通常含有 3％的氯铂酸（H_2PtCl_6）和 0.25％的醋酸铅 [$Pb(Ac)_2$]，一般将 3g 氯铂酸和 0.25g 醋酸铅溶于 100mL 去离子水中即可。

氯铂酸是一种络合物，其离解常数很小，所以在镀液中只有极少量的铂离子。电镀时，铂离子在阴极还原为铂镀层；由于镀层中的铂粒子非常细小，形成了黑色的蓬松镀层，称为铂黑。正由于铂黑粒子细小，增大了电极的有效表面积，在测定时可降低电流密度，可以有效地防止电极极化。

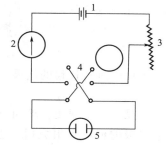

图 3-65　电镀铂黑线路
1—直流电源；2—毫安表；3—电阻箱；
4—双刀双向开关；5—电导电极

镀铂黑的线路见图 3-65。利用双刀双向开关使两电导电极交替成为阴极或阳极。这样，两电极可同时镀上铂黑。利用电阻箱控制电流密度，一般以 $5mA \cdot cm^{-2}$ 为宜。每分钟切换双刀双向开关一次，共切换 10 次左右即可完成电镀。

为了除去吸附在刚镀好的铂黑之中的氯气，应将电极用去离子水冲洗干净后浸入 10％稀硫酸中作为阴极进行电解。电解过程中利用阴极放出的大量氢气，把吸附在铂黑上的氯气冲掉。脱氯后的铂黑电极，要用去离子水冲洗后，再浸入盛有去离子水的容器中，备用。

（2）汞齐化

金属电极，如锌、铜等，其电极电位往往由于金属表面的活性变化而不稳定。为了使其电极电位稳定，常用电极电位较高的汞将电极表面汞齐化，即形成汞合金。

汞齐化的操作如下：将硝酸亚汞 [$Hg_2(NO_3)_2$] 溶于 10％稀硝酸中配成饱和溶液，将洁净的金属电极浸入其中，几秒钟后取出，用去离子水冲洗干净后，拿滤纸在电极表面仔细揩擦，使汞齐均匀地盖满电极的表面即可。

3.4.5 离子选择性电极

离子选择性电极是通过电极上的薄膜对各种离子有选择性的电位响应而作为指示电极的。电极的薄膜并不给出或得到电子，而是选择性地让一些离子渗透，同时也包含着离子交换过程。离子选择性电极种类很多，下面着重介绍玻璃膜电极和晶体膜电极。

（1）玻璃膜电极

玻璃膜电极结构如图 3-66 所示。它的内部是 pH 值一定的缓冲溶液，它的内参比电极的电位保持恒定，而与待测溶液无关。由于玻璃膜产生的膜电位与待测溶液的 pH 有关，所以可测定溶液的 pH 值。

玻璃膜两侧的相界面电位的产生不是由于电子得失，而是由于离子（H^+）在溶液和硅

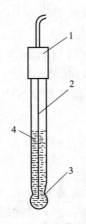

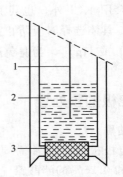

图 3-66　玻璃膜电极

1—绝缘套；2—Ag-AgCl 电极；

3—玻璃膜；4—内部缓冲镕液

图 3-67　氟离子选择性电极

1—Ag-AgCl 内参比电极；2—内参比溶液

$(0.10\sim0.01mol\cdot L^{-1}NaF+0.1mol\cdot L^{-1}NaCl)$；

3—氟化镧单晶膜

胶层界面间进行迁移的结果。可以证明

$$E_{膜}＝K-0.05916\,pH_{试}\qquad\qquad(3-48)$$

可见，一定温度下玻璃膜电极的膜电位 $E_{膜}$ 与试液的 pH 值成线性关系。在适当改变玻璃膜电极的玻璃膜组成后，也可用于 Na^+、Ag^+、Li^+、K^+、Pb^+、Cs^+、Tl^+ 等离子活度的测定。

（2）晶体膜电极

晶体膜电极有单晶膜电极和多晶膜电极两种。单晶膜电极是由难溶盐的单晶薄片制成，如氟离子选择性电极（见图 3-67），电极膜由掺有 EuF_2（有利于导电）的 LaF_3 单晶切片制成。膜被封在聚四氟乙烯塑料管的一端，管内充有 $0.1mol\cdot L^{-1}NaCl$ 和 $0.1\sim0.01mol\cdot L^{-1}$ NaF 混合液作为内参比溶液，以 Ag-AgCl 电极作为内参比电极。当待测溶液中 F^- 活度 a_F 大于 $10^{-5}mol\cdot L^{-1}$ 时，膜电位可用能斯特方程表示，25℃时：

$$E_{膜}＝K-0.05916\lg a_F\qquad\qquad(3-49)$$

由此可以测定待测溶液中 F^- 的活度。

多晶膜电极的薄膜由难溶盐的沉淀粉末如 AgCl、AgBr、AgI、Ag_2S 等在高压下压制而成，其中 Ag^+ 起传递电荷的作用。膜电位由与 Ag^+ 有关的难溶盐的溶度积所控制。如卤化银电极电位可用能斯特方程表示，25℃时：

$$E_{膜}＝K+0.05916\lg\frac{K_{sp,AgX}}{a_X}＝K'-0.05916\lg a_X\qquad\qquad(3-50)$$

由此可制得对 Cl^-、Br^-、I^-、S^{2-} 有响应的膜电极。也可用硫化银作为基体，掺入适当的其他金属硫化物（如 CuS、PbS 等），制得阳离子选择性电极。

3.4.6　pH 值及其测定

（1）pH 的定义及测定基本原理

最初，pH 的定义为：$pH＝-\lg[H^+]$。随着电化学理论的发展，发现影响化学反应的是离子的活度，而不能简单地认为是离子的浓度。用电位法测得的实际上是 H^+ 的活度而不是浓度。因此，pH 值被重新定义为：$pH = -\lg a_{H^+}$。

测定溶液的 pH 值常用玻璃电极作指示电极，甘汞电极作参比电极，与待测溶液组成工作电池，如图 3-68 所示，此电池可用下式表示：

$$-)\,Ag, AgCl\,|\,HCl\,玻璃\,|\,试液\,\|\,KCl(饱和)\,|\,Hg_2Cl_2, Hg(+$$

它的电动势为：

$$E = K' + 0.05916 pH \tag{3-51}$$

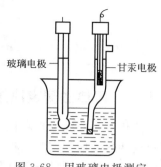

图 3-68　用玻璃电极测定 pH 值的工作电池示意图

（玻璃电极　甘汞电极）

由于 K' 值很难测定，所以在实际工作中是用一 pH 值已经确定的标准缓冲溶液作为基准，通过比较包含待测溶液和包含标准缓冲溶液的两个工作电池的电动势，从而确定待测溶液的 pH 值。

（2）pH 值的实用定义

设有两种溶液 X 和 S，其中 X 表示试液，S 表示 pH 值已经确定的标准缓冲溶液。测量两种溶液 pH 的工作电池的电动势分别为：

$$E_X = K'_X + \frac{2.303RT}{F} pH_X \tag{3-52}$$

$$E_S = K'_S + \frac{2.303RT}{F} pH_S \tag{3-53}$$

式中，pH_X 为试液的 pH 值；pH_S 为标准缓冲溶液的 pH 值。若测量 E_X 和 E_S 时的条件相同，可认为 $K'_X = K'_S$。将上述两式相减，可得

$$pH_X = pH_S + \frac{(E_X - E_S)F}{2.303RT}❶ \tag{3-54}$$

这就是按实际操作方式对水溶液的 pH 值所给的实用定义（或工作定义）。

式(3-54)是在假定 $K'_X = K'_S$ 的条件下得出的。在实验过程中某些因素的改变会使 K 值发生变化而带来误差。为了尽量减小误差，应该选用与待测溶液 pH 值相近的标准缓冲溶液，在实验过程中应尽可能使溶液的温度保持恒定。

（3）测定 pH 值的仪器——酸度计

酸度计（或称 pH 计）是根据 pH 的实用定义而设计的测定 pH 值的仪器，它由电极和电计两部分组成。电极与试液组成工作电池，电池的电动势由电计测量。按照测量电池电动势的方式不同，酸度计可分为直读式和补偿式两种类型。

国产 pHS-2 型酸度计属于直读式酸度计，最小分度为 0.02pH。这类仪器的准确度取决于电流放大器的质量。一般要求放大器稳定、直线性好。近年来投产的 pHS-10 型、pHS-300 型、pHS-400 型读数精度为 0.001pH，测量结果用数字显示，并可配记录仪及与计算机联用，仪器的精度及自动化程度有了很大提高。

国产雷磁 21-1 型自动电位滴定计测量 pH 值部分属于补偿式酸度计，它的准确度取决于电位刻度的精密程度，对放大器的线性要求不是很严格。

---

❶ 国际纯粹与应用化学联合会(IUPAC)已建议将此式作为 pH 的实用定义,通常也称为 pH 标度。由此可知,以标准缓冲溶液的 pH_S 为基准,通过比较 E_X 和 E_S 的值即可求出 pH_X。

3.5 热性质测量

3.5.1 量热法测定热效应

热化学是研究物理和化学过程热效应及其规律的科学，是化学热力学的一个重要分支。测量这些热效应的实验又称为量热实验。量热实验以热力学第一定律为基础，过程的热效应通常用量热法来测量。基础化学实验中常用的仪器是环境等温量热计。测量的基本原理包含两个步骤：一是测量该过程在绝热条件下进行时所引起系统温度的变化值；二是利用电加热法或化学标定法（标准物质）标定系统在同样温度范围内的热容，以求得过程的热效应。然而没有理想的绝热和等温量热计，因此在计算实际过程中的热效应时要进行热漏校正。

(1) 燃烧热的测定

燃烧热是指 1mol 物质完全燃烧时的热效应，是热化学中重要的基本数据。一般化学反应的热效应，往往因为反应太慢或反应不完全，因而难以直接测定。但是，通过盖斯定律可用燃烧热数据间接求算。因此燃烧热广泛地用在各种热化学计算中。许多物质的燃烧热和反应热已经精确测定。测定燃烧热的氧弹式量热计是重要的热化学仪器，在热化学、生物化学以及某些工业部门中广泛应用。

燃烧热可在恒容或恒压情况下测定。由热力学第一定律可知，在不做非膨胀功情况下，恒容反应热 $Q_V = \Delta U$，恒压反应热 $Q_p = \Delta H$。在氧弹式量热计中所测燃烧热为 Q_V，而一般热化学计算用的值为 Q_p，这两者可通过下式进行换算：

$$Q_p = Q_V + \Delta nRT \tag{3-55}$$

式中，Δn 为反应前后生成物与反应物中气体的摩尔数之差；R 为摩尔气体常数；T 为反应温度，K。

在盛有定量水的容器中，放入内装有一定量样品和氧气的密闭氧弹，然后使样品完全燃烧，放出的热量通过氧弹传给水及仪器，引起温度升高。氧弹量热计的基本原理是能量守恒定律。测量介质在燃烧前后温度的变化值，则恒容燃烧热为：

$$Q_V = W(t_{终} - t_{始}) \tag{3-56}$$

式中，W 为样品等物质燃烧放热使水及仪器每升高 1℃ 所需的热量，称为水当量。

水当量的求法是用已知燃烧热的物质（如本实验用苯甲酸）放在量热计中燃烧，测定其始、终态温度。一般来说，对不同样品，只要每次的水量相同，水当量就是定值。

热化学实验常用的量热计有环境恒温式量热计和绝热式量热计两种。环境恒温式氧弹量热计的结构如图 3-69 所示。

由图可知，环境恒温式量热计的最外层是储满水的外筒（图 3-69 中 5），当氧弹中的

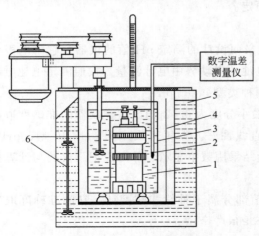

图 3-69 环境恒温式氧弹量热计

1—氧弹；2—温度传感器；3—内筒；
4—空气隔层；5—外筒；6—搅拌桨

样品开始燃烧时，内筒与外筒之间有少许热交换，因此不能直接测出初温和最高温度，需要由温度—时间曲线（即雷诺曲线）进行确定，详细步骤如下。

将样品燃烧前后历次观察的水温对时间作图，联成 $FHIDG$ 折线，如图 3-70（a）所示。图中 H 相当于开始燃烧之点，D 为观察到的最高温度读数点，作相当于环境温度之平行线 JI 交折线于 I，过 I 点作 ab 垂线，然后将 FH 线和 GD 线外延交 ab 线 A、C 两点，A、C 线段所代表的温度差即为所求的 ΔT。图中 AA' 为开始燃烧到温度上升至环境温度这一段时间 Δt_1 内，由环境辐射进来和搅拌引进的能量而造成体系温度的升高值，故必须扣除，CC' 为温度由环境温度升高到最高点 D 这一段时间 Δt_2 内，体系向环境辐射出能量而造成体系温度的降低，因此需要添加上。由此可见 AC 两点的温差较客观地表示了由于样品燃烧使热计温度升高的数值。

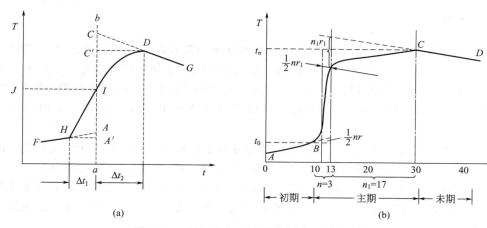

图 3-70　雷诺曲线（a）和温度校正示意图（b）

恒容燃烧热 $Q_V = -\dfrac{CM\Delta t}{m}$。但这个计算式没有考虑以下各项的影响：系统与环境间的热交换、生成 HNO_3 水溶液的热量和燃烧丝燃烧放出的热量。因此，精确的计算应用下式：

$$Q_V = [-C(T_n - T_0 + \Delta T') - gb - (-5.98)V_{OH^-}] \times \frac{M}{m} \qquad (3-57)$$

式中，T_n 为主期的最高温度；T_0 为主期的最初温度；g 为燃烧丝的燃烧热（镍铬丝为 $-1400 J\cdot g^{-1}$）；b 为燃烧掉的燃烧丝质量；V_{OH^-} 为滴定洗弹液所消耗的 $0.1 mol\cdot L^{-1} NaOH$ 溶液的体积，mL；-5.98 为相当于被 $1 mL$ $0.1 mol\cdot L^{-1} NaOH$ 溶液所中和的 HNO_3 水溶液的生成热，$J\cdot mL^{-1}$；$\Delta T'$ 为由于系统与环境热交换引起的温差校正值，用下式计算：

$$\Delta T' = -\frac{r + r_1}{2}n - r_1 n_1 \qquad (3-58)$$

式中，r 为初期温度变化率（以初期结束温度减去初期开始温度所得温差除以初期时间间隔数）；r_1 为末期温度变化率（以末期结束温度减去末期开始温度所得温差除以末期时间间隔数）；n 为主期内每半分钟温度上升不小于 $0.3℃$ 的时间间隔数（点火后的第一个时间间隔不管温度升高多少，都计入 n 中）；n_1 为主期内每半分钟温度升高小于 $0.3℃$ 的时间间隔数。

关于系统温升 $\Delta T'$ 的校正可参照图 3-70（b）$T\text{-}t$ 曲线加以说明。由图中可知，主期时间间隔数为 20，其中 n 为 3，n_1 为 17。这两部分分别称为温度跃升区和高温区。在高温区，

即 n_1 部分，温升平稳。因为此时系统温度已高于环境温度，系统散热是主要的，其温度变化率由 CD 线的斜率 r_1 决定，所以由散热引起的温度变化为 $n_1 r_1$。而在温度跃升区，即 n 部分，由开始低于环境温度到后来高于环境温度；因此这个区域包括了开始吸热及后来散热的综合影响，引起系统的温度变化可以看作由两部分造成，即 $\dfrac{nr}{2}$ 和 $\dfrac{nr_1}{2}$，所以整个主期由于热交换引起的温度变化为以上两个区域的综合。

(2) 溶解热、中和热、化学反应热等的测量

溶解热、中和热、化学反应热等其他热效应的测量可以用杜瓦瓶作为量热计，也是用已知热效应的反应物先求出量热计的水当量（标定系统热容），然后对未知热效应的反应进行测定。对于吸热反应（如无机盐溶解热），可用电热补偿法直接求出反应热效应。

3.5.2 差热分析

热分析是在程序控制温度下测量物质的物理性质与温度的关系的一类技术。差热分析（D. T. A）是热分析方法的一种，其根据是当物质发生化学变化或物理变化（如脱水、晶型转变、热分解等）时，都有其特征的温度，并往往伴随着热效应，从而造成研究物质与周围环境的温差。此温差及相应的特征温度，可用于鉴定物质组成或研究其有关的物理化学性质。

为对某待测样品进行热分析，则将其与热稳定性良好的参考物一同置于温度均匀的电炉中以一定的速率升温。这种参考物如 SiO_2、Al_2O_3，它们在整个试验温度范围内不发生任何物理化学变化，因而不产生任何热效应。所以，当样品没有热效应产生时，它和参考物温度相同，两者的温差 $\Delta T = 0$；当样品产生吸热（或放热）效应时，由于传热速率的限制，就会使样品与参考物温度不一致，即两者的温差 $\Delta T \neq 0$。

若以温差 ΔT 对参考物温度 T 作图，可得差热曲线图（见图 3-71）。当 $\Delta T = 0$ 时是一条水平线（基线）；当样品放热时，出现峰状曲线，吸热时则出现方向相反的峰状曲线。热效应结束后温差消失，又重新出现水平线。这些峰的起始温度与物质的热性质有关。峰状曲线与基线围起来的面积大小则对应于过程热效应的大小。

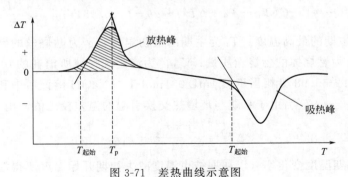

图 3-71　差热曲线示意图

差热峰的面积与过程的热效应成正比，即：

$$\Delta H = \frac{K}{m} \int_{t_1}^{t_2} \Delta T \, \mathrm{d}t = \frac{K}{m} A \tag{3-59}$$

式中，m 为样品的质量；ΔT 为温差；t_1、t_2 为峰的起始时刻与终止时刻；$\int_{t_1}^{t_2} \Delta T \mathrm{d}t$ 为差热峰的面积 A；K 为仪器参数，与仪器特性及测定条件有关。同一仪器测定条件相同时

K 为常数，所以可用标定法求得。即用一定量已知热效应的标准物质，在相同的实验条件下测得其差热峰的面积，由式(3-59)求得 K 值。

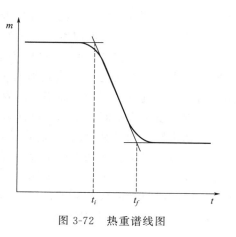

图 3-72　热重谱线图

3.5.3　热重分析

热重法（TG）是在程序控制温度的条件下测量物质的质量与温度关系的一种技术。

当样品的程序升温过程中发生脱水、氧化或分解时，其质量就会发生相应的变化。通过热电偶和热天平记录样品在程序升温过程中的温度 t 和与之对应的质量 m，并将此对应关系绘制成图，即可得到该物质的热重谱线图，如图 3-72 所示。

在理想的实验情况下，途中 t_i 应该是样品的质量变化达到天平开始感应的最初温度，同样 t_f 是样品质量达到最大时的温度。图线的形状、t_i、t_f 的值主要由物质的性质决定，但也与设备及操作条件（如升温速率等）有关。由于实验中样品的预处理状况、热分析炉的结构、炉内外气氛对流等因素的影响，t_i、t_f 往往不易确定，故采用如图 3-72 所示的外推法得到。根据质量变化的百分率及相应温度，可以得到物质的一定温度区间内反应特性以及热稳定性等信息，进而可推测其组成等。因此热重法与差热分析一样也是热分析的有力工具之一。

HCT-1 型综合热分析仪可同时得到差热-热重谱图。该仪器采用上皿、不等臂吊带式天平、光电传感器，带有微分、积分校正的测量放大器，电磁式平衡线圈以及电调零线圈等。当天平因试样质量变化而出现微小倾斜时，光电传感器就产生一个相应极性的信号，送到测重放大器，测重放大器输出 0～5V 信号，经过 A/D 转换，送入计算机进行绘图处理。同时由于托盘底部安装了差热传感器，因此能同时得到差热-热重谱线图。仪器结构如图 3-73 所示。

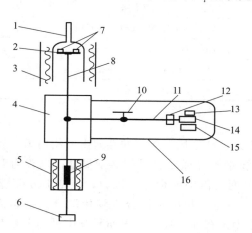

图 3-73　HCT-1 型综合热分析仪结构示意图

1—炉膛保护管；2—托盘＋差热传感器；3—陶瓷保温桶；4—天平主机座；5—平衡线圈；6—平衡盘；7—坩埚；8—支撑杆；9—磁芯；10—吊带；11—天平横梁；12—平衡砝；13—发光二极管；14—遮光挡片；15—硅光电池；16—玻璃罩

3.6　界面性质及其测量

3.6.1　关于表（界）面的一些基本概念

气、液和固体是物质三种主要的聚集状态。然而，随着科技的发展，人们越来越关注体系作为一个整体经一相到另一相转变所经历的那个空间区域。本章涉及的就是两相之间的物理区域，也即是界面层。界面层与两边的体相不同，占有一定的空间，有固定的位置和相当的厚度及面积，不过它的厚度是很小的，通常只有零点几个纳米到几纳米。专业术语将这一区域称为"表面"或"界面"。这两个术语经常表示不同的状况，实际上它们是可以互换的。一般地，也可用界面笼统地表述所有的界面层；习惯上，表面通常用于凝聚相（液体和固体）与气体或真空之间的界面层，而界面则常用于两凝聚相间的区域。表面与界面是物质化学、物理性质发生空间突变的二维区域，是材料普遍存在的结构组成单元。物质的化学、电化学及物理性能均与其界面（包括晶界、相界、表面）有着非常密切的关系。

自然界、日常生活和生产中存在着大量与界面有关的现象，不同界面所表现出来的现象不同。在此给出了几类界面：固体/真空，液体/真空，固体/气体，液体/气体，固体/液体，液体/液体和固体/固体。从使用的角度出发，很少涉及固体/真空和液体/真空界面。表3-12给出了一些界面及应用实例。

表3-12 自然界常见的重要界面及应用或现象

界面	应用或现象
固体/气体	吸附，催化，污染，气相-液相色谱
固体/液体	粘附，胶体，润滑油清洁和去污
液体/气体	泡沫，涂料，润湿，涂层
液体/液体	乳化，三次采油

（1）界面的性质

如两相接触，它们之间必定存在一个区域。通过这一区域，体系的性质由一相向另一相转变，如固/液界面。由于界面具有自由能，因此要增大界面或边界则必须做功。若没有其他作用力或因素使两相分离，也就没有产生新的界面所需的能量。随机力，包括Brown运动、不规则泳移及不定性机理等，将使界面扭曲、变形、折叠和褶合直到相混合。换句话说，如果界面自由能为正，那么它在两相之间可以稳定存在。稳定在界面科学中是一个相对的概念。如有一个热力学的不稳定体系，但需要很长时间才能达到其稳定状态，在动力学中则可将其认为是稳定的，有时也可看作是介稳的。热力学中到达更低的能态是一个必然的推动力，但有时我们可以用动力学使其减缓而有足够的时间实现特定的目的。因此，在胶体与界面现象中动力学是非常重要的。

一般地，体系自由能总是趋于最小值。当界面面积不大时，界面层所起的作用很小，常可略而不计，但当界面面积较大时，其对自由能的贡献则不能忽略。因此有必要从能量的角度给界面下个定义。界面的存在会使两相体系的自由能增加（变正），界面将自发收缩至极小值而使两相趋于最大程度的分离。如果体系的条件或组成改变，界面也会相应地改变。这可能会形成一个较低的界面能或使相分离所需的时间增加。也就是说，它可能改变相分离的驱动力，也可能改变相分离的速率，或是同时影响这二者。界面能始终为正值，但某些变化可延长一些"过剩"界面的寿命。这一效应可能是有益的，如化妆品的乳化；也可能是有害的，如石油-海水的乳液。尽管热力学总是降低界面面积，但我们可以在一定程度上控制面积变化的速率。

下面将从分子及热力学角度给出界面层的概念。

（2）表面自由能

在讨论表面和界面之前，首先要清楚什么是表面自由能。界面和界面现象的特性来源于界面分子的特殊环境，它们不同于体相或溶液中同组分的性质，具有很高的能量和反应活性。在体相中，一个原子或分子与其周围的原子或分子相互作用，平均起来看是均衡的，如图 3-74 所示。如果将体系在真空中等温、可逆地分开，作用在界面分子上的力就不再均衡了。与近表面处的粒子相比，新表面上的粒子所处的能量环境不一样，它们

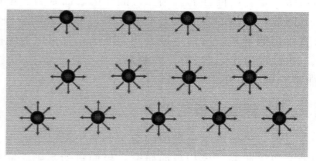

图 3-74　分子在体相及表面的受力情况

的自由能相应地会发生变化。由于在体相中相互作用可使粒子最终具有一个低的自由能，而新界面的形成则消除了这些相互作用，使得在界面或近界面上粒子的自由能增加。

　　这种新界面的生成致使体系总的自由能的增加与界面面积和界面粒子的密度成正比。体系自由能的变化还与两新生成的面间距有关，因为它们的相互作用是按其指数的倒数降低的。当它们相距无穷远时，体系自由能就为一个常数。这个增加的能量就是"表面自由能"或更准确地称为表面过剩自由能。表面上的原子或分子与体相内部的不同，受到指向固体内部的吸引作用，这就使得固体表面具有表面自由能。它也是指产生单位新表面所消耗的等温可逆功。若是由单原子组成的物质形成新表面的过程中，可以认为首先将固体（或液体）表面拉开，形成新表面，此时表面上原子仍然停留在原来体相的位置上；然后表面原子重新排列到各平衡位置上去。对于液体来说，由于分子可以自由运动，可以重新排列，很快处于平衡状态，这两步可以并做一步进行。但对于固体却不然，由于原子的不可移动性，重新排列将及其缓慢地进行。因此，对于固体拉伸或压缩表面时，仅仅是通过改变表面原子的间距来改变固体的表面面积，而不是改变表面原子数目。

　　在表面的粒子（原子或分子）受到一个垂直于表面而指向体相内部的作用力，结果沿着表面产生了一个的侧（横）向张力，这就是表面张力。如果人们将作用于两个粒子之间的力想象成为弹簧，在体相中，粒子的每个方向上均受到相同作用；在界面上，粒子却受到了不对称作用，其结果是粒子被拉进体相中，使表面粒子密度降低，从而使它们之间作用的弹簧被拉伸，因此产生一个沿着表面的张力使粒子保持在一起。对于一个平的表面，表面张力可定义为平行于表面垂直作用于表面单位长度上的力，而曲面对表面张力的影响则较为复杂，但表面张力仅在曲率半径非常小的曲面上与平表面的差别较大。

　　表面张力的国际单位（SI 单位制）使 $mN \cdot m^{-1}$。表面张力和表面过剩自由能的单位是等价的。纯液体的表面张力的热力学定义可由下式给出：

$$\Delta A_H = \Delta W = \sigma A \tag{3-60}$$

　　式中，A_H 是体系的 Helmholtz 自由能；W 是克服新生成界面上粒子之间的吸引力所做的可逆功；A 是形成的表面面积；σ 是表面张力或纯液体的表面过剩自由能。

　　对于两种互不相溶的液体，人们可以基于气/液界面体系而使用相同的概念来定义"界面张力"和"界面过剩自由能"。对于固体界面或表面，原则上也可以使用与液体一样的概念。然而由于固体所特有的性质（固体的原子或分子缺乏可迁移性），因此新生成表面上的原子或分子不能移动到新的位置而不能达到真正的平衡态。故而，固体的表面张力在数值上不等于表面自由能。对于固体表面，可采用另外一个表面张力的定义，即使新生成表面达到平衡态所需要的力。需要指出的是，固体表面与本体中的原子或分子所受到的力不同，这些

力通常不是各向同性的。例如，晶体的表面张力要依赖于表面的方向以及表面确切的晶体结构。因此，固体的表面张力十分复杂，且难于获得一个完全确切的定义。对于固体界面，通常直接用能量来表达则更显方便、准确，且可以避免固体表面非均匀性带来许多概念性的问题。由此可看出，"张力"的概念适用于两个流体相之间的界面，而含有固体相的体系则用"能量"更为方便。

3.6.2 界面分析与检测

目前，界面科学研究的内容主要集中在以下几个方面：液/固或气/固界面研究；界面与纳米晶块体研究；异相界面研究；界面科学基础研究和界面分析技术。这些研究涉及界面的吸附、解吸、偏析，界面热力学和动力学，表面反应和催化过程，界面的原子排列、原子结构和晶格匹配，以及晶体的生长、合成、凝固、结晶等复杂的物理化学过程，也涉及晶界结构和界面的晶体学理论及金属、合金、结构陶瓷、复合材料等的断裂以及断裂界面元素的物理化学行为。界面不是一个简单的几何面，而是具有几个原子厚度的区域，界面不仅存在于材料外部，而且广泛存在于材料的内部，材料的性能与界面性质密切相关。由于界面的原子结构、化学成分和原子键合不同于界面两侧的体相结构，因而界面性质与两侧的体相有很大的差别，而且在界面上更容易发生化学反应。所以界面对材料的性能起着重要作用，有时甚至能起控制作用。因此，只有深入了解界面的几何特征、化学键合、界面结构、界面的化学缺陷与结构缺陷、界面稳定性与界面反应及其影响因素，才能在更深层次上理解界面性能之间的关系，从而达到利用"界面工程"发展新材料的目的。界面分析技术是利用各种入射粒子或电磁场与界面上的原子、电子的相互作用，收集界面反射的粒子数量和能量分布，从而分析界面原子、电子结构和化学组成等。

3.6.2.1 固体表面分析与检测

(1) 固体表面自由能的测定方法

由于固体表面的复杂性，实验测定固体表面能的方法非常有限，而且用现有的测定方法得到的实验数据，往往不同的方法得到的数据之间存在着较大的偏差。

温度外推法是一种经验的通用方法，测定不同温度下固体的熔体的表面张力，然后将温度外推至室温。此时的表面张力即为该固体的表面张力。另外也可以用表面张力随温度变化的关系式来估算固体的表面张力。温度外推法的精度较差。

晶体劈裂功法是直接测定晶体表面张力的一种方法。实质上，两个新生表面的表面张力恰恰与单位面积上的弹性能相平衡。劈裂过程不是可逆的，因此所得到的数值也是近似值。一般地，劈裂的表面能高于预测的表面能，这是由于断裂过程的力学特点引起的。

溶解热法也常用来测定固体表面能。当固体溶解时，其界面就自然破坏，释放的表面能将使固体的溶解热增加。如果利用精密的量热计来测量不同粒径固体物质的溶解热，通过计算它们之间的差值便可计算总表面能。如果测得了它们的比表面积，则能计算出单位面积固体的表面能。

(2) 表面分析方法

传统的材料界面检测技术包括：反射测定、声波检测、断口辐射、阻抗光谱、俄歇光谱、光声显微镜无损检测、表面缺陷检测。现代的表面、界面分析技术包括：电子束分析（透射电子衍射、反射高能电子衍射、低能电子衍射、透射电子显微镜、反射电子显微镜、反射低能电子显微镜、扫描电子显微镜、扫描透射电子显微镜、扫描反射电子显微镜及分析电子显微镜）、低能电子衍射法分析、电子能量损失分光分析、离子射线分析、扫描隧道显微镜、原子力显微镜及发射光解析等。表 3-13 列出按探针粒子分类的一些常用表面分析方法、缩写、发射粒子和用途。

表 3-13　常用表面分析方法名称及用途

探测粒子	发射粒子	分析方法	缩写	用途
电子	电子	低能电子衍射	LEED	结构
	电子	反射式高能电子衍射	RHEED	结构
	电子	俄歇电子能谱	AES	成分
	电子	扫描俄歇探针	SAM	微区成分
	电子	电离损失谱	ILS	成分
	光子	能量弥散 X 射线谱	EDXS	成分
	电子	俄歇电子出现电势谱	AEAPS	成分
	光子	软 X 射线出现电势谱	SXAPS	成分
	电子	消隐电势谱	DAPS	成分
	电子	电子能量损失谱	EELS	原子电子态
	离子	电子诱导脱附	ESD	吸收原子态及成分
	电子	透射电子显微镜	TEM	形貌
	电子	扫描电子显微镜	SEM	形貌
	电子	扫描透射电子显微镜	STEM	形貌
光子	电子	X 射线光电子能谱	XPS	成分分析
	电子	紫外线光电子谱	UPS	分子级固态的电子态
	电子	同步辐射光电子谱	STRPES	成分、原子及电子态
	光子	红外吸收光谱	IR	原子态
	光子	拉曼散射光谱	RAMAN	原子态
	光子	表面灵敏扩展 X 射线吸收光谱细致结构	SEXAFS	结构
	光子	角分辨光电子谱	ARPES	原子及电子态、结构
	离子	光电子诱导脱附	PSD	原子态

① 扫描电子显微镜（SEM）

SEM 是利用聚焦电子束轰击样品表面，通过电子与样品相互作用产生的物理信号来调制显像管相应位置的亮度而成像的一种显微镜。世界上首台扫描电子显微镜是 20 世纪 40 年代英国剑桥大学成功研制出的，分辨率为 50nm。目前扫描电子显微镜的分辨率可以达到 0.2nm，是研究材料微观形貌、微观结构、孔径及分布，材料断面，多相材料界面形态的重要手段，图 3-75 为 S-4800 型扫描电镜。

扫描电镜工作原理：具有一定能量的聚焦电子束轰击样品表面时，与样品的一定厚度表层的原子核和核外电子发生相互作用，产生包括二次电子、背散射电子、特征 X 射线和透射电子等多种信号。图 3-76 给出了入射电子束与固体样品作用时产生的信号。

a. 二次电子　由于原子核与外层价电子之间结合能小，当入射电子轰击样品时这种电子从入射电子束处获得大于结合能的能量后，很容易脱离原来的原子而成为自由电子，这就是二次电子。它来自样品表面而且未被多次散射。二次电子一般都在表层 5～10nm 深度范围内发射出来，对样品的表面形貌十分敏感，是扫描电镜形貌成像的主要方式。但二次电子

图 3-75　S-4800 型扫描电镜

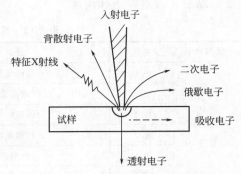

图 3-76　入射电子束与固体样品
作用时产生的信号

随原子序数的变化差异不大，所以不能进行成分分析。

b. 背散射电子　是被样品原子核反弹出来的一部分入射电子，包括弹性背散射电子和非弹性背散射电子。弹性背散射电子经过非弹性散射失去很小的能量，由于入射电子的能量很高，所以弹性背散射电子的能量也非常高，可以达到数千到数万电子伏；入射电子经过多次散射后仍能弹出样品表面，而且经过散射后不仅方向改变，能量也有不同程度的损耗，这种背散射电子是非弹性背散射电子。背散射电子来自样品表层几百纳米的深度范围，其数量随样品原子序数增大而增大，所以背散射电子不仅可以分析形貌，而且可以定性地进行成分分析。但背散射电子对样品形貌不敏感，因此其分辨率比二次电子低。

c. 吸收电子　入射电子进入样品后，经过多次非弹性散射使得能量损失殆尽，最后被样品吸收。入射电子束与样品作用后，逸出样品表面的背散射电子和二次电子的数量越少，吸收电子的信号越强，若把吸收电子的信号调制成图像，它的衬度刚好和二次电子或背散射电子低能好调制的图像衬度相反。

d. 透射电子　入射电子束透过样品而成为透射电子。一般扫描薄层样品时会产生透射电子，而透射电子信号由微区的厚度、成分和晶体决定。透射电子中有能量和入射电子相当的弹性散射电子和各种不同能量损失的非弹性散射电子，其中有些遭受了特定能量损失的非弹性散射电子（特征能量损失电子）和分析区域的成分有关，因此，可以利用特征能量损失电子配合电子能量分析器进行微区成分。

e. 特征 X 射线　入射电子束与样品原子相互作用时，样品原子的内层电子被激发或电离，此时原子处于高能量的激发态，外层电子将向内层跃迁以填补内层电子的空缺，从而释放出具有特征能量的 X 射线。根据莫塞莱定律，如果用 X 射线探测器测到了样品微区中存在某一特征波长，就可以判断这个微区中存在相应的元素，特征 X 射线是扫描电子显微镜的附件功能中能谱的探测信号。

f. 俄歇电子　在入射电子束激发样品的特征 X 射线过程中，如果在原子层内电子能级跃迁过程中释放出来的能量并不以 X 射线的形式发射出去，而是用这部分能量把空位层内的另一个电子发射出去（或使空位层的外层电子发射出去），这个被电离出来的电子称为俄歇电子，每种原子都有自己的特定壳层能量，因而俄歇电子能量也具有特定值。但俄歇电子的平均自由程很小（1nm 左右），在较深区域中产生的俄歇电子在向表层运动时有能量损失，无法保持其特征的能量，因此俄歇电子适合做表面层成分分析。

扫描电镜有电子光学系统，信号收集处理、图像显示和记录系统，真空系统三个基本部分组成，图 3-77 为扫描电镜的仪器构造原理图。

电子光学系统由电子枪、聚光镜、物镜和样品室等部件组成。电子光学系统的作用是将来自电子枪的电子束聚焦成亮度高、直径小的入射束（直径一般为 10nm 或更小）来轰击样品，使样品产生各种物理信号。扫描线圈的作用是使电子束偏转，完成电子束在样品上的扫描动作，并保持和显像管上的扫描动作保持严格一致。二次电子、背散射电子和透射电子的信号进入闪烁体后，引起电离，当离子和自由电子复合后产生可见光。可见光信号通过光电倍增器放大，然后转化成电流信号输出，再经放大成为调制信号。荧光屏上每一点的亮度由样品上被激发的调制信号决定的，样品上各点的状态均不相同，因此接收到的信号也不同，于是就可以在显像管上看到一幅反映样品各点状态的扫描电子显微图像。

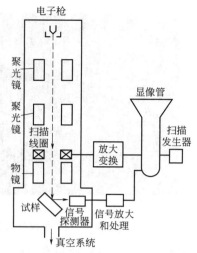

图 3-77　扫描电镜的仪器构造图

入射电子束与样品相互作用后产生的不同信号，各信号能量不同，扫描电镜成像的分辨率不同，表 3-14 列出了扫描电就主要信号的成像分辨率。

表 3-14　各信号成像分辨率

信号	二次电子	背散射电子	吸收电子	特征 X 射线	俄歇电子
分辨率/nm	5～10	50～200	100～1000	100～1000	5～10

由于二次电子的能量很小，为避免和减少电子与气体分子的碰撞，以及减少样品的污染，电镜的真空度必须在 10^{-4} Torr 以上，如果是场发射扫描电镜则需要超高真空即 10^{-10} Torr 以上。如果真空度不够，除样品会被污染外，灯丝寿命也会下降，还会出现极间放电等问题。

不同种类的检测信号强度不同，因此反映到荧光屏上的成像就有不同的衬度，衬度指的是图像上不同区域间存在的明暗程度的差异。扫描电镜的图像衬度主要有表面形貌衬度和原子序数衬度两种。二次电子的数量和原子序数没有明显关系，但是对微区表面形貌十分敏感，入射光角度不同，二次电子产率不同，二次电子产率的高低决定了二次电子信号的强弱，也就决定了样品不同微区图像的亮暗，从而得到表面形貌衬度。二次电子形貌衬度的最大应用是观察断口形貌。图 3-78 给出了韧窝断裂和聚偏氟乙酸中空纤维膜断面的扫描电镜图片。

原子序数衬度又称为化学成分衬度，它是利用对样品微区原子序数或化学成分变化敏感的物理信号作为调制信号得到的一种显示微区化学成分差别的像衬度。这些信号主要有背散射电子信号、吸收电子信号和特征 X 射线等。背散射电子产额的高低决定了背散射电子信号的强弱，也决定了样品不同微区图像的亮暗，从而得到原子序数衬度。

扫描电镜制样比较简单，直接观察和研究样品表面形貌和表面成分是扫描电镜的一个突出特点。扫描电镜测试样品必须是化学和物理上稳定的固体（块状、薄膜、颗粒），能安全地放置在试样台上，且可在真空中直接观测；样品应具有良好的导电性，不能导电的样品，其表面需涂一层金属导电膜，一般为金导电膜；样品表面需清洁，在真空和电子束轰击下不

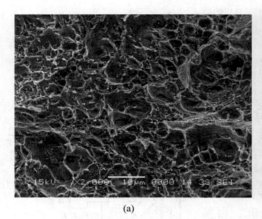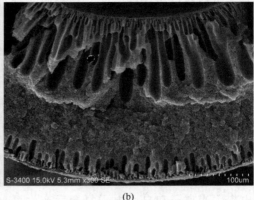

|(a)|(b)|

图 3-78　(a) 韧窝断裂和 (b) 聚偏氟乙酸中空纤维膜断面的扫描电镜图片

挥发和变形，无放射性和腐蚀性。

　　② 透射电子显微镜 (TEM)

　　与扫描电镜类似，透射电镜也是利用聚焦电子束作用于样品，不同的是，扫描电镜是通过电子与样品相互作用产生的物理信号调制成像。而透射电镜是以极短波长的电子束作为光源，通过电磁透镜聚焦在物镜后焦面上形成衍射谱，各级衍射谱通过干涉重新在像平面上形成反应样品特征的像，是一种高分辨率、高放大倍数的电子显微镜，与光学显微镜成像原理一样，是阿贝成像原理。与扫描电镜相比，透射电镜有极高的分辨率，可达到 2Å，放大倍数为几千倍至几十万倍，高分辨透射电镜 (HRTEM) 分辨率可达到 1Å 以下，可以在原子尺度直接观察材料的微观结构。透射电镜分析可观测粉末的形态、尺寸、粒径大小和分布范围等，并可用统计平均方法计算粒径，广泛应用于生命科学，材料科学，化学，电子学，食品科学甚至考古学等领域，JEM-2010 型透射电镜见图 3-79。

　　透射电镜工作原理：通常由钨丝阴极在加热状态下发射电子，在阳极加速电压的作用下，经过电磁透镜聚焦，会聚为电子束穿透样品，一定能量的电子束与样品发生相互作用，穿透样品的电子束携带着样品本身的结构信息，在其像平面上形成样品形貌放大像，然后经过物镜放大，再经过中间镜和投影镜的放大，最终形成三级放大像，以图像或衍射谱的形式显示于荧光屏上。透射电镜的入射粒子是电子，电子波和光波不同，不能通过玻璃透镜会聚成像，但是轴对称的非均匀电场和磁场则可以让电子束折射，从而产生电子束的会聚与发散，达到成像目的。透射电镜由电子光学系统、电源与控制系统和真空系统三部分组成。电子光学系统通常称为镜筒，是透射电镜的核心，图 3-80 给出了透射电镜构造原理和光路示意图。

　　电子光学系统又称为镜筒，是透射电镜的核心，因为工作原理与光学显微镜相同，在光路结构上透射电镜与光学显微镜有很大类似之处，区别是透射电镜中用高能电子束代替可见光源，以电磁透镜代替光学透镜，因此可以获得更高的分辨率。电子光学系统按功能分为照明系统、成像系统、观察记录系统。照明系统包括电子枪、聚光镜。电子枪是透射电镜的光源（或者叫电子源），是发射电子的场所，它不仅能产生电子束，而且利用高压电场将电子加速到所需能量。光源发射的电子越多，图像越亮；电子速度越大，电子对样品的穿透能力越强；电子束的平行度、束斑直径和电子运行速度的稳定性都是影响成像质量的重要因素。聚光镜的作用是用来会聚电子枪发射的电子束，并调节电子束的孔径角，电子束的电流密度和照明光斑的大小，获得高亮度、近似平行、相干性好的照明束，现代电镜一般是双聚光镜

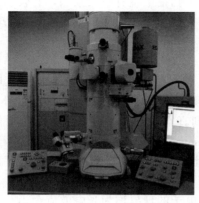

图 3-79　JEM-2010 型透射电镜

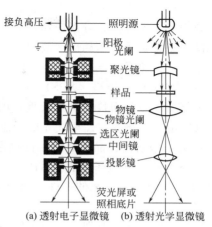

(a) 透射电子显微镜　　(b) 透射光学显微镜

图 3-80　透射电镜构造原理及光路

系统。透射电镜的成像系统包括物镜，中间镜，投影镜以及物镜光栅和选区光栅。物镜是用来形成第一幅高分辨率电子显微图像或电子衍射花样的透镜，物镜的任何相差都将在被进一步放大时保留，因此透射电镜的分辨率高低主要取决于物镜。透射电镜的观察系统主要由荧光屏及照相底片组成，样品图像经过透镜多次放大后，在荧光屏上显示出高倍放大的像。由于电子化的发展，透射电镜跟计算机直接连接，透射电镜的像均可以直接被计算机采集，以电子文件的形式传输给研究者。

样品制备：由于入射电子易散射或被物体吸收，穿透力低，因此透射电镜制备的试样必须是超薄片状（通常为 $50\sim100nm$）。通常用一种有许多网孔（如 200 目方孔或圆孔）、外径 3mm 的铜网支持样品，如图 3-81 所示。装载试样的装置称为样品台，在移动装置控制下，可以带着样品杆移动。经过会聚镜得到的平行电子束照射到样品上，穿过样品后就带有反映样品特征的信息。

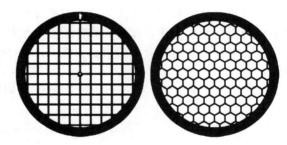

图 3-81　样品铜网放大像

透射电镜的样品类型有块状，平面状，粉末，纤维等。制样方法有粉末法、化学减薄法、双喷电解减薄法、离子减薄法、复型法。本文介绍常用的两种方法：粉末法主要用于原始状态为粉末状的样品，粒径一般在 $1\mu m$ 以下，将样品研磨，投入到液体中（根据样品性质决定，一般为乙醇），超声震荡，用一次性滴管滴于附有支持膜的铜网上，待液体挥发后即可观察；化学减薄法是利用化学溶液对物质的溶解作用达到减薄样品的目的，通常采用硝酸、盐酸、氢氟酸等强酸等作为化学减薄液，减薄速度较快。具体操作是，首先将样品切片，边缘涂上耐酸漆，洗涤薄片，然后将样品悬浮在化学减薄液中减薄，旋转样品角度，多次减薄至所需厚度，清洗待用。

透射电镜电子衍射谱：电子束与晶体材料相互作用，因相干散射而产生衍射现象，原理与 X 射线衍射原理相同，可获得衍射图案，衍射束经物镜会聚，在物镜后焦面呈第一衍射谱，经中间镜、投影镜放大在荧光屏上得到最终的电子衍射谱。电子衍射谱可给出晶体的点阵结构、点阵常数、取向和物相分析。

透射电镜和扫描电镜都是研究材料结构尤其是多孔材料结构的常用手段，需要了解内部细微形态结构，晶格，网格，则需要高分辨率的透射电镜，若需要了解样品表面形貌的细微结构，分辨率要求较低，可以选择扫描电镜，而且由于扫描电镜有很大景深，有较强的立体感，不仅能观察物质表面局部区域的细微结构，还能在仪器轴向尺寸范围内观察样品局部区域间的相互几何关系。

③ X 射线光电子能谱（XPS）

电子能谱仪是表面科学研究最重要的仪器之一，常见的电子能谱仪有 X 射线光电子能谱仪和俄歇电子能谱仪。X 射线光电子能谱（XPS）是一种基于光电效应的电子能谱，它利用 X 射线光子激发出样品表面原子的内层电子释放到真空中，通过对这些电子进行能量分析，从而获得的一种电子能谱。XPS 是由瑞典 Uppsala 大学的 K. Siegbahn 及其同事于 20 世纪 60 年代研制开发出来的一种表面分析方法，由此，Siegbahn 教授被授予 1981 年诺贝尔物理学奖。

X 射线光电子能谱原理：光与物质相互作用产生电子的现象称为光电效应。当一束能量为 $h\nu$ 的单色光与原子发生相互作用，而入射光子能量大于原子某一能级的电子结合能时，此内层电子吸收光子能量发生电离，脱离原子核，成为自由电子，根据能量守恒原理，电子电离前后能量变化为

$$h\nu = E_b + E_k \qquad (3-61)$$

也即是光子的能量转化为电子的动能和克服原子核对核外电子的束缚，即电子结合能，

$$E_b = h\nu - E_k \qquad (3-62)$$

式中，E_b 是束缚电子的结合能；$h\nu$ 是 X 射线入射光子能量；E_k 为光电子的动能。该式便是著名的爱因斯坦光电发射定律，也是 XPS 能谱分析中最基础的方程。该式中电子的结合能 E_b 是元素的特征物理量，因此若解析光电子能谱，就可鉴别样品表面存在的元素，甚至可以通过峰面积比对该元素进行定量分析。同时因为原子所处的化学环境不同，其内层电子结合能会发生变化，元素的峰位置会产生位移，这个位移叫做化学位移，因此可以通过化学位移得到元素的化合态的信息。图 3-82 给出了 X 射线光电子能谱仪基本结构图。

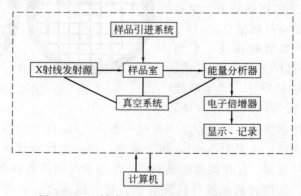

图 3-82　X 射线光电子能谱仪的基本结构图

XPS 的基本实验内容就是研究所激发出来的光电子，光电子可用其动能大小、相对于激发源的相对方向和在特定条件下的自旋取向来表征，通常情况固定激发源的几何位置和固定在一定的接收角，测定不同的光电子的数量的分布。测试过程中，被激发出来的光电子进入能量分析器，利用分析器的色散作用，可测得其按照能量高低的数量分布。由分析器出来的光电子信号经倍增器放大，得到如图 3-83 所示的 XPS 谱图。

X 射线光电子能谱的实验结果是一张 XPS 谱图，将谱图与标准试样的标准谱图对比确

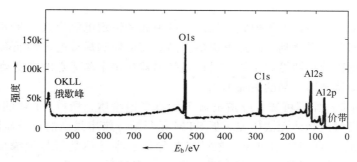

图 3-83　金属铝的 XPS 图谱

定样品表面的元素组成、化学状态以及各种物理效应的能量范围和电子结构。某原子所处的化学环境不同（与它结合的元素种类和数量，原子的不同价态），引起其内壳层电子结合能的变化，在谱图上表现为谱峰的位移，称为化学位移，一般元素的化学位移在 XPS 谱图上都有可分辨的谱峰。

XPS 在测试过程中，样品表面受照射损伤小，并且能检测出除 H、He 以外周期表中所有的元素且具有很高的灵敏度，因此，XPS 是目前表面分析仪器中使用非常广泛，为防止分析时样品表面受到污染，样品室应保持 $10^{-6} \sim 10^{-8}$ Pa 的超高真空。

④ 扫描探针显微镜（SPM）

扫描探针显微镜不是采用物镜成像，而是利用尖锐的传感器在样品表面上方扫描，在扫描过程中记录探针与样品的相互作用，从而得到样品的表面信息。扫描探针显微镜包括扫描隧道显微镜（STM）、原子力显微镜（AFM）、侧向力或摩擦力显微镜（LFM/FFM）、磁力显微镜（MFM）、静电力显微镜（EFM）等。1981 年世界上首台扫描隧道显微镜面世，发明者 Binning 和 Rohrer 由此获得了 1986 年诺贝尔物理学奖。

扫描隧道显微镜（STM）使用一种非常尖锐的导电针尖，在针尖和样品间施加偏置电压，当针尖和样品接近至大约 1nm 的间隙时，取决于偏置电压极性，样品或针尖中的电子可以"穿过"间隙达到对方。由此产生了隧道电流，而且隧道电流随着针尖和样品之间的间隙变化而变化，因此可以作为 STM 的图像信号。图 3-84 是隧道电流产生的原理图。

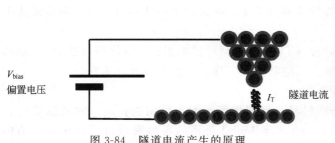

图 3-84　隧道电流产生的原理

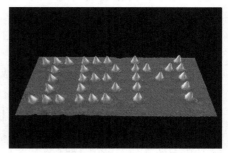

图 3-85　用 STM 移动氙原子
排列出的"IBM"图案

隧道电流是样品和针尖之间的间距的指数函数，间距（0.1nm）变化 10%，隧道电流变化一个数量级，因此扫描隧道显微镜具有很高的灵敏度，所得样品表面图像具有高于 0.1nm 的垂直精度和原子级的横向分辨率。图 3-85 是利用扫描隧道显微镜刻出的原子级别的图案。

扫描隧道显微镜有两种工作模式：恒定高度模式和恒定电流模式。在恒高模式下，针尖在样品上方固定高度水平移动，隧道电流随样品表面形貌和局域电子特征而变化；恒流模式下，扫描隧道显微镜的反馈控制系统通过调整扫描器在每个测量点的高度动态保持隧道电流不变，探针的运动轨迹即样品的表面形貌。

根据 STM 的工作原理可知，隧道电流不能隧穿绝缘体，所以 STM 的研究对象只能是导体或半导体，而对绝缘体无法研究，但 STM 是目前分辨率最高的电子显微镜。

原子力显微镜（AFM）的研究对象可以是导体、半导体甚至是绝缘体。AFM 的工作原理图如图 3-86 所示，AFM 的探针长若干微米，直径通常小于 100nm，被放置在 $100\sim 200\mu m$ 的悬臂的自由端。针尖与样品表面间的作用力导致悬臂弯曲或偏转。扫描探测器可以实时监测悬臂的状态，并将其对应的表面形貌像记录下来。原子力显微镜的工作模式主要有接触模式、非接触模式和轻敲模式，接触模式也被称为排斥力模式，AFM 针尖与样品有轻微的物理接触，针尖和与之相连的悬臂受范德华力和毛细管力的作用，两个力的合力称为接触力，大小一般为 $10^{-8}\sim 10^{-11}N$。扫描器驱动针尖移动时，接触力使悬臂弯曲或偏转，产生形貌变化，但由于针尖在扫描过程中会拖拽样品，产生额外的横向力，容易将吸附在表面的样品扫走，因此接触模式不适合扫描表面柔软的样品。非接触模式的悬臂式振动悬臂，针尖与样品间隙为几个纳米至数十个纳米。悬臂在扫描器的驱动下以接近共振点的频率振动，振幅是几纳米至几十纳米。共振频率随悬臂受的力的梯度变化，悬臂所受的力与针尖和样品之间的间隙有关，因此，悬臂共振频率的变化反映了力的梯度变化，也反映了样品形貌的变化，检测共振频率或振幅的变化可以获得样品表面形貌信息。轻敲模式的工作原理与非接触模式相似，但扫描器驱动针尖和样品之间有瞬间接触，就像针尖对样品进行"敲击"，因此叫做"敲击"模式，敲击模式时悬臂的共振频率的振幅比非接触模式较大，分辨率几乎和接触模式相同，同时克服了接触模式时针尖对样品的破坏，可以分析扫描表面柔软的样品。

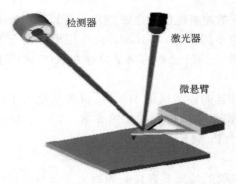

图 3-86　原子力显微镜的工作原理

扫描探针显微镜样品的制备：扫描探针显微镜要求样品厚度不能超过 1cm，表面清洗干净无污染，表面比较平整。

扫描探针显微技术与其他电子显微镜（TEM、SEM）技术相比，分辨率可达到 0.1nm，可以在实时环境下工作，也可以在溶液、真空状态下工作，工作环境比较宽松。

⑤ BET 容量法测定固体比表面积

多孔材料是 20 世纪发展起来的新型材料，规则排列、大小可调的孔道结构及高的比表面以及大的孔容是多孔材料的显著特点，1992 年 Mobil 公司的科学家报道了有序介孔结构的 M41S 系列介孔材料，大大增加了传统的分子筛和多孔材料领域的新成员，近年来又陆续报道几种大孔材料，如大孔 TiO_2、SiO_2、ZrO_2 等，另一类新兴的多孔材料是配位聚合物与无机-有机杂化多孔材料，简称 MOFs，其结构与性能特征显示出了独特性，为多孔材料的多元化增添了新的内容。多孔材料最大的特点是"多孔"，孔分析是对多孔材料进行表征的最直接方式，通常用比表面积、孔体积（包括微孔体积）、孔径大小、孔分布、吸附等温线和脱附等温线形状等表征多孔材料的孔道特征。这些孔的性质一般可以通过物理吸附来测定，吸附剂是具有吸附能力的固体物质，比如多孔材料。吸附质是被吸附剂吸附的物质，如氮气。通过氮气、氩气或氧气作为吸附质进行多孔材料的比表面积、孔径、孔体积等的测定，得到的完整的吸脱附等温线可计算出介孔部分和微孔部分的孔体积和比表面积等。

a. 比表面积的测定　比表面积是衡量物质特性的重要参数，是指每克物质中所有颗粒总外表面积之和，单位是 $m^2 \cdot g^{-1}$。目前测定比表面积公认的标准方法是 BET 氮吸附法，即在液氮温度（$-195℃$）下样品吸附氮气，并根据实践，选择在相对压力 $\dfrac{p_i}{p^*}$ 应取 $0.05\sim$ 0.35 之间测定 $3\sim8$ 个不同 $\dfrac{p_i}{p^*}$ 下的平衡吸附量，然后将这些数据根据 BET 二常数的吸附等温式处理：

$$\frac{p_i}{V_i(p^*-p_i)}=\frac{1}{V_mC}+\frac{C-1}{V_mC}\frac{p_i}{p^*}\tag{3-63}$$

式中，p_i 为吸附平衡时吸附质气体的压力；p^* 为吸附温度下吸附质的饱和蒸气压；V_i 为吸附平衡时吸附质被吸附的体积（STP，即标准状况下）；V_m 为在固体吸附剂表面形成一个单分子吸附层所需的吸附质体积（STP），C 为与温度、吸附热、吸附质气化热有关的常数。

对于一定量的某吸附剂来说，V_m 是常数。所以，以 $\dfrac{p_i}{V_i(p^*-p_i)}$ 对 $\dfrac{p_i}{p^*}$ 作图，将得一直线，其斜率为 $\dfrac{C-1}{V_mC}$，截距为 $\dfrac{1}{V_mC}$，则 $V_m=\dfrac{1}{斜率+截距}$。

因为 V_m 是已换算到标准状况下的体积，若令 A_m 为一个吸附质分子所占据的面积，则吸附剂总表面积

$$S=\frac{A_mLV_m}{0.0224}\tag{3-64}$$

式中，L 为阿伏伽德罗常数（$6.022\times10^{23}\,mol^{-1}$）；0.0224 为 STP 下理想气体的摩尔体积，单位为 $m^3 \cdot mol^{-1}$。

设吸附剂质量为 m，则吸附剂的比表面积

$$S_0=\frac{S}{m}\tag{3-65}$$

比表面积 S_0 也可简称为比表面。

b. 孔径的测定　气体吸附法测定孔径大小及分布是利用毛细凝聚现象和体积等效代换的原理。毛细凝聚现象指的是在一个毛细孔中，若能因形成一个凹形的液面，与该液面成平衡的蒸汽压力 p_i 必小于同一温度下平液面的饱和蒸气压 p^*，当毛细孔直径越小时，凹液面的曲率半径越小，与其相平衡的蒸气压力越低，换句话说，当毛细孔直径越小时，可在较低的 $\dfrac{p_i}{p^*}$ 压力下，在孔中形成凝聚液，因此，在 $\dfrac{p_i}{p^*}<1$ 时就可能在凹液面上发生气体的凝结，发生这种气体凝结的作用总是从小孔向大孔逐渐进行，随着 $\dfrac{p_i}{p^*}$ 值增大，能够发生凝聚的孔半径也随之增大，对于一定的 $\dfrac{p_i}{p^*}$ 值，存在一临界孔半径 r，半径小于 r 的所有孔皆发生毛

细凝聚，当固体的全部孔被液态吸附质充满时，吸附量达到最大值。临界半径可以由开尔文公式给出，开尔文公式如式(3-66)所示。

$$\ln \frac{p_i}{p^*} = -\frac{2\gamma M \cos\theta}{RT} \frac{1}{r} \qquad (3\text{-}66)$$

式中，γ、M 为液态吸附质的表面张力和分子量；θ 为润湿角（当液体对固体润湿则假设 $\theta=0$）；r 为孔径。

利用开尔文公式可以计算出在某一相对压力下哪些孔发生凝聚，因此可以找出凝聚液体的体积和孔半径的关系。实验测定时，首先作出吸脱附等温线（如图 3-87 所示），再利用开尔文公式计算出各相对压力下发生孔隙凝聚的孔半径 r，再根据图 3-87 的数据作出吸附量随孔半径变化的曲线，此曲线上任一点吸附量对半径的斜率 $\frac{\mathrm{d}V}{\mathrm{d}r}$ 对 r 作图，即可得到被测固体的孔径分布曲线（如图 3-88 所示）。

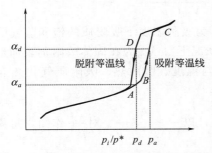

图 3-87　介孔材料 SBA-15 的吸-脱附等温线

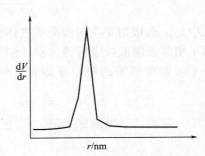

图 3-88　孔径分布曲线

多孔材料的孔体积很容易从饱和吸附量计算出来，常用于孔体积测量的分子有：Ar、O_2、N_2、水，正丁烷、正己烷等。

本实验可用 Micro 公司生产的 ASAP2020 物理吸附仪来完成，可以同时得到多孔材料的孔体积、孔径大小及分布以及 BET 比表面积。

3.6.2.2　液体表面（界面）张力的测量

液体的表面张力是液体内部分子间相互作用的一种表现。确切地说，表面张力是所研究的表面体系的性质，其值决定于相界面层分子间的作用力，即取决于构成界面的两个体相的性质。因此它随体系的体相组成、温度等因素的改变而变化。只有控制了测量温度或试样的温度没有受到挥发的影响时，测量液体的表面张力才有意义。通常所说的液体表面张力是恒温恒压下在空气（或对其自身的蒸气）中测定的，一般液体的表面张力约在 $10 \sim 80 \mathrm{mN} \cdot \mathrm{m}^{-1}$。液态金属和其他一些熔融态的无机材料表现出相当高的表面张力，原因在于这些体系中具有很大的相互作用及相互作用的多样性。水是最常用的液体，室温下其表面张力在 $72 \sim 73 \mathrm{mN} \cdot \mathrm{m}^{-1}$，碳氢化合物的表面张力值在 $20 \sim 30 \mathrm{mN} \cdot \mathrm{m}^{-1}$，而氟碳和硅烷的表面张力值就更低了。表 3-15 列出了几种典型液体的表面张力和它们相当于水和汞的界面张力。

1916 年，Harkins 将表面张力的测量称为"误差的喜剧"。这是因为误差来源于不恰当或不正确的实验及解释。尽管 Bashforth 和 Adams 正确地找到了解释表面张力实验数据的方法，然而在那时人们仍然不能接受用滴外形法来测量表面张力。一般地，在正常的实验条件测量的过程中使用恰当的方法并采取适当的计算，表面张力的测量精度可达 $\pm 0.05 \mathrm{dyn} \cdot \mathrm{cm}^{-1}$。另外，在一些计算方法中还需要涉及液体的密度，因此液体密度的测量精度要与表面张力的精度相当。

表 3-15　典型液体在 20℃ 的表面和界面张力　　　　　单位：mN·m⁻¹

液体	表面张力	对水的界面张力	液体	表面张力	对水的界面张力
水	72.8	—	四氯化碳	26.8	45.1
乙醇	22.3	—	苯	28.9	35.0(357 对汞)
正辛醇	27.5	8.5	正己烷	18.4	51.1(378 对汞)
醋酸	27.6	—	正辛烷	21.8	50.8
油酸	32.5	7.0	汞	485	375
丙酮	23.7	—			

　　污垢或污染物的存在会使表面张力的测量出现许多误差，特别是对于水体系。如将手指与干净的 $100cm^2$ 水表面接触，那么手指上的油脂即会进入水面，从而降低水的表面张力。若污染较为严重，水的表面张力可从 $72dyn·cm^{-1}$ 降至 $65dyn·cm^{-1}$，甚至更低。蒸馏水也可能是一种污染源，这涉及蒸馏水的制备和储存条件。文献显示，用离子交换树脂制备实验用水时，少量的树脂可能污染水源，因此为了准确测量水的表面张力，要避免使用与这类树脂接触过的去离子水。另外，与水接触的器皿和空气必须是干净的，因为污染物常常是不溶性的，它们可吸附在表面而形成一层单分子膜。

（1）方法的选择

　　测量液体的表面或界面张力有许多方法，但是方法的选取通常由精度、操作的难易程度及用于数据校正的实用性等方面共同决定的。例如，由静止液滴外形轮廓得到的高温金属的表面张力具有很高的精度，但由于液滴自身在炉子里要保持相当长的时间，实际上得到的是一个被污染了的表面张力值。

　　方法的选取通常依赖于液体的性质。纯液体的表面达到平衡的速率较快，一般在零点几秒就能完成。对于二元或表面活性物质的稀溶液要达到平衡有时需要几分钟，甚至更长。因此后者表面张力的测量方法就不应选用产生新表面的测量方法。

　　Harkins 给出了关于测量表面张力的一张表（包含了它们稳定性的评价），如表 3-16 所示。

表 3-16　表面张力的测量方法

方法	评价	
	纯液体	溶液
静滴法	恰当	适用于陈化作用
悬滴法	恰当但受实验限制	
毛细管上升法	恰当	如果接触角不是零则不适合
吊片法	快速、易于操作但容易与空气接触而受影响	准确度很高;适用于陈化作用
吊环法	适合	不适合
滴重法	如果有空气污染时恰当	有陈化时,效果不佳
最大泡压法	不易于操作	有陈化时,效果不佳

（2）表面张力的测量方法

　　这一节的目的是讲述表面和界面张力的测量方法。一般地，在规定的条件下可以给出它们的准确值。液体表面张力的测定方法主要有静态法、半静态法和动态法三类。当液液界面张力不太低时可采用静态法和半静态法测定表面张力。现将几种实验室常用的方法介绍如下：

① 静态法

静态法是使表（界）面与液体相达到平衡态时进行测定的方法。为使体系达到平衡，此法耗时较长。

a. 毛细管上升法　毛细管上升法的理论依据是弯曲液面与平液面存在压力差，此压力差与液体表面张力及弯曲液面的曲率半径有关。

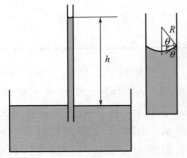

图 3-89　毛细管上升示意图

将一支可被待测液体润湿的毛细管下端插入液体中，液体在毛细管中会上升，如图 3-89 所示。达到平衡时，液体在毛细管中升高的高度 h 与毛细管的半径 r、液体与气相的密度差 $\Delta\rho$（若气相的密度远小于液体的密度，$\Delta\rho$ 可用液体密度代替）、液体表面张力 σ、液体在毛细管上的接触角 θ 之间有下述关系：

$$\sigma = \frac{rh\Delta\rho g}{2\cos\theta} \tag{3-67}$$

式中，g 为重力加速度。

若液体能完全润湿毛细管，即 $\theta=0°$，上式简化为：

$$\sigma = \frac{rh\Delta\rho g}{2} \tag{3-68}$$

精确的测定应对弯曲液面部分加以校正。最简单的校正是将弯曲液面视为半球形，可以得到

$$\sigma = r\left(h + \frac{r}{3}\right)\frac{\Delta\rho g}{2\cos\theta} \tag{3-69}$$

有时为避免以液槽中水平面为参考平面确定升高值，可用两根半径不同质地相同的毛细管垂直插入待测液体中，根据在这两根毛细管中液体升高的差值 Δh 来计算表面张力。

$$\sigma = \frac{r_1 r_2 \Delta h \Delta\rho g}{2(r_1 - r_2)\cos\theta} \tag{3-70}$$

式中，r_1 和 r_2 分别为较粗和较细的毛细管半径。

在实验中总是选择接触角为零的体系测定。水、水溶液和大多数极性小分子有机液体在玻璃上的接触角为零或很小，故选用玻璃毛细管是适宜的，但要认真清洗，并且要选用直径均匀的毛细管。毛细管上升法理论完整、方法简单，有足够的精度。如果接触角是零，此法可作为其他方法的标准。此外，实验除了要具有足够的恒温装置和测高仪外，还要求毛细管内径均匀。实际上，在重力的作用下，毛细管内的液面并不是球形。故其曲率半径也就不等于毛细管半径，需要进行校正。另外，如果毛细管不是圆管而具有一定的椭圆度，也需要进行校正。具体方法可参考相关文献。

b. 滴外形法　液体表面张力的测量可以从水平表面上的液滴的形状和尺寸大小来确定。为了得到液滴的表面或界面张力，必须要记录没有受到不规则作用下的表面影响的液滴外形的变化。反映一个静止液滴真实外形的最佳方法是在靠近它的地方放置一个屏幕，同时在距它非常远的地方放置一个点光源，使其影像投影到屏幕上。在实验室里这一条件是不容易实现的，可用 Kingery 和 Humerick 所用的实验装置代替。Smolder 用 Kingery 和 Humerick

的光学装置测量了水银与一种表面活性剂溶液之间的界面张力。它特别适合普通实验室使用，较为详细装置图如图 3-90 所示。

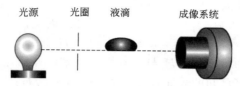

光源　光圈　液滴　　成像系统

图 3-90　滴外形法的光学示意图

滴外形法是根据液滴外形的某些参数，应用这些参数与表面张力的关系计算表面张力。实际应用时都是测定液滴外形参数，查阅有关数据表经简单计算得到表面张力。滴外形法有躺滴法、悬滴法、贴泡法和浮泡法四种，其中前二者的应用最为方便。

（a）躺滴法　如图 3-91(a) 所示为躺滴外形的示意图。其中 OO' 为液滴对称轴，S 为面上任意一点，z 为该点向对称轴作垂线的交点与到顶点 O 的距离，x 为该点与对称轴的垂直距离，ϕ 为该点法线与对称轴的夹角。若 $\Delta\rho$ 为液滴与液滴外相的密度差；R_1 为通过曲面上 S 点外形曲线上的曲率半径；z 为该点到顶点的距离；b 为顶点 O 的液面曲率半径；g 为重力加速度，这些参数间有下述关系：

$$\frac{\sin\phi}{x}+\frac{1}{R_1}=2+\beta z \tag{3-71}$$

此式称为 Bashforth-Adams 方程。式中，β 为外形因子，它与液体表面张力有下述关系：

$$\beta=\frac{\Delta\rho g b^2}{\sigma} \tag{3-72}$$

由上式可知，求得 β 和 b 即可算出表面张力 σ。Bashforth 和 Adams 已给出了不同 β 和 ϕ 时的 $\frac{x}{b}$ 和 $\frac{z}{b}$ 表（B-A 表），因而只要实验测得 x 和 z 值，即可查表得出 β 和 b，从而得出表面张力 σ。

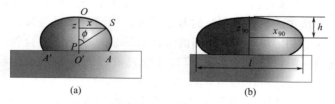

（a）　　　　　　　　　　（b）

图 3-91　（a）躺滴外形和（b）躺滴赤道参数

另外一简单实用的方法是测定躺滴的赤道半径 x_{90} 和赤道半径与顶点的距离 z_{90}，赤道半径与对称轴的夹角为 $90°$，如图 3-91(b) 所示。在 B-A 表中查出 $\phi=90°$ 时 $\frac{x}{b}$ 与 $\frac{z}{b}$ 的比值与液滴实测的 $\frac{x}{z}$ 值最为接近的 β 值，由此值的表中在 $\phi=90°$ 时 $\frac{x}{b}$ 或 $\frac{z}{b}$ 与实测的 x 或 z 比较，可求出 b 值。这样就可以根据上式算出表面张力值。

（b）悬滴法　其测定表面张力的理论依据也是 Bashforth-Adams 方程，只是直接测定的是悬滴的最大直径 d_e 和与顶点的距离 d_e 处悬滴的直径 d_s，如图 3-92 所示。

定义：

$$S=\frac{d_s}{d_e}$$

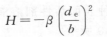

将其代入式(3-72)可得

$$\sigma = \frac{\Delta\rho g d_e^2}{H} \tag{3-73}$$

图 3-92　悬滴
示意图

Andreas 发现 $1/H$ 与 S 有固定关系，并测定了电导水悬滴的 d_e 和 d_s 值，利用其已知的表面张力与密度得出了 $1/H$ 与 S 数据表。因而只要测出悬滴的 d_e 和 d_s 即可得到 S，再从数据表中查出与此 S 对应的 $1/H$，代入上式即可计算出表面张力。

此法对接触角没有要求，扩大了滴外形法的应用范围，但对防震要求较高。另外，由于现代技术引入了计算机，可以对整个外形曲线进行拟合，避免了测量 d_e 和 d_s，从而使精度得以提高。自动的悬滴技术已经可以用于不溶性单分子膜的表面张力研究，而且还可以用于液/液界面的单分子膜的研究。

滴外形法适用于测定达到平衡需要很长时间的体系（如黏度较大的液体）和在特殊条件下（如高温、高压等）的操作。由于测定时的时间可能较长，故对恒温和防震的条件要求较高。

② 半静态法

利用半静态法测定表面张力时，表面通常不是完全静止的，可能不断地更新或有新表面的生成，但若表面形成时间远大于体系所需的平衡时间，该法测出来的表面张力即为平衡表面张力值，与静态法相同。若表面形成时间远小于体系所需的平衡时间，则用这种方法测出的表面张力值与表面形成的时间有关。换句话说，半静态法有时可作静态法使用。

a. 滴体积法（滴重法）　这是一种测量气/液、液/液界面（表面）张力较为方便、准确的方法。此法是让液体从管口滴入容器，以便能准确测量每一滴液体的重量。目前，已有用计算机控制的装置来跟踪每一滴液体的体积，其精度达到了 $\pm 0.1\mu L$。当液体自管口滴落时，液滴的大小与液体的密度和表面张力有关。这就是滴重法或滴体积法的基本原理。液滴的重量与管口半径及液体表面张力有关。如果液滴滴落瞬间的形状如图 3-93 所示，并自管口完全脱落，则液滴重量 mg 与表面张力 σ、管口半径 R 有如下关系：

图 3-93　液滴滴
落过程的
理想情况

$$mg = 2\pi R\sigma \tag{3-74}$$

但实际情况并非如此。用高速摄影得到滴落过程如图 3-94 所示。液滴长大时先发生变形，形成细颈，再在细颈处断开。一部分悬挂液体滴落，一部分残留管口。因此，上式并不正确，也须加校正系数。于是，滴体积法或滴重法的计算公式写作：

图 3-94　液滴滴落过程的实际情况

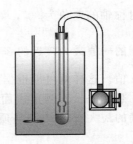

图 3-95　简便的滴体积测定装置

$$\sigma = \frac{Fmg}{R} = \frac{FV\Delta\rho g}{R} \qquad (3\text{-}75)$$

式中，$\Delta\rho$ 是界面两侧密度差，对于气液界面可以用液体密度代替。前人已从经验和理论两方面得出校正系数 F 是 $V^{1/3}/R$ 或 V/R^3 的函数，并提供了函数关系和数值表。此法实验测定的数据是一定滴数液体的重量或体积。图 3-95 给出一个十分简便的滴体积测定装置。其中滴体积管可用 0.2mL 的微量刻度移液管加工而成。

此法具有简便、对接触角无严格限制、结果准确等优点，已成为测定液体表面张力最常用的方法之一。但无论如何，此法的表面平衡难以完全。使用经验的校正系数时方法具有一定的经验性。

b. 吊环法　吊环法测量将水平接触液面的圆环拉离液面过程中所受最大力来推算液体表面张力。测力的方法有多种，长期以来应用最多的是 duNoüy 首先使用的扭力天平，故又称为 duNoüy 法，如图 3-96 所示。

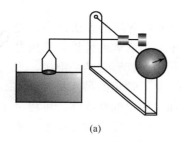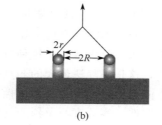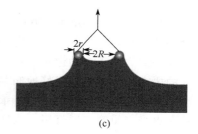

(a)　　　　　　　　　　　　(b)　　　　　　　　　　　　(c)

图 3-96　duNoüy 方法示意图

此法将测定用的圆环（通常用铂环）悬挂于扭力天平臂上，然后使之刚刚水平地接触液面。通过旋转扭力天平将圆环拉脱液面［如图 3-96(a) 所示］。圆环被提拉时将带起一些液体，形成液柱［如图 3-96(b) 所示］。这时环对天平所施之力由两部分组成：环本身的重力 mg 和带起液体的重力 P。P 随提起高度增加而增加，但有一极限，超过此值环与液面脱开，此极限值取决于液体的表面张力和环的尺寸。这是因为外力提起液柱是通过液体表面张力实现的。因此，最大液柱重力 mg 应与环受到的液体表面张力的垂直分量相等。设拉起的液柱为圆筒形，则：

$$P = [2\pi R + 2\pi(2r+R)]\sigma = 4\pi R'\sigma \qquad (3\text{-}76)$$

式中，R 为环的内半径；r 为环丝的半径；$R' = R + r$。但实际上拉起的液柱并不是圆筒形，而常如图 3-96(c) 所示意的那样偏离圆筒形。于是，上式被校正为：

$$\sigma = \frac{FP}{4\pi R'} \qquad (3\text{-}77)$$

式中，F 为校正系数。Harkins 和 Jordan 经验地得出 F 是 R'/r 和 V/R'^3 的函数，其中 R' 为环的平均半径，$R' = R + r$，V 为拉起液体的最大体积，可自最大拉力 P 算出，$V = P/(\rho g)$（ρ 为液体密度）。在环法校正系数表中，可按照测得的 R'/r 和 R'^3/V 值从中读出 F 值，然后按上式计算表面张力 σ。吊环法操作简便，但理论上却比较复杂，由于要应用经验的校正系数，方法带有经验性，所得结果受多种不易控制的因素（如平衡时间、接触角等）影响。对于溶液，由于液面形成的时间受到限制，所得结果不一定是平衡值。

c. 吊片法　此法为 Wilhelmy 在 1863 年首先使用，故常称为 Wilhelmy 法，如图 3-97 所示。他当时实际上是用片代替吊球法中的环测定从液面拉脱时的最大拉力。经后人改进为

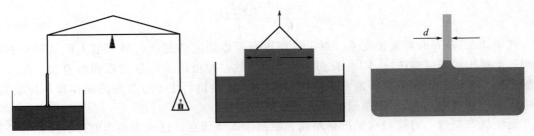

图 3-97　吊片法示意图

测定当片的底边平行液面并刚好接触液面时所受到的拉力。此法具有完全平衡的性质。此拉力应为沿吊片一周作用的液体表面张力 f。

显然,以任何测力的方法得到 f 值即可按下式计算出液体的表面张力值。

$$\sigma = \frac{f}{2(l+d)} \tag{3-78}$$

式中,l 和 d 分别是吊片的宽度和厚度。吊片法是测量表面张力最常用的方法之一。完全平衡性是它突出的优点,它的实验简便,不需要密度数据,也不需要麻烦的计算。采用电子天平测力便于自动记录,现代化表面张力仪大多采用这种方法。为保证测定结果准确,唯一的要求是液体必须很好地润湿吊片,这是吊片法最大的弱点和限制。常用的吊片材质有铂金、玻璃、云母等。将吊片沿垂直方向打毛有利于改善润湿性。如果测定油性液体,可将吊片在火焰上熏涂一层灯黑,以增强润湿性。容器大小及器壁的润湿性也会影响测定结果,称为器壁效应。研究表明,容器中液面直径与吊片宽度之比大于 20 时器壁效应便不明显了,而且器壁与液体的接触角为 90° 的容器最好。

吊片法还可以用于表面吸附或单分子层的研究,因为此时相应的表面张力会有一定的变化。它还可以测量接触角的前进角和后退角。详细情况可参考相关文献。另外,吊片也可改用金属丝及纤维等。

d. 最大泡压法　此法是测定惰性气体慢慢通过插入液面的毛细管口出泡时的最大压力,由此推算液体的表面张力。图 3-98 给出了插入液面的毛细管及气泡形状随气体注入的变化情况。

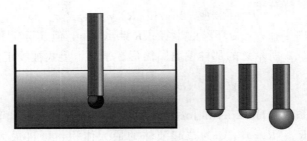

图 3-98　插入液面的毛细管及气泡形状随气体注入的变化情况

在毛细管中加压使液面降低。到管口处液面曲率的变化将经过一个最大值,理想情况下液面最大曲率的曲率半径等于管口半径 r。如果液体润湿管壁,气泡将从内管壁形成,r 才是内管壁的半径。此时如果能准确测得 r,此法不用知道其他参数,也与接触角无关。根据 Laplace 公式,气泡内外压差的最大值应为 $\Delta p = 2\sigma/r$。显然,如果测定了出气口的半径和气泡内外最大压差即可算出液体的表面张力 σ

$$\sigma = \frac{\Delta p r}{2} \tag{3-79}$$

注意，此式只适用于管口很细，而且插入液面不深的情况，否则须采用 Bashforth-Adams 方程求算曲率半径。由于毛细管口距离水表面是任意的，因此 $\Delta p_{max} = p_{max} - p_t$。$p_{max}$ 是测得的最大压差，p_t 是相应液体的压降。为了消除 p_t，一般要求毛细管口刚好与液面接触。它也可对两种不同的液体进行比较，已知一种液体的表面张力，另外一种液体的表面张力可由下式求出：

$$\frac{\Delta p_1}{\Delta p_2} = \frac{\sigma_1}{\sigma_2} \tag{3-80}$$

最大泡压法是产生新表面的准动态法，要求建立新表面的平衡不能太慢，否则不能得到准确的结果。在此需要指出，毛细管口形成的气泡并非球形，因此如要准确测量需对公式进行校正。

e. 液液超低界面张力的测定　界面张力在 $10^{-2} \sim 10^{-1}\,mN \cdot m^{-1}$ 之间称为低界面张力，低界面张力可采用滴外形法测定。更高一些的界面张力可采用前述的静态法和半静态法测定。

界面张力低于 $10^{-3}\,mN \cdot m^{-1}$ 时称为超低界面张力。现在实验室采用的测定超低界面张力的方法通常是旋转滴法。如果液体 A 的密度小于液体 B，一滴 A 可浮在 B 上。若将这一体系旋转，那么液滴 A 则可在旋转轴附近形成一个液滴。进一步增加旋转速度，由于离心力可反抗界面张力液滴，A 就会在旋转轴处变长形成一个扁长的椭圆体。旋转速度足够高时，液滴则可形成一个近似的柱体。旋转滴法的原理是在样品管中将少量低密度液体加入高密度液体中，在离心力场作用下低密度液体成圆柱状，如图 3-99 所示。

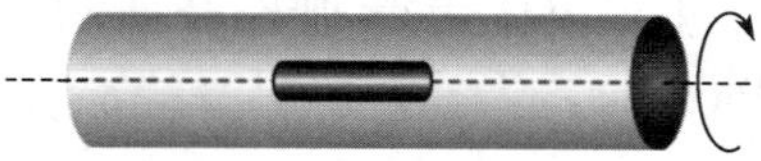

图 3-99　液滴在离心力场作用下的情况

对于一个体积为 V 的圆柱体，单位体积的离心力是 $\omega^2 r^2 \Delta \rho$，ω 是旋转轴角速率，$\Delta \rho$ 是两液体的密度差。那么距旋转轴 r 处的势能为 $\omega^2 r^2 \Delta \rho / 2$，长度为 l 的柱体总的势能为：

$$l \int_0^{r_0} (\omega^2 r^2 \Delta \rho) 2\pi r \mathrm{d}r = \pi \omega^2 \Delta \rho r_0^4 l / 4 \tag{3-81}$$

界面自由能为 $2\pi r_0 l \sigma$。因此总能量为：

$$E = \frac{\pi \omega^2 \Delta \rho r_0^4 l}{4} + 2\pi r_0 l \sigma = \frac{\omega^2 \Delta \rho r_0^2 V}{4} + \frac{2V\sigma}{r_0} \tag{3-82}$$

设 $\mathrm{d}E_0/\mathrm{d}r_0 = 0$，则界面张力与离心机旋转轴角速度 ω、圆柱状液柱半径 R_0 有下述关系：

$$\sigma = \frac{\omega^2 \Delta \rho r_0^3}{4} \tag{3-83}$$

③ 动态法　有些液体的表面张力随表面形成时间的不同而变化，表面活性物质水溶液的表面张力随表面形成时间的延长而降低，直至达到平衡表面张力值，在此值之前的表面张力值称为动态表面张力。显然动态表面张力由体系性质和表面形成时间所决定。这种表面张力与表面形成时间有关的现象称为表面张力的时间效应。

许多测定平衡表面张力的方法稍加改动即可测出表面张力的时间效应，但各有适用的时间范围。吊片法适于测定时间效应缓慢的动态表面张力。做法是将溶液表面刮去一层"皮"后（即生成新表面）尽快使吊片接触液面开始测量。记录吊片所受的力随时间的变化关系，

算出 σ-t 曲线。滴体积（滴重）法适测中等时间效应的表面张力。通过控制液滴悬挂时测出新表面生成后经过不同老化时间的表面张力。此法适宜的时间范围为几秒到几十分钟。最大泡压法可能测到接近于 0.01s 的时间效应，为此需要采用频闪计数器测定出泡速度，用压力传感器测定压力随时间的变化，进而得到 σ-t 曲线。因为存在气泡不断长大及两泡间的死时间等复杂因素，此法对表面老化时间不易确定。另外，对于很短时间的动态表面张力，如毫秒级的，此法也无能为力。测定很短时间的动态表面张力多采用振荡射流法，它可以测到表面寿命小于 1ms 的液体表面张力。它的基本原理是：液体受力自毛细管口射出，形成射流。显然离喷口最近的射流表面的寿命最短，离喷口越远则寿命越长。由于表面张力的时间效应，射流各部分的表面张力随管口的距离而异。

如果毛细管喷口呈椭圆形，射流的形状将出现周期性改变，沿射流形成一系列"振动"波形，如图 3-100 所示。由于管口为椭圆形，形成的射流柱截面形状在液体表面张力作用下试图从出口的椭圆形收缩为圆形，待收缩为圆形后又在流动液体惯性力作用下变为椭圆形，如此发生周期性变化。在两个圆形截面间的液柱长度称为射流波长。当表面张力存在时间效应时，距管口越近，液体表面张力越大，形成射流波的波长越短；距管口越远，液体表面张力越小，形成的射流波长越大。

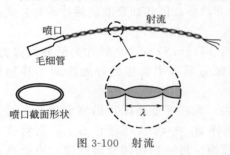

图 3-100　射流

根据流体力学理论分析得到计算射流动态表面张力的公式。当液体黏度 $\eta < 0.2$ mPa•s 时，

$$\sigma = \frac{2q_{\mathrm{m}}^2 \left(\dfrac{1 + 1.542B^2}{r\rho} \right)}{3\lambda^2 + 5\pi r^2} \tag{3-84}$$

式中，ρ 为射流流体密度，g•cm^{-3}；λ 为射流波长，cm；q_{m} 为射流流量，g•s^{-1}；r 为射流的"平均半径"，cm。

$$r = \frac{(r_{\max} + r_{\min}) \left(1 + \dfrac{B^2}{6} \right)}{2} \tag{3-85}$$

式中，$r_{\max}$ 为射流的最大半径，一般以喷口椭圆的长半径代表；$r_{\min}$ 为射流的最小半径，一般以喷口椭圆的短半径代表；B 为

$$B = \frac{r_{\max} - r_{\min}}{r_{\max} + r_{\min}} \tag{3-86}$$

自射流流量 q_{m} 可算出射流的线速度 u（cm•s^{-1}）

$$u = \frac{q_{\mathrm{m}}}{\pi r^2 \rho} \tag{3-87}$$

从 u 和测定波距管口的距离 d 可得该波老化时间 t。

$$t = \frac{d\pi r^2 \rho}{q_{\mathrm{m}}} = \frac{d}{u} \tag{3-88}$$

射流的波长虽然可直接目测，但既不方便且不准确。现常用光学方法，效果较好。

另外，液液界面可以由不同途径形成，包括粘附、铺展和分散。粘附是指两种液体进行接触，各失去自己的气液界面而形成液液界面的过程。铺展是指一种液体在第二种液体上展开，结果是后者原有的气液界面被两者间的液液界面取代，同时形成相应的第一种液体的气

液界面的过程。分散则是一种大块的液体变成为小滴的形式存在于另一种液体之中的过程,也就是乳化。从体系的界面结构来看,这时只有液液界面形成。和液体表面一样,液液界面存在界面张力和界面过剩自由能。界面张力是垂直通过液液界面上任一单位长度,与界面相切地收缩界面的力。液液分散体系中分散相大致呈球形便是它的作用的结果。界面自由能的定义是:恒温恒压下增加单位界面面积时体系自由能的增量。它们的单位与表面张力相同。液液界面能也是起源于界面两侧的分子对界面上的分子的吸引力不同。液液界面是否能自发形成,在不同情况下分别取决于该过程体系自由能改变量的正负。对于粘附过程,两种液体的表面张力越大、二者间的界面张力越小越有利于过程自动进行;而对于铺展过程则不仅要界面张力低而且需要铺展液体的表面张力也低才有利。至于分散过程,则永远是自由能增加的过程。也就是说,不论液体的表面张力和界面张力大小如何,此过程都不会自发进行。液液界面张力与构成界面的两相化学组成密切相关。液液界面张力通常也随温度升高而降低。

液液界面张力的测定方法与测定液体表面张力的方法相似。前面介绍的方法原则上皆可应用于液液界面张力的测定。应用时在实验上和计算公式中必须针对两相皆为液体的情况作相应的变动。不过,由于接触角及液体黏度等因素的影响,一些方法难以得到准确的结果。对测定液液界面张力较好的方法是滴体积(滴重)法和滴外形法(停滴法和悬滴法)。在润湿性良好的条件下也可以采用吊片法和毛细管上升法。

3.6.2.3 润湿与接触角的测量

润湿作用,从最普遍的意义来说,是指固体表面上的一种流体被另一种与之不相混溶的流体所取代的过程。因此,润湿作用必然涉及三相,其中两相是流体,一般常见的润湿现象是固体表面上的气体被液体取代的过程。水或水溶液是一般最常见的取代气体的液体。能增强水或水溶液取代固体表面空气能力的物质即称为润湿剂。润湿作用是一种表面及界面过程,故表面活性剂在此过程中必然有显著作用。

那么,液体在什么情况下可以润湿固体?怎样改变液体和固体的润湿性质以满足人们的需要?作为润湿剂的表面活性剂在此有重要作用。表面活性剂的用量并不大,但在许多工业生产应用中却常常起到画龙点睛的作用。另外,由于润湿现象是固体表面结构与性质、液体的表面与界面性质,以及固、液两相分子间相互作用等微观特性的宏观表现,润湿现象的研究可以为了解不易得到的固体表面性质提供有用的信息,这就增加了人们研究润湿现象的兴趣。

润湿过程可以分为三类:沾湿(adhesion)、浸湿(immersion)和铺展(spreading)。它们各自在不同的实际问题中起作用。理论上,根据有关界面能的数值可判断各种润湿过程是否能够进行;再通过改变相应的界面能的办法即可达到所需的润湿效果。但实际却并非如此简单。且不说随心所欲地改变各种界面能并非易事,就是有关各界面能的数值也不是容易求得的。在三种界面中只有液体表面张力可以方便地测定。因此应用上述润湿判据实际上是有困难的。然而,在固液接触存在接触角的情况下,在200年前就已经找出了接触角与有关界面能的关系,这就为研究润湿现象提供了方便。

(1) 润湿与接触角

将液体滴于固体表面上,液体或铺展而覆盖固体表面,或形成一液滴停于其上,随体系性质而异,如图3-101所示。所形成液滴的形状可以用接触角来描述。接触角是在固、液、气三相交界处,自固液界面经液体内部到气液界面的夹角,以 θ 表示,如图3-102所示。平衡接触角与三个界面自由能之间的关系可用杨氏方程描述:

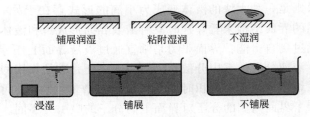

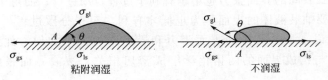

图 3-101　各类型的润湿与铺展

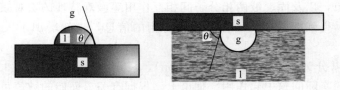

图 3-102　润湿作用与接触角

$$\sigma_{gs} = \sigma_{ls} + \sigma_{gl}\cos\theta \tag{3-89}$$

此方程，可以看作是交界处三个界面张力平衡的结果。此关系适用于在三相交界处固液、固气界面共切线的体系。尽管用力学方法导出的润湿方程是完全正确的，但由于固体界面的不均匀性，固液及固气界面张力的性质不易了解，人们也可用多种热力学方法导出润湿方程，读者可参考相关文献。

（2）接触角的测量

测定接触角的方法有多种，可根据直接测定的物理量分为四大类，即角度测量法、长度测量法、力测量法以及透过测量法。前三种适用于连续的平固体表面后一种方法可用于粉末固体表面的接触角测定。

① 角度测量法

这是应用最广的，也是最直截了当的一类方法。一般是观测与固体平面相接触的液滴，观察液面或液体中的气泡的外形，再用量角器直接量出三相交界处流动界面与固体界面的夹角，如图 3-103 所示。

图 3-103　角度测量法测定接触角

具体的做法有多种，主要有投影法、摄影法、显微量角法、斜板法和光点反射法。前两种方法分别是把三相交界处的液面形状投影放大在屏幕上或投影后放大出照片，再在所得影像的三相交界处作液面的切线，测量它与固体表面的夹角。显微量角法用显微镜观察界面，使图像清晰，借助于安装在显微镜镜筒内的叉丝和量角器来直接测量接触角。斜板法的基本原理是不论固体与液面呈何种角度插入液体中，在三相交界处永远保持接触角的角度，只有当板面与液面的夹角恰为接触角时，液面就会一直平伸至三相液面处而不出现弯曲。因此，改变板面插入角度直至液面在三相交界处附近无弯曲，这时板面与液面的夹角即接触角。斜板法避免了作切线的困难，提高了测量精度，但突出的缺点是液体用量较多。这在许多情况下妨碍它的应用。光点反射法的原理是利用一个点光源照射到小液滴上，并在光源处观察反射光。显然，只有入射光与液面垂直的时候在光源处才能看到液面反射光。测定时使光点落在三相线上，让光源以此点为中心，在固体表面的法平面中作由下向上的圆周运动。当光线的入射角等于接触角时可观察到突然变亮的现象。由此可以确定体系的接触角。此法也可避免作切线的困难，有较好的测量精度；而且不仅可用于平固体表面，还可用以测定纤维的接触角。不过，它只能测定小于 90° 的接触角。

② 长度测量法

为了避免作切线的困难，发展了从长度测量数据间接计算接触角的方法，具体做法也有几种。

a. 停滴法　在水平固体表面滴上一小液滴，测量液滴的高度 h 与底宽 $2r$，如图 3-104 所示。根据：

$$\sin\theta = \frac{2hr}{(h^2 + r^2)}$$

或

$$\tan\frac{\theta}{2} = \frac{h}{r}$$

计算出 θ，见图 3-104。此法的前提是液滴为球形的一部分，因此只有液滴很小（一般体积为 10^{-4} mL）重力作用忽略不计时才能应用。

b. 滴高法　将液体加于平固体表面上，若不铺展则形成一液滴。不断增加液量，液滴面积与高度皆随之增加。至一定程度，滴高达到最大值，再加入液体则只增加液滴直径而不再增加高度。液滴最大高度与铺展系数之间有一定关系。设达到最大高度的平衡液滴半径为 r、体积为 V。若发生微扰，其半径扩大为

图 3-104　停滴法示意图

Δr，高度下降 Δh，如图所示。由于固液界面扩大了 $2\pi r\Delta r$，气液及固气界面面积也有相应的变化，体系的表面自由能增加

$$2\pi r\Delta r(\sigma_{ls} + \sigma_{gl} - \sigma_{gs}) \tag{3-90}$$

又由于滴高下降，液滴的位能降低 $\rho g V\Delta h/2$（ρ 为液体的密度）。因为是在恒温、平衡条件下发生的微扰，此二者的能量改变值应相等，即

$$2\pi r\Delta r(\sigma_{ls} + \sigma_{gl} - \sigma_{gs}) = \frac{\rho g V\Delta h}{2} \tag{3-91}$$

若设液滴的形状为圆柱体，则

$$2\pi r\Delta r h_m = \pi r^2\Delta h \tag{3-92}$$

式中，h_m 为液饼的最大高度。合并此二式即得

$$S = -(\sigma_{ls} + \sigma_{gl} - \sigma_{gs}) = -\frac{\rho g h_m^2}{2} \tag{3-93}$$

根据铺展系数与接触角的关系，可得

$$\cos\theta = 1 - \frac{\rho g h_m^2}{2\sigma_{gl}} \tag{3-94}$$

式中，g 为重力加速度。故在已知液体的密度和表面张力的前提下，测出液饼最大高度 h_m，即可计算出接触角 θ 的数值。但需注意，此时只在液滴半径比最大高度大很多并达到平衡的情况下方可应用。

③ 力测量法

利用测定液体表面张力的吊片法装置也可测出液体对固体（吊片）的接触角。前面已经

说明，应用吊片法测定液体表面张力时，欲得准确结果，液体必须很好润湿吊片，即保证接触角为 0。若接触角不为 0，则在吊片刚好接触液面时液体作用于吊片的力 f 应该是

$$f = \sigma_{gl}\cos\theta P \tag{3-95}$$

式中，P 代表吊片的周长，为 $2(l+d)$，l 为吊片的宽度，d 为吊片的厚度。因此，在已知液体表面张力及吊片周长的情况下，应用适当的测力装置测出吊片所受力 f，即可算出接触角 θ。

④ 固体粉末接触角的测定

前面介绍的几种方法都只适用于平的固体表面，而实际应用中也经常许多有关粉末的润湿性问题，常需要测定液体对粉末的接触角。透过测量法可以满足这类需要。它的基本原理是：在装有粉末的管子中固体粒子间的空隙相当于一束毛细管。毛细作用可使润湿固体粉末表面的液体透入粉末柱中。由于毛细作用取决于液体的表面张力和对固体的接触角，故测定已知表面张力液体在粉末柱中的透过性可以提供该液体对粉末的接触角的知识。具体的测定方法有两种：透过高度法和透过速度法。

图 3-105　透过测定法测定接触角

a. 透过高度法　将固体粉末以固定操作方法填装在具有孔性管底的样品玻管中、此管底可防止粉末漏失，但容许液体自由通过。让管底接触液面，液面在毛细力的作用下在管中上升，如图 3-105 所示。

上升最大高度 h 由下式决定：

$$h = -\frac{2\sigma\cos\theta}{\rho g r} \tag{3-96}$$

式中，σ 和 ρ 为液体的表面张力和密度；θ 为接触角；g 为重力加速度；r 为粉末柱的等效毛细管半径。由于粉末柱 r 值无法直接确定，通常采用标准液体校正的办法来解决。用已知表面张力 σ_0、密度 ρ_0 和对所研究粉末接触角为 θ 的液体先测定其透过高度 h_0。应用上式算出粉末柱的等效毛细半径，然后再用同样的粉末柱测定其他液体的透过高度，以所得到的等效毛细半径值来计算液体对该粉末的接触角。这样做的时候，计算公式也可以写作

$$\cos\theta = \frac{\rho h \sigma_0}{\rho_0 h_0 \sigma} \tag{3-97}$$

由于粉末柱的等效毛细半径与其粒子大小、形状及填装紧密程度密切相关，故欲用此法得到正确的结果，粉末样品及装柱方法的同一性十分重要。此外还需足够的平衡的时间以保证达到毛细上升的最大值。

b. 透过速度法　可润湿粉末的液体在粉末柱中上升可看作液体在毛细管中的流动。Poiseulle 公式给出了流体在管中流动的速度与管的长度、半径、两端压力差及液体黏度间的关系。将此关系应用于液体在粉末柱中上升的速度问题，则得

$$\frac{dh}{dt} = -\frac{\rho g r^2}{8\eta} - \frac{2\sigma r \cos\theta}{8\eta h} \tag{3-98}$$

式中，右方第一项代表重力的作用，第二项代表毛细力的作用。当粉末柱的等效半径 r 很小，透过高度也很小时，右方第一项可以忽略不计，上式变为

$$\frac{dh^2}{dt} = -\frac{\sigma r \cos\theta}{2\eta} \tag{3-99}$$

积分后得

$$h^2 = -\left(\frac{\sigma r \cos\theta}{2\eta}\right)t \tag{3-100}$$

此式又叫作 Washburn 方程。因此，如果在粉末柱接触液体后立即测定液面上升高度 h 随时间 t 的变化，作 h^2 对 t 作图，在一定温度下应得一条直线。直线的斜率 s 为 $-\sigma r \cos\theta/2\eta$。如果用前面所说方法得到粉末柱的等效毛细半径 r，又知道液体的表面张力和黏度，则可从斜率算出接触角 θ

$$\theta = \arccos\left(-\frac{2\eta s}{\sigma r}\right) \tag{3-101}$$

此法与透过高度法相比有快捷、方便的优点。

对于各种测定接触角的方法，实施时都必须注意以下两个因素：平衡时间和恒定体系温度。由于存在动态界面张力效应，平衡时间不足自然就会引起接触角变化，导致动接触角现象。不过，对于一般低黏度液体，达到平衡较快，采用通常的实验操作即可得到平衡值。只在液体黏度较大时须注意保证足够的平衡时间。又因为界面张力随温度而变，接触角理当受温度变化的影响。因此，在测定接触角得实验中必须保持温度恒定。另外，还要指出的是在接触角的测量过程中还会出现接触角滞后现象。许多测定结果表明，接触角不仅决定于相互接触的三相的化学组成和温度、压力，而且与形成三相接触线的方式有关。例如，液固界面取代气固界面与气固界面取代液固界面后形成的接触角常不相同。其中前者形成的接触角称为前进角，后者形成的接触角叫做后退角。

第**4**章

气液平衡数据的测定

对特定的混合物，在一定的温度（T）、压力（p）下，气液两相共存时的气相和液相组成（x 和 y）是确定的，该组 T、p、x 和 y 数据称为气液平衡数据。气液平衡数据是流体混合物闪蒸、精馏分离过程和设备设计的基础。气液平衡数据测定的目的是设计合适的实验装置准确测定 T、p、x 和 y 数据，检验实验数据的可靠性及其误差大小。根据系统压力的大小，通常把气液平衡分为高压气液平衡和低压气液平衡。

4.1 低压气液平衡的直接测定方法

4.1.1 直接法测定装置的分类

低压气液平衡测定装置大致可分为精馏法、静态法、流动法、循环法和泡露点法。

精馏法是最古老的一种测定气液平衡的简单方法，加热一个装有大量液体样品的烧瓶以蒸出少量样品进行组成分析即可。但该方法也有许多缺点：它需要有足够量的液体样品，只能蒸出极少量的气相样品以保证液相组成严格不变，实验开始时由于气相样品凝结于管壁而可能导致巨大的误差。因此这一方法现已几乎无人使用。

在静态法中，液体混合物被充入一个密闭且事先抽成真空的容器中，并置于恒温浴中使气液两相充分接触达到平衡状态，然后分别取气相和液相样品进行分析，同时测定系统的压力。该方法看似简单实则不然，关键在于气相取样。在低压下，分析气相组成所需的样品与平衡器中气相总量具有相同的数量级，因此，气相取样将严重破坏平衡器内已达成的平衡状态。此外，液体混合物在被引入平衡器前，需要严格脱除溶解在其中的不凝性气体。

在流动法中，一定组成的混合物以恒定的流速注入平衡器中，平衡器中处于平衡状态的气液两相各自以恒定的流速排出，分别取样分析即得气液平衡数据。该方法的主要缺点是需要较大量的样品，且要求严格控制进出平衡器的物料的流速不变以保证平衡器内的气液两相始终处于平衡状态，而要做到这一点并不容易。因此，实际上已很少有人采用。

在实验室中广泛采用的是循环法和泡露点法。

4.1.2 循环法直接测定装置

循环法气液平衡测定装置经过了长期发展，针对不同特性的系统开发了多种形式的平衡釜。它们尽管在具体结构上有所不同，但其设计原理是基本相同的。一个能精确测定气液平衡数据的实验装置通常应满足以下要求：

① 形式简单；

② 所需试样少；

③ 便于温度和压力的精确控制和测定；

④ 实验开始或平衡参数改变后达到稳态操作所需的时间短；

⑤ 在测温点不得有气相部分冷凝或液相过热现象存在；

⑥ 从气液混合物中分离出来的气相在离开平衡器时不得夹带液滴；

⑦ 循环的气相或其冷凝液必须与液相完全混合，均匀的混合液需采取适当措施防止暴沸的发生才能进入沸腾室；

⑧ 循环相的组成及流速不得有波动；

⑨ 在循环回路中不得存在死角；

⑩ 取样时应能保证稳定的沸腾状态不被破坏。

根据循环流的数目及其热力学状态，可分为气相循环法、气相冷凝液循环法和液相与气相冷凝液双循环法。

(1) 气相循环法

气相循环法的原理如图 4-1 所示。

为了达到稳态操作的状态，系统的体积、压力、温度必须严格保持恒定。但是气相循环泵及气流通过液相都不可避免地会引起系统压力的波动。在气相循环中还必须注意克服液沫夹带及冷凝现象的发生，后者可以通过对气相管路进行保温获得解决，要求气相保温温度 (T_2) 稍高于平衡器温度 (T_1)。这类平衡器中气相所能采取的样品极其有限，以至于不能达到进行精确分析所需的量。由于这些限制，它主要应用于中高压气液平衡的测定。

(2) 气相冷凝液循环法

低压气液平衡测定最广泛采用的是气相冷凝液循环法。在气相循环法中，气相流动所需的动力由循环泵提供，而在气相冷凝液循环中，气相的冷凝使它能离开平衡器，而冷凝液的静压力则提供了它回流进入平衡器所需的动力。

气相冷凝液循环法可分成两种类型：一种是气相冷凝液以液体状态回流进入平衡釜中；另一种是冷凝液在一个加热器中重新气化后进入平衡器中。气相冷凝液循环法的设计原理如图 4-2 所示，典型的是 Othmer 釜。

这类平衡器达到稳态操作所需的时间主要取决于气相冷凝器 K_2 的体积。该方法的一个缺点是停止加热后气相存在部分冷凝现象、难以准确测定平衡温度、平衡器 K_1 中的组成不均匀、液相组成不易测准。尽管有许多人对 Othmer 釜加以改进，但其主要目标并未达到。对大量采用这一方法测得的气液平衡数据进行热力学一致性分析的结果表明，大部分数据的精度是比较低的，有学者甚至建议淘汰这类平衡器。

该类平衡器的最大缺点是，为了使进入和离开的蒸气量相等（这是达到稳态所必需的），必须相当仔细地调节 Q_1 中的热散发量，这是颇难掌握的。因此，不易达到稳态操作，常常需要几个小时的时间。由于在 K_1 中蒸气通过液体鼓泡造成压力降，因此降低了压力和温度

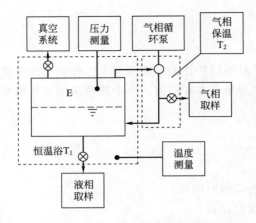

图 4-1 气液循环法装置原理

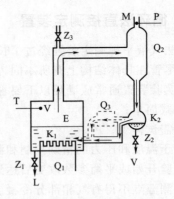

图 4-2 气相冷凝液循环法设计原理（虚线
表示气相冷凝液再气化后进入平衡器时的流向）

E—平衡器；K_1—液相容器；K_2—气相冷凝液收集器；
M—接稳压系统；Q_1—沸腾加热器；Q_2—气相冷凝器；
Q_3—气相冷凝液再气化加热器；P—压力测量；T—温度
测量；L—液相取样；V—气相取样

的测量精度。这类平衡器已很少使用。

（3）液相和气相冷凝液双循环法

根据这种原理设计的平衡器最初是用于测定溶液沸点的，后来 Lee 在此基础上设计了具有液相和气相冷凝液收集器的平衡器，从而解决了取样分析的问题，其操作原理如图 4-3 所

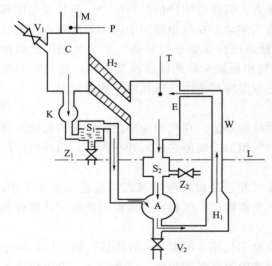

图 4-3 液相和气相冷凝液双循环法原理

A—液相和气相冷凝液混合器；C—气相冷凝器；E—平衡室；
H_1—加热器；H_2—气相过热加热器；K—液滴计数器；
L—操作时的液面位置；M—接稳压系统；P—压力计；
S_1—冷凝液收集器；S_2—液相收集器；T—温度计；
V_1—加料阀；V_2—放料阀；W—提升管；
Z_1—气相冷凝液取样阀；Z_2—液相取样阀

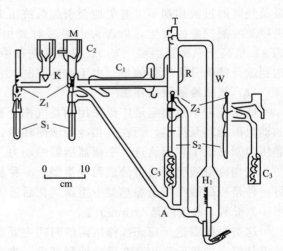

图 4-4 Brown 平衡釜

C_1—气相冷凝液；C_2—冷却器；C_3—液相
冷却器；R—气液相分离器；A—气液相冷凝液混合器；
H_1—加热器；K—液滴计数器；M—接稳压系统；
T—温度测量；W—提升管；Z_1—气相冷凝液
取样阀；Z_2—液相取样阀；S_1—冷凝液收集器；
S_2—液相收集器

示。Gillespie 对它的气液相的分离及其取样进行了修改，取样时可免于破坏沸腾室的沸腾状态。之后又有人进一步做了改进，其中比较成功的是 Brown 和 Ewald，他们认为加热器 H_1 取样的液体组成并不是平衡的液相组成，因此在分离器 R 与混合室 A 之间应增加一个液相收集器 S_2，以取得平衡的液相进行分析。他们发现，当气相取样时，少量冷凝液的蒸发会导致气相组成测定的误差，因此在设计时应尽力避免这一情况的发生。同时还发现，若所研究的系统的相对挥发度很大，气相冷凝液与热的液相回流液混合时会发生闪蒸暴沸，因此必须在液相回流液进入混合器之前用冷却器 C_3 进行冷却以避免暴沸现象的发生。Brown 设计的平衡釜如图 4-4 所示。该装置可获得非常精确的气液平衡数据，其最大的缺点是达到稳态操作所需的时间很长，长达 4h 以上，并需要大量的测试样品（如 200mL）。

陆志虞等设计的平衡蒸馏器也是一种比较简洁的气液平衡测定装置，如图 4-5 所示。

另一个与 Lee 所设计的平衡釜相类似的平衡釜是 1952 年由 Ellis 设计的，见图 4-6，它也有和 Brown 釜同样的缺点，但由于其结构简单而更容易操作。由 Ellis 釜测得的气液平衡数据具有较好的热力学一致性，且该平衡釜的适用范围广，所以在实验室获得广泛的应用。对于相对挥发度很大的系统，采用 Dvorak 和 Boublik 设计的平衡釜能获得很好的结果，该平衡釜在设计上采用了特殊的措施以防止操作时暴沸现象的发生。Rogalski 等也根据同样原理设计了一个平衡釜，它可以得到非常精确的气液平衡数据，经过适当修改后可用于准确测定溶液的沸点。

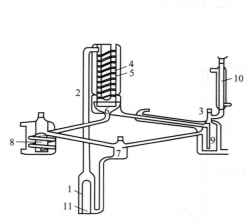

图 4-5　陆志虞平衡蒸馏器

1—沸腾室；2—提升管；3—温度计套管；
4—平衡室；5—真空夹套；6—分离室；
7—混合室；8—液相取样器；
9—气相取样器；10—二级
冷凝器；11—加热钟罩

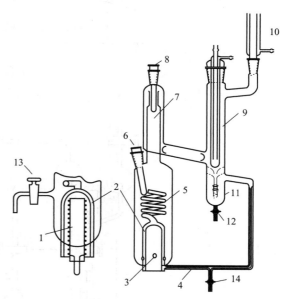

图 4-6　Ellis 气液平衡釜

1—加热器；2—加热钟罩；3—液相取样器；
4—气相冷凝液回流管；5—提升管；6,8—温度计
套管；7—气液分离器；9—气相冷凝器；10—二级
冷凝器；11—气相冷凝收集器；12,13—气相取样器；
14—放料阀

根据气液相双循环原理设计的平衡釜还有很多，但相互间并没有太多的差别。这是目前使用最多的平衡釜类型。

4.1.3 泡露点低压气液平衡直接测定装置

低压气液平衡的直接测定除了前述循环法外，实验室中使用的还有一种泡露点法。该方法仅适用于二元混合物，尤其在高压下使用较广，这里仅介绍它在低压下的应用。

泡露点法的设计原理如图 4-7 所示，一定量的一定组成的液体样品装入汽缸后，逐渐退出活塞使系统体积增大，并同时记录系统的压力，则在 p-V 图上可以得到一条等温线，在泡露点两侧，该等温线的斜率发生急剧变化，据此可获得泡露点。在测定中必须严格除尽不凝性气体，否则泡露点测定结果会产生很大的误差，尤其是在低压下更应注意。该法的最大优点是不需进行组成分析。Kay 及其合作者在这方面做了许多工作，在他们的工作基础上，Kreslewski 也设计了一套泡露点测定装置。1950 年，Feller 和 McDonald 设计了一套低压泡露点测定装置，其结构如图 4-8 所示。Wyrzykowska-Stanklewics 和 Kreslewski 又对它进行了修改，使其更容易进行脱气处理。近年来对这一方法的研究兴趣已不如从前，主要原因是更精确的 pVT 测量装置的发展及相对来说循环法比泡露点法更精确、所需实验时间更短。

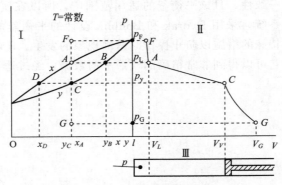

图 4-7　泡露点气液平衡测定原理

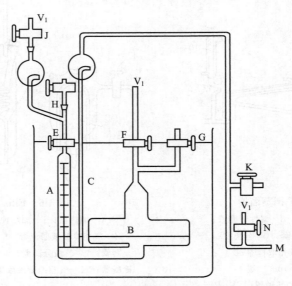

图 4-8　Feller 和 McDonald 低压泡露点测定装置

除了根据图 4-7 所示的原理设计的泡露点装置外，Kato 等还设计了另外一类泡露点测定装置，它们与流动法有某些联系，可以分为泡点露点法、泡点凝点法和泡点露点凝点法。

（1）泡点露点法

① 气相混合型　该装置首先由 Kojima 等于 1968 年提出，用于测定恒压下的露点，但需要分析其组成。以后 Kato 等又设计了可同时测定泡点和露点的气相混合型装置，其原理如图 4-9 所示。从两个纯物质蒸发器出来的过热蒸气在管路上混合后进入露点测定器中。露点测定器是一个依次插有许多温度计的温度计包。随着蒸气在管路中前进而向外散发热量，其温度逐渐降低至露点，由于显热比潜热小得多，如图 4-10 所示，蒸气温度的下降速率在露点前后有一突变，因而可以用作图法确定其露点。冷凝下来的液体流经流动型沸点仪测定其沸点。气液两相的组成由流速测定仪测定。该装置尤其适用于液相部分互溶系统。其缺点是必须保证两个纯组分的气相流率严格稳定不变。

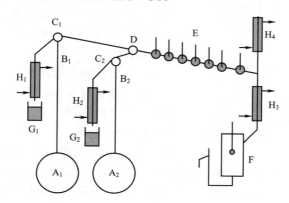

图 4-9　气相混合型泡露点测定仪流程简图

A_1，A_2—纯物质蒸发器；B_1，B_2—纯物质蒸汽管；C_1，C_2—三通考克；D—混合管；E—露点测定温度计组；
F—流动型沸点仪；G_1，G_2—流速测量接收器；H_1，H_2，H_3，H_4—冷凝管

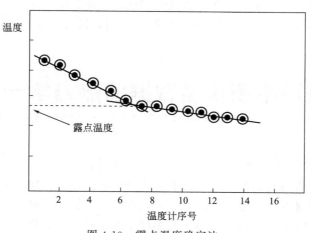

图 4-10　露点温度确定法

② 平衡釜型　上述气相混合型泡露点仪用于多组分系统时会变得非常复杂，不容易控制。为此，Kato 等设计了如图 4-11 所示的泡露点测定仪。测定时打开考克 K_2、K_3 和 K_8，关闭 K_4、K_5、K_6 和 K_7，液体注料器 F 连续稳定注入液体，其中一部分通过溢流口 O_1 溢出。在稳态时测定 S_1 和 S_2 中的沸点。根据物料平衡可得，在稳态时 S_1 中的气相组成及 S_2 中的液相组成与进料组成相同。因此 S_1 和 S_2 测得的温度分别对应了进料组成下的露点和泡点。

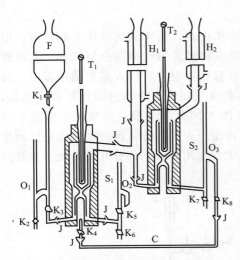

图 4-11　平衡釜型沸点露点仪

C—连接管；F—加料器；H_1，H_2—冷凝管；
J—球形接口；K_1~K_8—考克；O_1~O_3—溢流
管；S_1，S_2—流动型沸点仪；T_1，T_2—温度计

(2) 泡点凝点法

凝点即平衡的气相冷凝成液体后的沸点。前述平衡釜型泡露点测定仪稍加改装后即可进行泡点和凝点测定。其装置仍如图 4-11 所示。实验时，将考克 K_3、K_4、K_5 和 K_8 打开，关闭考克 K_2、K_6 和 K_7。一定组成的溶液连续稳定地由 F 加入，流经每个沸点仪后，由 S_1 的溢流管 O_2 溢出。根据物料衡算可以得到，S_2 中的液相组成等于 S_1 中的气相组成，S_1 中的液相组成等于进料组成，因此，S_2 中的液相组成等于进料溶液的平衡气相组成。这样，S_2 中的温度即为进料的凝点，而 S_1 中的温度即为其泡点。

(3) 泡点露点凝点法

泡点露点凝点联合测定仪是在图 4-11 所示的泡点露点仪的基础上在 K_6 以下增加了一个流动型沸点仪 S_3 而组成的，根据物料恒算的分析，沸点仪 S_2 中测得的温度对应于进料溶液的凝点，S_3 中的温度为其露点，而 S_1 中的温度则为其沸点。设计泡点凝点测定仪的主要目的是用于测定三元系的气液平衡，以避免组成分析。平衡的气相组成的确定需根据恒温露点线、泡点线和凝点线作图而得。

Kato 等的泡露凝点气液平衡测定装置虽然可以避免组成的分析，也存在一些很难克服的缺陷。首先它只能测处于大气压力下的气液平衡数据，其次要求注料速度恒定，各沸点仪都处于稳定的操作状态，这就要求各沸点仪的加热和冷却量绝对保持恒定，任何一个环节的波动都将影响实验精度。同时由几个沸点仪串联使用，设备安装也比较困难。由于这些原因，这类装置很少有人采用。

4.2　气液平衡实验数据的热力学一致性检验

气液平衡时有 T、p、x 和 y 四个变量（对于多元系，x 和 y 可以理解为 x_i 和 y_i [$i=1,\cdots,K-1$]），相律告诉我们其中只有两个是独立变量，如果实验测定了第三个变量，系统的信息已经完全，其他热力学量理论上都可以由这三个变量根据热力学关系计算得到。当四个变量都由实验直接测定得到时，所测定的第四个变量必须与由热力学关系计算得到的相一致，即实验测得的 T、p、x 和 y 四个变量必须符合热力学关系，这就是热力学一致性的要求。考察实验得到的气液平衡数据是否符合热力学一致性要求，称为气液平衡数据的热力学一致性检验。热力学一致性检验的基础是 Gibbs-Duhem 方程。

根据溶液热力学，液体混合物中各个组分的活度因子 $\gamma_{i,1}$ 不是相互独立的，而是由 Gibbs-Duhem 方程联系在一起的。即

$$\sum_{i=1}^{K} x_i \mathrm{d}\ln\gamma_{i,1} = \left(\frac{\partial Q}{\partial T}\right)_{p,x} \mathrm{d}T + \left(\frac{\partial Q}{\partial p}\right)_{T,x} \mathrm{d}p = -\frac{H_m^E}{RT^2}\mathrm{d}T + \frac{V_m^E}{RT}\mathrm{d}p \tag{4-1}$$

式中，Q 为液体混合物的 Q 函数，$Q=G^E/nRT$；G^E 是液体混合物的过量（超额）吉氏函数；n 为液体的摩尔数，R 为气体常数；H_m^E 是液体混合物的摩尔过量（超额）焓；V_m^E 是液体混合物的摩尔过量（超额）体积。

对于二元体系，式(4-1) 可表示为

$$x_1 \mathrm{d}\ln\gamma_{1,\mathrm{I}} + x_2 \mathrm{d}\ln\gamma_{2,\mathrm{I}} = -\frac{H_m^E}{RT^2}\mathrm{d}T + \frac{V_m^E}{RT}\mathrm{d}p \tag{4-2}$$

如果忽略温度和压力对 Q 函数的影响，则上式变为

$$x_1 \mathrm{d}\ln\gamma_{1,\mathrm{I}} + x_2 \mathrm{d}\ln\gamma_{2,\mathrm{I}} = 0 \tag{4-3}$$

上式对 x_1 求导，得

$$x_1 \frac{\mathrm{d}\ln\gamma_{1,\mathrm{I}}}{\mathrm{d}x_1} + x_2 \frac{\mathrm{d}\ln\gamma_{2,\mathrm{I}}}{\mathrm{d}x_1} = 0 \tag{4-4}$$

理论上，我们可以直接用式（4-4）检验实验获得的气液平衡数据是否符合热力学一致性。具体做法如下。

根据气液平衡实验数据，可由下式计算各组分的液相活度因子，即

$$\gamma_{i,\mathrm{I}} = p_i^* \varphi_i^* x_i \exp[V_{m,i}^{*(\mathrm{L})}(p-p_i^*)/RT]/(p y_i \varphi_i), \quad i=1,2,\cdots,K \tag{4-5}$$

式中，p_i^* 是纯组分 i 的饱和蒸气压；φ_i^* 是纯组分 i 的饱和蒸气的逸度因子；φ_i 是气相混合物中组分 i 的逸度因子。φ_i^* 和 φ_i 需要采用合适的状态方程计算，对于低压气液平衡，通常可以采用截止到第二维里系数的维里方程计算。$V_{m,i}^{*(\mathrm{L})}$ 是纯组分 i 的液体摩尔体积，$\exp[V_{m,i}^{*(\mathrm{L})}(p-p_i^*)/RT]$ 称为 Poynting 因子，在低压下常常可以忽略不计。

以 $\ln\gamma_{1,\mathrm{I}}$ 和 $\ln\gamma_{2,\mathrm{I}}$ 对 x_1 作图，并计算不同组成下曲线的斜率，如果斜率满足式(4-4)，说明实验测定的气液平衡数据是符合热力学一致性的，因而是可靠的。否则该组气液平衡实验数据就是不符合热力学一致性的，其可靠性存疑。这种检验方法称为热力学一致性的斜率检验法。看起来该方法既简单又严格，但由于斜率计算的困难而不实用，只能作为一种粗略的定性方法应用。例如，在给定组成下，如果 $\mathrm{d}\ln\gamma_{1,\mathrm{I}}/\mathrm{d}x_1$ 是正值，那么 $\mathrm{d}\ln\gamma_{2,\mathrm{I}}/\mathrm{d}x_1$ 必须是负值；如果 $\mathrm{d}\ln\gamma_{1,\mathrm{I}}/\mathrm{d}x_1$ 等于零，则 $\mathrm{d}\ln\gamma_{2,\mathrm{I}}/\mathrm{d}x_1$ 也必须等于零。

比较实用的是面积检验法。

根据过量吉氏函数 Q 与活度因子的关系，对于二元体系有

$$Q = x_1 \ln\gamma_{1,\mathrm{I}} + x_2 \ln\gamma_{2,\mathrm{I}} \tag{4-6}$$

在恒温、恒压下对 x_1 求导，得

$$\frac{\mathrm{d}Q}{\mathrm{d}x_1} = x_1 \frac{\mathrm{d}\ln\gamma_{1,\mathrm{I}}}{\mathrm{d}x_1} + \ln\gamma_{1,\mathrm{I}} + x_2 \frac{\mathrm{d}\ln\gamma_{2,\mathrm{I}}}{\mathrm{d}x_1} - \ln\gamma_{2,\mathrm{I}} \tag{4-7}$$

将式(4-4) 代入上式，得

$$\frac{\mathrm{d}Q}{\mathrm{d}x_1} = \ln(\gamma_{1,\mathrm{I}}/\gamma_{2,\mathrm{I}}) \tag{4-8}$$

对上式从 $x_1=0$ 到 $x_1=1$ 积分，并注意到 $Q(x_1=0)=0$ 和 $Q(x_1=1)=0$，得

$$\int_{x_1=0}^{x_1=1} \frac{\mathrm{d}Q}{\mathrm{d}x_1}\mathrm{d}x_1 = \int_{x_1=0}^{x_1=1} \ln\frac{\gamma_{1,\mathrm{I}}}{\gamma_{2,\mathrm{I}}}\mathrm{d}x_1 = 0 \tag{4-9}$$

上式表明，如以 $\ln(\gamma_{1,\mathrm{I}}/\gamma_{2,\mathrm{I}})$ 对 x_1 作图，在 $x_1=0\sim1$ 的区间内曲线与 x_1 轴所包面积应等于零。典型曲线如图 4-12 所示，曲线与 x_1 轴

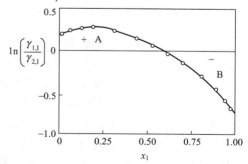

图 4-12 二元系的活度因子比值的对数随组成的变化关系

所包面积等于零，这就意味着，如果根据某组气液平衡数据计算得到各组分的活度因子，并以 $\ln(\gamma_{1,\mathrm{I}}/\gamma_{2,\mathrm{I}})$ 对 x_1 作图，当 x_1 轴上方的面积（面积 A）等于 x_1 轴下方的面积（面积 B）时，该组数据就是满足热力学一致性要求的。

由于实验数据总有一定的误差，通常 x_1 轴上方的面积不会严格等于 x_1 轴下方的面积。存在一定大小的误差应该是允许的。一般情况下，

$$D = \left| \frac{(\text{面积 A}) - (\text{面积 B})}{(\text{面积 A}) + (\text{面积 B})} \right| \times 100 < 2 \sim 5 \tag{4-10}$$

即可认为该组气液平衡实验数据是符合热力学一致性的。

式(4-9)是在恒温、恒压条件下推导得到的。但实际系统的气液平衡都是在恒温或者恒压条件下获得的，这时需要考虑温度或压力变化对 Q 函数的影响。将式(4-2)代入式(4-7)，得

$$\frac{\mathrm{d}Q}{\mathrm{d}x_1} = \ln(\gamma_{1,\mathrm{I}}/\gamma_{2,\mathrm{I}}) - \frac{H_\mathrm{m}^\mathrm{E}}{RT^2}\frac{\mathrm{d}T}{\mathrm{d}x_1} + \frac{V_\mathrm{m}^\mathrm{E}}{RT}\frac{\mathrm{d}p}{\mathrm{d}x_1} \tag{4-11}$$

对上式从 $x_1=0$ 到 $x_1=1$ 积分，得

$$\int_{x_1=0}^{x_1=1} \ln\frac{\gamma_{1,\mathrm{I}}}{\gamma_{2,\mathrm{I}}}\mathrm{d}x_1 = \int_{x_1=0}^{x_1=1} \left(\frac{H_\mathrm{m}^\mathrm{E}}{RT^2}\frac{\mathrm{d}T}{\mathrm{d}x_1} - \frac{V_\mathrm{m}^\mathrm{E}}{RT}\frac{\mathrm{d}p}{\mathrm{d}x_1} \right)\mathrm{d}x_1 \tag{4-12}$$

对于恒温数据，H_m^E 项消失，通常 V_m^E 很小可以忽略不计，式(4-10)仍可应用。如为恒压数据，V_m^E 项消失，而 H_m^E 一般是不能忽略的。但通常实验条件下的过量焓数据不容易获得，可以采用下面的方法近似解决这个问题。先由式(4-10)计算 D 值，然后与另一数量 J 比较。J 由下式计算：

$$J = 150\tau/T_\mathrm{m} \tag{4-13}$$

T_m 为整个组成范围内的最低沸点，T_1 和 T_2 分别为组分 1 和 2 的沸点温度，τ 则为整个组成范围内的最高和最低沸点之差。不同类型的气液平衡的 T_m 和 τ 的确定见图 4-13，其中 T_e 为恒沸点温度。

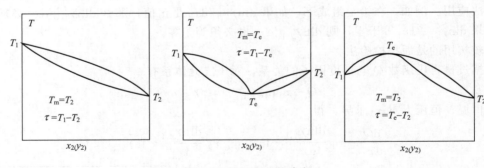

图 4-13　T_m 和 τ 的确定

如果 $D-J<10$，则一般可以认为实验数据是符合热力学一致性的。

理论上任何严格符合热力学一致性的一组 T、p、x、y 数据必然满足 Gibbs-Duhem 方程。但是，从实验误差原理分析，由于实验设备、物料纯度以及操作熟练程度的限制，使 T、p、x、y 的实验测定不可避免地都带有一定误差，包括随机误差和系统误差，因此这种遵守不是绝对的。由于存在误差，因此应将 T、p、x、y 的实验数据看成是随机变量，通常可以假设它们符合正态分布，我们可以严格使用统计误差分析理论检验 T、p、x、y 实验数据的热力学一致性，这样才能使一致性检验避免任意性。另外，不同研究人员测定的数据误差也不尽相同，有优有次，应分等级。胡英等在直接推算气相组成法的基础上，发展

了一种整体统计检验法，根据误差传递，将数据按质量分为五个等级，其中第五级即认为不符合热力学一致性。刘洪来则进一步将该方法发展成可区分随机误差和系统误差的方法，一些系统虽然能通过随机误差检验，但却不一定能通过系统误差检验。

4.3 低压气液平衡的间接测定方法

直接测定法可得到完整的 T、p、x、y 数据，但在实验中常存在如下问题：
① 难以确保气液两相处于严格的平衡状态；
② 对每个系统通常需要寻找一种特定的组成分析方法；
③ 由于取样的原因，公认气相组成是一个不易测定的量；
④ 测定减压气液平衡时，压力的恒定、气相的冷凝取样以及实验操作都比较困难；
⑤ 获得的气液平衡数据的质量难以保证，常常不能通过热力学一致性检验；
⑥ 实验工作量大。

而由相律 $F=K-\varphi+2$ 可知，对于气液两相平衡，$F=K$，即在液相组成和温度（或压力）确定后，系统的状态将完全确定。原则上当测定了一定组成溶液的饱和蒸气压（或沸点）后，系统的所有其他性质（包括气相组成）均可由它们确定，即直接法中测得的 T、p、x、y 间并不是相互独立的，它们之间由 Gibbs-Duhem 方程相联系，由此而发展了气液平衡的间接测定法。

间接测定法分两步走，首先是测定一定组成溶液的饱和蒸气压（或沸点），然后采用一定的计算方法求解 Gibbs-Duhem 方程而得平衡的气相组成。

4.3.1 溶液饱和蒸气压测定

国内外研究人员设计了许多用静态法测定溶液饱和蒸气压的实验装置，静态法测定蒸气压有以下优点：

① 由于可以采用高精度的恒温槽及密封性能良好的平衡器，可使系统在静态条件下建立可靠的气液平衡，并为温度的高精度测量创造了条件。

② 由于气相组成不需测定，液相组成可以预先精确配制，因而避开了选择气液相组成分析方法及气相组成难以测准这两大难题，蒸气压是一个容易测准的变量，因此可以获得高精度的 T、p、x 数据。

③ 由 T、p、x 推算 y 是通过 Gibbs-Duhem 方程进行的，因而所得 T、p、x、y 数据具有严格的热力学一致性。

④ 对减压下气液平衡的研究具有突出的优点，流动循环法中的所有困难都不存在。

⑤ 提供的信息多，除了超额吉氏函数 G^E 外，还可求得蒸发热数据。

文献上发表的各种静态法饱和蒸气压测定装置的基本结构大致上是相同的。由平衡器、

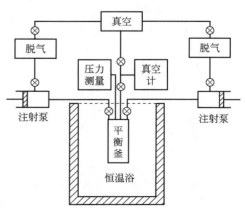

图 4-14　静态法饱和蒸气压测量装置原理

恒温系统、测压系统、真空脱气系统和加料系统组成，如图 4-14 所示。例如由 Gibbs 和 Van Ness 设计的一种平衡器中采用注射泵，测量时可逐次向平衡器中加料，进行半连续式的测定，该装置后来又由 Rong 和 Ratcliff 进行了改进。Sassa 等于 1974 年也设计了一套饱和蒸气压测定装置，其结构要比 Gibbs 等的简单，类似的还有胡英等设计的装置，采用气相转移的方法向平衡器注入样品。这种大同小异的静态总压测定装置还有很多。

静态法的缺点是达到平衡所需的时间较长，而且溶液需经高真空的液氮低温脱气处理，其附加设备较多。设计一次能同时测定多个浓度的饱和蒸气压的装置，可以减少实验时间，特别是减少样品脱气所需的时间。Van Ness 和 Abbott 曾做过有益的尝试，Maher 等设计的平衡器一次装料可同时测定六个组成下的饱和蒸气压，这是迄今为止效率最高的测定装置。如何迅速而有效地向平衡器中注入样品也是静态法需要解决的难题之一，采用注射泵或许是最方便的方法。

4.3.2 溶液沸点的测定方法

由于液体沸腾时过热现象的存在，我们并不能直接将温度计插入沸腾的液体中获得溶液的沸点，沸点仪设计的核心是如何消除过热现象。沸点仪的设计和改进可追溯到 20 世纪初，Cottrell 首先提出了利用热提升管以使沸腾液体输运到温度测定点上，以后由 Warlhburn 作了改进。此后，又有很多人进行这方面的工作，特别是 Swietoslawski 的工作对后人的影响很大，以他设计的沸点仪为基本结构的各种改进型沸点仪至今仍被国内外实验室所广泛采用。图 4-15 是 Swietoslawski 设计的沸点仪的示意图，目前使用的很多沸点仪都是它的改进型。

Rogalski 等通过对 Swietoslawski 沸点仪的深入研究，提出了他们自己的两种沸点仪，一种是同时测定 T、p、x、y 的。另一种即是如图 4-16 所示的沸点仪，他们认为该沸点仪

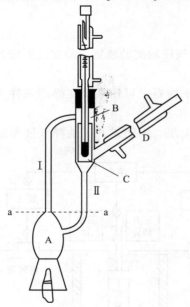

图 4-15　Swietoslawski 沸点仪

A—加热鼓泡室；B—平衡室；C—防热散失管；
D—冷凝器；Ⅰ—热提升管；Ⅱ—回流管；
a---a—操作液面

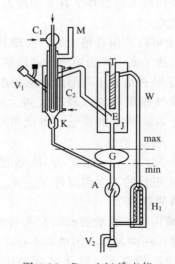

图 4-16　Rogalski 沸点仪

A—气相冷凝液和液相混合器；C_1，C_2—冷凝器；E—平衡室；
G—储液容器；H_1—加热鼓泡器；K—液滴计数器；M—接稳压器；
T—温度计管；V_1—加料阀；V_2—出料阀；W—提升管

的准确度仅受温度、压力的测定及纯组分饱和蒸气压之差的影响，如果纯组分沸点之差小于40℃，则测其混合物的沸点具有相当高的准确度。蔡志亮等在总结前人工作的基础上，提出了倾斜某一角度$\alpha(\alpha=30°\sim50°)$放置的沸点仪。除此外，还有一种连续流动型的沸点仪及Kato等在泡露凝点测定中使用的沸点仪。

从沸点仪的基本结构可以看出，它所测得的温度并不严格等于所配溶液组成下的沸点，因为从热提升管喷出的过热液体在温度探测点处发生闪蒸而使气液分离，所测的温度对应于气液分离后的液相组成下的沸点，各种沸点仪都存在同样的问题，必须对此加以校正。校正方法如下。

设沸点仪中溶液的量为n，浓度为z_i，达到平衡时液相浓度为x_i，气相物质的量为n^V，其浓度为y_i，气相冷凝液的滞留量为n^L，浓度为y_i，则根据物料衡算可得

$$x_i=(z_i-fy_i)/(1-f) \qquad (4\text{-}14)$$

其中，$f=(n^V+n^L)/n$。f的数值与所研究的系统关系不是太大，而主要与沸点仪工作时气相冷凝液的流速有关，对每个沸点仪都有其特定的数值，应由实验测定。由于n^L的估测比较困难，设计时应尽可能减小气相

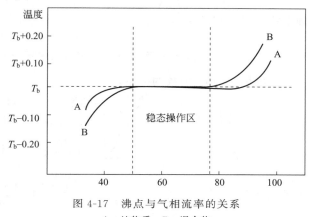

图4-17　沸点与气相流率的关系
A—纯物质；B—混合物

冷凝液的滞留量，以减小误差，蔡志亮等的斜式沸点仪正是试图解决这一问题。

沸点仪测得的温度与热提升管中的过热程度有很大的关系，液体的过热程度可用气相冷凝液计滴器测得的单位时间内的液滴数表示，图4-17是温度计读数随计滴器读数的变化关系示意图，从图中可以看出，沸点仪存在一个稳态操作的区域，实验时必须调节沸腾器中的加热量，使它处于稳态操作的范围内操作，以获得准确的沸点数据。

4.4　由温度、压力和液相组成测定数据推算气相组成

气液平衡时有T、p、x和y四个变量，相律告诉我们其中只有两个是独立变量，如果实验测定了第三个变量，系统的信息已经完全，其他热力学量理论上都可以由这三个变量根据热力学关系计算得到。由于实际测定中气相取样和组成分析是最困难的，一般是恒定温度T下由静态法测定一系列液相组成x对应的系统总压p（即溶液的饱和蒸气压），或恒定压力p下由沸点仪测定一系列液相组成对应的系统温度T（溶液的沸点），然后由热力学原理计算与液相组成对应的气相组成y，这就是T、p、x推算y。目前已经发展了多种由T、p、x推算y的方法可供选择，它们都是在Gibbs-Duhem方程的基础上建立起来的。一种是直接法，它是将混合物中各组分逸度需要满足的Gibbs-Duhem方程同时应用于气液两相而得到T、p、x和y的共存方程，解此共存方程即可实现由T、p、x推算y的目的；另一种是间接法，也称为Q函数法，它首先计算过量吉氏函数Q，根据Q与活度因子的关系（隐含

了 Gibbs-Duhem 方程）计算液相活度因子，从而实现间接计算气相组成的目的。这里介绍间接法，它的效率更高，不受组分数的限制。

4.4.1 Q 函数法原理

根据相平衡原理，气液平衡时，各组分的气液相逸度相等，即

$$f_k^{(V)} = f_k^{(L)}, \quad (k=1,\cdots,K) \tag{4-15}$$

如气相采用逸度因子、液相采用活度因子分别计算气液相的非理想性，得

$$p y_k \varphi_k = p_k^* \varphi_k^* x_k \gamma_{k,\mathrm{I}} \exp[V_{\mathrm{m},k}^{*(\mathrm{L})}(p-p_k^*)/RT], \quad (k=1,\cdots,K) \tag{4-16}$$

整理上式可得系统总压 p，

$$p = \sum_{k=1}^{K} p y_k = \sum_{k=1}^{K} p_k^* \varphi_k^* x_k \gamma_{k,\mathrm{I}} \exp[V_{\mathrm{m},k}^{*(\mathrm{L})}(p-p_k^*)/RT]/\varphi_k \tag{4-17}$$

按活度因子与 Q 函数的关系，

$$\ln\gamma_{k,\mathrm{I}} = Q + \left(\frac{\partial Q}{\partial x_k}\right)_{x[k,K]} - \sum_{j=1}^{K-1} x_j \left(\frac{\partial Q}{\partial x_j}\right)_{x[j,K]} + \frac{H_{\mathrm{m}}^{\mathrm{E}}}{RT^2}\left\{\left(\frac{\partial T}{\partial x_k}\right)_{x[k,K]} - \sum_{j=1}^{K-1} x_j \left(\frac{\partial T}{\partial x_j}\right)_{x[j,K]}\right]$$

$$- \frac{V_{\mathrm{m}}^{\mathrm{E}}}{RT}\left[\left(\frac{\partial p}{\partial x_k}\right)_{x[k,K]} - \sum_{j=1}^{K-1} x_j \left(\frac{\partial p}{\partial x_j}\right)_{x[j,K]}\right\} \tag{4-18}$$

$$\ln\gamma_{K,\mathrm{I}} = Q - \sum_{j=1}^{K-1} x_j \left(\frac{\partial Q}{\partial x_j}\right)_{x[j,K]} - \frac{H_{\mathrm{m}}^{\mathrm{E}}}{RT^2}\sum_{j=1}^{K-1} x_j \left(\frac{\partial T}{\partial x_j}\right)_{x[j,K]} + \frac{V_{\mathrm{m}}^{\mathrm{E}}}{RT}\sum_{j=1}^{K-1} x_j \left(\frac{\partial p}{\partial x_j}\right)_{x[j,K]} \tag{4-19}$$

上述两式代入式(4-17)，得

$$p = \sum_{k=1}^{K} \frac{\gamma_{k,\mathrm{I}} p_k^* \varphi_k^* x_k \exp[V_{\mathrm{m},k}^{*(\mathrm{L})}(p-p_k^*)/RT]}{\varphi_k} \tag{4-20}$$

式(4-18)～式(4-20) 的意义在于：如果暂时不考虑 p_k^*、φ_k^*、$V_{\mathrm{m},k}^{*(\mathrm{L})}$、$\varphi_k$、$H_{\mathrm{m}}^{\mathrm{E}}$ 和 $V_{\mathrm{m}}^{\mathrm{E}}$，则式中除了 Q 以外，其他的变量就是已输入的 T、p、x。而 Q 函数正是 T、p、x 的函数，式(4-20) 实质上是一个 Q 函数的偏微分方程，只要有足够数量的一系列 T、p、x 的实验数据，原则上可以解 $Q=Q(T,p,x)$。有了 Q，可用式(4-18)、式(4-19) 计算 $\gamma_{k,\mathrm{I}}$，代入式(4-21) 即可求得 y。

$$y_k = p_k^* \varphi_k^* x_k \gamma_{k,\mathrm{I}} \exp[V_{\mathrm{m},k}^{*(\mathrm{L})}(p-p_k^*)/RT]/p\varphi_k, \quad (k=1,\cdots,K) \tag{4-21}$$

至于那些暂时放在一边的变量：其中 p_k^*、φ_k^* 和 $V_{\mathrm{m},k}^{*(\mathrm{L})}$ 是纯组分性质，与混合物无关。φ_k 决定于气相组成 y，可利用上次迭代的 y 值计算，但还需要使用合适的状态方程，在压力较低时，采用截止到第二维里系数的维里方程足以估算这种非理想性，甚至可以令 $\varphi_k=1$，也不致引入严重误差。至于 $H_{\mathrm{m}}^{\mathrm{E}}$ 和 $V_{\mathrm{m}}^{\mathrm{E}}$，后者很小，常可忽略，前者对于恒温数据不起作用，对于恒压数据，实践证明略去后影响不大。

式(4-18)～式(4-20) 原则上可以求解，但实际上却有很大困难，因为导数出现在 exp 中，是一个超越型的偏微分方程，没有解析解，只能通过数值方法求解。国内外学者已发展了多种方法，根据所采用数值方法的不同，可以分为三种类型。最早是 Barker 提出的方法，其核心是选择一个 Q 函数模型代入式(4-18)～式(4-20)，利用一系列 T、p、x 的实验数据，拟合得到模型参数和 Q 函数。第二种是 Mixon 等发展的有限差分法，它以差分来逼近式(4-18) 和式(4-19) 中的导数，然后利用 Newton 法迭代求得离散格点上的 Q 值。这种方法不依赖于任何 Q 函数模型，是严格的无模型法。它对二元体系的计算非常成功，得到广

泛应用。但用于三元体系时，收敛速度极慢，且求解过程不稳定。第三种是刘洪来等发展的样条函数法，包括适用于二元体系的三次样条函数法和适用于任意组分数的曲面样条函数法。特别是曲面样条函数法，它不仅能方便地用于二元体系和三元体系，也能成功地应用于多元体系，更重要的是不同组分数的计算方法可以统一在一个框架下。大量实例计算表明，没有收敛的困难，不受多元系 Q 函数曲面类型的限制。

下面介绍计算简单的 Barker 法和适用于多元系的曲面样条函数法，至于其他方法，感兴趣的读者可以参考相关的文献和著作。

4.4.2　Barker 法

Barker 法的核心是选择一个合适的 Q 函数模型，其中包括若干待定的模型参数，代入式(4-18)～式(4-20)后，利用一系列 T、p、x 的实验数据，拟合得到模型参数，这就得到 Q 函数。但常用的 Q 函数模型都是针对特定的对象而建立起来的，都有一定的适用范围，这就使得 Barker 法的准确度受到所选模型可靠性和适用性的限制，对多元系问题会更突出。解决的办法是尽可能选用灵活性大的经验模型，例如对于二元体系，可以采用如下的 Redlich-Kister 型的经验 Q 函数模型，

$$Q = x_1 x_2 \sum_{j=0}^{N} A_j (x_1 - x_2)^j \tag{4-22}$$

相对应的活度因子为

$$\ln\gamma_{1,\mathrm{I}} = x_2^2 \sum_{j=0}^{N} A_j (x_1 - x_2)^j + 2x_1 x_2 \sum_{j=0}^{N} j A_j (x_1 - x_2)^{j-1} \tag{4-23}$$

$$\ln\gamma_{2,\mathrm{I}} = x_1^2 \sum_{j=0}^{N} A_j (x_2 - x_1)^j + 2x_1 x_2 \sum_{j=0}^{N} j A_j (x_2 - x_1)^{j-1} \tag{4-24}$$

根据 T、p、x 实验数据的多少和计算精度的要求，可以选择不同的 N 值。

式(4-22)是一个关于 A_j 的线性方程，如果已知不同组成下的 Q 函数值，可以非常方便地采用最小二乘法关联得到 $N+1$ 个 A_j。具体计算时，我们可以采用如下的迭代过程：

① 假设气相为理想气体、液相为理想溶液，计算气相组成的初值 y^0；

② 由状态方程计算气相逸度因子 φ_k^* 和 φ_k，由式(4-25)计算各组分的液相活度因子；

$$\gamma_{k,\mathrm{I}} = p y_k \varphi_k / \{p_k^* \varphi_k^* x_k \exp[V_{\mathrm{m},k}^{*(\mathrm{L})}(p - p_k^*)/RT]\} \tag{4-25}$$

③ 由式(4-26)计算各实验点的过量吉氏函数 Q；

$$Q = \sum_{k=1}^{K} x_k \ln\gamma_{k,\mathrm{I}} \tag{4-26}$$

④ 由计算得到的过量吉氏函数 Q 关联式(4-22)中的未知参数 $A_j (j=0,\cdots,N)$；

⑤ 由式(4-23)、式(4-24)计算各组分的活度因子 $\gamma_{k,\mathrm{I}}$；

⑥ 由式(4-27)计算各组分新的气相组成 y^1；

$$y_k = p_k^* \varphi_k^* x_k \gamma_{k,\mathrm{I}} \exp[V_{\mathrm{m},k}^{*(\mathrm{L})}(p - p_k^*)/RT]/p\varphi_k, \quad k=1,\cdots,K \tag{4-27}$$

⑦ 比较 y^1 和 y^0，如果两者不相等，则令 $y^0 = y^1$，转步骤②，进行新一轮循环迭代，直至达到规定的计算精度。

4.4.3　曲面样条函数法

Q 函数法 T、p、x 推算 y 的核心是构造 Q 函数曲面，并由 T、p、x 实验数据通过式(4-18)～式(4-20)确定该 Q 函数曲面。先看三元系，这时 Q 函数是 x_1 和 x_2 的函数

$Q(x_1,x_2)$，$Q-x_1-x_2$ 形成三维空间，对于液相完全互溶的系统，Q 函数是一个定义在 $[x_1 \geqslant 0；x_2 \geqslant 0；x_1+x_2 \leqslant 1]$ 三角形区域内的连续曲面，且在三角形的三个顶点处 $Q=0$。设在 Q 函数定义域内的 N 个结点上的 Q 函数值已知，$Q_i[x_{1(i)}，x_{2(i)}]$（$i=1,\cdots,N$）。为构造一个曲面样条函数 $Q(x_1，x_2)$，要求在每个结点上 $Q[x_{1(i)}，x_{2(i)}]=Q_i$。我们可以将 Q 看成是一块无限大平板受力（负载）时的变形，它和作用于该板上的负载 q 之间存在如下微分方程，

$$D \nabla^4 Q = q \tag{4-28}$$

式中，D 为板的刚度。

假设平板在 N 个结点上受到弹性力作用，则平板最终的形状可由曲面样条函数表达为：

$$Q(x_1,x_2) = \sum_{i=1}^{N} [d_i R_i^2 \ln(R_i^2 + \varepsilon)] + d_{N+1} x_1 + d_{N+2} x_2 + d_{N+3} + c \tag{4-29}$$

式中

$$R_i^2 = (x_1 - x_{1(i)})^2 + (x_2 - x_{2(i)})^2 \tag{4-30}$$

相应地可写出两个一阶偏导数为

$$\left(\frac{\partial Q}{\partial x_1}\right)_{x_2} = 2 \sum_{i=1}^{N} \left\{ d_i [x_1 - x_{1(i)}] \left[\frac{R_i^2}{R_i^2 + \varepsilon} + \ln(R_i^2 + \varepsilon) \right] \right\} + d_{N+1} \tag{4-31}$$

$$\left(\frac{\partial Q}{\partial x_2}\right)_{x_1} = 2 \sum_{i=1}^{N} \left\{ d_i [x_2 - x_{2(i)}] \left[\frac{R_i^2}{R_i^2 + \varepsilon} + \ln(R_i^2 + \varepsilon) \right] \right\} + d_{N+2} \tag{4-32}$$

式中，ε 是个小量，可根据曲面曲率大小取值，曲率变化平缓时，$\varepsilon = 10^{-1} \sim 1$，变化大时 $\varepsilon = 10^{-6} \sim 10^{-4}$，一般可取 $\varepsilon = 10^{-2} \sim 1$，奇性曲面 $\varepsilon = 10^{-6} \sim 10^{-5}$。$d_i$ 是未定系数，应满足以下三个条件：

$$G_1 = \sum_{i=1}^{N} x_{1(i)} d_i = 0 \tag{4-33}$$

$$G_2 = \sum_{i=1}^{N} x_{2(i)} d_i = 0 \tag{4-34}$$

$$G_3 = \sum_{i=1}^{N} d_i = 0 \tag{4-35}$$

式(4-29)的含义在于：曲面上某点的形变是 N 个结点上施加负载所引起的总后果。在 N 个结点上则有：

$$Q_j = \sum_{i=1}^{N} d_i R_{ij}^2 \ln(R_{ij}^2 + \varepsilon) + d_{N+1} x_{1(j)} + d_{N+2} x_{2(j)} + d_{N+3} + c_j \tag{4-36}$$

式中

$$R_{ij}^2 = [x_{1(j)} - x_{1(i)}]^2 + [x_{2(j)} - x_{2(i)}]^2 \tag{4-37}$$

$$c_j = 16\pi D / k_j \tag{4-38}$$

式中，k_j 是结点 j 的弹性常数；c_j 是对曲面光顺要求所加的权重，在某点上该值取为零，则所构作的样条曲面通过该点的 Q 坐标处，即通过该已知结点 $[x_{1(j)}，x_{2(j)}，Q_j]$。求解由式(4-33)～式(4-36)组成的 $N+3$ 个线性方程组，可以解得 $N+3$ 个 d_i。从而得到曲面样条函数 $Q(x_1，x_2)$。

当各个独立点上的 Q 函数是未知的，但它满足某个偏微分方程，即

$$D(Q) = 0 \tag{4-39}$$

将式(4-29)代入上式，对每个独立点有

$$D_i[x_{1(1)}, x_{2(1)}, \cdots, x_{1(N)}, x_{2(N)}, d_1, \cdots, d_{N+1}, d_{N+2}, d_{N+3}] = 0, \quad i = 1, \cdots, N \quad (4\text{-}40)$$

联系式(4-29)中 d_i 必须满足的三个条件，即式(4-33)～式(4-35)，可得到联系 $N+3$ 个 d_i 的方程组。如果 $D(Q)$ 是个线性偏微分方程，得到的是线性方程组，反之则得到非线性方程组。求解由式(4-40)和式(4-33)～式(4-35)构成的方程组，可以得到 $N+3$ 个 d_i，通过式(4-29)可得任意坐标下的 Q 函数。这就是曲面样条函数法求解偏微分方程的基本原理。

注意到式(4-30)中的 R_i^2 实际上是 Q 函数定义域中的任意一点与结点 i 的距离的平方，我们很容易将上述曲面样条函数法求解偏微分方程的方法推广至多维空间。设混合物为 K 元多组分系统，这时，Q 是定义在 $\left[x_k \geqslant 0, (k=1, \cdots, K-1); \sum\limits_{k=1}^{K-1} x_k \leqslant 1\right]$ 区域内的连续曲面，则 $Q = Q(x_1, \cdots, x_{K-1})$。若该区域中 N 个点上的 Q 函数值 Q_j 已知，则按照上面的讨论，通过这 N 个点的曲面样条函数可以表示为

$$Q(x_1, \cdots, x_{K-1}) = \sum_{i=1}^{N} [d_i R_i^2 \ln(R_i^2 + \varepsilon)] + \sum_{k=1}^{K-1} d_{N+k} x_k + d_{N+K} \quad (4\text{-}41)$$

这里 R_i^2 的意义仍然是 Q 函数定义域中的任意一点与结点 i 的距离的平方，只不过现在是在多维（K 维）空间中，因此有

$$R_i^2 = \sum_{k=1}^{K-1} [x_k - x_{k(i)}]^2 \quad (4\text{-}42)$$

这样式(4-41)的含义与式(4-29)的含义是一致的。N 个 d_i 之间满足如下关系

$$G_k = \sum_{i=1}^{N} x_{k(i)} d_i = 0, \ k = 1, \cdots k-1 \quad (4\text{-}43)$$

$$G_K = \sum_{i=1}^{N} d_i = 0 \quad (4\text{-}44)$$

曲面样条函数的一阶导数为

$$\left(\frac{\partial Q}{\partial x_k}\right)_{x[k]} = 2 \sum_{i=1}^{N} \left\{ d_i [x_k - x_{k(i)}] \left(\frac{R_i^2}{R_i^2 + \varepsilon} + \ln(R_i^2 + \varepsilon) \right) \right\} + d_{N+k}, k = 1, \cdots, K-1$$

$$(4\text{-}45)$$

在 N 个结点上则有

$$Q_j[x_{1(j)}, \cdots, x_{K-1(j)}] = \sum_{i=1}^{N} [d_i R_{ij}^2 \ln(R_{ij}^2 + \varepsilon)] + \sum_{k=1}^{K-1} d_{N+k} x_{k(j)} + d_{N+K}, j = 1, \cdots, N$$

$$(4\text{-}46)$$

式中

$$R_{ij}^2 = \sum_{k=1}^{K-1} [x_{k(j)} - x_{k(i)}]^2 \quad (4\text{-}47)$$

相应地，有

$$\left(\frac{\partial Q_j}{\partial x_k}\right)_{x[k]} = 2 \sum_{i=1}^{N} \left\{ d_i [x_{k(j)} - x_{k(i)}] \left[\frac{R_i^2}{R_i^2 + \varepsilon} + \ln(R_i^2 + \varepsilon) \right] \right\} + d_{N+k}, k = 1, \cdots, K-1$$

$$(4\text{-}48)$$

联立求解由式(4-46)和式(4-43)、式(4-44)组成的方程组，可以得到 $N+K$ 个 d_i。

若 Q 满足偏微分方程式(4-39)，将曲面样条函数式(4-41)代入，在 N 个结点上则有

$$D_j(x_j, x_1, \cdots, x_{(N)}, d_1, \cdots, d_{N+K}) = 0, \quad j = 1, \cdots, N \tag{4-49}$$

联立求解式(4-49)和式(4-43)、式(4-44)组成的方程组，同样可以得到 $N+K$ 个 d_i，从而获得偏微分方程式(4-39)的近似解。值得注意的是，求解多维空间的偏微分方程与求解三维空间的偏微分方程的方法是相同的，只要结点数不变，需要求解的曲面样条函数中的参数的数目变化很小（每增加一个维度，需要增加一个 d 参数），这就为多元系由 T、p、x 推算 y 提供了极大方便。

对于由组分 1, 2, $\cdots$, K 组成的 K 元多组分系统，假定已由实验测得 n 组（T, p, x）数据，连同 K 个纯物质的 T 和 p 数据，总共有 $N = n + K$ 个实验点。根据过量函数 Q 与活度因子的关系，我们可以得到系统总压的计算式为

$$p_{\text{calc}} = \sum_{k=1}^{K-1} \frac{p_k^* \varphi_k^* x_k}{\varphi_k} \exp\left\{ Q + \left(\frac{\partial Q}{\partial x_k}\right)_{x[k,K]} - \sum_{j=1}^{K-1} x_j \left(\frac{\partial Q}{\partial x_j}\right)_{x[j,K]} \right\}$$

$$\frac{p_K^* \varphi_K^* x_K}{\varphi_K} \exp\left\{ Q - \sum_{j=1}^{K-1} x_j \left(\frac{\partial Q}{\partial x_j}\right)_{x[j,K]} \right\} = \sum_{k=1}^{K} p_k \tag{4-50}$$

上式中已经忽略了 H_m^E、V_m^E 和 Poynting 因子的贡献，因为它们对间接法推算结果的影响很小，可能的原因是由此引起的误差被 Q 函数吸收了。对前 n 组（T, p, x）数据，以系统总压的计算值与实验值之差为偏差函数，即

$$F_j = (p_{\text{calc},j} - p_{\text{exp},j}) / p_{\text{exp},j}, \quad j = 1, \cdots, n \tag{4-51}$$

则 F 是 Q 函数的一个非线性偏微分方程。将曲面样条函数式(4-46)代入式(4-51)，则 F 就转化为 $N + K = n + 2K$ 个 d_i 的非线性方程组。对于 K 个纯物质，应满足如下条件，即

$$Q(x_k = 1) = 0, \quad k = 1, \cdots, K \tag{4-52}$$

所以，后 K 点数据的偏差函数可简单取为

$$F_{n+k} = Q(x_k = 1), \quad k = 1, \cdots, K \tag{4-53}$$

外加 n 个 d_i 之间必须满足的 K 个条件式(4-43)、式(4-44)，$(N+1) \sim (N+K)$ 的偏差函数取为

$$F_{N+k} = \sum_{i=1}^{N} d_i x_{k(i)}, \quad k = 1, \cdots, K-1 \tag{4-54}$$

$$F_{N+K} = \sum_{i=1}^{N} d_i \tag{4-55}$$

这样，由式(4-51)、式(4-53)、式(4-54)、式(4-55)组成了有 $n + 2K$ 个关系的非线性方程组，从中可解得 $N + K = n + 2K$ 个 d_i。再由

$$y_k = p_k / p_{\text{calc}}, \quad k = 1, \cdots, K \tag{4-56}$$

可得各组（T, p, x）数据对应的气相组成 y。令

$$F = (F_1, \cdots, F_{N+K})^T \tag{4-57}$$

$$X = (d_1, \cdots, d_{N+K})^T \tag{4-58}$$

则上述 $N + K$ 个偏差函数组成的非线性方程组可用向量函数的形式表示为

$$F(X) = 0 \tag{4-59}$$

这里的 0 为有 $N + K$ 个元素的零向量。对式(4-59)的求解可采用 Broyden 改进的 Newton-Raphson 法，这是一个非常有效的求解非线性方程组的方法。

图 4-18 和图 4-19 分别是二氯甲烷（1）-氯仿（2）-四氯化碳（3）三元体系在 45℃时和丙酮（1）-氯仿（2）-乙醇（3）在 101.325kPa 下的 Q 函数曲面。前者比较简单，三个二元体系和三元体系都表现出正偏差。后者相当复杂，其中氯仿-乙醇和丙酮-乙醇两个二元体系是正偏差，

氯仿-乙醇二元体系还有最低恒沸点，而丙酮-氯仿二元体系则是一个负偏差系统，并有一个最高恒沸点，三元体系的 Q 函数曲面则呈现复杂多变的形状。

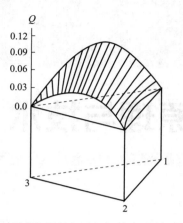

图 4-18　二氯甲烷(1)-氯仿(2)-四氯化碳(3)
三元体系在 45℃ 下的 Q 函数曲面

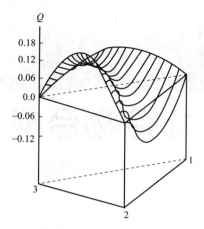

图 4-19　丙酮(1)-氯仿(2)-乙醇(3)三元体系
在 101.325kPa 下的 Q 函数曲面

第❺章
化合物合成、分离原理与技术

化合物的种类繁多，目前已知的化合物已达数百万种，其中许多并不存在于自然界中，而是以人工方法合成的。自然界给我们提供了丰富的资源，化学合成就是人们对自然物质的化学加工过程。通过合成，不仅制备出品种繁多的精细化工产品和化学试剂等一般的化学物质，还能合成出各种新型的材料。因此，化学合成的发展及应用涉及国民经济、国防建设、资源开发、新技术的发展以及人民的衣、食、住、行等各个方面。

重要的产品在实验室中合成之后，多数情况下要形成工业规模的生产，对社会才有贡献。所以合成工艺路线的选择必须从实际出发，从原料或资源的来源、成本的高低、三废污染的防治以及技术安全等方面综合考虑。

合成与分离是紧密相连的，分离得不好，就无法获得满意的合成结果。因此，一个优化的合成路线必然要同时考虑产品纯化的合理方案。

5.1 化合物合成

5.1.1 无机合成

5.1.1.1 无机化合物制备方法的设计依据

无机合成的基础是无机化学反应，一个化学反应的实现，要运用"四大平衡"的原理，从 $K_a^\ominus$、$K_b^\ominus$、$K_{sp}^\ominus$、$K_稳^\ominus$、$E^\ominus$ 值分析入手，既要从热力学方面考虑它的可能性，又要从动力学的角度分析它的现实性。

例如，从含银废液中回收金属银，可以设计多种方案进行银的回收。但所设计方案是否可行，可通过热力学数据进行推算，为实验方案的实现提供依据。如其中有一方案是以 NaCl 为沉淀剂，使废液中的 Ag^+ 以 AgCl 形式析出，再选用金属 Zn 将 AgCl 还原为金属银。该方案中的两个化学反应能否自发进行，以及反应进行的程度如何，可从有关手册上查得热力学数据进行计算说明：

第一步反应：$\qquad Ag^+(aq) + Cl^-(aq) \Longrightarrow AgCl\downarrow$

$\Delta_f G_m^\ominus / kJ \cdot mol^{-1} \qquad 77.12 \qquad -131.3 \qquad -109.8$

$$\Delta_r G_m^{\ominus} = \sum \Delta_f G_m^{\ominus}(\text{生成物}) - \sum \Delta_f G_m^{\ominus}(\text{反应物})$$
$$= -109.8 - [(-131.3) + 77.12]$$
$$= -55.62 \text{kJ} \cdot \text{mol}^{-1}$$

$\Delta_r G_m^{\ominus} < 0$，说明上述反应在热力学标准状态下能自发进行。

第二步反应：$\qquad 2AgCl + Zn \Longrightarrow 2Ag + Zn^{2+} + 2Cl^-$

查表得：$E_{AgCl/Ag}^{\ominus} = 0.22V$，$E_{Zn^{2+}/Zn}^{\ominus} = -0.76V$。

$E^{\ominus} = E_+^{\ominus} - E_-^{\ominus} = E_{AgCl/Ag}^{\ominus} - E_{Zn^{2+}/Zn}^{\ominus} = 0.22 - (-0.76) = 0.98V$

因为 $E^{\ominus} > 0$，所以反应能自发向右进行。

再计算平衡常数 $K^{\ominus}$，即

$$\lg K^{\ominus} = \frac{nE^{\ominus}}{0.0592} = \frac{2 \times 0.98}{0.0592} = 33.1$$
$$K^{\ominus} = 1.26 \times 10^{33}$$

$K^{\ominus}$ 值很大，说明反应进行得很完全。因此，上述实验方案完全可行。以上实例说明了热力学计算在无机合成方案设计中的重要性，在新化合物的研制和工业生产中这一环节也极其重要。

当一个化合物的制备有多种途径可以选择时，需进一步考虑制备工艺的可行性，也就是要选择一个产品收率高、质量好、生产简单、原料价格低廉、安全无毒、污染少的工艺路线。如试剂级 CuO 的制备，首先是将铜先氧化成二价铜的化合物，然后再用不同方法进一步处理得到氧化铜，通常有以下三种方法：

$$Cu(NO_3)_2 \begin{cases} \xrightarrow{\text{加热}} CuO + 2NO_2 + \dfrac{1}{2}O_2 & \text{方法一} \\[2mm] \xrightarrow{NaOH} Cu(OH)_2 \xrightarrow{\text{加热}} CuO + H_2O & \text{方法二} \\[2mm] \xrightarrow{Na_2CO_3} Cu_2(OH)_2CO_3 \xrightarrow{\text{加热}} 2CuO + CO_2 + H_2O & \text{方法三} \end{cases}$$

第一种方法：$Cu(NO_3)_2$ 加热分解法，由于有 NO_2 气体产生，污染严重，所以很少采用；第二种方法：$Cu(OH)_2$ 加热分解法，由于 $Cu(OH)_2$ 显两性，当 NaOH 过量时，会溶解，又因 $Cu(OH)_2$ 呈胶性沉淀，难以过滤和洗涤，影响产品纯度和产率；第三种方法：$Cu_2(OH)_2CO_3$ 加热分解法，由于污染少，产品纯度高，因此试剂级 CuO 的制备一般采用碱式碳酸铜加热分解的方法制得。

由此可见，无机化合物制备方案的设计，首先要从热力学观点论证其方法的可行性，但更重要的是应考虑工艺、技术上的先进性和经济上的合理性。

5.1.1.2　无机化合物的常规制备方法

随着合成化学的深入研究以及特种实验技术的引入，无机合成的方法已由常规的合成发展到应用特种技术的合成，如高温合成、低温合成、真空条件下的合成、水热合成、电解合成、高压合成、光化学合成以及等离子体技术在无机合成中的应用等。此处仅介绍无机化合物常规的制备方法和原理。

（1）复分解反应法

复分解反应是指两种化合物在水溶液中正、负离子发生互换的反应。若生成物是气体或沉淀，则通过收集气体或分离沉淀即可获得产品。如果生成物也溶于水，则可采用结晶法获得产品。

制备 KNO_3 的原料是 KCl 和 $NaNO_3$，将这两种盐的溶液混合后，在溶液中同时存在着

K^+、Na^+、Cl^- 和NO_3^- 四种离子，可以组成四种盐：KCl、$NaNO_3$、KNO_3 和 $NaCl$。不同温度时四种盐在水中的溶解度列于表 5-1。

表 5-1　四种盐在水中的溶解度 （g/100gH_2O）

$t/℃$	0	20	40	60	80	100
KNO_3	13.3	31.6	63.9	110.0	169	246
KCl	27.6	34.0	40.0	45.6	51.1	56.7
$NaNO_3$	73.0	88.0	104.0	124.0	148.0	180.0
$NaCl$	35.7	36.0	36.6	37.3	38.4	39.8

由表中数据可以看出，四种盐的溶解度随温度升高的变化规律不同。利用这种差别，将上述混合溶液在高温下蒸发浓缩，$NaCl$ 首先达到饱和而从溶液中结晶出来，趁热过滤将其分离，滤液冷却后即可得到 KNO_3 晶体。再用重结晶法提纯，可得到纯度较高的 KNO_3。

利用复分解反应可以制备各种酸、碱、盐及氢化物。通常利用盐与盐作用从而用可溶性盐制取难溶性盐，如

$$3ZnSO_4 + 2K_3(PO_4) \Longrightarrow Zn_3(PO_4)_2 + 3K_2SO_4$$

利用酸与氧化物、氢氧化物作用制备硝酸盐、硫酸盐、磷酸盐、碳酸盐、乙酸盐、氯酸盐、高氯酸盐等，如

$$CuO + 2HNO_3 \Longrightarrow Cu(NO_3)_2 + H_2O$$

用酸与盐作用制备某些盐时，最常用的原料是碳酸盐或碱式碳酸盐，这时可制得纯度很高的化合物，如

$$CoCO_3 \cdot 3Co(OH)_2 + 8HCl \Longrightarrow 4CoCl_2 + 7H_2O + CO_2$$

利用非金属的金属二元化合物与酸作用可以制备卤素、硫族、磷、砷、锑及硅等元素的氢化物，但必须注意酸的选择。

$$Mg_2Si + 4HCl \Longrightarrow 2MgCl_2 + SiH_4$$

（2）分子间化合物的制备

分子间化合物是由简单化合物分子按一定化学计量比化合而成的，它的范围十分广泛。有水合物，如胆矾 $CuSO_4 \cdot 5H_2O$；氨合物，如 $CaCl_2 \cdot 8NH_3$；复盐，如光卤石 $KCl \cdot MgCl_2 \cdot 6H_2O$，明矾 $K_2SO_4 \cdot Al_2(SO_4)_3 \cdot 24H_2O$ 和摩尔盐，如 $(NH_4)_2SO_4 \cdot FeSO_4 \cdot 6H_2O$；配合物，如 $[Cu(NH_3)_4]SO_4 \cdot H_2O$、$K_3[Fe(C_2O_4)_3] \cdot 3H_2O$ 等。

以制备摩尔盐 $(NH_4)_2SO_4 \cdot FeSO_4 \cdot 6H_2O$ 为例，根据 $FeSO_4$ 的量，加入 1∶1 的 $(NH_4)_2SO_4$，二者相互反应，经过蒸发、浓缩、冷却，便得到摩尔盐晶体。

$$FeSO_4 + (NH_4)_2SO_4 + 6H_2O \Longrightarrow (NH_4)_2SO_4 \cdot FeSO_4 \cdot 6H_2O$$

（3）无水化合物的制备

以上讨论的两类化合物都是在水溶液中合成的，但有些化合物具有强烈的吸水性，如 PCl_3、$SiCl_4$、$SnCl_4$、$FeCl_3$ 等化合物。它们一旦遇到水或潮湿的空气就迅速反应而生成水合物，所以不能利用水相反应制取这类无水化合物，必须采用干法或在非水溶剂中合成。下面简单介绍无水金属氯化物的几种合成方法。

① 金属与氯气直接合成　虽然绝大多数金属氯化物的标准摩尔生成吉氏函数 $\Delta_f G_m^\ominus$ 都为负值，说明金属与氯气有直接合成的可能性，但还应从动力学的角度考虑合成的现实性。金属在一般温度下都为固体（除汞以外），与氯气反应属于多相反应。对气-固多相反应来

说，有以下五个过程：反应物分子向固体表面扩散→反应物分子被固体表面所吸附→分子在固体表面上进行反应→生成物从固体表面解吸→生成物通过扩散离开固体表面。

所以只有生成物易升华或易液化和气化，能及时离开反应界面的才能用直接合成法制取，如 $FeCl_3$、$AlCl_3$、$SnCl_4$ 等。

$$2Fe(s)+3Cl_2 \stackrel{\triangle}{=\!=\!=} 2FeCl_3(g)$$

$$2Al(l)+3Cl_2 \stackrel{\triangle}{=\!=\!=} 2AlCl_3(g)$$

升华出来的 $FeCl_3$、$AlCl_3$ 冷却即凝结为固态。

$$Sn(l)+2Cl_2 \stackrel{\triangle}{=\!=\!=} SnCl_4(l)$$

由于 $SnCl_4$ 的沸点较低，合成反应中放出的大量热可将 $SnCl_4$ 蒸馏出去。

② 金属氧化物的氯化

$$氧化物+氯气 \longrightarrow 氯化物+氧气$$

利用上述反应能否制得氯化物，同样要从热力学与动力学两方面考虑。从 $\Delta_f G_m^\ominus$ 值来判断，许多金属元素的氯化物都比氧化物稳定，理论上反应是可行的。但是有许多元素的无水化合物的 $\Delta_f G_m^\ominus$ 负值不大，有的甚至是正值。一般可以采用下列两种方法实现氧化物到氯化物的转变。

a. 使反应在流动系统中进行，在反应器的一端通入干燥的氯气，让过量的氯气不断地将置换出的氧气从另一端带走。

b. 在反应系统中加入吸氧剂，例如碳，在加热情况下，C 氧化为 CO。如由 TiO_2 制取 $TiCl_4$，先将 TiO_2 和 C 的混合物加热至 $800 \sim 900℃$，然后通入干燥的氯气，即发生氯化反应，反应如下：

$$TiO_2+2C+2Cl_2 \stackrel{\triangle}{=\!=\!=} TiCl_4+2CO$$

③ 氧化物与卤化剂反应　例如：

$$Cr_2O_3+3CCl_4 \stackrel{\triangle}{=\!=\!=} 2CrCl_3+3CO+3Cl_2$$

由于生成的 $CrCl_3$ 在高温下能与 O_2 发生氧化还原反应，所以反应必须在惰性气体（如氮气）中进行。

④ 水合卤化物与脱水剂反应　水合金属卤化物与亲水性更强的物质（脱水剂）反应，夺取金属卤化物中的配位水，制取无水氯化物。如用氯化亚砜（$SOCl_2$）与水合三氯化铁（$FeCl_3 \cdot 6H_2O$）共热，$SOCl_2$ 与 $FeCl_3 \cdot 6H_2O$ 中的水反应，生成 $FeCl_3$，并有 SO_2 和 HCl 气体逸出：

$$FeCl_3 \cdot 6H_2O+6SOCl_2 \stackrel{\triangle}{=\!=\!=} FeCl_3+6SO_2\uparrow+12HCl\uparrow$$

常用的脱水剂还有 HCl、NH_4Cl、SO_2 等。

由于这些无水氯化物具有强烈的吸水性，合成反应一般又需在高温下进行，同时往往有毒性或腐蚀性的气体生成，因此合成反应的设备不仅要密闭性良好，而且要耐高温、耐腐蚀，并在通风良好的条件下进行反应。

（4）由矿石、废渣（液）制取化合物

以上讨论的三类制备类型都是以单质或化合物为原料进行合成的，而这些原料的最初来源绝大多数是矿石或工业废料，因此讨论由矿石或工业废料制取无机化合物具有十分重要的意义。

矿石是指在现代技术条件下，具有开采价值可供工业利用的矿物。在自然界中以单质形式存在的元素只有少数，大多数的金属都以化合态存在，一般可分为两类。一类是亲氧元素与氧形成氧化物矿或含氧酸盐矿，如软锰矿（$MnO_2 \cdot nH_2O$）、金红石（TiO_2）、钛铁矿（$FeO \cdot TiO_2$）、铬铁矿（$FeO \cdot Cr_2O_3$）、白云石（$CaCO_3 \cdot MgCO_3$）、重晶石（$BaSO_4$）、孔雀石〔$CuCO_3 \cdot Cu(OH)_2$〕等。另一类是亲硫元素与硫形成硫化物矿，如黄铁矿（FeS_2）、黄铜矿（$CuFeS_2$）、闪锌矿（ZnS）、辰砂矿（HgS）等。

工业废料是指化工产品生产过程中排放出来的"废"物，统称为三废（废气、废液、废渣）。如硫酸厂排放出来的二氧化硫废气，氮肥厂排放出来的氨水、铵盐等废液，硼砂厂的废渣硼镁渣等。在化工生产中，常常是甲工厂的废料又是乙工厂的原料，综合、合理地利用资源是国民经济可持续发展的重要原则之一，因此作为化学工业的科技人员必须充分重视保护环境、变废为宝的问题。

矿石虽然预先经过精选，将所需的组分与矿渣分开，但精选后的矿石往往仍为多组分的原料，含有一定杂质。另一方面，矿石与废渣一般都不溶于水。因此，以矿石或废渣为原料制取化合物，通常要经过三个过程：原料的分解与造液、粗制液的除杂精制、纯化分离。

① 原料的分解和造液

原料分解的目的是使矿石或废渣中的所需组分变成可溶性物质。分解原料的方法应根据原料的化学组成、结构及有关性质选择，常用的有溶解和熔融两种方法。

溶解法较为简单，通常用水、酸、碱等溶剂使原料溶解，例如由白钨矿制备三氧化钨。白钨矿的主要成分是钨酸钙，经过精选矿石，使钨的有效成分大大提高。在 $80 \sim 90℃$ 时，白钨矿与浓盐酸反应，钨酸钙转化为黄色钨酸沉淀：

$$CaWO_4 + 2HCl \longrightarrow H_2WO_4 \downarrow + CaCl_2$$

钨酸溶于氨水，生成钨酸铵，反应式为：

$$H_2WO_4 + 2NH_3 \cdot H_2O \longrightarrow (NH_4)_2WO_4 + 2H_2O$$

加热浓缩 $(NH_4)_2WO_4$ 溶液时，由于 NH_3 的逸出，钨酸铵以溶解度较小的仲钨酸铵的形式从溶液中结晶析出。

$$12(NH_4)_2WO_4 \xrightarrow{\text{加热浓缩}} 5(NH_4)_2O \cdot 12WO_3 \cdot 5H_2O + 14NH_3 \uparrow + 2H_2O$$

最后，将仲钨酸铵晶体灼烧可得三氧化钨粉末。

$$5(NH_4)_2O \cdot 12WO_3 \cdot 5H_2O \xrightarrow{\text{高温灼烧}} 12WO_3 + 10NH_3 \uparrow + 10H_2O \uparrow$$

当原料不能溶解或溶解不完全时，则采用加热的方法使其熔融后，再用水浸取为水溶液，如由软锰矿制备高锰酸钾。软锰矿的主要成分为 MnO_2，用 $KClO_3$ 作氧化剂与碱在高温共熔，即可将 MnO_2 氧化成 K_2MnO_4，此时得到绿色熔块。

$$3MnO_2 + KClO_3 + 6KOH \xrightarrow{\text{高温熔融}} 3K_2MnO_4 + KCl + 3H_2O \uparrow$$

用水浸取绿色熔块，锰酸钾溶于水，并在水中发生歧化反应，生成 $KMnO_4$。

$$3MnO_4^{2-} + 2H_2O \longrightarrow 2MnO_4^- + MnO_2 + 4OH^-$$

工业生产中常常通入 CO_2 气体，中和反应中所生成的 OH^-，使歧化反应顺利进行。

$$3MnO_4^{2-} + 2CO_2 \longrightarrow 2MnO_4^- + MnO_2 + 2CO_3^{2-}$$

② 粗制液除杂精制

在原料的分解过程中，溶剂用量总是过量的，同时原料和加入物总会有杂质离子，必须去除。通常是在溶液中加入某些试剂，使杂质离子生成难溶化合物而沉淀。例如，调节溶液pH 值、利用水解沉淀、利用氧化还原水解去杂、金属置换去杂及利用硫化物沉淀、溶剂萃取、离子交换、配合掩蔽等多种方法均可除去杂质离子。

③ 纯化分离

初步得到的产品，其纯度一般不能满足要求，为了得到符合质量标准的产品，纯化是必不可少的步骤。通常使用蒸发浓缩、结晶、过滤等方法提纯，若纯度还达不到要求，可利用重结晶法再进行提纯。有关内容请参阅 5.2.1.2 "结晶和重结晶"

5.1.2 有机合成

有机合成就是从较简单的化合物或单质经化学反应合成有机化合物的过程，有时也包括从复杂原料降解为较简单化合物的过程。由于有机化合物的各种特点，尤其是碳与碳之间以共价键相连，有机合成比较困难，常常要用加热、光照、加催化剂、加有机溶剂甚至加压等反应条件。

1828 年德国科学家维勒（Friedrich Wöhler）由无机物氰酸铵合成了动物代谢产物尿素，数年之后科尔贝（Hermann Kolbe）又合成了乙酸，从此有机合成化学获得迅速发展。

有机合成大致分为以下两方面：

① 基本有机合成　包括从煤炭、石油、水和空气等原材料合成重要化学工业原料，如合成纤维、塑料和合成橡胶的原料、溶剂、增塑剂、汽油等，其产量几乎接近于钢铁的数量级；

② 精细有机合成　包括从较简单的原料合成较复杂分子的化合物，如化学试剂、医药、农药、染料、香料和洗涤剂等。20 世纪 70 年代以后，有机合成的新领域迅速发展，如一些有一定立体构象的天然复杂分子的合成，一些新的理论和方法如反应机理、构象分析、光化学、各种物理方法分析手段的应用等方面的进展，尤其是分子轨道对称守恒原理的提出，对有机合成化学起着极大的推动作用。

随着人类进入了 21 世纪，国际社会共同创导的可持续发展理念以及所涉及的生态、资源和经济方面的问题越来越受到人类的重视，出于对人类自身发展和关爱，必然会对化学，尤其是合成化学提出新的更高的要求。绿色化学、洁净技术、环境友好过程已成为合成化学追求的目标和方向。所以 21 世纪有机合成所关注的不仅仅是合成了什么分子，而是如何合成，其中有机合成的有效性、选择性、经济性、环境影响和反应速率等将是有机合成研究和发展的重点。

目前，有机合成的发展趋势可以概括为两个方面。

① 合成什么　包括合成在生命、材料、能源学科中具有特定功能的分子和分子聚集体；

② 如何合成　包括高选择性合成、绿色合成、高效快速合成等。

在这两个方面，合成化学家更关注的是"如何合成"，而如何合成又分成发展新的基元反应和技术方法以及发展新的合成策略、合成路线等两个方面，总之，有机合成的目的就是要创造新的有机分子或者是实现或改进有各种意义的已知或未知有机化合物，有机合成基本思路和方法如下所示。

（1）分子骨架的构建和官能团的转换

有机化合物的合成，大致包括分子骨架的形成和官能团的转换两个方面，因为从有机化合物的结构分类来看，主要就是按照骨架分类或按照官能团分类。

因为有机化合物被称为碳的化合物，分子骨架主要是通过碳原子经过共价键进行相连，所以有机化合物按照碳骨架分类，可以分成如下几种：

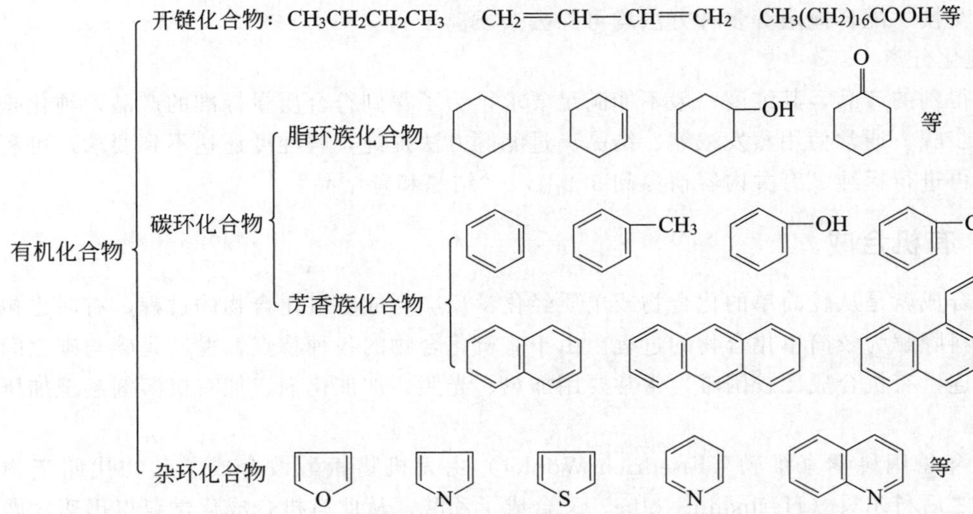

开链化合物：$CH_3CH_2CH_2CH_3$ $CH_2\!=\!CH\!-\!CH\!=\!CH_2$ $CH_3(CH_2)_{16}COOH$ 等

有机化合物

碳环化合物

脂环族化合物

芳香族化合物

杂环化合物

而有机化合物由于骨架中碳原子数量的不同，其物理和化学性质又会有很大的变化，所以根据有机物的性质变化情况，又将其按照分子中含有的官能团进行分类，形成了有机衍生物的概念，这也为有机合成中有关系列衍生有机化合物的合成奠定了基础，所以也可按照表 5-2 所示分类方法将有机物分成烃类、醇、酚、醚、醛、酮、羧酸、胺类等许多种类。

表 5-2　不同化合物的官能团

化合物类型	官能团	化合物类型	官能团
烷烃	无	醛或酮	$C\!=\!O$
烯烃	$C\!=\!C$	羧酸	$-COOH$
炔烃	$C\!\equiv\!C$	腈	$-C\!\equiv\!N$
芳烃	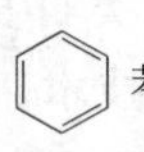 苯	磺酸	$-SO_3H$
		硫醇	$-SH$
卤代烃	$C\!-\!X(X\!=\!F,Cl,Br,I)$	硝基化合物	$-NO_2$
醇或酚	$-OH$	胺	$-NH_2$
醚	$C\!-\!O\!-\!C$	亚胺	$=\!NH$

因此有机合成应该有一定策略和方法，例如分析需要合成的目标分子的结构，分子的骨架是怎样的，是脂肪族的，还是芳香族的；是含有环状结构的，还是不含的；分子结构中含有哪些官能团，它们之间有什么关系等。

(2) 有机合成分析设计方法

有机合成分析设计方法包括正向合成分析法和逆向合成分析法。

① 正向合成分析法是从已知原料入手，找出合成所需的直接或间接的中间体，逐步推向合成的目标有机物。

基础原料→中间体→中间体→……→目标化合物

② 逆向合成分析法是设计复杂化合物的常用方法。它是将目标化合物倒退一步寻找上一步反应的中间体，而这个中间体，又可由上一步的中间体得到，以此类推，最后确定最适

合的基础原料和最终的合成路线。

目标化合物→中间体→中间体→……→基础原料

不管是正向合成分析法，还是逆向合成分析法，都必须充分了解和掌握有机化学反应的规律、各种分子碳骨架构建方法以及各种不同官能团的转换方法，同时还要考虑反应所需的各种条件如温度、催化剂、溶剂、压力等内外环境因素。也就是说有机合成是一项综合分子构建工程，它需要综合各个方面的因素，才能使得目标分子顺利通过一定的条件被合成出来并得以分离得到纯的最终化合物。

（3）了解掌握各类有机化学反应

有机合成的步骤是经过一步或多步反应，最终从原料分子合成得到目标分子，其中经历的有机化学反应是分子骨架形成和官能团转换的基础。所以学习、熟悉并灵活运用各类有机化学反应就尤为重要。

① 取代反应（substitution reaction）是指有机化合物分子中任何一个原子或基团被试剂中同类型的其他原子或基团所取代的反应，用通式表示为：R-L（反应基质）＋A-B（进攻试剂）——→R-A（取代产物）＋L-B（离去基团）属于化学反应的一类。取代反应可分为亲核取代、亲电取代、均裂取代（自由基取代）和协同反应四类。如果取代反应发生在分子内各基团之间，称为分子内取代。有些取代反应中又同时发生分子重排。如：卤代烃碱性条件下发生亲核取代反应（S_N1，单分子取代反应）

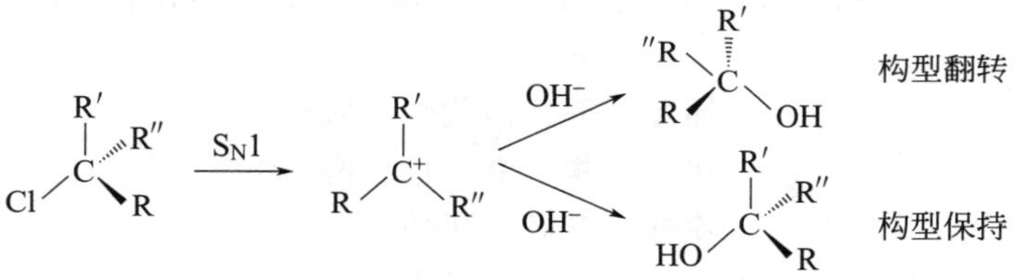

又如烷烃的自由基卤代反应：

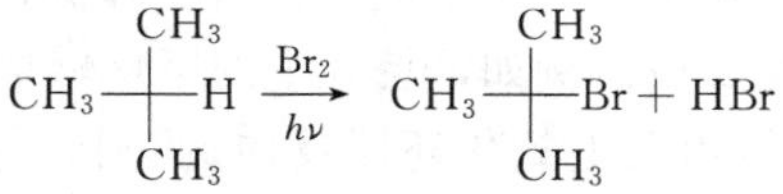

以及芳香烃的亲电取代（Friedel-Crafts 烷基化和酰基化反应）：

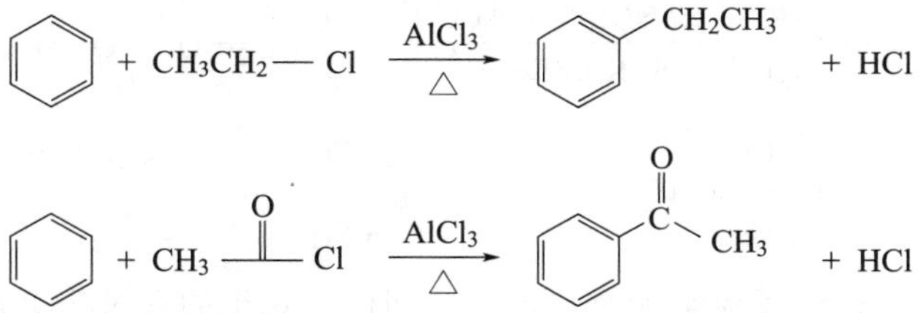

② 加成反应（addition reaction）是反应物分子中以重键结合的或共轭不饱和体系末端的两个原子，在反应中分别与由试剂提供的基团或原子以 σ 键相结合，得到一种饱和的或比较饱和的加成产物。

加成反应是有机不饱和化合物类的一种特征反应。加成产物可以是稳定的；也可以是不稳定的中间体，随即发生进一步变化而形成稳定产物。加成反应可分为离子型加成、自由基加成、环加成和异相加成等几类。其中最常见的是烯烃的亲电加成和羰基的亲核加成。

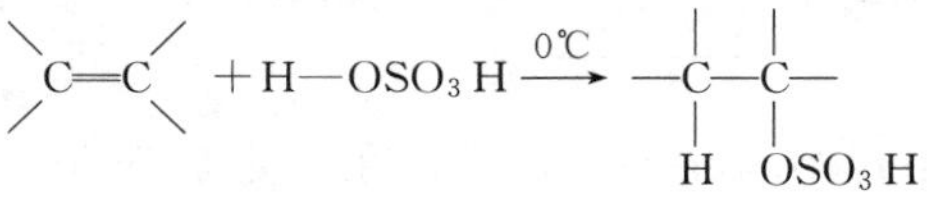

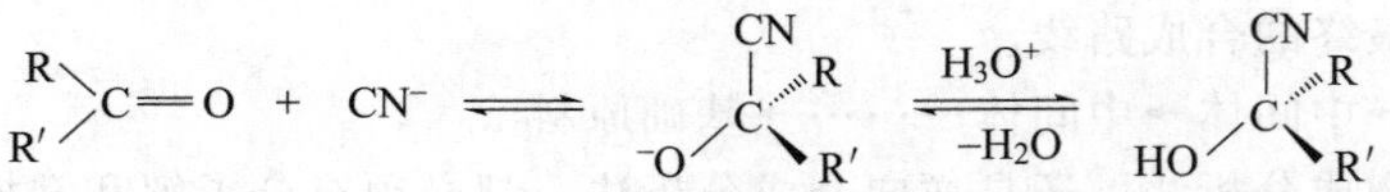

③ 消除反应（elimination reaction）又称脱去反应，指有机化合物分子和其他物质反应失去部分原子或官能团（称为离去基），反应后的分子会产生多键，生成不饱和有机化合物。

消除反应分为下列两种：

a. α-消除反应　生成卡宾类化合物，离去基所连接的碳为 α 碳，其上的氢为 α 氢，而隔壁相邻接的碳及氢则为 β 碳及 β 氢；

b. β-消除反应　较常见，从相邻两个碳原子上各消除一个原子，一般生成烯类。

化合物失去 α 氢原子的称为 α-消除反应。失去 β 氢原子的称为 β-消除反应。

消除反应是反应物分子失去两个基团或原子，从而提高其不饱和度的反应。如卤代烃发生 β-消除反应生成烯烃：

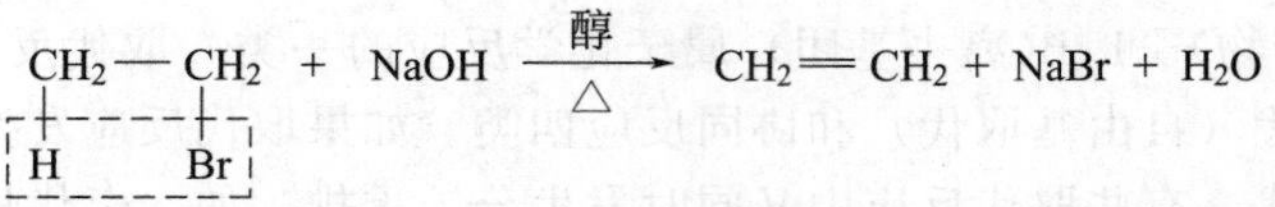

④ 氧化还原反应（organic redox reaction）指有机反应中的氧化还原反应，是有机氧化反应和有机还原反应的统称，常以氧化数或氧化态作为碳原子氧化程度的判断：

$$烷烃：-4$$
$$烯烃、醇、卤代烃、胺：-2$$
$$炔烃、酮、醛、偕二醇：0$$
$$羧酸、酰胺、氯仿：+2$$
$$二氧化碳、四氯甲烷：+4$$

氧化数升高的反应称为氧化反应，分子中电子云密度降低；氧化数降低称为还原反应；既有升高也有降低的反应称为歧化反应。例如，烷烃中的甲烷燃烧氧化，可得到二氧化碳，氧化数由 -4 升高到 +4。常见的官能团发生氧化还原反应的包括：炔烃到烯烃、烯烃再到烷烃的还原；醇到醛、醛再到羧酸的氧化。例如：烯烃被氧化到羰基化合物和加氢还原到烷烃：

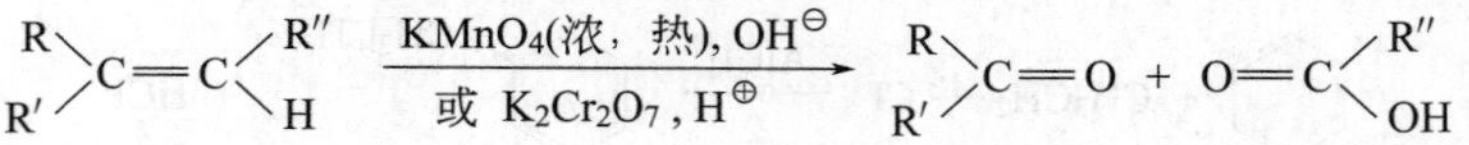

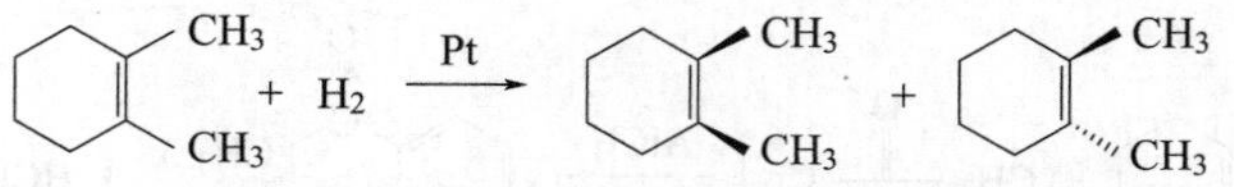

很多有机氧化还原偶联反应常涉及自由基中间体。真正的有机物氧化还原反应存在于一些电化学合成反应中，例如 Kolbe 电解。

在歧化反应中，反应物的氧化还原发生在同一个物质中，并形成 2 个独立的化合物，如 Cannizzaro 反应：

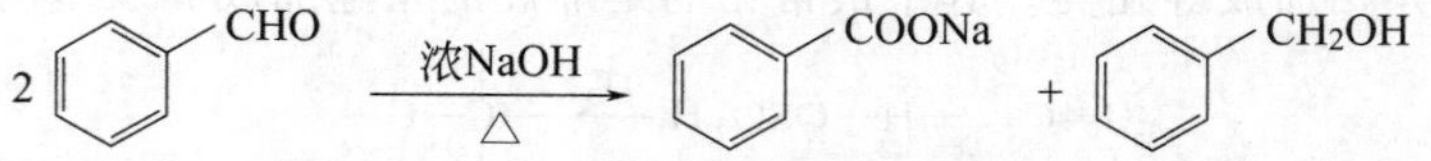

⑤ 重排反应（rearrangement reaction）是指在一定反应条件下，有机化合物分子中的

某些基团发生迁移或分子内碳原子骨架发生改变，形成一种新的化合物的反应。重排反应可以分为分子内重排和分子间重排。

例如贝克曼重排（Beckmann rearrangement reaction）：

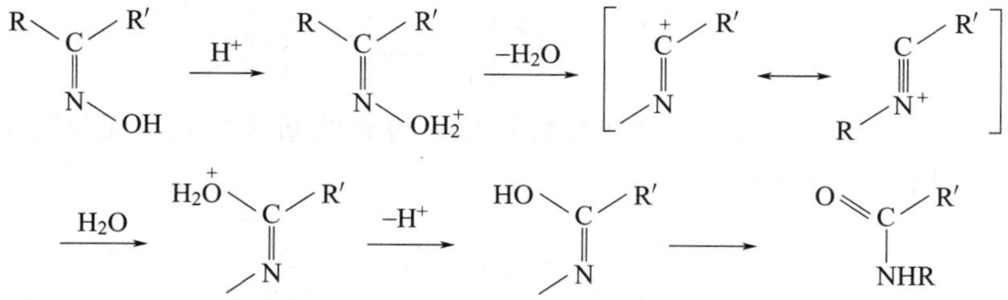

⑥ 聚合反应（polymerization reaction）是由单体合成聚合物的反应过程，主要应用于合成高分子化合物。有聚合能力的低分子原料称为单体，分子量较大的聚合原料称为大分子单体。若单体聚合生成分子量较低的低聚物，则称为齐聚反应（oligomerization），产物称齐聚物。一种单体的聚合称为均聚反应，产物称为均聚物。两种或两种以上单体参加的聚合，则称为共聚反应，产物称为共聚物。

加聚聚合反应：相对分子质量小的不饱和化合物聚合成相对分子质量大的高分子化合物的反应，如苯乙烯的聚合制备聚苯乙烯：

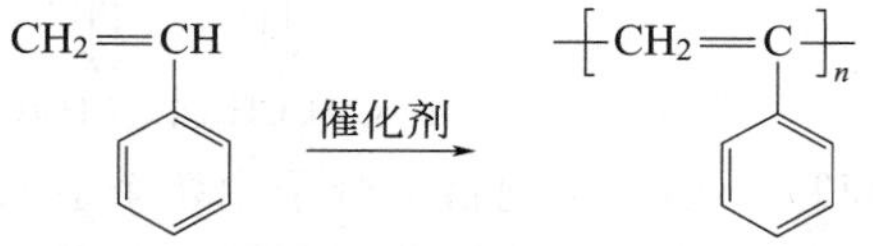

缩合聚合（缩聚）反应：单体间相互反应而生成高分子化合物，同时还生成小分子（如水、氨、氯化氢等）的反应（又叫逐步聚合反应），如制备酚醛树脂：

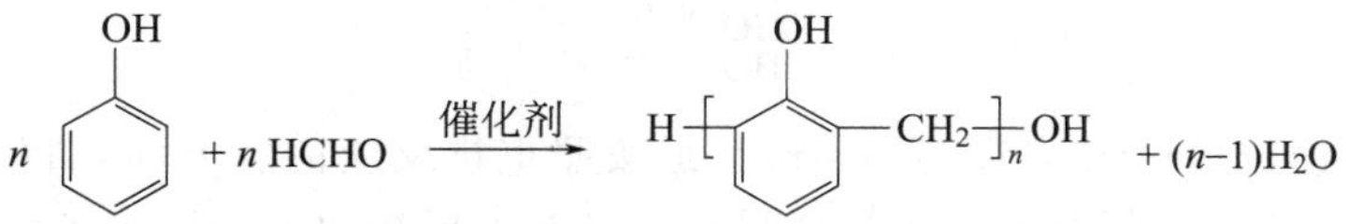

（4）反合成分析

有机合成是以有机反应为工具，从原料分子合成目标分子的全过程。在大多数情况下，一个目标化合物分子的全合成总是要经过若干步反应才能最终得到目标分子。所以如何根据目标分子的结构特点，选用合适的起始原料、适当的反应历程以及相应的合成技术，也就是合成路线的设计，是有机合成能否成功的关键。

1967 年，科里（Corey E J）在总结前人和他本人成功合成多种复杂有机分子的基础上，首次提出了有机合成路线设计及逻辑推理方法，建立了有机合成的目标分子反推到合成起始用原料的逻辑方法——反合成分析法（retrosynthetic analysis），为此他在 1990 年获得诺贝尔化学奖。

反合成分析是一种逆推法，是通过对目标分子的切断，从比较复杂的分子结构逐步推导出简单易得的起始原料的过程。反合成分析通常包括键的切断、官能团的变换、添加、消除及官能团之间的连接和重排。

以下是反合成分析法中涉及的一些基本概念。

① 合成元（synthon） 又称"合成子"，就是通过反合成分析后得到的从目标分子相应于反应转换而来的结构单元，合成元可以是离子，也可以是自由基。由合成元再推导出相应的试剂或中间体，这种逆推方法可以用"$\Longrightarrow$"来表示：

OH
OH
CH3CHO + C2H5MgBr

O
OH
O
OH
COOEt
COOEt

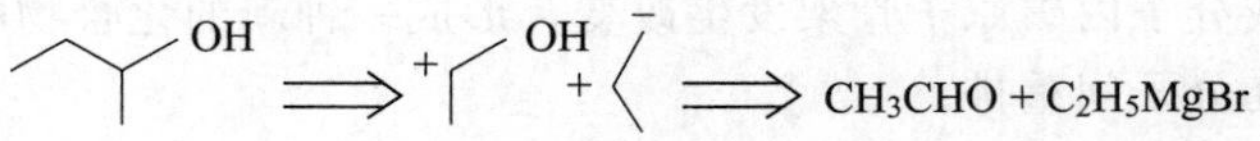

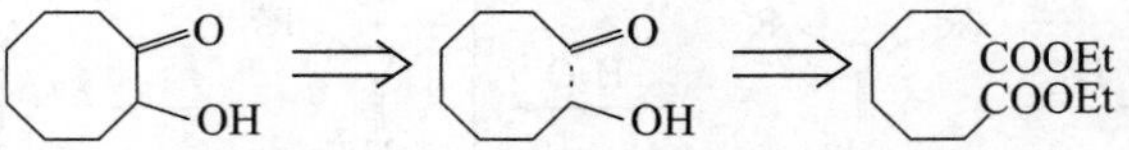

② 反合成元（retron） 通过反合成分析转化后得到的结构单元，而反合成元则是进行某一转化的必要结构单元。例如：

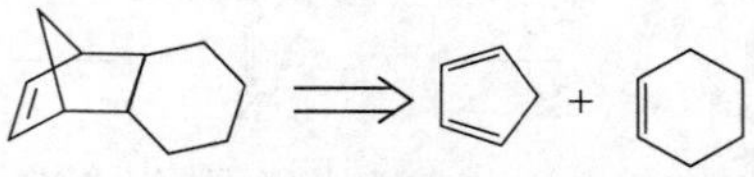

上面的 Diels-Alder 反应中，环己烯和环戊二烯就是反合成元。

③ 切断（disconnect，简写 dis） 是成键的逆过程，是把分子结构中某个共价键打断，形成两个分子碎片的过程。通常都把合成反应用“⟶”表示，意味着从反应物到产物的过程，而在反合成分析法中，切断用垂直波纹线标示在被切断的键上，用双箭头“⟹”表示通过切断得到的分子碎片：

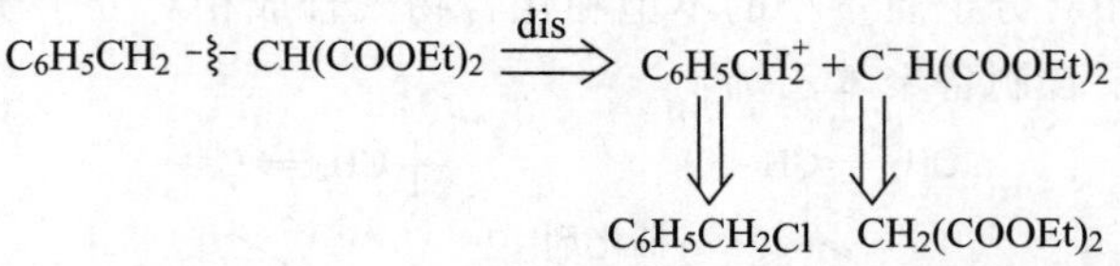

C6H5CH2 -§- CH(COOEt)2
dis
C6H5CH2+ + C−H(COOEt)2
C6H5CH2Cl
CH2(COOEt)2

④ 连接（connection，简写 con） 是把目标分子中两个适当的碳原子连接起来，形成新的化学键。这样有助于形成新的合成元，帮助分子切断的判断。连接一般是在双箭头上标注“con”来表示，例如：

CHO
CHO
con

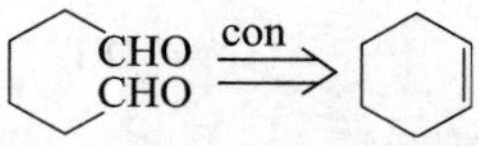

⑤ 重排（rearrangement，简写 rearr） 是按照重排反应的反方向，将目标分子拆开或者重新组装，用以简化目标分子。重排通过在双箭头上标注“rearr”来表示，如：

O
N — H
rearr
N — OH

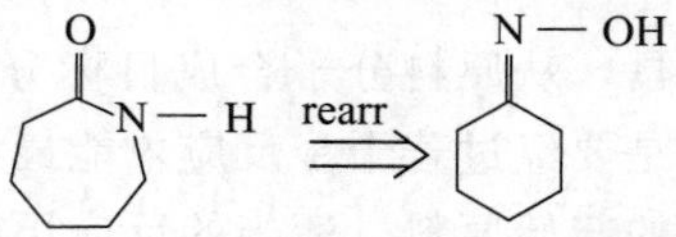

⑥ 官能团转换（functional group interconversion，简写 FGI） 在反合成分析中将目标分子中的官能团转变为其他官能团，这就称之为官能团转换，目的是能够使用相对简单易得的原料或合成前体物质，官能团变化用双箭头上的“FGI”来标注：

O
FGI
OH

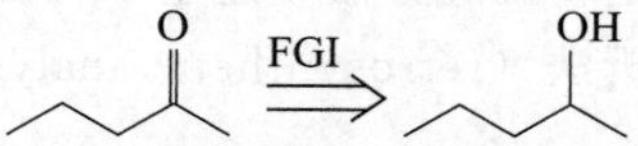

⑦ 官能团添加（functional group addition，简写 FGA） 是在目标分子中添加上特定的官能团，帮助反合成分析中的切断、连接的步骤，同样也有助于选择合成原料和前体物质，官能团添加用在双箭头上标注“FGA”来表示：

FGA
O
COOH
O

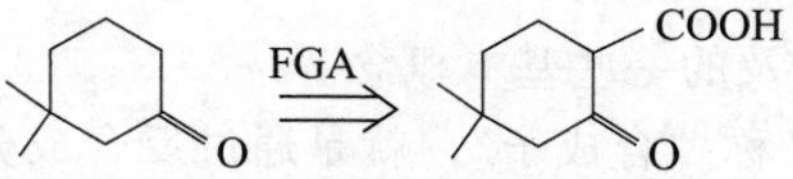

⑧ 官能团消除（functional group removal，简写 FGR） 是将目标分子中含有的多个官能团除去一个或若干个，便于反合成分析，同时也可避免这些官能团在合成过程中相互影

响，用双箭头上标注"FGR"来表示：

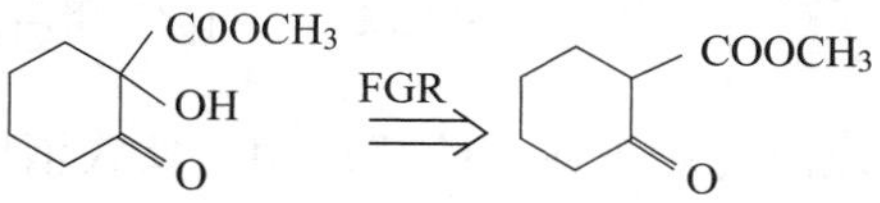

⑨ 官能团保护（functional group protection） 一种试剂如果与多官能团化合物反应，可能会和其中的两个或两个以上的官能团均发生作用，而反应目的是只希望与其中一个官能团发生反应，这时就将不需要反应的官能团先保护起来，待反应完成再去除保护，这称之为官能团保护。例如酚羟基易氧化，将其保护后，氧化反应后再去保护得到游离酚羟基：

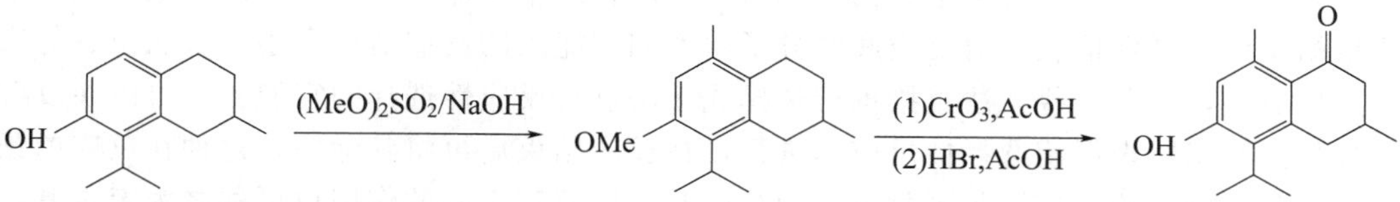

又例如氨基的保护和去保护：

$$R—NH_2 \xrightarrow{CH_3COCl} R—NHCOCH_3 \xrightarrow[H_2O]{H^+} R—NH_2$$

（5）有机合成方法选择与应用

在有机合成进行过程中，必然会遇到有关控制问题。例如，需要在反应物分子的特定位置发生特定的反应。在复杂分子的合成过程中，如果分子中含有两个或两个以上反应活性中心时，则可能会发生反应试剂不能按照预期的要求进攻某一部位或者某一官能团不能发生与之对应的反应，这时，就必须考虑反应选择性的问题，同时可以采取应用某些导向基、定位基和保护基等使反应能够定位进行，以达到预期的合成要求。

① 有机反应选择性的应用

有机反应选择性表示在特定条件下，同一底物分子的不同位置、不同方向上可能发生反应时生成几种不同产物的倾向性。当某一反应是优势反应时，其反应产物就为主要产物，这种反应的选择性就高；有机反应选择性主要有化学选择性、区域选择性和立体选择性。

化学选择性指分子中多个官能团发生某一反应的倾向性，或者是某一个官能团在同一反应体系中可能生成不同产物的情况。总体来说，就是指反应试剂对不同官能团或处于不同化学环境的相同官能团的选择性反应。

另外处于不同化学环境下的相同官能团也会显现出不同的选择性，例如：

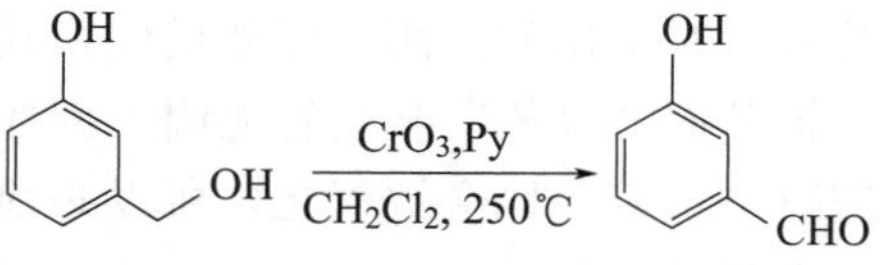

区域选择性是指试剂对反应底物分子中两种不同部位的进攻，从而生成不同产物的选择性过程，也就是说使某个官能团化学环境中的某个特定位置发生反应而其他位置不受影响的倾向性。例如，烯丙基的 1,3 位，羰基的两个 α 位以及 α、β-不饱和体系的 1,2-加成和 1,4-加成反应等，都是区域选择性的体现。立体选择性指反应产生的选择性问题。在应用各种反应生成目标分子时，往往会有两种或两种以上的异构体生成，控制产物的立体构型是合成路线设计时需要着重考虑的问题，因为有些化合物只有一种立体构型满足所需的生理功能要求。

例如，2-碘丁烷脱碘化氢的反应，主要产物为反-2-丁烯：

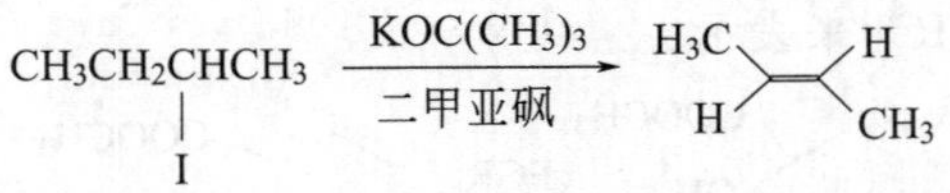
CH3CH2CHCH3
I
KOC(CH3)3
二甲亚砜
H3C
H
H
CH3

主要产物是反-2-丁烯的原因就在于在消除反应中，反式消除在反应时有利于各基团处在空间有利位置。

由顺-2-丁烯与二溴卡宾反应得到顺式的环丙烷衍生物，而反-2-丁烯在同一条件下与二溴卡宾反应得到的是反式环丙烷衍生物，这就是典型的立体专一性反应。

② 导向基、定位基等的应用

在有机合成中，为了将某个结构单元引入到原料或中间体分子的特定位置上，除了前面所述根据反应选择性情况，对反应底物分子中不同官能团的反应活性大小、所在位置等来进行选择反应外，对于一些无法直接进行选择或无法进行反应性选择的官能团，可以在反应前引入某种控制基团来促使选择性反应的进行，在反应结束后再将其除去，这种在反应前预先引入，达到某种目的的控制基团就称之为导向基，按照其不同的作用也可称之为定位基、堵塞基或者保护基等。

按照其作用原理，一个好的导向基，不仅应能容易引入，而且要能容易除去。例如，邻氯甲苯的合成：

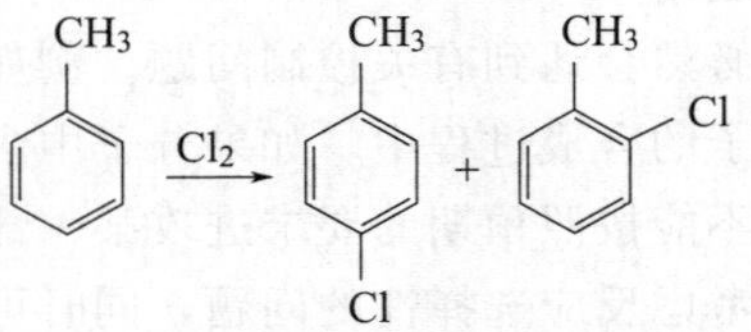
CH3
Cl2
CH3
Cl
+
CH3
Cl

用甲苯直接进行氯代反应，主要有两种产物对氯甲苯和邻氯甲苯，如果在氯代反应过程中，甲基的对位已有基团占据，则氯代的主要产物只有一种邻氯甲苯。通过反合成分析，可以采用磺酸基来作为堵塞基，预先占住甲基的对位，等氯代反应完成后，再将磺酸基除去：

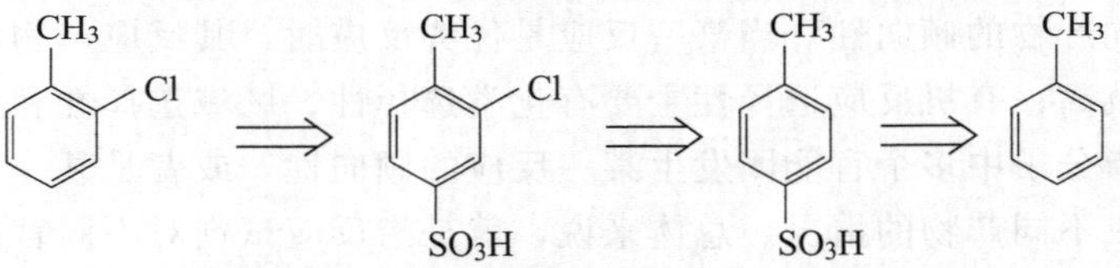
CH3
Cl
CH3
Cl
SO3H
CH3
SO3H
CH3

在有机合成反应中，经常遇到反应原料或中间体分子是含有多种官能团的结构，如果官能团的活性接近，只使其中某一官能团发生反应而其他官能团保持不变是很困难的。这里就要利用保护基的方法来保护某些暂时不用的基团，促使反应和其他特定基团反应，等特定官能团反应结束后再通过除去保护基而“释放”某些官能团。例如，对硝基苯胺的合成：

由于氨基在进行硝化反应时不可避免地会被氧化，所以必须对氨基进行保护，等硝化反应结束后，再将氨基去保护，得到目标分子。

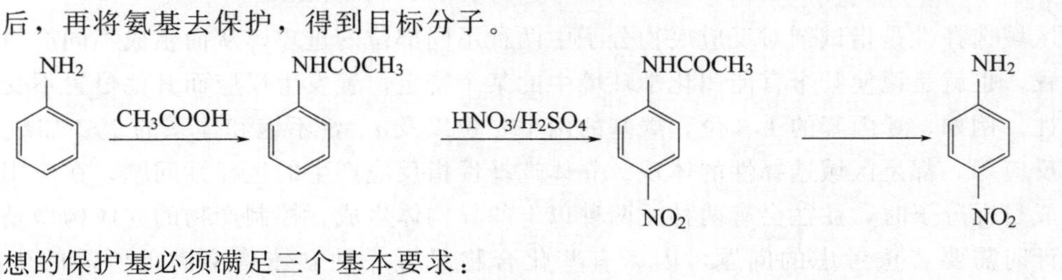
NH2
CH3COOH
NHCOCH3
HNO3/H2SO4
NHCOCH3
NO2
NH2
NO2

理想的保护基必须满足三个基本要求：

a. 导入时反应条件温和、选择性好、产率高，选用试剂易得、毒性小；

b. 导入后能承受其他官能团希望进行的反应且不与其他官能团进行不可逆的反应；

c. 保护基除去时反应条件温和、不发生重排和异构化等副反应。

通常在有机合成需要保护的官能团有羟基、羰基、羧基、氨基、碳碳双键等。

羟基的保护方法是将其转化为醚、硅醚、烷氧基烷基醚或酯等。羰基的保护可以通过形成缩醛、缩酮等方法来阻止其形成烯醇盐的形成和亲核试剂对羰基碳的进攻。羧基的保护方法主要是将其转化为酯。氨基可以通过形成 N-烷基、N-酰基等方法得到保护。

③ 路线考察与选择

一条理想的合成路线应该包括以下几个方面。

a. 合成路线简洁　合成路线的简洁意味着用尽可能少的起始原料和尽可能短的路线以及尽可能高的收率得到所需的目标分子。

例如，有机合成路线有直线式和汇聚式两种：

$$\text{直线式：A} \xrightarrow{B} \text{A-B} \xrightarrow{C} \text{A-B-C} \xrightarrow{D} \text{A-B-C-D} \xrightarrow{E} \text{A-B-C-D-E}$$

汇聚式：
$$\begin{matrix} \text{A} \xrightarrow{B} \text{A-B} \xrightarrow{C} \text{A-B-C} \\ \text{D} \xrightarrow{E} \text{D-E} \end{matrix} \Big\} \to \text{A-B-C-D-E}$$

直线式路线的总收率较低，如：按照每一合成步骤的收率为 90% 计，则通过以上四步总收率只有 $(0.9)^4 \times 100\% = 65.6\%$。而在汇聚式路线中，是将目标分子的主要部分先分别合成，最后再装配在一起，这样总的收率为 $(0.9)^3 \times 100\% = 72.9\%$，比直线式路线要高。

如果目标分子合成路线中步骤较多，则应该优先考虑汇聚式合成路线。

b. 合成路线要有合理的反应机理　合成路线的设计必须符合有机反应机理，即能够用人们所认知的，切实可行的反应来贯彻实施通过反合成方法所推理得到的合成路线，如甲醛和酮可以反应生成烯酮：

但是由于甲醛非常活泼，在碱催化条件下，会发生聚合和其他副反应，使烯酮的收率很低，因此可采用甲醛与胺、丙酮先生成 Mannich 碱，再利用 Mannich 碱受热分解成烯酮的反应提高烯酮的收率：

(6) 符合绿色化学的要求

绿色化学就是提倡使用环境安全的原料、使用环境安全的技术来生产环境安全的产品，避免尽可能少的副产品或充分利用反应过程中的副产品作为下游产品的原料，实现原子经济利用的"零排放"，维护人类生存环境的安全，实现人类与社会的和谐相处，共同发展。

绿色合成化学是在人类面临生存环境受到破坏和污染，影响人类生存和发展的环境问题越来越严重的情况下，在可持续发展战略的基本思想指导下所提出的一种新的概念。与传统的由于化学品生产产生的化学污染而采用"先污染、后治理"的方式不同，绿色化学要求在化学品的生产源头上就减少甚至消除污染的产生，做到"先控制、后生产"的理念。

绿色合成化学的中心任务就是提高原子利用的经济性，使原料分子中的每一个原子都结合到目标产物分子中，达到废物的零排放，最终实现原子利用率达 100% 的理想合成反应，从而在源头上就消灭化学污染。为了达到绿色合成化学的目标，就必须在以下几方面做出努力。

① 开发原子经济性反应

丘斯特（Barry M. Trost）1991 年在《Sciene》杂志上首先提出了原子经济性的概念，即原料分子中究竟有多少原子通过反应转化成了产物，也就是原子效率为多少。例如 2-苯乙醇用下面两种方法氧化得到苯甲酮的原子经济性比较：

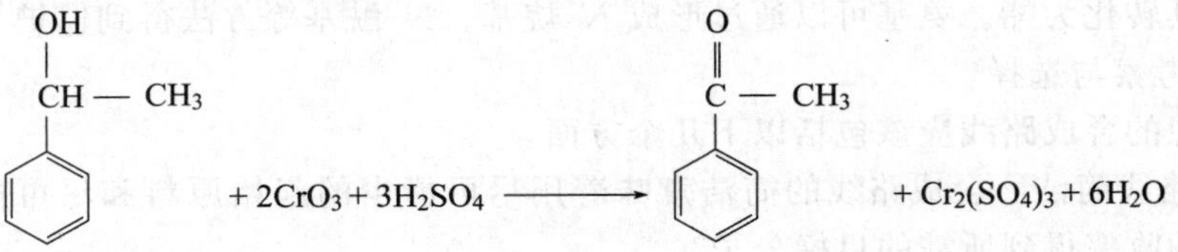

原子利用率为：$\dfrac{360}{860} = 42\%$

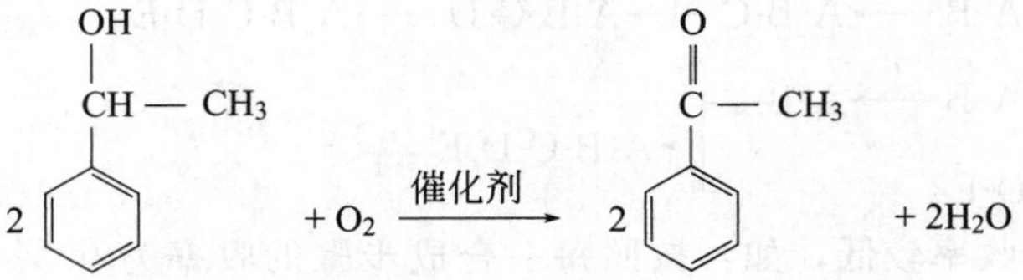

原子利用率为：$\dfrac{240}{276} = 87\%$，后者优于前者。

理想的原子经济反应是原料分子中的原子全部转变成产物中的原子，不产生任何反应副产物或废物，实现废物的"零排放"。当然如果能够通过选择不同的合成路线，提高原子的利用率，也符合绿色合成的宗旨。

② 使用安全的化学原料

使用无毒、无害的原料，避免反应过程中有毒、有害产物生成的可能，开发利用充分提高原子利用率的有机反应和工艺流程。例如合成有机玻璃用的高分子单体甲基丙烯酸甲酯 MMA，传统工业制备方法是丙酮-腈-醇法，反应原料要用到有毒的氢氰酸、甲醇和大量的硫酸，反应产物有硫酸氢铵废弃物，生产流程无疑对环境有害：

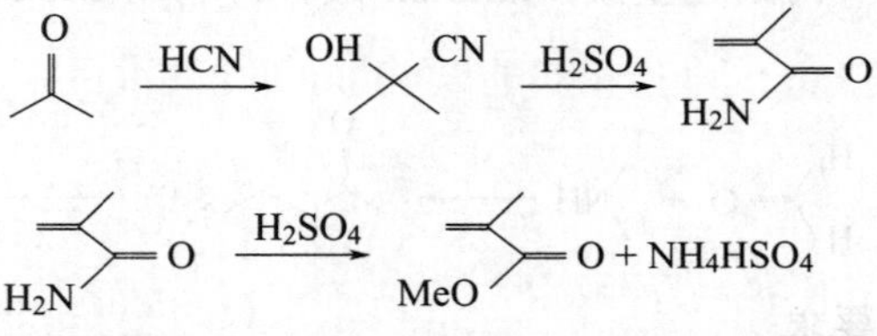

而 Shell 公司开发的丙炔-钯催化甲氧羰基化一步合成法反应收率大于 99%，催化反应活性高，没有副产物，从原料上看要远远优于传统合成方法：

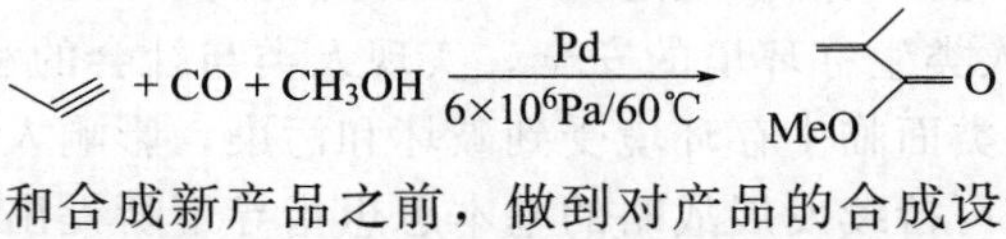

所以要求研究、开发和合成新产品之前，做到对产品的合成设计中充分考虑原料、目标产物的毒害性，不同合成方法中采用具有较高的原子经济性的路线。

有机合成反应要尽量不用有机溶剂等辅助物质，以降低有机溶剂的毒性和回收难等问题。

（7）利用计算机辅助有机合成设计

进入 21 世纪以后，全球经济一体化带来的便利越来越提高了人们的生活和工作效率，网络化工作方式、爆炸式增加的信息促使计算机和网络技术相结合，也使得有机合成必须与时俱进，共享有机合成的新理念、新方法和新技术。计算机辅助有机合成设计就应运而生。计算机辅助有机合成设计是利用计算机软件，对已知的有机化合物的合成方法进行归纳、分析、总结，建立起一定的化学结构、化学反应、反应原料、产物等之间的关联，尝试对新的目标化合物进行合成路线设计时给出可能的、合理的或具有建设性合成路线的一种专家系统，它是人工智能的一种重要形式。

目前计算机辅助有机合成设计思路可以分为经验型和理论型两类。

经验型的设计理念是首先必须建立一个已知的尽可能全的有机合成反应数据库，在该数据库中储存大量的有机化合物、有机反应、反应条件、反应过程控制手段、热力学和动力学数据等，然后对目标分子进行逻辑推理，利用数据库中的信息进行选择和评估合成反应类型，给出目标分子可能的合成路线。科里设计的 LHASA（logic and heuristics applied to synthetic analysis）系统就属于这种类型。经验型的专家系统对于数据库中包含的已知合成反应具有较好的辅助参考意义，但对于未知反应或者数据库中不包含的数据项就无法进行有效推导，这就要求该系统不断对数据库进行更新。理论型的设计理念是利用原子理论、分子理论和电子的价键理论进行数学建模，把有机化学反应用相应的数学模型来表示，即把有机化学反应公式化、程序化、数字化，再通过计算机进行处理，这样就能把目标化合物的合成推导变成公式化和程式化的方式，该方法有利于推导出一些新的有机反应，但有时也有可能推导出被普遍认为是不可能的反应，故该方法还需要化学家进行评估和筛选，尤基（Ugi J）提出的 EROS（elaboration of reaction of organic systhesis）系统就属于此类。

（8）运用新型有机合成技术

在有机合成化学发展的同时，与之相对应的一些新的合成技术的开发和应用对有机合成反应的实现和改进起到了越来越重要的作用。例如利用不同波长的光对有机化合物进行照射，产生了有机光化学合成；利用电解、电渗析等工艺方法，实现了有机电化学合成；利用微波、电子束等电离辐射手段实现了有机辐射合成；为了减少有机溶剂的使用，降低环境污染而发展出了有机固相合成技术；同时新的催化剂和催化技术层出不穷，如相转移催化合成技术的运用大大提高了有机合成反应的效率。

① 光化学合成

有机光化学合成是利用有机光化学反应的原理进行有关目标分子的合成，有机光化学反应与传统热化学反应不同，反应物分子是以处于激发态的电子状态进行，而不是单纯的分子热运动，所以在反应机理上和基态化学反应不同。

有机光化学反应所涉及的光的波长范围在紫外光的 200nm 到可见光的 700nm（光子能量在 $171 \sim 598 \mathrm{kJ \cdot mol^{-1}}$），可使用的光源有很多，常用的是主要发射 254nm、313nm 和 366nm 波长的光汞灯，使用滤光器就能得到所需波长的光。

有机化合物的键能一般在 $150 \sim 500 \mathrm{kJ \cdot mol^{-1}}$，也就是说是处于光的能量范围之中的，一旦有机化合物吸收该波长范围中的光，就有可能造成分子中键的断裂而引起一系列的化学反应。

分子吸收光能的作用就是分子的激发作用（excited effect），分子由基态（ground state）被激发到高能级的激发态（excite state），有机光化学过程实际就是电子激发过程所引起的化学分子发生改变的过程。

在有机合成上有实际应用意义的光化学反应有烯烃的异构化反应、加成反应和重排反应，芳环化合物的取代和重排反应，酮类化合物的自由基反应以及周环反应（pericyclic reaction）等。光化学反应受温度影响小，反应速度与**浓度**无关，只需要控制光的波长和强度即可。另外光反应具有高度的立体专一性，是合成特定构型的一种重要途径，缺点是能耗大、副产物多。

化合物处于激发态时往往比在基态时具有更大的亲电或亲核活性，可发生加成反应：

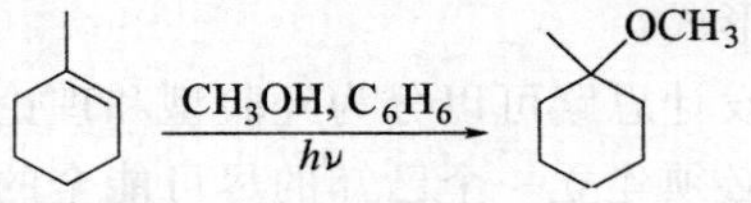

乙烯在光照情况下就容易发生聚合反应：

$$n\text{CH}_2\!\!=\!\!\text{CH}_2 \xrightarrow{h\nu} \text{─ECH}_2\text{—CH}_2\text{─}_n$$

羰基化合物和烯烃的加成反应，生成氧杂环丁烷：

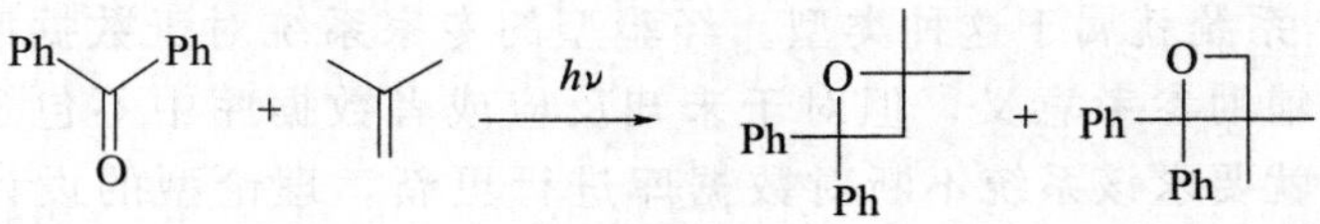

② 有机电化学合成

有机电化学合成是利用电解反应来合成有机化合物。因为有机反应涉及到电子的转移，将这些反应放在电解池中，利用电极反应来达到反应目的，这就形成了有机电化学反应。

有机电化学反应都是在电解装置中进行，组成电解装置的部分主要有直流电解电源、电解槽、电极（阳极和阴极）和测定仪器。

下面举一些电化学反应例子，它们在有机合成上具有一定的应用价值。

a. 电氧化反应：

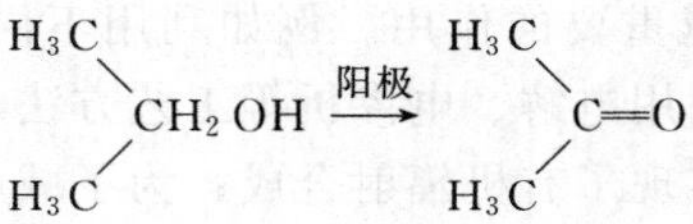

b. 电还原反应：

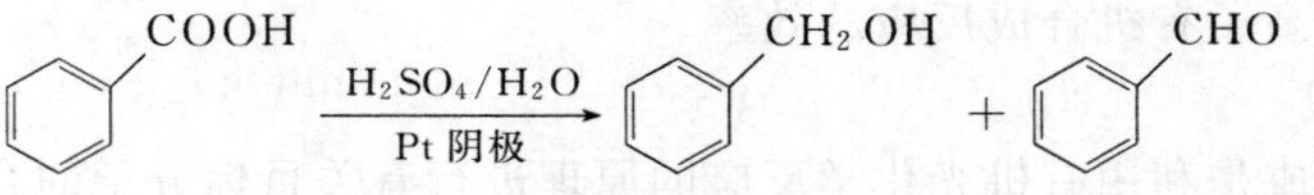

c. 电取代反应：

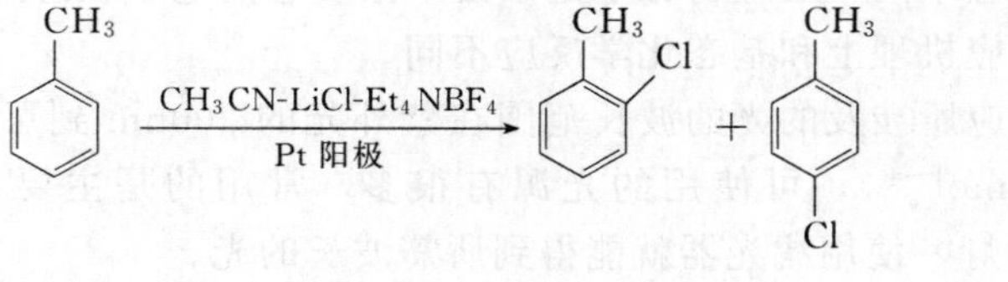

d. 电加成反应：

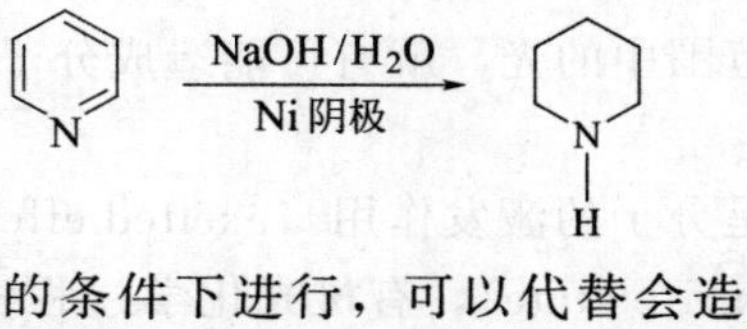

有机电化学合成可以在温和的条件下进行，可以代替会造成环境污染的氧化剂和还原剂，是一种环境友好的清洁合成技术，符合绿色化学的理念，也代表了现代化学工业技术发展的方向。

③ 有机辐射化学合成

有机辐射化学合成就是利用高能射线，如微波、电子束作为催化剂或引发剂，使有机反应在一定的条件下进行，得到产物的新型有机合成方法。

微波是一种波长为 1mm～1m，频率为 300MHz～300GHz 的电磁波，由于能量较低，小于分子间的范德华力，因此只能激发分子的转动能级，而无法直接使化学键断裂引起化学反应。

对于微波促进有机反应的机理目前认为主要是由于物质分子振动与微波振动有相似的振动频率，在快速振动的微波磁场中，物质分子吸收电磁能以每秒几十亿次频率进行高速振动，由此而产生热能。所以用微波辐射加速化学反应实质上是物质和微波相互作用导致的"内加热效应"。

进行微波合成反应时，溶剂的选择很重要，为使体系能更有效地吸收微波能量，一般选用极性溶剂作为反应介质，如醇、酮和酯等，通常高沸点极性溶剂加热效率更高。

对氰基酚钠与氯化苄发生烷基化反应生成 4-氰基苄基醚，用微波辐射 4min，收率达 93％，高于传统方法的收率（12h、72％）：

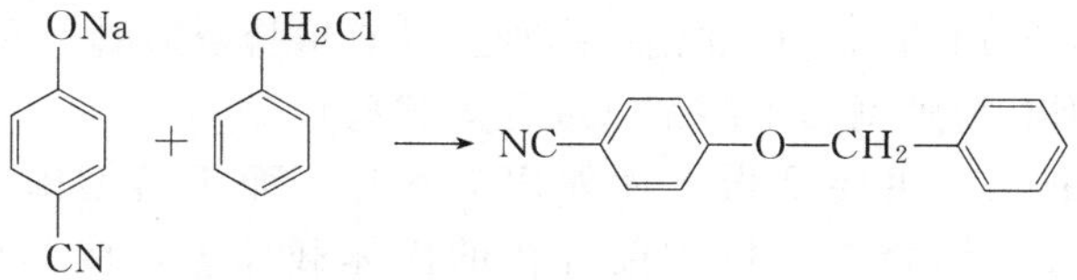

Claisen 重排反应以 DMF 作溶剂，用传统方法在 200℃反应 6h，收率为 85％，而用微波辐射 6min，收率达到 92％：

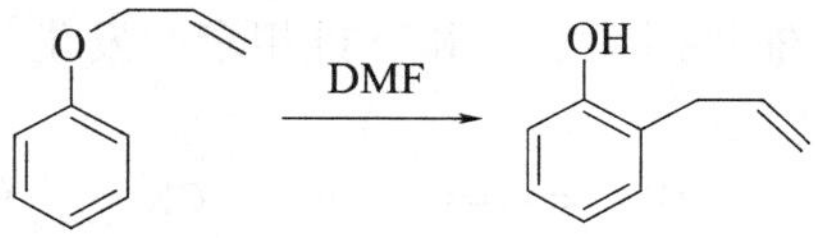

除了用微波作为辐射手段来进行有机合成反应，目前在聚合物的合成上还采用放射性同位素源来作为引发剂来引发有机单体产生自由基而进行自由基反应，而且由于不采用引发剂引发，产物中没有引发剂残留，能够得到高纯度的聚合物。

由于放射性同位素源的照射剂量大，穿透力强，通过平板源的方式可以实现大面积的照射，满足辐射聚合、辐射固化、辐射交联等工艺，而且还可以实现低温过冷态和固相聚合，例如辐射聚四氟乙烯聚合、丙烯酸涂料辐射常温固化，低温过冷态聚合固定生物活性物质如酶、细胞等以及三聚甲醛的结晶态聚合等等。有关内容可参见辐射化学应用等文献和参考书。

④ 有机固相合成

有机固相合成就是把反应底物或催化剂通过固定在某种固相载体（solid phase carrier）上，然后再与其他反应试剂进行生成产物的合成方法。

由于大多数有机反应都是在液相中进行，如果采用固体催化剂进行反应，则反应后，催化剂就很容易和反应物以及产物分离，催化剂可以重复使用，活化也很方便；如果反应底物被固定在载体上，则反应后，产物就很容易和催化剂、其他反应试剂等分离，产物纯度相对也较高。

有机固相合成中的固相载体一般是高分子树脂，形态可以是圆珠状、颗粒状、膜状、板状等各种形式。

适合有机固相合成的高分子树脂必须具有以下特点才能满足有机固相合成的需要。

a. 具有一定的物理机械性能，能耐受一定的反应搅拌、振荡和冲击等作用力，能长时间使用。例如在固相有机合成中经常用到的聚苯乙烯树脂或者是苯乙烯-二乙烯苯的共聚物树脂以及它们的衍生物。其他有报道应用于固相合成的载体有氯氨基树脂、聚丙烯酰胺树脂、氨基树脂等。

b. 一定的化学惰性，能在有机溶剂和反应试剂中不发生变化和参与有机合成反应。因为是聚合物作为固相合成的载体，本身主要的性质比较稳定，在有机溶剂中只会发生溶胀，但不会溶解，保证了固相合成始终有比较稳定的载体承载。

c. 本身具有活性官能团，或者通过化学反应引入活性官能团，以便能与反应底物通过价键相连。

例如用对称二醛经 Wittig 反应合成胡萝卜素类化合物，液相合成收率只有 45%，而用固相合成法进行，收率可接近 100%。

⑤ 相转移催化（phase transfer catalysis，简称 PTC）

相转移催化合成是 20 世纪 70 年代以后发展起来的一项催化技术。相转移催化采用相转移催化剂达到催化化学反应的目的。

相转移催化技术中所用的相转移催化剂品种主要有𬭩盐及冠醚、穴醚和聚醚两大类，而在催化剂的形态上，则有溶解型和不溶型（或称固载型）。

溶解型的相转移催化剂主要是指上述催化剂本身，而不溶型即固载型往往是将上述相转移催化剂用某种方式结合在无机或聚合物的固体载体上，使其成为不溶性的固体催化剂，有机催化反应能够在水相、有机相和固体催化剂之间进行，所以也称之为三相催化剂。

相转移催化的原理主要是催化剂在水相和有机相之间发生了离子交换，而反应在有机相中进行，如下图所示：

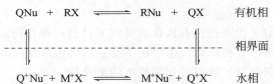

此相转移催化反应是液液体系，溶于水相的亲核试剂 M^+Nu^- 和只溶于有机相的反应物 RX 由于分别在不同的相中而无法接触发生反应，加入季铵盐 Q^+X^- 后，季铵盐溶于水中和 M^+Nu^- 相接触，发生 Nu^- 和 X^- 的交换反应生成 Q^+Nu^-，该离子对可溶于有机相，故转移到有机相的 QNu 和有机相中的反应物 RX 反应，生成产物 RNu 和 QX，QX 溶于水再转移入水相，完成相转移催化循环。

相转移催化最初用于有机合成是含活泼氢的化合物的烃基化反应，随着研究的深入，许多反应都逐渐得到开发和应用。下面举几个例子说明相转移催化在有机合成中的应用。

二氯卡宾是一种活泼中间体，它可以通过氯仿在叔丁基钾的作用下产生，如果在季铵盐的存在下，氯仿在浓氢氧化钠水溶液中也可以很容易得到二氯卡宾：

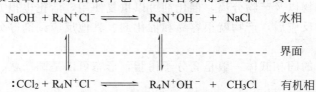

二氯卡宾和烯烃及芳烃反应，得到环丙烷的衍生物，这些反应都可以通过相转移催化反应，产生二氯卡宾活泼中间体，再与反应物进行反应，如扁桃酸的相转移催化合成方法，就

可以避免使用剧毒的氰化物：

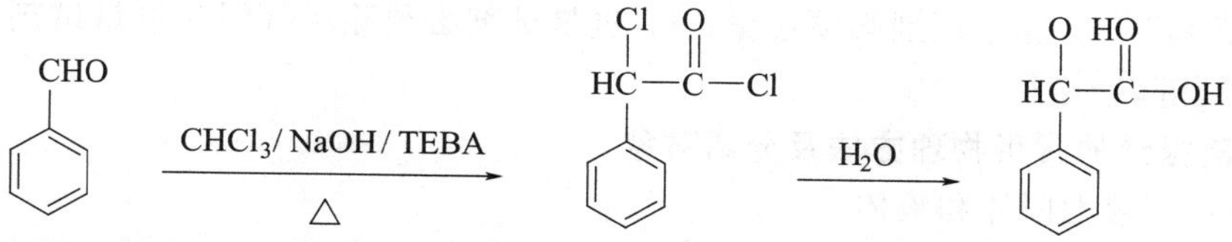

在氧化还原反应中，由于很多氧化剂、还原剂是无机化合物，如 $KMnO_4$、$K_2Cr_2O_7$、$NaClO$、H_2O_2 等，它们在有机溶剂中的溶解度低、反应耗时长、得率低。另外反应产物也有可能被这些无机固体化合物所吸附，造成产品分离提纯的困难。采用相转移催化剂就能使这些氧化剂等转移入有机相，同时反应温和、得率高。例如，邻苯二酚衍生物可在冠醚存在下被 $KMnO_4$ 氧化成相应的邻醌：

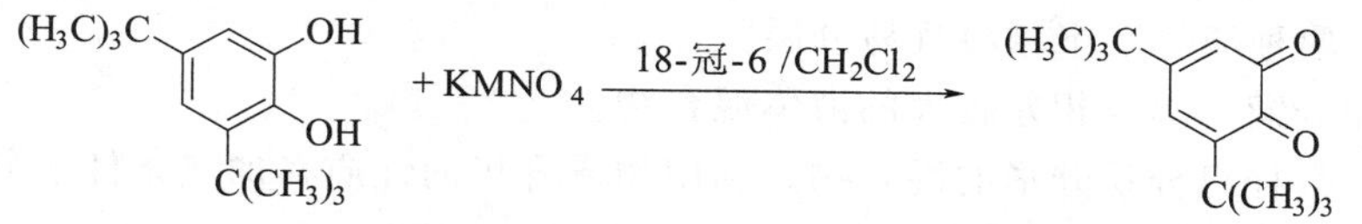

在含活泼氢的碳原子上进行烷基化反应时，常规方法是用强碱除去质子，形成碳负离子再进行反应的。而在相转移催化剂作用下，该反应可以在氢氧化钠溶液中与卤代烃在温和条件下进行：

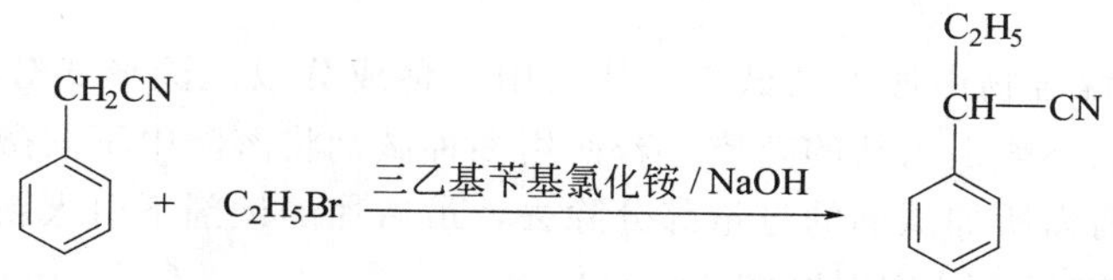

不含 α-氢的醛，在乙醇-水溶液中发生缩合反应的速率很慢，加入相转移催化剂，则反应速率大大加快：

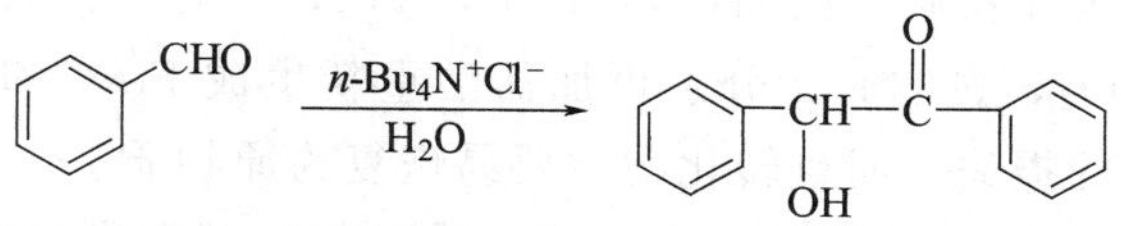

除了以上介绍的一些有机合成新方法外，还有许多新的合成方法和技术处于研究开发之中，尤其是不对称合成方法和技术以及新型的过渡金属络合物在有机合成催化剂方面的作用正越来越成为研究的热点，在未来有望成为有机合成主要的手段和方法，推动有机合成进一步的发展。所以关注有机合成各个方面的研究进展和动态以及更进一步地加强国际学术交流，是发展有机合成工作的重要途径之一。

5.2　化合物的分离

在化学制备合成、产品分析等操作中，遇到的化学物质种类繁多，成分复杂，为得到纯净物质或需要得到纯净物质的物理性质和结构信息，必须对各种样品进行分离操作，以便去除所需物质中所含的杂质，所以分离是常用的除去杂质或干扰的方法。

分离提纯一般应遵循"四原则"和"三必须"：

① "四原则"：一不增（提纯过程中不增加新的杂质）；二不减（不减少被提纯的物质）；

三易分离（被提纯物质与杂质容易分离）；四易复原（被提纯物质要易复原）。

②"三必须"：a. 除杂试剂必须过量；b. 过量试剂必须除尽（因为过量试剂带入新的杂质）；c. 选最佳除杂途径。

（1）分离提纯的常用物理方法及分离对象

① 过滤　不溶性固体和液体。

② 蒸发　溶解度随温度变化较小的固体和溶液。

③ 重结晶　溶解度随温度变化较大的固体和溶解度随温度变化较小的固体。

④ 萃取和分液

a. 萃取　利用溶质在互不相溶的溶剂里的溶解度不同，用一种溶剂把溶质从它与另一种溶剂组成的溶液里提取出来。

b. 分液　两种液体互不相溶且易分层。

⑤ 蒸馏和分馏　沸点相差较大的液体混合物。

⑥ 升华　某种组分易升华的混合物，利用物质升华的性质在加热条件下分离的方法。

（2）分离提纯的常用化学方法

① 加热法　混合物中混有热稳定性差的物质时，可直接加热，使热稳定性差的物质分解而分离出去。例如：食盐中混有氯化铵，纯碱中混有小苏打等均可直接加热除去杂质。

② 沉淀法　在混合物中加入某试剂，使其中一种成分以沉淀形式分离出去的方法。使用该方法一定要注意不能引入新的杂质。若使用多种试剂将溶液中不同微粒逐步沉淀时，应注意后加试剂能将前面所加试剂的过量部分除去，最后加的试剂不引入新的杂质。例如，加适量 $BaCl_2$ 溶液可除去 $NaCl$ 中混有的 Na_2SO_4。

③ 转化法　不能通过一次反应达到分离的目的时，要经过转化为其他物质才能分离，然后要将转化物质恢复为原物质。例如：分离 Fe^{3+} 和 Al^{3+} 时，可加入过量的 $NaOH$ 溶液，生成 $Fe(OH)_3$ 和 $NaAlO_2$，过滤后，分别再加盐酸重新生成 Fe^{3+} 和 Al^{3+}。注意转化过程中尽量减少被分离物质的损失，而且转化物质要易恢复为原物质。

④ 酸碱法　被提纯物质不与酸碱反应，而杂质可与酸碱发生反应时，可选用酸碱作除杂试剂。例如：用盐酸除去 SiO_2 中的石灰石，用氢氧化钠溶液除去铁粉中的铝粉等。

⑤ 氧化还原法

a. 对混合物中混有的还原性杂质，可加入适当的氧化剂将其氧化为被提纯物质。例如：将氯水滴入混有 $FeCl_2$ 的 $FeCl_3$ 溶液中，除去 $FeCl_2$ 杂质。

b. 对混合物中混有的氧化性杂质，可加入适当还原剂将其还原为被提纯物质。例如：将过量铁粉加入混有 $FeCl_3$ 的 $FeCl_2$ 溶液中，振荡过滤，可除去 $FeCl_3$ 杂质。

⑥ 调节 pH 法　通过加入试剂来调节溶液的 pH，使溶液中某种组分沉淀而分离的方法。一般加入相应的难溶或微溶物来调节。

例如：在 $CaCl_2$ 溶液中含有 $FeCl_3$ 杂质，由于三氯化铁的水解，溶液是酸性溶液，就可采用调节溶液 pH 的办法将 Fe^{3+} 沉淀出去，为此，可向溶液中加氧化钙、氢氧化钙或碳酸钙等。

⑦ 电解法　此法利用电解原理来分离、提纯物质，如电解精炼铜，将粗铜作阳极，精铜作阴极，电解液为含铜离子的溶液，通直流电，粗铜及比铜活泼的杂质金属失电子，在阴极只有铜离子得电子析出，从而提纯了铜。

(3) 分离提纯方法的选择

① "固＋固" 混合物的分离（提纯）

a. 加热

升华法，例如：NaCl 和 I_2 的分离。

分解法，例如：除去 Na_2CO_3 中混有的 $NaHCO_3$ 固体。

氧化法，例如：除去氧化铜中混有的铜。

b. 加水（溶剂）法　主要通过结晶和过滤操作进行分离，如结晶法（互溶），例如：KNO_3 和 NaCl 的分离；过滤法（不互溶）。例如：粗盐提纯。

其他（特殊法），例如：FeS 和 Fe 的分离可用磁铁吸附分离。

② "固＋液" 混合物的分离（提纯）

a. 互溶

萃取法，例如：海带中碘元素的分离。

蒸发法，例如：从食盐水中制得食盐。

蒸馏法，例如：用自来水制蒸馏水。

b. 不互溶

过滤法，例如：将 NaCl 晶体从其饱和溶液中分离出来。

③ "液＋液" 混合物的分离（提纯）

a. 互溶

蒸馏法，例如：乙醇和水、苯和硝基苯、汽油和煤油等的分离。

b. 不互溶

分液法，例如：CCl_4 和水的分离。

④ "气＋气" 混合物的分离（提纯）

洗气法，例如：除去 Cl_2 中的 HCl，可通过盛有饱和食盐水的洗气瓶。

其他法，例如：除去 CO_2 中的 CO，可通过灼热的 CuO。

⑤ 含杂质的胶体溶液的分离（提纯）

渗析法，如用半透膜除去胶体中混有的分子、离子等杂质。

5.2.1 固液分离

5.2.1.1 沉淀分离法

沉淀分离法是一种经典的分离方法，利用沉淀反应选择性地沉淀某些离子，与可溶性的离子实现分离。沉淀分离法的主要依据是物质溶解度的不同。沉淀分离法主要包括沉淀分离法和共沉淀分离法。前者适用于常量组分的分离（毫克数量级以上）；后者适用于痕量组分的分离（小于 $1mg \cdot mL^{-1}$）。

沉淀法是最古老、经典的化学分离方法。在分析化学中常常通过沉淀反应把欲测组分分离出来；或者把共存的组分沉淀下来，以消除它们对欲测组分的干扰。虽然，沉淀分离需经过过滤、洗涤等手续，操作较繁琐费时，且某些组分的沉淀分离选择性较差，分离不完全，但是一方面由于分离操作的改进，加快了过滤、洗涤速度；另一方面通过使用选择性较好的有机沉淀剂，提高了分离效率，因而到目前为止，沉淀分离法在分析化学中还是一种常用的分离方法。

(1) 常量组分的沉淀分离

常量组分的沉淀分离可选用无机沉淀剂或有机沉淀剂。常用的无机沉淀剂包括氢氧化物、硫化物和其他无机沉淀剂。

① 氢氧化物沉淀分离 大多数金属离子都能生成氢氧化物沉淀，但各种氢氧化物沉淀的溶解度有很大的差别。因此可以通过控制酸度，改变溶液中的 $[OH^-]$，以达到选择沉淀分离的目的。如以 NaOH 作沉淀剂，可将两性与非两性氢氧化物分离。以 NH_3 作沉淀剂，可将生成的氨配合物与氢氧化物沉淀分离。以六亚甲基四胺、吡啶、苯胺、苯肼等有机碱与其共轭酸组成缓冲溶液，可控制溶液的 pH，利用氢氧化物分级沉淀的方法达到分离的目的。

② 硫化物沉淀分离 约 40 余种金属离子可生成难溶硫化物沉淀，各种金属硫化物沉淀的溶解度相差较大，为硫化物分离提供了基础。

③ 其他无机沉淀剂

a. 硫酸 使钙、锶、钡、铅、镭等离子形成硫酸盐沉淀从而与金属离子分离。

b. HF 或 NH_4F 用于钙、锶、镁、钍、稀土金属离子与其他金属离子的分离。

c. 磷酸 使 $Zr(Ⅳ)$、$Hf(Ⅳ)$、$Th(Ⅳ)$、$Bi(Ⅲ)$ 等金属离子生成磷酸盐沉淀从而与其他离子分离。

④ 有机沉淀剂 有机沉淀剂所形成的沉淀具有溶解度小、沉淀完全、吸附作用小、高选择性与高灵敏度的特点。有机沉淀剂与金属离子生成的沉淀主要有以下三种类型。

a. 螯合物沉淀 这类沉淀剂为螯合剂，常具有两种基团：一种是酸性基团，例如：—OH、=NOH、—COOH、—SO_3H、—SH 等，这些基团以离子键或共价键与金属离子结合；另一种是碱性基团，例如：—NH_2、=NH、=CO、=CS 等，这些基团以配位键与金属离子结合。

例如，丁二酮肟在氨性溶液中，与镍的反应几乎是特效的。

8-羟基喹啉与 Al^{3+}、Zn^{2+} 均生成沉淀，若在 8-羟基喹啉芳环上引入一个甲基，形成的 2-甲基-8-羟基喹啉可选择性沉淀 Zn^{2+}，而 Al^{3+} 不沉淀，达到 Al^{3+} 与 Zn^{2+} 的分离。

铜试剂可使 Ag^+、Cu^{2+}、Co^{2+}、Ni^{2+}、Hg^{2+}、Pb^{2+}、Bi^{3+}、Zn^{2+}、Fe^{3+} 形成沉淀，但和 Al^{3+}、碱土金属及稀土金属不产生沉淀，因此常用于沉淀重金属离子，从而使重金属离子与 Al^{3+}、碱土金属及稀土金属分离。

b. 缔合物沉淀 这类沉淀剂能在水溶液中离解成为大体积的阳离子或阴离子，与带相反电荷的离子结合生成难溶于水的离子缔合物，例如四苯基硼化物可与 K^+、Rb^+、Cs^+ 等形成离子缔合物。

c. 利用胶体的凝聚作用进行沉淀。如辛可宁、丹宁、动物胶等。

（2）痕量组分的共沉淀分离和富集

共沉淀现象是指当一种沉淀从溶液中析出时，由于沉淀表面的吸附、混晶、吸留和包藏，使溶液中其他离子也沉淀下来的现象。利用共沉淀现象，以某种沉淀作载体，将痕量组分定量地沉淀下来，达到分离的目的。

① 无机共沉淀剂

无机共沉淀剂按其作用原理的不同，可分为以下两类。

a. 吸附或吸留作用的共沉淀分离　常用的载体有氢氧化物〔如 $Fe(OH)_3$、$Al(OH)_3$ 或 $MnO(OH)_2$〕、硫化物、磷酸盐等，它们大多为非晶体沉淀，表面积大、吸附能力强，通过吸附或吸留作用将痕量组分共沉淀分离除去。例如从含铜溶液中分离微量的 Al^{3+}，可加入过量的氨水，使 Cu^{2+} 生成〔$[Cu(NH_3)_4]^{2+}$〕留在溶液中，但由于 Al^{3+} 含量极少，因此难以形成 $Al(OH)_3$ 沉淀。若加入些 Fe^{3+}，则可利用生成的 $Fe(OH)_3$ 表面吸附的一层 OH^-，再进一步吸附 Al^{3+}，而使 $Al(OH)_3$ 共沉淀分离。此类共沉淀分离法选择性不高。

b. 混晶作用的共沉淀分离　当被沉淀离子与共存离子半径相近、晶格相似时，可产生混晶。例如 Pb^{2+} 与 Sr^{2+} 的半径相近（0.137nm 和 0.132nm），$SrSO_4$ 和 $PbSO_4$ 又具有相同的晶格，在分离微量的 Pb^{2+} 时，可先加入大量的 Sr^{2+}，再加入过量的 Na_2SO_4 溶液，使它们生成硫酸盐混晶而沉淀下来。常见的混晶有 $SrCO_3$-$CdCO_3$、$MgNH_4PO_4$-$MgNH_4AsO_4$、$ZnHg(SCN)_4$-$CoHg(SCN)_4$ 等。由于晶格的限制，混晶共沉淀分离选择性高，分离效果好。

② 有机共沉淀剂

有机共沉淀剂具有较高的选择性，得到的沉淀较纯净。沉淀通过灼烧即可除去有机共沉淀剂而留下待测定的元素。有机共沉淀剂按其作用原理的不同可分为以下三类。

a. 离子缔合物共沉淀剂　有机共沉淀剂可以和一种物质形成沉淀作为载体，能同另一种组成相似的由痕量元素和有机沉淀剂形成的化合物生成共沉淀而一起沉淀下来。Hg^{2+}、Zn^{2+}、In^{3+} 等金属离子能与卤素离子和 SCN^- 等阴离子形成可溶性的配阴离子，如 $[HgCl_4]^{2-}$、$[Zn(SCN)_4]^{2-}$、$[InCl_4]^-$ 等。如果在配阴离子和过量配位体的溶液中加入含有大阳离子 R^+ 的沉淀剂，如甲基紫、亚甲基蓝、罗丹明 B 等，则 R^+ 与溶液中过量配体等生成沉淀，在溶液中起到载体作用，与金属配阴离子生成离子缔合物共同沉淀下来。例如在含有痕量 Zn^{2+} 的弱酸性溶液中，加入 NH_4SCN 和甲基紫，甲基紫在溶液中电离为带正电荷的阳离子 R^+，其共沉淀反应为：

$$R^+ + SCN^- \Longrightarrow RSCN\downarrow（形成载体）$$
$$Zn^{2+} + SCN^- \Longrightarrow [Zn(SCN)_4]^{2-}$$
$$2R^+ + [Zn(SCN)_4]^{2-} \Longrightarrow R_2Zn(SCN)_4（形成缔合物）$$

生成的 $R_2Zn(SCN)_4$ 便与 RSCN 共同沉淀下来。沉淀经过洗涤、灰化之后，即可将痕量的 Zn^{2+} 富集在沉淀之中。

b. 惰性共沉淀剂　加入一种载体直接与被共沉淀物质形成固溶体而沉淀下来。例如痕量的 Ni^{2+} 与丁二酮肟镍螯合物分散在溶液中，不生成沉淀，加入丁二酮肟二烷酯的乙醇溶液时，则析出丁二酮肟二烷酯，丁二酮肟镍便被共沉淀下来。这里载体与丁二酮肟及螯合物不发生反应，实质上是"固体萃取"作用，丁二酮肟二烷酯称为"惰性共沉淀剂"。

c. 胶体凝聚共沉淀剂　这类共沉淀剂有丹宁、辛可宁、动物胶等，它们在溶液中形成带正电荷的大分子，能与带负电荷的钨、钼、铌、钽、硅等含氧酸胶体共同凝聚。例如 H_2WO_4 在酸性溶液中常呈带负电荷的胶体，不易凝聚，当加入有机共沉淀剂辛可宁，在溶液中形成带正电荷的大分子，能与带负电荷的钨酸胶体共同凝聚而析出，可以富集微量的钨。

5.2.1.2　结晶和重结晶

(1) 结晶的条件与控制

结晶是指溶液达到过饱和后，从溶液中析出晶体的过程。通常有两种结晶方法：一种方法适用于溶解度随温度的降低显著减小即溶解度曲线陡度很大的物质，如 KNO_3、$H_2C_2O_4$ 等，该类物质的溶液不必通过蒸发浓缩，只需将溶液加热至饱和后，冷却即可析出晶体；另一种是通过蒸发和气化部分溶剂，使溶液浓缩到达过饱和状态后析出晶体，当物质的溶解度较大，且随温度的降低而减小，即溶解度曲线较陡的物质（多数无机物属于这一类），这时只需蒸发至液面出现晶膜即可停止加热，随着温度的降低，晶体仍能继续析出；若物质的溶解度随温度变化不大，即溶解度曲线比较平坦，如 NaCl、KCl 等，借冷却高温的过饱和溶液不能获得较多的晶体，需要在晶体析出后继续蒸发母液至呈稀粥状后再冷却，才能获得较多的晶体。

① 结晶条件的控制　结晶过程分为两个阶段，第一阶段是形成作为结晶核心的微小晶核，第二阶段是晶核长大成为晶体。因此，晶体的析出首先与晶核形成的速度有关。溶液的过饱和程度越大，晶核形成的速度也大，就能加快晶体的析出。对一般的物质来讲，过饱和是一种不稳定的状态。如在过饱和溶液中加入一小粒晶体（晶种）、搅拌溶液或用玻璃棒摩擦器皿都可以加速晶体的析出。

析出晶体的颗粒大小除与溶液的过饱和程度有关外，还取决于结晶时的温度，如果溶液的过饱和程度大，形成晶核较多，在快速冷却的同时进行强烈搅拌时，则形成细小的晶体。若溶液的过饱和程度较低，形成晶核较少，晶体容易长大，待溶液慢慢冷却，同时加以适当的搅拌，就能得到较大颗粒的晶体。

② 结晶的操作技术　欲从溶液中析出晶体，一般都必须进行加热、蒸发。蒸发通常在蒸发皿中进行，因蒸发皿的表面积大，有利于加速蒸发。蒸发皿中放液体的量不要超过其容量的三分之二，如被蒸发的溶液较多时可以分次添加。一般可在石棉网上用煤气灯直接加热蒸发。对遇热易分解的溶质，应用水浴控温加热或更换溶剂（如甲醇、乙醇等有机溶剂能降低许多无机化合物的溶解度）。对在水溶液中能发生水解的物质，还应调节溶液的 pH 值，以抑制水解反应的进行。对各种水合晶体，在蒸发浓缩中先析出的晶体所含的结晶水一般较少，甚至为无水化合物。在冷却过程中逐渐从母液中吸收水并与之结合，从而达到所要求的结晶水。因此对这类化合物，决不能蒸发过度。

随着蒸发，溶液的浓度逐渐变大，不仅要控制好火焰的温度，同时要随时加以搅拌，以防局部过热而发生迸溅。总之，为了得到合格的产品，在加热蒸发中必须根据物质溶解度的不同与结晶大小的要求，严格控制蒸发浓缩的程度与结晶的条件。

（2）重结晶溶剂的选择

重结晶是结晶提纯的一个重要方法，具体操作过程为：选择合适的溶剂，并在接近沸点的温度下将需纯化的晶体溶解，制成热饱和溶液，然后趁热过滤热溶液，除去不溶性杂质，滤液冷却后即析出晶体。如果析出的晶体纯度还不合要求，可以再次反复操作，直至达到要求。

选择合适的溶剂是重结晶操作的关键，所选的溶剂必须具备下列条件：
① 不与被提纯物质起化学反应；
② 待纯化物质的溶解度随温度变化有明显的差异；
③ 杂质在溶剂中的溶解度很大（结晶时留在母液中）或很小（趁热过滤即可除去）；
④ 溶剂的沸点应低于待纯化物质的熔点；
⑤ 溶剂的沸点不可太高，以便于重结晶之后的干燥操作。

当有几种溶剂符合上述条件可供选择时，则应根据结晶的回收率、操作的难易、溶剂的毒性、安全程度、价格以及溶剂回收等因素进行比较选择。一般说，极性大的化合物难溶于非极性溶剂，而易溶于极性溶剂之中；反之亦然。常用的重结晶溶剂有水、冰醋酸、甲醇、乙醇、丙酮、乙醚、氯仿、苯、四氯化碳、石油醚等。

在选择溶剂时有时会发现，待提纯的物质在某种溶剂中溶解度很大，而在另一种溶剂中溶解度很小，此时可使用混合溶剂。即将两种能够互溶的溶剂按适当的比例混合使用，用混合溶剂重结晶时，先将溶解度大的溶剂加热近沸，并将待纯化的物质溶于其中，若有不溶性杂质，应趁热滤去；如发现热溶液因不纯物而染色时，则可用活性炭煮沸脱色后趁热过滤。然后再将另一种溶剂加入，使之混溶，并冷至室温以析出结晶。常用的混合溶剂按1∶1混合使用，用重结晶法精制萘时，就以水-甲醇体系为溶剂。此外，乙醇-苯、乙醇-水、乙醚-丙酮、乙醇-氯仿等都是常用的混合溶剂。

5.2.2　液液分离

5.2.2.1　液体的沸腾与沸点

液体的蒸气压是该液体的分子通过挥发或蒸发进入气相倾向大小的客观量度。在一定温度下，该液体的蒸气压是一定的，并不受液体表面压力——大气压的影响。当液体的温度不断升高时，液体的蒸气压也随之增加，直至该液体的蒸气压等于液体表面的大气压力，这时，就有大量气泡从液体内部逸出，即液体发生了沸腾，沸腾时的温度就是该液体在此大气压下的沸点。纯净液体的沸点在一定外界大气压下是一个常数，如纯水在一个标准大气压下的沸点是100℃。

沸点是鉴定液体化合物的特征物理常数，纯粹液体的沸点固定，且沸程一般不超过1～2℃，因此可以利用沸点即沸程定性地检验物质的纯度。

沸点的测量方法有常量法和微量法两种。

(1) 常量法（蒸馏法）

实验装置和操作方法见下面的简单蒸馏方法。用普通蒸馏法测定液体化合物的沸点所需样品至少为5～10mL。当液体不纯时，沸程很长，无法准确确定沸点，这时应先把液体化合物用其他方法提纯后再测定沸点。

(2) 微量法

微量法测沸点的优点在于样品用量少，实验装置见图5-1。

将待测沸点的样品滴入外管中，液柱高度约1cm，将一端封闭的熔点毛细管封闭端朝上倒插入待测液中，用橡皮圈将外管固定在温度计上插入热浴中，热浴可用测熔点的 Thiele 管或烧杯。当待测液体受热时，毛细管中有气泡经液面缓慢逸出，继续加热至接近液体沸点时有连续小气泡经液面逸出，此时停止加热，热浴温度持续下降，逸出的气泡速度逐渐减慢，这时注意当气泡不在冒出而液体刚要进入毛细管的瞬间（即最后一个气泡刚要缩回毛细管的时候），此时毛细管的蒸气压和外界的压力相等，记下此时温度计的读数，即为该液体的沸点。

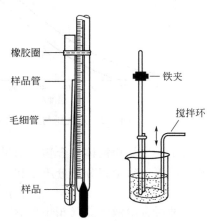

(a) 样品管固定　　(b) 小烧杯热浴

图 5-1　微量法测定沸点装置

5.2.2.2　普通蒸馏和分馏

蒸馏和分馏是分离、提纯液体有机物最重要最常用的方法之一。普通蒸馏主要用于分离两种以上沸点相差较大的液体混合物，而分馏可分离和提纯沸点相差较小的液体混合物。

蒸馏是一种热力学分离工艺，是利用液体或液体混合物中各组分沸点不同将组分分离的传质过程。在蒸馏过程中，将液体沸腾产生的蒸气导入冷凝管，使之冷却凝结成液体，这种蒸发、冷凝以分离整个组分的单元操作过程，是蒸发和冷凝两种单元操作的联合。与其他的分离手段，如萃取、过滤结晶等相比，它的优点在于不需使用系统组分以外的其他溶剂，从而保证不会引入新的杂质。普通蒸馏是分离沸点相差较大的混合物的一种重要的操作技术，尤其是对于液体混合物的分离有重要的实用意义。

蒸馏需要注意的条件有：

① 液体是混合物；

② 各组分沸点不同。

蒸馏的特点为：

① 通过蒸馏操作，可以直接获得所需要的产品，而吸收和萃取还需要如其他组分；

② 能耗大，在操作过程中产生大量的气相或液相。

蒸馏一般按照不同情况分成以下四种：

① 按方式分　简单蒸馏、分馏、精密分馏；

② 按操作压强分　常压蒸馏（普通蒸馏）、加压蒸馏、减压蒸馏；

③ 按液体或混合物中组分　单组分蒸馏、双组分蒸馏、多组分蒸馏；

④ 按操作方式分　间歇蒸馏、连续蒸馏。

当一种纯净液体中混有一种非挥发性物质（杂质）时，非挥发性物质会降低液体的蒸气压，如图 5-2 所示，曲线 1 是纯液体的蒸气压与温度的关系，曲线 2 是含有非挥发性物质的同一液体的蒸气压与温度的关系。由于杂质的存在，使任一温度的蒸气压都以相同数据下降，导致液体混合物的沸点升高（溶液的依数性）。但在蒸馏时，蒸气的温度和纯液体的沸点一致，因为温度计指示的是化合物的蒸气与其冷凝液平衡时的温度，而不是沸腾液体的温度。经过蒸馏可以得到纯粹的液体化合物，从而将非挥发性杂质除去。

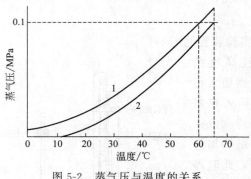

图 5-2　蒸气压与温度的关系

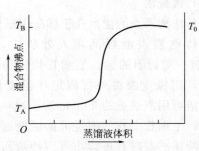

图 5-3　蒸馏曲线

对于一个均相液体混合物，如果组成混合溶液的各组分都是挥发性的，则液体混合物总的蒸气压等于每个组分的分压之和（道尔顿分压定律），即：

$$p_{总} = p_1 + p_2 + p_3 + \cdots \tag{5-1}$$

这种混合溶液的蒸气相中就含有易挥发的每个组分，通过简单蒸馏不能得到纯的化合物，其中相应的在蒸气相中沸点越低的组分含量越高。对于一个二元均相混合液，如果两者沸点相差较大（如大于 100℃），且体积相近，则经过小心蒸馏可以将其较好地分离，得到如图 5-3 所示的蒸馏曲线。当温度恒定时，收集到的馏出液中的馏分是沸点较低的纯组分，第一个馏分被蒸出后，继续加热，蒸气温度将上升，随后第二个组分又以恒定温度被蒸出。如果混合液中高沸点组分很少，且沸点相差 30℃ 以上，也可以将两者很好地分离。当沸点相差不大时，要很好地分离就必须采用分馏。如果在蒸馏体系中存在多种不同沸点的组分，则对应于目标蒸馏所需沸点的馏分来说，就存在前馏分（沸点低于所需馏分沸点的液体化合物）和后馏分（沸点高于所需馏分沸点的液体化合物），所以在蒸馏单一液体有机化合物时，一般不需要更换接收瓶，如果在蒸馏多种不同沸点的液体混合物时，需要多个接收瓶，以便收集不同的馏分。

通常普通蒸馏装置是由圆底烧瓶、蒸馏头、温度计、冷凝管、接收管和接收容器组成（如图 5-4 所示），圆底烧瓶的大小是根据所蒸馏液体的量来决定，一般蒸馏液体的量不超过圆底烧瓶容积的 2/3，也不要少于 1/3。如果装入的液体量过多，在沸腾时溶液雾滴有被蒸气带到接收系统的可能，同时，沸腾强烈时，液体可能冲出，混入馏出液中。如果装入的液体量太少，在蒸馏时就会有较多的液体残留在烧瓶中蒸不出来。温度计的选择一般应比液体的沸点高，但不宜高出太多，以免降低

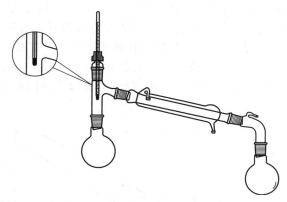

图 5-4　普通蒸馏装置

测温精度。温度计水银球的上限应与蒸馏头侧管的下限在同一水平线上。冷凝管一般选用直形冷凝管（蒸馏对象沸点低于 140℃）或空气冷凝管（蒸馏对象高于 140℃）。接收容器可用适合容量的小口锥形瓶或圆底烧瓶。冷凝水采取下进上出的方式，以使冷凝水充满直形冷凝管的夹套中，提高冷凝效果。每次蒸馏前至少准备 2 个已经称量的干净干燥的接收容器以备接收不同的馏分。

蒸馏装置的安装顺序一般是按照蒸馏液体化合物的流向过程从前往后、自下而上进行安装，各个玻璃仪器的接口必须塞紧，以防漏气。玻璃仪器必须用烧瓶夹或冷凝管夹固定，以免在蒸馏操作过程中松脱、掉落造成危险。实验结束后装置拆除顺序同安装顺序相反，从后往前，从上到下。整套蒸馏装置搭置完毕后，应做到"横平竖直"，即左右在一个平面内，上下竖直一条线，总体做到稳妥端正。

简单蒸馏一般只能对沸点差异较大（至少要相差 30℃）的液体混合物进行有效的分离，要用普通蒸馏分离沸点相差较小的液体混合物，从理论上讲，只要对蒸馏的馏出液经过多次的反复蒸馏，就可以达到分离目的。但这样操作既繁琐、费时又浪费较大，而用分馏则能克服这些缺点，提高分离效果。

分馏操作是使沸腾的混合物蒸气通过分馏柱，在柱内蒸气中高沸点组分被柱外冷空气冷凝变成液体，流回到烧瓶中，使继续上升的蒸气中低沸点组分含量相对增加，冷凝液在回流途中与上升的蒸气进行热量和质量的交换。上升的蒸气中，高沸点组分又被冷凝下来，低沸点组分继续上升，在柱中如此反复的气化、冷凝，当分馏柱效率足够高时首先从柱顶出来的是纯度较高的低沸点组分，随着温度的升高，后蒸出来的主要是高沸点组分，留在蒸馏烧瓶中的是一些不易挥发的物质。

分馏柱的种类很多，但其作用都是提供一个从蒸馏烧瓶通向冷凝管的垂直通道，这一通

道要比常压蒸馏长得多，为了使气液两相充分接触，常用的方法是在柱内填充上惰性材料，以增加表面积。填料包括玻璃、陶瓷或螺旋形、马鞍形等各种形状的金属小片。当分馏少量液体时，也可使用不加填充物，但柱内有许多"锯齿形"的分馏柱，称为韦氏分馏柱，也叫刺形分馏柱，其特点是简单，沾附的液体少，但缺点是较同样长度的填充柱的分馏效率低。

分馏原理也可通过二元混合物的沸点-组成的气液相图来说明（见图 5-5），图中表示在同一温度下，与沸腾液体相平衡时的蒸气的组成。例如某混合物在 90℃沸腾，其液体含化合物 A 58%（摩尔分数）、化合物 B 42%（摩尔分数），见图中 C_1，而与其相平衡的蒸气相含 A 78%（摩尔分数）、B 22%（摩尔分数），见图中 V_1，该蒸气冷凝后为 C_2，而与 C_2 相平衡的蒸气相 V_2，其组成为 A 90%（摩尔分数）、B 为 10%（摩尔分数）。由此可见，在任何温度下气相总是比与之相平衡的沸腾液相有更多的易挥发组分，若将 C_2 继续多次气化、多次冷凝，最后可将 A 和 B 分开。但必须指出，凡能形成共沸组成的混合物具有固定沸点，这样的混合物不能用分馏方法分离。

分馏装置图见图 5-6，影响分馏效率的因素主要有理论塔板和回流比。

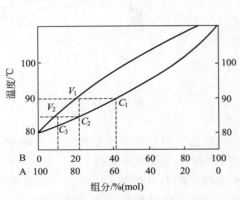

图 5-5　二元混合物的气-液相图

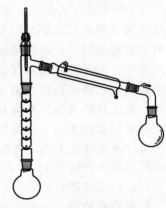

图 5-6　分馏装置图

① 理论塔板　分馏柱中的混合物经过一次气化和冷凝的热力学平衡过程，相当于一次简单蒸馏所达到的理论浓缩效率，当分馏柱达到这一浓缩效率时，那么分馏柱就具有一块理论塔板，柱的理论塔板数越多，分离效果就越好；其次，还要考虑理论塔板层的高度，在高度相同的分馏柱内，理论塔板层高度越小，则柱的分离效率也越高。一般来说，分馏柱越高，分馏效果越好。但是如果分馏柱过高，则会影响馏出速度和增加耗能。

② 回流比　在单位时间内，由柱顶冷凝返回柱中液体的量与蒸出物的量之比称为回流比。若全回流中每 10 滴收集 1 滴馏出液，则回流比为 9∶1。回流比的大小可根据物料系统和操作具体情况而定，一般回流比控制在 4∶1，即冷凝液流回烧瓶为每秒 4 滴，柱顶馏出液为每秒 1 滴。

另外在分馏过程中，为了始终保证分馏柱中具有一定的温度和维持温度平衡，需要在分馏柱外面包裹上一定的保温材料。

5.2.2.3　水蒸气蒸馏

水蒸气蒸馏是有机化合物分离提纯常用的一种方法，特别对天然植物中有机物的提取，它主要用于与水互不相溶，不反应，并且具有一定挥发性的有机物的分离。水蒸气蒸馏法指将含有挥发性成分的药材与水共蒸馏，使挥发性成分随水蒸气一并馏出，经冷凝分取挥发性成分的浸提方法。该法适用于具有挥发性、能随水蒸气蒸馏而不被破坏、在水中稳定且难溶或不溶于水的药材成分的浸提。水蒸气蒸馏法可分为共水蒸馏法（即将水和有机物一起放在烧瓶内加热蒸馏）、通水蒸气蒸馏法（即通过水蒸气发生器产生的水蒸气通过导管通入蒸馏烧瓶底部）。

水蒸气蒸馏是分离和提纯有机化合物的常用方法，但被提纯的物质必须具备以下条件。

① 不溶或难溶于水。

② 与水一起沸腾时不发生化学变化。

③ 在 100℃ 左右该物质蒸气压至少在 10mmHg（1.33kPa）以上。

在难溶或不溶于水的有机物中通入水蒸气或与水共热，使有机物和水一起蒸出，这种操作称为水蒸气蒸馏，水蒸气蒸馏装置图见图 5-7。根据分压定律，这时混合物的蒸气压应该是各组分蒸气压之和，即：

$$p_{总} = p_{H_2O} + p_A \qquad (5-2)$$

式中，$p_{总}$ 是混合物总蒸气压；p_{H_2O} 为水的蒸气压；p_A 为不溶或难溶于水的有机物的蒸气压。

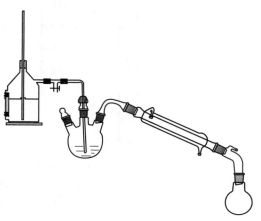

当 $p_{总}$ 等于 101.325kPa 时，该混合物开始沸腾。显然，混合物的沸点低于任何一个组分的沸点，即该有机物在比其正常沸点低得多的温度下，可被蒸馏出来。馏出液中有

图 5-7　水蒸气蒸馏装置图

机物的质量 m_A 与水的质量 m_{H_2O} 之比，应等于两者的分压 p_A、p_{H_2O} 之比与相对分子质量 M_A、M_{H_2O} 之比的乘积。

$$\frac{m_A}{m_{H_2O}} = \frac{p_A M_A}{p_{H_2O} M_{H_2O}} \qquad (5-3)$$

5.2.2.4　减压蒸馏

高沸点有机化合物或在常压下蒸馏易发生分解、氧化或聚合的有机化合物，可采用减压蒸馏进行分离、提纯。

液体的沸点随外界压力变化而变化，若系统的压力降低了，则液体的沸点温度也随之降低，要了解物质在不同压力下的沸点，可从有关文献中查阅压力-温度关系图或计算表，也可依照化合物的沸点与压力之间的函数关系按照下面公式估算，求出在给定压力下沸点的近似值：

$$\lg p = A + \frac{B}{T} \qquad (5-4)$$

式中，p 为系统压力；T 为沸点，K；A、B 为常数。以 $\lg p$ 为纵坐标，$1/T$ 为横坐标作图，可以近似得到一条直线。因此可从两组已知的压力和温度数据算出 A 和 B 的数值，再将所选择的压力代入上式计算出液体的沸点。

但实际上，许多物质的沸点变化并不符合上述公式，可从图 5-8 的经验曲线图中近似地推算其在不同压力下的近似沸点。

如苯甲酸乙酯在常压下的沸点为 213℃，需要知道其在 2.666kPa（20mmHg）压力下的沸点，可在上图中的 B 线上找出相当于 213℃ 的点，将此点与 C 线上 2.666kPa 处的点连成一直线，此直线延长与 A 线相交，此交点即为该化合物在 2.666kPa 时的沸点，约为

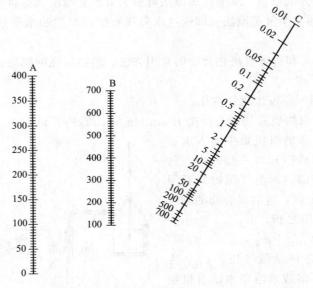

图 5-8　常压沸点、减压沸点与压力间的关系

A—沸点/℃（压力/mmHg 时）；B—沸点/℃（压力 760mmHg 时）；C—压力/mmHg

（按国家标准，压力单位为 Pa，1mmHg＝133.322Pa）

100℃左右。

沸点和压力之间通常有一些经验规律：

① 压力降低到 2.67kPa（20mmHg），大多数有机物的沸点比常压（0.1MPa，760mmHg）的沸点低 100～120℃；

② 压力在 1.33～3.33kPa（10～25mmHg）之间，压力每相差 0.133kPa（1mmHg），沸点约相差 1℃；

③ 压力在 3.33kPa（25mmHg）以下，压力每降低一半，沸点下降约 10℃。

减压蒸馏装置是由蒸馏、抽气、测压和保护四部分组成，见图 5-9。

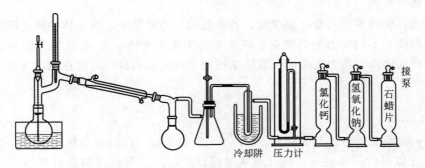

图 5-9　减压蒸馏装置

蒸馏部分由圆底烧瓶、克氏蒸馏头、冷凝管、真空接收管（或多头接收管）和接收器组成。在克氏蒸馏头带有支管一侧的上口插温度计，另一口则插一根末端拉成毛细管的厚壁玻璃管，毛细管下端离瓶底约 1～2mm，在减压蒸馏中，毛细管主要起到沸腾中心、搅动作用，并防止暴沸保持沸腾平稳。如果没有毛细管，可用磁力搅拌方式使烧瓶中的液体旋动，形成稳定的沸腾中心，这时减压蒸馏装置中的克氏蒸馏头可用普通蒸馏头代替。

在减压蒸馏装置中，接引管一定要带有支管，该支管与抽气系统连接，在蒸馏中若要收集不同馏分，则可用多头接引管。多头接引管也要带有支管，根据馏程范围可转动多头接引管集取不同馏分。接收器可用圆底烧瓶、吸滤瓶等耐压器皿，但不能用锥形瓶。

保护系统是由安全瓶（通常是吸滤瓶）、冷阱和两个或两个以上吸收塔组成。吸滤瓶的瓶口上装两孔橡皮塞，一孔通过玻璃管、橡皮管依次与冷阱、水银压力计、吸收塔和油泵相连接，另一孔接二通旋塞。安全瓶的支口与接引管上部的支管通过橡皮管连接。安全瓶的作用是使减压系统中的压力平稳，即起缓冲作用。二通旋塞用来调节系统压力和放空。冷阱一般放在广口保温瓶中，用冰-盐等冷却剂冷却，目的是把减压系统中低沸点有机溶剂充分冷凝下来，以保护油泵。泵前装有两个或三个吸收塔，吸收塔内的吸收剂的种类常由蒸馏液体性质而定。一般有无水氯化钙、固体氢氧化钠、粒状活性炭、石蜡片和分子筛等。其目的是吸收酸性气体、水蒸气和有机蒸气。若用水泵减压，则不需要吸收装置。

测量减压系统的压力可用水银压力计。一般有一端封闭的封闭式 U 形压力计和开口式压力计，见图 5-10。压力计的使用：开口 U 形压力计，一端接在安全瓶或冷阱上，另一端通大气，当减压系统压力稳定时，先读下两臂水银柱高度之差（注意 1mmHg＝133.322Pa），然后用实测的大气压力减去该差值，即为系统的压力或真空度。封闭式 U 形压力计其两水银柱差即为系统的压力，也可用数字式真空压力计测压，表上有两档可选读数拨钮，分别对应 mmHg 或 kPa 读数，两个读数可相互切换，表上显示的读数为负值，将大气压和表上读数相加，就得到了系统的压力。

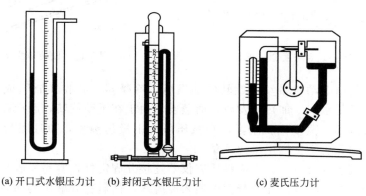

(a) 开口式水银压力计　　(b) 封闭式水银压力计　　(c) 麦氏压力计

图 5-10　几种测定压力的压力计

虽然水银压力计测定系统压力精确度高，操作简单，但是由于需要灌装水银，操作要求高，而且水银蒸气有毒，一旦操作不慎，容易造成玻璃管破损，引起水银泄漏，增加实验室安全隐患。因此目前实验室在测定系统压力时，经常采用数字式压力计或数字式真空测压仪来测定系统的压力。

图 5-11 是典型的一种数字式真空测压仪，它可取代水银 U 型管压力计，无汞污染，从而达到消除汞蒸气的污染，增加实验的安全性。同时在实验时读取数据更方便、更直观，操作更容易等目的。

数字式真空测压仪测定时读出的数据为系统的真空度，仪器可以适用两种单位，即 mmHg 或 kPa，视具体使用情况而定。系统压力可由下式计算：

$$系统压力＝实验时的大气压值＋真空度值 \tag{5-5}$$

因仪器读出的真空度为负值，即真空度是一种负压状态，因此计算时注意正负符号。

抽气减压，实验室常用水泵或油泵减压。水泵因其结构、水压和水温等因素，不易得到较高的真空度。油泵可得到较高的真空度，好的可抽真空度 13.3Pa。油泵结构较为精密，如果有挥发性的有机溶剂、水或酸性蒸汽进入，会损坏油泵的机械结构和降低真空泵油的质量。如果有机溶剂被油吸收，增加了蒸气压而降低了抽真空的效能；若水蒸气被吸入，能使油乳化，使泵油品质变坏；酸性蒸汽的吸入能腐蚀机械，因此使用油泵时必须十分注意。

有机化学实验室进行减压蒸馏通常有两种方式：普通减压蒸馏和旋转薄膜蒸发仪。

在有机化学实验中，常常遇到的情况是需要蒸除大量的溶剂，这是一项繁琐又费时的工作。遇到这种情况，可以采用旋转薄膜蒸发仪来解决这个问题。图 5-12 即为旋转薄膜蒸发仪装置。

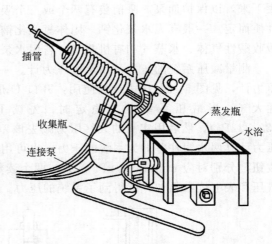

图 5-11　数字式真空度测定仪　　　　图 5-12　旋转薄膜蒸发仪

旋转蒸发仪是由电动机带动可旋转的蒸发瓶、冷凝器、和收集瓶组成，可在减压下使用。用热浴（通常是水浴）加热蒸发瓶，而蒸发瓶由于在不断旋转，溶液在旋转过程中不断附着于瓶壁形成薄膜，蒸发面积增大，在减压条件下极易蒸发，而且因为蒸发瓶在不断旋转，所以不加入沸石也不会产生暴沸现象。

使用旋转薄膜蒸发仪时，首先应将所有仪器连接并固定好，容易松脱滑落的如蒸发瓶和收集瓶应用特殊的夹子夹住。在冷凝器中通入冷凝水，然后打开减压的油泵或水泵，关闭旋转蒸发仪上的放气旋塞，使系统压力降低。将装有蒸馏液的蒸发瓶浸入热浴中，打开电动机开关，使蒸发瓶旋转，加热热浴，使蒸馏液达到一定温度时沸腾蒸发，经冷凝器冷凝进入收集瓶。热浴温度根据被蒸溶剂在系统压力下的沸点确定，温度不宜太高，蒸发瓶旋转速度不宜过快，以免造成冲液等现象。蒸馏结束，先关闭电动机，调节蒸发瓶高度离开热浴，再解除真空，最后拆下蒸发瓶，切断冷凝水，回收收集瓶中的溶剂。

5.2.2.5　萃取与洗涤

① 液液萃取

萃取和洗涤是分离和提纯有机化合物的常用操作。它们的基本原理都是利用物质在互不相溶（或微溶）的溶剂中的溶解度不同而达到分离。萃取是从液体或固体化合物中提取所需物质，洗涤是从混合物中提取出不需要的少量杂质，所以洗涤实际上也是一种萃取。

液-液萃取是以分配定律为基础，在一定温度、一定压力下一种物质在两种互不相溶的溶剂 A、B 中的分配浓度之比是一个常数 K，即分配系数：

$$K = \frac{c_A}{c_B} \quad\quad\quad (5\text{-}6)$$

式中，c_A 和 c_B 分别为每毫升溶剂中所含溶质的质量，g，应用分配定律可以计算出每次萃取后被萃取物质在原溶液中的剩余量，对某一化合物而言，当 $c_B > c_A$，其 K 值恒小于 1。如果用溶剂 B 对其萃取时，该化合物将绝大部分进入萃取剂中，而分配系数较大的化合物则仍留在原溶液中，于是可以将它们分开，在温度恒定时，萃取效率的高低决定于被萃取物的分配系数、萃取溶剂的体积和萃取次数等。设有体积为 V 的水溶液，其中含有某有机溶质 m_0。每次用体积为 S 的有机溶剂萃取，经第一次萃取后，残留在水溶液中的溶质量为 m_1，根据分配系数的定义，第一次萃取后：

$$\frac{\frac{m_1}{V}}{\frac{m_0 - m_1}{S}} = K \quad\quad\quad (5\text{-}7)$$

所以：

$$m_1 = m_0 \left(\frac{KV}{KV + S} \right) \quad\quad\quad (5\text{-}8)$$

第二次萃取后，原溶液中的残留溶质量为 m_2，则：

$$\frac{\frac{m_2}{V}}{\frac{m_1 - m_2}{S}} = K \quad\quad\quad (5\text{-}9)$$

$$m_2 = m_1 \left(\frac{KV}{KV + S} \right) = m_0 \left(\frac{KV}{KV + S} \right)^2 \quad\quad\quad (5\text{-}10)$$

萃取 n 次以后，原溶液中的溶质残留量 m_n，有：

$$m_n = m_0 \left(\frac{KV}{KV + S} \right)^n \quad\quad\quad (5\text{-}11)$$

由上可见，每次萃取的溶剂量 V 越大，重复的次数越多，残留在原溶液中的溶质量越少。但是式中 n 对 m_0 的影响比 V 大得多，所以在溶剂总量一定时，采用少量多次的萃取方法，效果要比一次性萃取好得多。所以用相同量的溶剂分 n 次萃取比一次萃取好，即少量多次萃取效率高。但并非是萃取次数越多越好，综合考虑一般以萃取三次为宜。

此外萃取效率还与萃取剂的性质有关。选择的萃取剂要求：与原溶剂不相混溶，对被提取物质溶解度大、纯度高、沸点低、毒性小、价格低。

萃取方法用得最多的是从水溶液重萃取有机物，常用的萃取剂有：乙醚、苯、四氯化碳、氯仿、石油醚、二氯甲烷、正丁醇、醋酸酯等，常用于在有机物中除去少量酸、碱等杂质，这类萃取剂一般用 5% 氢氧化钠溶液、5% 或 10% 碳酸钠或碳酸氢钠溶液、稀盐酸、稀硫酸等。酸性萃取剂主要用于除去有机溶剂中的碱性杂质，碱性萃取剂主要用于除去混合物中的酸性杂质，总之是使这些杂质成盐溶于水而被分离。

萃取和洗涤常在分液漏斗中进行，选用分液漏斗的容积一般要比液体的体积大一倍以上。分液漏斗使用前必须检查塞子和旋塞，确定不漏水时方能使用。将漏斗放置在固定于铁架上的铁圈中，关闭旋塞，将被萃取液或需洗涤溶液倒入分液漏斗中，加入萃取剂（一般为溶液的 1/3），塞紧塞子，取下漏斗，右手握住漏斗口颈，并用手掌顶住塞子；左手握在漏斗旋塞处，用拇指压紧旋塞，把漏斗放平，前后小心振荡（见图 5-13）。开始振荡要慢，振荡几次后把漏斗倾斜，使下口向上倾斜，开启旋塞放气，重复几次上述操作直至无气体放出。将漏斗置于铁圈中，静止分层。打开塞子，下层液体由下口放出，上层液体从上口倒出。

② 固液萃取　固液萃取是用溶剂从固体物质中提取所需物质的常用方法。最简单的方法是把固体混合物先进行研细，放在容器中，加入适当溶剂，在常温或加热下浸泡，过程中可以经常采用振荡或搅拌方式，在一定时间后，将浸出液滤出，残渣加以压榨，使浸取液和残渣分开，必要时还可以对残渣再次加入溶剂进行反复浸取。如被提取的物质溶解度很大，也可以把固体混合物放在置有滤纸的锥形玻璃漏斗中，用溶剂洗涤，这样，需要被提取的物质就会溶解在溶剂中，而被提取出来。如果需提取的物质溶解度很小，则用洗涤方法要消耗大量的溶剂和很长的时间，这时可以采用索氏（Soxhlet）提取器来萃取（如图 5-14 所示）。

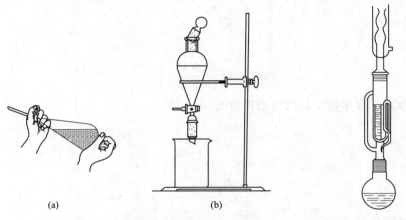

图 5-13　分液漏斗的使用方法　　　　　图 5-14　索氏提取器

索氏提取是利用溶剂回流及虹吸原理，使固体物质每一次都能为纯的溶剂所萃取，因而效率高。萃取时将研细的固体样品用滤纸筒装盛（滤纸筒可自制，将滤纸折成小于提取筒的直径，一端用钉书钉钉紧或用线扎紧，长度视提取筒高度而定），放入提取筒中，注意滤纸筒被提取的固体物质高度不要超过提取筒的虹吸管顶端，保证被提取的固体物质能够全部被溶剂所浸没。安装好索氏提取器后，用热浴加热圆底烧瓶，当溶剂沸腾时，蒸气通过蒸气上升管上升，被冷凝成为液体，滴入提取筒中，当溶剂在提取筒中超过虹吸管的最高处时，即虹吸流回到烧瓶中，溶剂就这样在仪器内循环流动，把需要提取的物质集中到下面的烧瓶里，经过一段时间的提取（依据提取物质性质和含量、溶剂的性质等，时间或长或短，一般为数小时至数十小时）。提取完毕后，将圆底烧瓶中的溶剂经过蒸馏回收，被提取物就可通过结晶、析出或升华等方法得到。

超临界流体（supercritical fluid，SF）是处于临界温度（T_c）和临界压力（p_c）以上，介于气体和液体之间的流体。超临界流体具有气体和液体的双重特性。SF 的密度和液体相近，黏度与气体相近，但扩散系数约比液体大 100 倍。由于溶解过程包含分子间的相互作用和扩散作用，因而 SF 对许多物质有很强的溶解能力。这些特性使得超临界流体成为一种好的萃取剂。而超临界流体萃取，就是利用超临界流体的这一强溶解能力特性，从动、植物中提取各种有效成分，再通过减压蒸馏将其释放出来的过程。

超临界流体萃取是国际上最先进的物理萃取技术，简称 SFE（supercritical fluid

extraction）。在较低温度下，不断增加气体的压力时，气体会转化成液体，当压力增高时，液体的体积增大，对于某一特定的物质而言总是存在一个临界温度（T_c）和临界压力（p_c），高于临界温度和临界压力，物质不会成为液体或气体，这一点就是临界点。在临界点以上的范围内，物质状态处于气体和液体之间，这个范围之内的流体成为超临界流体（SF）。超临界流体具有类似气体的较强穿透力和类似于液体的较大密度和溶解度，具有良好的溶剂特性，可作为溶剂进行萃取、分离单体。

超临界流体对物质进行溶解和分离的过程就叫超临界流体萃取。可作为 SF 的物质很多，如二氧化碳、一氧化亚氮、六氟化硫、乙烷、庚烷、氨等，其中多选用 CO_2（临界温度接近室温，且无色、无毒、无味、不易燃、化学惰性、价廉、易制成高纯度气体）。超临界流体萃取是近代化工分离中出现的高新技术，SFE 将传统的蒸馏和有机溶剂萃取结合一体，利用超临界 CO_2 优良的溶剂力，将基质与萃取物有效分离、提取和纯化。SFE 使用超临界 CO_2 对物料进行萃取。超临界 CO_2 是安全、无毒、廉价的液体，超临界 CO_2 具有类似气体的扩散系数、液体的溶解力，表面张力为零，能迅速渗透固体物质之中，提取其精华，具有高效、不易氧化、纯天然、无化学污染等特点。

超临界流体萃取分离技术是利用超临界流体的溶解能力与其密度密切相关，通过改变压力或温度使超临界流体的密度大幅改变。在超临界状态下，将超临界流体与待分离的物质接触，使其有选择性地依次把极性大小、沸点高低和相对分子质量大小不同的成分萃取出来。

5.2.3 固固分离

固体混合物进行分离主要依据固体混合物间的性质来选择分离方法，如果固体混合物中某一种物质能够溶于某种溶剂，而另外的物质不溶于同种溶剂，则可以采用溶解、过滤和结晶的方法进行分离，结晶法可参见 5.2.1 固液分离。如果固体物质中需要提取的物质能够不经过液态而直接转化为气态的现象就是升华现象，而升华的气态物质经过冷凝又直接转变成固体，则可以通过升华操作将需要提取的物质从固体混合物中进行分离。所以升华法也是从固体混合物中分离得到纯物质的一种常用方法。

升华法可以提纯加热不分解、不升华的固体物质和易发生升华的物质的混合物，以及加热不分解、不升华的固体物质和加热很容易分解成同类成分的物质的混合物。比如碘（或硫）和 NaCl 的混合物、$CaCO_3$ 和 CaO 的混合物。

升华法指固态物质不经液态直接转变成气态的现象，可作为一种应用固-气平衡进行分离的方法。有些物质（如氧）在固态时就有较高的蒸气压，因此受热后不经熔化就可直接变为气体，冷凝时又复成为固体。固体物质的蒸气压与外压相等时的温度，称为该物质的升华点。在升华点时，不但在晶体表面，而且在其内部也发生了升华，作用很剧烈，易将杂质带入升华产物中。

升华的基本原理：固体物质具有较高的蒸气压时，往往不经过熔融状态就直接变成蒸气，蒸气遇冷直接变成固体。这个过程成为升华。但是，不是所有化合物都具有升华的性质，一般来说，具有对称结构的非极性化合物，均具有这种性质。利用三相相图（图 5-15）可以进一步了解升华的基本原理。

图 5-15 中，G 点为物质的三相平衡点，在此温度和压力下物质处于气、固、液三相共存。不同的物质三相点是不同的，在三相点以下物质处于气、固两相的状态，因此，升华都是在三相点温度以下进行，即在物质的熔点以下进行，这时当温度升高时，固体可以不经过液体而直接转化成气体，这就是升华过程，固体的熔点可以近似地看作是物质的三相点。

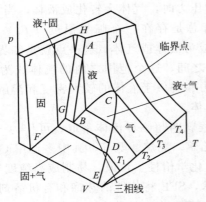
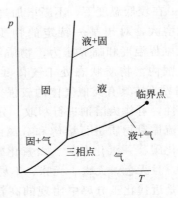

图 5-15　固相-液相-气相三相相图

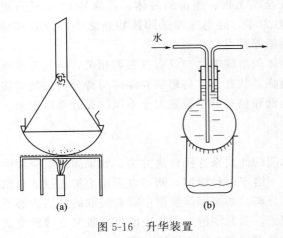

图 5-16　升华装置

升华是固体化合物提纯的又一种方法，由于不是所有固体都具有升华性质，因此，只适用于以下情况：

① 被提纯的固体化合物具有较高的蒸气压，在低于熔点时，就可以产生足够的蒸气，使固体不经过熔融状态直接变为气体，从而达到分离的目的；

② 固体化合物中杂质的蒸气压较低，有利于分离。

升华装置如图 5-16 所示。

在石棉网上用热浴将蒸发皿或烧杯中的需升华物慢慢加热，温度控制在精制物的熔点以下，使其缓慢气化升华，当升华物质黏附在滤纸或漏斗以及烧瓶的底部时，用刮勺小心将升华物刮下，放在表面皿上，然后称重。

5.2.4　色谱分离

色谱法（chromatography）也称色层法或层析法，是分离、提纯和鉴定有机化合物的重要方法之一。色谱法因最早用于提纯有色有机物质的分离而得名，后来随着各种显色、鉴定技术的引入，其应用范围早已扩展到无色物质。

色谱法有许多种类，但基本原理是一致的，即利用待分离混合物中的各组分在某一物质中（此物质称作固定相）的亲和性差异，如吸附性差异、溶解性（或称分配作用）差异等，让混合物溶液（此相称做流动相）流经固定相，使混合物在流动相和固定相之间进行反复吸附或分配等作用，从而使混合物中的各组分得以分离。根据不同的操作条件，色谱法可以分为柱色谱（column chromatography）、薄层色谱（thin layer chromatography，TLC）、凝胶色谱法（gel permeation chromatography，GPC）、气相色谱（gas chromatography，GC）和高压液相色谱（high pressure liquid chromatography，HPLC）等。气相色谱和高压液相色谱法可参见本书第 8 章的仪器分析中的相关内容。

（1）柱色谱

柱色谱是分离、提纯复杂有机化合物的重要方法，也可分离量较大的有机物。图 5-17

是一般柱色谱装置。柱内装有表面积很大而又经过活化的吸附剂（固定相），如氧化铝、硅胶等。从柱顶加入样品溶液，当溶液流经吸附柱时，各组分被吸附在柱的上端，然后从柱上方加入洗脱剂，由于各组分吸附能力不同，在固定相上反复发生吸附-解吸-再吸附的过程，它们随着洗脱剂向下移动的速度也不同，于是形成了不同的色带，如图5-17所示。继续用溶剂洗脱时，吸附能力最弱的物质，首先随着溶剂流出，极性强的后流出。分别收集洗脱剂，如各组分为有色物质，则可按色带分开；如果是无色物质，则可用紫外光照射后是否出现荧光来检查，也可通过薄层色谱逐个鉴定。柱色谱分离情况见图5-18。

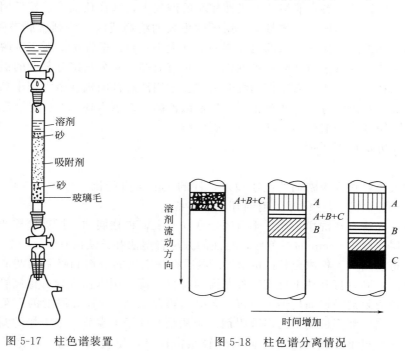

图 5-17　柱色谱装置　　　　　　图 5-18　柱色谱分离情况

常用的吸附剂有氧化铝、硅胶、氧化镁、碳酸钙和活性炭等。选择的吸附剂绝不能与被分离的物质及洗脱剂发生化学作用。吸附剂要求颗粒大小均匀。颗粒太小，表面积大，吸附能力强，但溶剂流速太慢；若颗粒太大，流速快，分离效果差。柱色谱中应用最广泛的是氧化铝，其颗粒大小以通过100～150目筛孔为宜。色谱用的氧化铝可分为酸性、中性和碱性三种。酸性氧化铝是用1%盐酸浸泡后，用蒸馏水洗至颗粒悬浮液的pH值为4～4.5，适用于分离酸性物质，如有机酸的分离；中性氧化铝pH值为7.5，适用于分离中性物质，如醛、酮、醌和酯等化合物；碱性氧化铝pH值为9～10，适用于分离烃类、生物碱、胺等化合物。

吸附剂的活性与其含水量有关，大多数吸附剂都有较强的吸水作用，而且水又不易被其他化合物置换，因此含水量低的吸附剂活性较高。氧化铝的活性分为五级，如表5-3所示。

表 5-3　氧化铝和硅胶等级与含水量的关系

活性等级	I	II	III	IV	V
氧化铝含水量/%	0	3	6	10	15
硅胶含水量/%	0	5	15	25	38

制备的方法是将氧化铝放在高温炉（350～400℃）内烘 3h，得到无水氧化铝，然后加入不同量的水分即得不同活性的氧化铝。

化合物的吸附性和分子的极性有关，分子极性越强，吸附能力越大。氧化铝对各类物质的吸附能力按以下顺序递减：

酸、碱＞醇、胺、硫醇＞酯、醛、酮＞芳香族化合物＞卤代物、醚＞烯＞饱和烃

溶剂的选择通常是从被分离化合物中的各种成分的极性、溶解度和吸附剂的活性等因素来考虑，溶剂选择合适与否直接影响到柱色谱的分离效果。

先将待分离的样品溶解在非极性或极性较小的溶剂中，从柱顶加入，然后用稍有极性的溶剂，使各组分在柱中形成若干谱带，再用极性更大的溶剂或混合溶剂洗脱被吸附的物质，常用洗脱剂的极性次序与薄层色谱的展开剂的极性大小一致。极性溶剂对于洗脱极性化合物是有效的，反之非极性溶剂对洗脱非极性化合物是有效的。对分离组分复杂的混合物，用单一溶剂分离效果往往不理想，需要使用混合溶剂。常用洗脱剂的极性由大到小顺序为：

乙酸＞吡啶＞水＞甲醇＞乙醇＞正丁醇＞乙酸乙酯＞二氧六环＞2-丁酮＞乙醚＞三氯甲烷＞二氯甲烷＞甲苯＞四氯化碳＞环己烷＞石油醚。

柱色谱操作方法如下所示。

① 装柱

色谱柱的大小要根据吸附剂的性质而定，柱的长度与直径比一般为 7.5：1，吸附剂用量一般为被分离样品的 30～40 倍，有时还可再多些。

装柱之前，先将空柱洗净干燥，垂直固定在铁架上，在柱底铺一层玻璃棉或脱脂棉，再在上面覆盖一层厚 0.5～1cm 的石英砂，装柱的方法有湿法和干法两种。

湿法是先将溶剂倒入柱内至柱高的 3/4，然后将一定量的溶剂和吸附剂调成糊状，从柱的上面倒入柱内，同时打开柱下旋塞，控制流速每秒 1 滴，用木棒或套有橡皮管的玻璃棒轻轻敲击柱身，使吸附剂慢慢而均匀地下沉，装好后再覆盖 0.5～1cm 厚度的石英砂。在整个操作过程中，柱内的液面始终要高出吸附剂。干法是在柱子上端放一个干燥的漏斗，使吸附剂均匀而连续地通过漏斗流入柱内，同时轻轻敲击柱身，使装填均匀，加完后，再加入溶剂，使吸附剂全部润湿，在吸附剂上面盖一层 0.5～1cm 石英砂，再继续敲击柱身，使砂子上层呈水平，在砂子上面放一张与柱内径相当的滤纸，一般湿法比干法装得结实均匀。

② 加样和洗脱

当溶剂已降至吸附剂表面时，把已配成适当浓度的样品，沿着管壁加入色谱柱（也可用滴管滴加），并用少量溶剂分几次洗涤柱壁上所沾的样品。开启下端旋塞，使液体慢慢流出，当溶液液面与吸附剂表面相齐时，即可打开安置在柱上装有洗脱剂的滴液漏斗进行洗脱，控制洗脱液流出速度。洗脱速度太慢可用减压或加压方法加速，但一般不宜过快。当样品各组分有颜色时，洗脱液的收集可直接观察，分别收集各组分洗脱液。若各组分无颜色，则一般采用等分收集方法收集。

（2）薄层色谱

薄层色谱又称薄层层析，特点是所需样品少（几毫克到几十毫克）、分离时间短（几分钟到几十分钟）、效率高，是一种微量、快速和简便的分离鉴别方法，可用于精制样品、化合物鉴定、跟踪反应进程等。

薄层色谱是将吸附剂均匀地涂在玻璃板（或某些高分子薄膜）上作为固定相，经干燥、活化后点上待分离的样品，用适当极性的有机溶剂作为展开剂（即流动相），当展开剂在吸附剂上展开时，由于样品中各组分对吸附剂的吸附能力不同，发生了无数次吸附和解吸过

程，吸附能力弱的组分（即极性较弱的）随流动相迅速向前移动，吸附能力强的组分（即极性较强的）移动慢。利用各组分在展开剂中溶解能力与被吸附剂吸附能力的不同，最终将各组分彼此分开。如果各组分本身有颜色，则薄层板干燥后会出现一系列高低不同的斑点；如果各组分本身无色，则可用各种显色方法使之显色，以确定斑点位置。在薄板上混合物的每个组分上升的高度与展开剂上升的前沿之比成为该化合物的比移值，记作 R_f（见图 5-19）。对于一个特定化合物，当实验条件相同时，其 R_f 值是一样的。

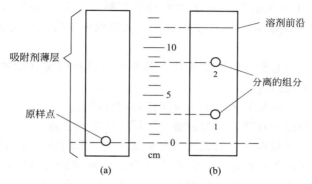

图 5-19　薄层层析点样及展开情况

$$R_f = \frac{溶质的最高浓度中心至原点中心的距离}{溶剂前沿至原点中心的距离} = \frac{d_{斑点}}{d_{溶剂}} \qquad (5\text{-}12)$$

薄层色谱适用于以下情况。

① 化合物的定性检验　通过与已知标准物对比的方法进行未知物的鉴定，在条件完全一致的情况，纯净的化合物在薄层色谱中呈现一定的移动距离，称比移值即 R_f，所以利用薄层色谱法可以鉴定化合物的纯度或确定两种性质相似的化合物是否为同一物质。但影响比移值的因素很多，如薄层的厚度、吸附剂颗粒的大小、酸碱性、活性等级、外界温度和展开剂纯度、组成、挥发性等。

所以，要获得重现的比移值就比较困难。为此，在测定某一试样时，最好用已知样品进行对照。

② 快速分离少量物质　所需样品只要几微克到几十微克，甚至 $0.01\mu g$。

③ 跟踪反应进程　在进行化学反应时，常利用薄层色谱观察原料斑点的逐步消失，来判断反应是否完成。

④ 化合物纯度的检验　一般经过层析后如果只出现一个斑点，且无拖尾现象，为纯物质。

此法特别适用于挥发性较小或在较高温度易发生变化而不能用气相色谱分析的物质。

薄层色谱的吸附剂最常用的是硅胶、氧化铝和和改性纤维素。

① 硅胶

硅胶是无定形多孔物质，略具酸性，适用于中性或酸性物质的分离。薄层色谱用的硅胶主要可分为：

a. "硅胶 H"，不含黏合剂或其他添加剂；

b. "硅胶 G"，含煅烧石膏（$CaSO_4 \cdot 1/2H_2O$）和黏合剂。

硅胶颗粒大小一般为 260 目以上。颗粒太大，展开剂移动速度快，分离效果不好；反之，颗粒太小，溶剂移动太慢，斑点不集中，效果也不理想。硅胶本身显弱酸性，直接用于分离和检识生物碱时，与碱性强的生物碱可形成盐而使斑点的R_f值很小，或出现拖尾，或形成复斑，影响检识效果。

② 氧化铝

氧化铝是经过特殊工艺加工生产的一种具有特殊结构的氧化铝粉末，无毒、无味、无臭，呈白色细沙状，具有化学纯度高，吸附性能强、溶液透过速率快、层析效果好、再生容易、使用寿命长等特性，在空气中有较强的吸水性，吸水后不变性，在110℃烘干即可复原，不溶于水和有机溶剂。氧化铝本身显弱碱性，且吸附性能较硅胶强，不经处理便可用于分离和检识生物碱。与硅胶相似，氧化铝也因黏合剂或荧光剂而分为氧化铝G和氧化铝H。

化合物的吸附能力与它们的极性成正比，具有较大极性的化合物吸附较强，因而R_f值较小。反之极性小则R_f值大。

一般普通化学实验室选择的吸附剂为薄层色谱用硅胶G。

一般薄层色谱操作过程有薄层板的制备、薄层板的活化、点样、展开、显色。

展开剂的选择主要是根据样品的极性、溶解度和吸附剂的活性等因素。如果样品的极性大，而展开剂选用的溶剂的极性越大，则对化合物的解吸的能力越强，即R_f值也越大。反之亦然。展开剂也可采用混合溶剂，针对不同样品进行选择和试验。

a. 薄层板的制备（湿板的制备）　薄层板制备的好坏直接影响色谱的结果。薄层应尽量均匀且厚度要固定。否则，在展开时前沿不齐，色谱结果也不易重复。在烧杯中放入2g硅胶G加入5～6mL，调成糊状。将配制好的浆料倾注到清洁干燥的载玻片上，拿在手中轻轻地左右摇晃，使其表面均匀平滑，在室温下晾干后进行活化。本实验用此法可制备薄层板3～4片。

b. 薄层板的活化　将涂布好的薄层板置于室温晾干后，放在烘箱内加热活化，活化条件根据需要而定。硅胶板一般在烘箱中渐渐升温，维持105～110℃活化30min。氧化铝板在200℃烘4h可得到活性为Ⅱ级的薄板，在150～160℃烘4h可得活性为Ⅲ～Ⅳ级的薄板。活化后的薄层板放在干燥器内保存待用。

c. 点样　先用铅笔在距薄层板一端1cm处轻轻画一横线作为起始线，然后用毛细管吸取样品，在起始线上小心点样，斑点直径一般不超过2mm。若因样品溶液太稀，可重复点样，但应待前次点样的溶剂挥发后方可重新点样，以防样点过大，造成拖尾、扩散等现象，而影响分离效果。若在同一板上点几个样，样点间距离应为1。点样要轻，不可刺破薄层。

d. 展开　薄层色谱的展开，需要在密闭容器中进行。为使溶剂蒸气迅速达到平衡，可在展开槽内衬一滤纸。在层析缸中加入配好的展开溶剂，使其高度不超过1cm。将点好的薄层板小心放入层析缸中，点样一端朝下，浸入展开剂中。盖好瓶盖，观察展开剂前沿上升到一定高度时取出，尽快在板上标上展开剂前沿位置，晾干，观察斑点位置，计算R_f值。

e. 显色　被分离物质如果是有色组分，展开后薄层色谱板上即呈现出有色斑点。如果化合物本身无色，则可用碘蒸气熏的方法显色。还可使用腐蚀性的显色剂如浓硫酸、浓盐酸和浓磷酸等使之显色。

对于含有荧光剂的薄层板，在紫外光下观察，展开后的有机化合物在亮的荧光背景上呈暗色斑点。

（3）凝胶柱色谱

凝胶色谱法又叫凝胶色谱技术，是一种快速而又简单的分离分析技术，由于设备简单、操作方便，不需要有机溶剂，对高分子物质有很高的分离效果。凝胶色谱法又称分子排阻色谱法。凝胶色谱法主要用于高聚物的相对分子质量分级分析以及相对分子质量分布测试。根据分离的对象是水溶性的化合物还是有机溶剂可溶物，又可分为凝胶过滤色谱（GFC）和凝胶渗透色谱（GPC）。GFC 一般用于分离水溶性的大分子，如多糖类化合物。凝胶的代表是葡萄糖系列，洗脱溶剂主要是水。凝胶渗透色谱法主要用于有机溶剂中可溶的高聚物（聚苯乙烯、聚氯己烯、聚乙烯、聚甲基丙烯酸甲酯等）相对分子质量分布分析及分离，常用的凝胶为交联聚苯乙烯凝胶，洗脱溶剂为四氢呋喃等有机溶剂。凝胶色谱不但可以用于分离测定高聚物的相对分子质量和相对分子质量分布，同时根据所用凝胶填料不同，可分离油溶性和水溶性物质，分离相对分子质量的范围从几百万到 100 以下。近年来，凝胶色谱也广泛用于分离小分子化合物。化学结构不同但相对分子质量相近的物质，不可能通过凝胶色谱法达到完全的分离纯化的目的。凝胶色谱主要用于高聚物的相对分子质量分级分析以及相对分子质量分布测试。目前已经被生物化学、分子生物学、生物工程学、分子免疫学以及医学等有关领域广泛采用，不但应用于科学实验研究，而且已经大规模地用于工业生产。

凝胶柱色谱的应用原理主要为分子筛效应。

两种全排阻的分子即使大小不同，也不能有分离效果。直径比凝胶最小孔直径小的分子能进入凝胶的全部孔隙。如果两种分子都能全部进入凝胶孔隙，即使它们的大小有差别，也不会有好的分离效果。因此，一定孔隙的分子筛有它一定的使用范围。综上所述，在凝胶色谱中会有三种情况：一是分子很小，能进入分子筛全部的内孔隙；二是分子很大，完全不能进入凝胶的任何内孔隙；三是分子大小适中，能进入凝胶的内孔隙中孔径大小相应的部分。大、中、小三类分子彼此间较易分开，但每种凝胶分离范围之外的分子，在不改变凝胶种类的情况下是很难分离的。对于分子大小不同，但同属于凝胶分离范围内各种分子，在凝胶床中的分布情况是不同的：分子较大的只能进入孔径较大的那一部分凝胶孔隙内，而分子较小的可进入较多的凝胶颗粒内，这样分子较大的在凝胶床内移动距离较短，分子较小的移动距离较长。于是分子较大的先通过凝胶床而分子较小的后通过凝胶床，这样就利用分子筛可将分子量不同的物质分离。另外，凝胶本身具有三维网状结构，大的分子在通过这种网状结构上的孔隙时阻力较大，小分子通过时阻力较小。分子量大小不同的多种成分在通过凝胶床时，按照分子量大小排队，凝胶表现出分子筛效应（图 5-20）。

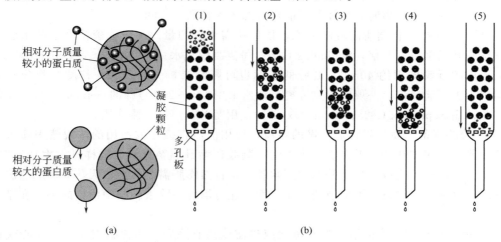

图 5-20　凝胶柱色谱分离蛋白质示意图

凝胶种类及性质如下。

① 聚丙烯酰胺凝胶　是一种人工合成凝胶，是以丙烯酰胺为单位，由亚甲基双丙烯酰

胺交联成的，经干燥粉碎或加工成形制成粒状，控制交联剂的用量可制成各种型号的凝胶，交联剂越多，孔隙越小。适合蛋白和多糖的纯化。

② 交联葡聚糖凝胶　Sephadex G 交联葡聚糖的商品名为 Sephadex，不同规格型号的葡聚糖用英文字母 G 表示，G 后面的阿拉伯数为凝胶得水值的 10 倍。例如，G-25 为每克凝胶膨胀时吸水 2.5g，同样 G-200 表示每克干胶吸水 20g。交联葡聚糖凝胶的种类有 G-10、G-15、G-25、G-50、G-75、G-100、G-150 和 G-200。因此，"G" 反映凝胶的交联程度、膨胀程度及分布范围。

Sephadex LH-20 是 Sephadex G-25 的羧丙基衍生物，能溶于水及亲脂溶剂，用于分离不溶于水的物质。

③ 琼脂糖凝胶　琼脂糖凝胶是依靠糖链之间的次级链如氢键来维持网状结构，网状结构的疏密依靠琼脂糖的浓度。一般情况下，它的结构是稳定的，可以在许多条件下使用（如水，pH 4～9 范围内的盐溶液）。琼脂糖凝胶在 40℃ 以上开始熔化，也不能高压消毒，可用化学灭菌活处理。

④ 聚苯乙烯凝胶　具有大网孔结构，可用于分离分子量 1600 到 4×10^7 的生物大分子，适用于有机多聚物分子量测定和脂溶性天然物的分级，凝胶机械强度好，洗脱剂可用甲基亚砜。

凝胶柱色谱操作方法如下。

① 层析柱　层析柱是凝胶层析技术中的主体，一般用玻璃管或有机玻璃管。层析柱的直径大小不影响分离度，样品用量大，可加大柱的直径，一般制备用凝胶柱，直径大于 2cm，但在加样时应将样品均匀分布于凝胶柱床面上。此外，直径加大，洗脱液体积增大，样品稀释度大。分离度取决于柱高，为了分离不同组分，凝胶柱床必须有适宜的高度，分离度与柱高的平方根相关，但由于软凝胶柱过高挤压变形阻塞，一般不超过 1m。分族分离时用短柱，一般凝胶柱长 20～30cm，柱高与直径的比较（5:1）～（10:1），凝胶床体积为样品溶液体积的 4～10 倍。分级分离时柱高与直径之线为（20:1）～（100:1），常用凝胶柱有 50cm×25cm，10cm×25cm。层析柱滤板下的死体积应尽可能得小，如果支撑滤板下的死体积大，被分离组分之间重新混合的可能性就大，其结果是影响洗脱峰形，出现拖尾出象，降低分辨力。在精确分离时，死体积不能超过总床体积的 1/1000。

② 凝胶的选择　根据所需凝胶体积，估计所需干胶的量。一般葡聚糖凝胶吸水后的凝胶体积约为其吸水量的 2 倍，Sephadex G-200 每克凝胶吸水量为 20g，1 克 Sephadex G-200 吸水后形成的凝胶体积约 40mL。凝胶的粒度也可影响层析分离效果。粒度细胞分离效果好，但阻力大，流速慢。一般实验室分离蛋白质采用 100～200 号筛的 Sephadex G-200 效果较好，脱盐用 Sephadex G-25、Sephadex G-50，用粗粒，短柱，流速快。

③ 凝胶的制备　商品凝胶是干燥的颗粒，使用前需直接在欲使用的洗脱液中膨胀。为了加速膨胀，可用加热法，即在沸水浴中将湿凝胶逐渐升温至近沸，这样可大大加速膨胀，通常在 1～2h 内即可完成。特别是在使用软胶时，自然膨胀需 24h 至数天，而用加热法在几小时内就可完成。这种方法不但节约时间，而且还可消毒，除去凝胶中污染的细菌和排除胶内的空气。

④ 样品溶液处理　样品溶液如有沉淀应过滤或离心除去，如含脂类可高速离心或通过 Sephadex G-15 短柱除去。样品的黏度不可大，含蛋白若超过 4%，黏度高影响分离效果。上柱样品液的体积根据凝胶床体积的分离要求确定。分离蛋白质样品的体积为凝胶床的 1%～4%（一般约 0.5～2mL），进行分族分离时样品液可为凝胶床的 10%，在蛋白质溶液

除盐时，样品可达凝胶床的 20%～30%。分级分离样品体积要小，使样品层尽可能窄，洗脱出的峰形较好。

⑤ 防止微生物污染　交联葡聚糖和琼脂糖都是多糖类物质，防止微生物的生长在凝胶层析中十分重要，常用的抑菌剂有以下几种。

a. 叠氮钠（NaN_3）　在凝胶层析中只要用 0.02% 叠氮钠已足够防止微生物的生长，叠氮钠易溶于水，在 20℃ 时约为 40%；它不与蛋白质或碳水化合物相互作用，因此叠氮钠不影响抗体活力；不会改变蛋白质和碳水化合物的层析特性。叠氮钠可干扰荧光标记蛋白质。

b. 可乐酮 $[Cl_3C-C(OH)(CH_3)_2]$　在凝胶层析中使用浓度为 0.01%～0.02%。在微酸性溶液中它的杀菌效果最佳，在强碱性溶液中或温度高于 60℃ 时易引起分解而失效。

c. 乙基汞代巯基水杨酸钠　在凝胶层析中作为抑菌剂使用浓度为 0.05%～0.01%。在微酸性溶液中最为有效。重金属离子可使乙基代巯基的物质结合，因而包含巯基的蛋白质可在不同程度上降低它的抑菌效果。

d. 苯基汞代盐　在凝胶层析中使用浓度为 0.001%～0.01%。在微碱性溶液中抑效果最佳，长时间放置时可与卤素、硝酸根离子作用而产生沉淀；还原剂可引起此化合物分解；含巯基的物质亦可降低或抑制它的抑菌作用。

凝胶柱色谱除了原理与其他色谱法不同外，其展开剂的作用也不同，它对组分的分离度不起作用。

凝胶柱色谱目前已经广泛应用于生物大分子的制备中的分离纯化、分子量测定及平衡常数的测定，在有机合成和其他化学方面也常被应用。

5.2.5　离子交换树脂分离

离子交换树脂分离法主要是采用离子交换树脂针对某些离子化合物进行分离的一种方法。

采用离子交换方法，可以把水中呈离子态的阳离子、阴离子去除，以氯化钠（NaCl）代表水中无机盐类，水质除盐的基本反应可以用下列方程式表达：

阳离子交换树脂：$R-H+Na^+ \rightleftharpoons R-Na+H^+$

阴离子交换树脂：$R-OH+Cl^- \rightleftharpoons R-Cl+OH^-$

阳、阴离子交换树脂总的反应式即可写成：$RH+ROH+NaCl \longrightarrow RNa+RCl+H_2O$

由此可看出，水中的 NaCl 已分别被树脂上的 H^+ 和 OH^- 所取代，而反应生成物只有 H_2O，故达到了去除水中盐的作用。

离子交换树脂有多种类型，其分类方法也没有统一的规定，按树脂骨架的主要成分可分为聚苯乙烯型树脂、聚丙烯酸型树脂、环氧氯丙烷型多乙烯多胺型树脂、酚-醛型树脂等；按聚合的化学反应分为共聚型树脂和缩聚型树脂；按骨架的物理结构常分为凝胶型树脂即微孔树脂、大网格树脂即大孔树脂，有的还有均孔树脂；按活性基团分为阳离子交换树脂和阴离子交换树脂等。其中常见的是按活性基团及骨架的物理结构的方法分类，因活性基团的种类决定了树脂的主要性质和类别，而骨架的物理结构在树脂的交换使用中影响较大。

按不同的活性基团进行分类，主要的是阳离子和阴离子交换树脂，同时也还有一些其他种类的树脂。

（1）阳离子交换树脂

阳离子交换树脂的活性基团能解离出阳离子，而其作为交换的离子可与溶液中的其他阳离子发生交换。阳离子交换剂相当于高分子的多元酸。因活性基团的电离程度强弱不同又有强酸性和弱酸性阳离子交换树脂的区别。

① 强酸性阳离子交换树脂 磺酸基团和次甲基磺酸基团都是强酸性基团，它们容易在溶液中离解出氢离子，故呈强酸性，且离解后的负电基团能吸附结合溶液中的其他阳离子而发生交换反应。这类树脂对酸、碱和各种溶剂都比较稳定，离子交换不受溶液 pH 值变化的影响，适用面广。常用强酸进行再生处理，但强酸性树脂与氢离子的结合力较弱，故再生成氢型树脂时比较困难且耗酸量较大。强酸性树脂主要用于水处理和制药工业中。

② 弱酸性阳离子交换树脂 带有羧酸基、氧乙酸基团的交换树脂，是常见的弱酸性阳离子交换树脂。这种树脂的离解性即酸性较弱，在低 pH 下难以离解和进行离子交换，只在碱性、中性或微酸性溶液中发生交换反应。其交换容量大，容易再生成氢型，但其交换能力弱，速度慢；化学和热稳定性差。这类树脂亦是用酸进行再生，在制药工业中使用较多。

(2) 阴离子交换树脂

阴离子交换树脂的活性基团能解离出阴离子，而其作为交换离子可与溶液中的其他阴离子发生交换。阴离子交换剂相当于高分子的多元碱。依活性基团电离程度的不同，阴离子交换树脂也有碱性强弱之分。

① 强碱性阴离子交换树脂 强碱性阴离子交换树脂的活性基主要是季胺基团，能在水中离解出氢氧根离子而呈强碱性。这种树脂的正电基团能与溶液中的阴离子吸附结合，从而产生阴离子交换作用与强酸性离子交换树脂相似，其交换反应不受溶液 pH 值变化的影响。商品多以氯型出售，因其稳定性和而热性相对较好。它用强碱进行再生。强碱性阴离子交换树脂主要用于制备无盐水，可除去硅酸根、碳酸根等弱酸根。

② 弱碱性阴离子交换树脂 这类树脂含有弱碱性基团，如伯胺基、仲胺基或叔胺基。它们在水中能离解出氢氧根而呈弱碱性，具有阴离子交换作用但它在多数情况下是吸附溶液中的酸分子，只能在中性或酸性条件下工作，较容易再生成羟型，可用 $NaCO_3$、NH_4OH 进行再生，且耗碱量较少。

树脂的基本类型除上述四种外，在实际使用中，常常需要转变为其他离子形式。例如强酸性阳离子树脂，直接使用中会离解出氢离子，引起溶液 pH 值下降，从而腐蚀设备和影响某些反应的进行。可使其与 NaCl 作用，转变为钠型树脂再使用。

离子交换树脂由三部分组成，分别是：

a. 高分子骨架 由交联的高分子聚合物组成；

b. 离子交换基团 它连在高分子骨架上，带有可交换的离子（称为反离子）的离子型官能团或带有极性的非离子型官能团；

c. 孔 它是在干态和湿态的离子交换树脂中都存在的高分子结构中的孔（凝胶孔）和高分子结构之间的孔（毛细孔）。

在交联结构的高分子基体（骨架）上，以化学键结合着许多交换基团，这些交换基团也是由两部分组成：固定部分和活动部分。交换基团中的固定部分被束缚在高分子的基体上，不能自由移动，所以称为固定离子；交换基团的活动部分则是与固定离子以离子键结合的符号相反的离子，称为反离子或可交换离子。反离子在溶液中可以离解成自由移动的离子，在一定条件下，它能与符号相同的其他反离子发生交换反应。

如果按树脂骨架的物理结构的方法分类，离子交换树脂主要的有凝胶型和大孔型两类。

① 凝胶型树脂 凝胶型树脂，即是微孔型树脂，在干燥的情况下，它的高分子骨架内部没有毛细孔。当它吸水时即发生润胀，将在高分子的链节之间形成很细微的孔隙，常称为显微孔，湿润树脂显微孔的平均孔径为 $2\sim4mm$。凝胶型树脂比较适用于无机离子的吸附；

而不能吸附大分子有机物。因无机离子的较小，一般都在 0.3～0.6nm 左右；而大分子有机物质的分子尺寸较大，如蛋白质分子直径为 5～20nm，故不能进入这类树脂的显微孔隙中进行交换。

② 大孔型树脂　大孔型树脂是在合成树脂的聚合反应时，添加了起孔剂，使之形成了多孔海绵状的骨架结构，其内部存在较多永久性的微孔，这些微孔既有微细孔，也有大网型孔。润湿树脂是孔径可达 100～500nm，孔道的表面积可在 1000m²·g⁻¹ 以上，也是相当大的。在大孔型树脂合成时，可以通过控制聚合反应的条件，而获得不同大小和网孔数量的树脂。

大孔型树脂有许多优点：它内部的孔隙率大，链节活性中心也多，由于分子之间范德华引力的存在，而对各种非离子性物质产生分子吸附作用；离子的扩散速度快，交换速度也就快，其交换速度大约是凝胶型树脂的十倍；使用效率高、处理时间短；溶胀时不易碎裂，抗氧化、磨损和耐温度变化能力强；容易吸附和交换有机大分子物质，因而抗污染力强，并较容易再生。

5.2.6　膜分离法

膜分离法是指在分子水平上不同粒径分子的混合物在通过半透膜时，实现选择性分离的技术，半透膜又称分离膜或滤膜，膜壁布满小孔，根据孔径大小可以分为：微滤膜（MF）、超滤膜（UF）、纳滤膜（NF）、反渗透膜（RO）等，膜分离都采用错流过滤方式。

膜分离法是在 20 世纪初出现，20 世纪 60 年代后迅速崛起的一门分离新技术。膜分离技术由于兼有分离、浓缩、纯化和精制的功能，又有高效、节能、环保、分子级过滤及过滤过程简单、易于控制等特征，因此，已广泛应用于食品、医药、生物、环保、化工、冶金、能源、石油、水处理、电子、仿生等领域，产生了巨大的经济效益和社会效益，已成为当今分离科学中最重要的手段之一。

膜分离法所采用的膜是具有选择性分离功能的材料。无机膜由于各种优良性能（如抗高温、耐酸碱等）已得到广泛应用。由于技术发展水平限制，无机膜只有微滤和超滤级别的膜，主要是陶瓷膜和金属膜。特别是超滤陶瓷膜，已经在很多行业得到应用，如重金属废水处理与回收。而高分子分离膜正越来越显示其独特的优点而得到广泛应用。高分子分离膜（polymeric membrane for separation），是由聚合物或高分子复合材料制得的具有分离流体混合物功能的薄膜。膜分离是依据膜的选择透过性，将分离膜作间隔层，在压力差、浓度差或电位差的推动力下，借流体混合物中各组分透过膜的速率不同，使之在膜的两侧分别富集，以达到分离、精制、浓缩及回收利用的目的。单位时间内流体通过膜的量（透过速度）、不同物质透过系数之比（分离系数）或对某种物质的截留率是衡量膜性能的重要指标。

最初用作分离膜的高分子材料是纤维素酯类材料。后来，又逐渐采用了具有各种不同特性的聚砜、聚苯醚、芳香族聚酰胺、聚四氟乙烯、聚丙烯、聚丙烯腈、聚乙烯醇、聚苯并咪唑、聚酰亚胺等。高分子共混物和嵌段、接枝共聚物也越来越多地被用于制分离膜，使其具有单一均聚物所没有的特性。制备高分子分离膜的方法有流延法、不良溶剂凝胶法、微粉烧结法、直接聚合法、表面涂覆法、控制拉伸法、辐射化学侵蚀法和中空纤维纺丝法等。高分子分离膜的形状有中空管式、中空纤维式和平板式三类。

高分子分离膜按结构可分为以下几种：

① 致密膜，膜中无微孔，物质仅从高分子链段之间的自由空间通过；

② 多孔质膜；

③ 不对称膜;

④ 含浸型膜。

从膜的分离特性和应用角度可分为反渗透膜（或称逆渗透膜）、超过滤膜、微孔过滤膜、气体分离膜、离子交换膜、有机液体透过蒸发膜、动力形成膜、镶嵌带电膜、液体膜、透析膜、生物医学用膜等多种类别。

为区别于无机物组成的分离膜，由合成高分子、半合成高分子和天然高分子构成的膜，又称为有机分离膜。高分子分离膜能成为相邻两相主动或被动传质的障碍，借助于这种选择渗透性，在压力差、浓度差或电位差的作用下，使流体混合物分离。其分离过程包括微孔过滤、超过滤、反渗透（超滤）、气体渗透分离、渗透蒸发、渗析、电渗析及液膜（促进传递）等。高分子分离膜的分离性能由选择性和渗透性决定。对于需要分离的物质其选择性和渗透性要求越高越好，而对于需要截留的物质则要求选择性越高，而渗透率越低越好。其性能表示方法为单位时间内流体通过膜的量和物质透过系数之比。它们必须同时具有较大的数值和保持较长时间不变，才有工业使用价值。

膜分离法的优点如下所示。

① 在常温下进行　有效成分损失极少，特别适用于热敏性物质，如抗生素等医药、果汁、酶、蛋白的分离与浓缩。

② 无相态变化　保持原有的风味，能耗极低，其费用约为蒸发浓缩或冷冻浓缩的 $1/8\sim 1/3$。

③ 无化学变化　典型的物理分离过程，不用化学试剂和添加剂，产品不受污染。

④ 选择性好　可在分子级内进行物质分离，具有普遍滤材无法取代的卓越性能。

⑤ 适应性强　处理规模可大可小，可以连续也可以间隙进行，工艺简单，操作方便，易于自动化。

⑥ 能耗低　只需电能驱动，能耗极低，其费用约为蒸发浓缩或冷冻浓缩的 $1/8\sim 1/3$。

膜分离法目前正越来越显示其应用的广泛前景，目前已广泛应用于核燃料及金属提炼、气体及烃类分离，海水及苦咸水淡化，纯水及超纯水制备，环境保护和污水处理等。

例如采用阴阳离子交换膜组成电渗析器进行各种混合物脱盐，已经成为化学合成工业上重要的分离方法。电渗析法（electrodialysis）是利用离子交换膜进行海水淡化的方法。离子交换膜是一种功能性膜，分为阴离子交换膜和阳离子交换膜，简称阴膜和阳膜。阳膜只允许阳离子通过而阴膜只允许阴离子通过，这就是离子交换膜的选择透过性。在外加电场的的作用下，水溶液中的阴、阳离子会分别向阳极和阴极移动，如果中间再加上一种交换膜，就可能达到分离浓缩的目的。电渗析法就是利用了这样的原理将有机合成中经常形成的盐类物

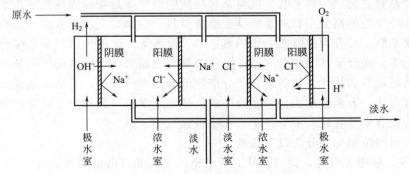

图 5-21　电渗析法海水淡化原理图

质从产物中有效地进行分离。电渗析法海水淡化原理见图 5-21。

图 5-22　反渗透膜海水淡化示意图

采用反渗透法进行海水淡化（图 5-22）所需能量仅为冷冻法的 1/2、蒸发法的 1/17，操作简单，成本低廉。因此，反渗透法有逐渐取代多级闪蒸法的趋势。

第6章

常见离子和官能团
的定性分离与鉴定

在实际工作中，需要进行分析的物质，很少是一种纯净的单质或化合物，多数情况是复杂物质或是多种离子的混合溶液。如直接鉴定其中某种离子时，常常会遇到其他共存离子的干扰。在分析工作中常要进行分离处理或将产生干扰的离子进行掩蔽，所以分离和鉴定是定性分析中两个紧密相关的环节，分离的目的是为了鉴定。

离子的分离和鉴定，不仅需要掌握大量的有关元素及其化合物性质的知识，同时还需综合运用溶液平衡的基本原理。因此，本章将主要介绍常见离子和官能团分离与鉴定的基本原理和方法、元素及化合物性质在离子和官能团分离鉴定中的应用。

6.1 无机化合物的分离和定性分析

6.1.1 元素及其化合物性质在离子分离鉴定中的应用

元素及其化合物的基本性质包括存在的状态和颜色，沉淀的生成和溶解性、酸碱性、氧化还原性、稳定性及配合性等。常见离子和化合物的颜色可参阅附录11，这里将讨论沉淀溶解性、酸碱性、氧化还原性、配合性等性质及其在离子分离和鉴定中的应用。

（1）沉淀溶解性及其在离子的分离和鉴定中的应用

溶液中溶质相互作用，当其离子浓度的乘积大于溶度积时，就会产生沉淀，这种析出难溶性固态物质的反应称为沉淀反应。在含有难溶电解质沉淀的溶液中，若加入某种物质，能降低组成沉淀的正离子或负离子的浓度使离子浓度的乘积小于溶度积时沉淀便会溶解，这就是溶解反应。由此可见，难溶电解质的多相离子平衡是动态平衡。当条件改变时，可以使溶液中的离子生成沉淀，也可以使固体溶解，解离成离子。

在定性分析中，往往需要利用沉淀的生成和溶解来进行离子分离及鉴定。沉淀溶解性在离子分离和鉴定中的应用主要表现在两方面：一是利用物质溶解度的差异，通过沉淀反应将溶液中的离子加以分离，即沉淀分离法，这是一种经典的分离方法；二是根据沉淀反应所产生的难溶固体物质的特征颜色，对离子进行鉴定。

① 沉淀溶解性在离子分离中的应用　沉淀分离法是通过在混合离子中加入沉淀剂使部分离子生成沉淀而与不生成沉淀的其他离子分离的方法。由于各种离子生成难溶化合物的种类很多，在分离时应采用哪种沉淀形式，要根据试液存在的成分和含量多少而定。其关键是要求被沉淀的离子能沉淀完全，而不被沉淀的离子不产生沉淀，这就要求选择好沉淀剂的种类、浓度及用量，还要控制沉淀反应进行的条件。如各种金属硫化物的溶解性存在很大差异，利用这些差异，控制溶液的酸碱性并加入沉淀剂 H_2S，就可将溶液中的金属离子分成三组而进行分离：

　　a. 溶于水的硫化物，如 Na_2S、BaS 等；

　　b. 不溶于水但可溶于稀酸的硫化物，如 FeS、ZnS 等；

　　c. 不溶于水和稀酸的硫化物，如 PbS、CuS 等。

例如，以 H_2S、$(NH_4)_2S$ 为沉淀剂分离 Pb^{2+}、Cu^{2+}、Co^{2+}、Zn^{2+}、K^+、Mg^{2+} 等金属离子时，需严格控制溶液的酸碱性，以达到分离成三组的要求：

$$
\begin{array}{l}
Pb^{2+} \\
Cu^{2+} \\
Co^{2+} \\
Zn^{2+} \\
K^+ \\
Mg^{2+}
\end{array}
\xrightarrow{0.3mol\cdot L^{-1}H_2S}
\begin{array}{l}
PbS\downarrow 黑 \\
CuS\downarrow 黑 \\
Co^{2+} \\
Zn^{2+} \\
K^+ \\
Mg^{2+}
\end{array}
\xrightarrow[(NH_4)_2S]{NH_3\cdot H_2O\text{-}NH_4Cl\ pH=9}
\begin{array}{l}
CoS\downarrow 黑 \\
ZnS\downarrow 白 \\
K^+ \\
Mg^{2+}
\end{array}
$$

若在分离过程中，溶液酸碱度控制不当，会使金属离子分离不完全。如在分离 Pb^{2+}、Cu^{2+} 时，当 $[H^+] > 0.3mol\cdot L^{-1}$ 时，PbS 将沉淀不完全；而当 $[H^+] < 0.3mol\cdot L^{-1}$ 时，Zn^{2+} 与 Pb^{2+}、Cu^{2+} 将会一起产生硫化物沉淀。

阳离子常用的沉淀剂有 HCl、H_2SO_4、$NaOH$、$NH_3\cdot H_2O$、H_2S、$(NH_4)_2S$ 和 $(NH_4)_2CO_3$ 等；阴离子常用的沉淀剂有 $BaCl_2$、HCl、$AgNO_3$ 等。

② 沉淀溶解性在离子鉴定中的应用　某些沉淀具有特征的颜色，可用于离子的鉴定。如 Ag^+ 在中性或微酸性介质中可与 CrO_4^{2-} 反应生成砖红色的 Ag_2CrO_4 沉淀，以此证明 Ag^+ 的存在。

$$2Ag^+ + CrO_4^{2-} \rightleftharpoons Ag_2CrO_4\downarrow（砖红色）$$

又如鉴定 PO_4^{3-}，当加入 $(NH_4)_2MoO_4$ 生成黄色的磷钼酸铵 $[(NH_4)_3PO_4\cdot 12MoO_3\cdot 6H_2O]$ 沉淀时，说明 PO_4^{3-} 存在。

$$PO_4^{3-} + 3NH_4^+ + 12MoO_4^{2-} + 24H^+ === (NH_4)_3PO_4\cdot 12MoO_3\cdot 6H_2O\downarrow（黄）+ 6H_2O$$

（2）氧化还原性在离子分离和鉴定中的应用

氧化还原反应的本质是电子的得失，失去电子的元素氧化值升高，获得电子的元素氧化值降低。当一种元素有多种氧化值时，总是高氧化值的物质（分子或离子）作氧化剂，例如 $NaBiO_3$、PbO_2、$K_2Cr_2O_7$、$KMnO_4$、$FeCl_3$、$KClO_3$ 等；低氧化值的物质作还原剂，例如 $SnCl_2$、$FeSO_4$、H_2S、KI 等；中间氧化值的物质既可作氧化剂，又可作还原剂，例如 H_2O_2、SO_2、$NaNO_2$ 等。氧化剂、还原剂得失电子倾向的大小，表示它们氧化还原能力的强弱，可用电对电极电势 E 的大小来衡量。电对 E 值越小，表示低价态的还原型物质越易失去电子，是较强的还原剂，而与其对应的高价态氧化型物质越难得到电子，是较弱的氧化剂；电对 E 值越大，其氧化型物质越易得到电子，是较强的氧化剂，而与其对应的还原型物质越难失去电子，是较弱的还原剂。E 值与浓度、压力、温度相关，其关系由能斯特方程式（6-1）表示：

$$E = E^{\ominus} - \frac{RT}{zF}\ln J = E^{\ominus} - \frac{0.0592}{z}\lg J \qquad (T = 298.15K) \qquad (6\text{-}1)$$

一般情况下，特别是介质不参与的氧化还原反应，当氧化剂电对与还原剂电对的标准电极电势 $E^{\ominus}$ 的差值大于 0.2V 时，可直接用 $E^{\ominus}$ 判断氧化还原反应能否发生（$E^{\ominus}$ 参阅附录 9 和附录 10）。此时，氧化剂、还原剂浓度或压力的改变不会改变 E 值的大小次序。有介质参与的氧化还原反应，介质可改变电对的电极电势数值的大小，特别是半反应中 H^{+} 或 OH^{-} 的化学计量系数大的反应，如 $Cr_2O_7^{2-} + 14H^{+} + 6e^{-} \longrightarrow 2Cr^{3+} + 17H_2O$，其 $E_a^{\ominus} = 1.33V$，而在碱性介质中 $E_b^{\ominus}[CrO_4^{2-}/Cr(OH)_4^{-}] = -0.12V$。同时，介质的浓度对反应速率也有很大的影响。

氧化反应前后元素的氧化值发生了变化，这一变化可引起离子某些性质的变化，如溶解性、离子颜色的变化等，因此，氧化还原反应可用于离子的分离和鉴定。

为了使氧化还原反应能够进行，所选氧化剂和还原剂的电极电位必须满足 $E_{氧} > E_{还}$，同时还需要考虑反应进行的速度，注意反应条件的选择及试剂的浓度和用量。应用于离子鉴定的氧化还原反应，现象必须明显。如鉴定 Sn^{2+} 时，加入氧化剂 $HgCl_2$，$HgCl_2$ 被 Sn^{2+} 还原产生白色的 Hg_2Cl_2 沉淀，当有过量的 Sn^{2+} 存在时，Hg_2Cl_2 可被进一步还原成黑色的单质 Hg。因此，当溶液中出现白色沉淀（Hg_2Cl_2）至灰黑色沉淀（$Hg_2Cl_2 + Hg$）时，说明有 Sn^{2+} 存在，此反应也可用于鉴定 Hg^{2+}。

$$SnCl_2 + 2HgCl_2 \longrightarrow SnCl_4 + Hg_2Cl_2 \downarrow （白）$$
$$SnCl_2 + Hg_2Cl_2 \longrightarrow SnCl_4 + 2Hg （黑）$$

如选用 $FeCl_3$ 作氧化剂与 $SnCl_2$ 反应，虽然可发生如下反应：

$$2FeCl_3 + SnCl_2 \longrightarrow 2FeCl_2 + SnCl_4$$

但是由于反应前后溶液的颜色无明显变化，就无法判断是否有 Sn^{2+}，说明试剂选择不当。

碱金属、碱土金属及铝、锌等金属元素的阳离子，由于具有饱和的外电子层结构，一般不易得失电子。而其他金属元素的阳离子，由于具有不饱和的外电子层结构，在一定条件下，往往会发生氧化还原反应，因此，氧化还原性是这类离子的重要特性，在离子的定性分析时，要充分利用这些可能的变化。如过渡金属离子 Mn^{2+}、Cr^{3+} 的鉴定，都是利用了其在氧化还原反应中颜色的明显改变。位于 p 区的主族金属，其阳离子具有 18 或 18+2 外电子层结构，这些元素的 s 电子和 p 电子都可参与成键，也往往具有多种氧化态，如 Bi 有 $Bi(V)$ 和 $Bi(III)$ 两种氧化值，$Bi(III)$ 相对较稳定，但还是较容易被还原为金属，常应用这种性质鉴定 Bi^{3+}。

（3）配位反应在离子分离和鉴定中的应用

配合物一般都是由内界配离子与外界离子组成，内界配离子一般是由一个带正电荷的中心离子和若干个负离子或中性分子组成。例如，在 $[Ag(NH_3)_2]Cl$ 配合物中，Ag^{+} 称为配合物的中心离子或配合物的形成体，NH_3 称为配位体。具有稀有气体电子构型的离子，形成配合物的能力较弱。除水合离子外，碱金属离子几乎都不形成配合物。而碱土金属离子由于电荷数大于碱金属离子，所以形成配合物的能力要强些，它们能与氨羧配合剂（如 EDTA）形成较为稳定的配合物，但与其他类型离子比较其稳定性仍较差。具有不饱和电子层结构的阳离子，形成配合物的能力很强，如过渡元素的离子和 p 区一些离子，具有 $(n-1)d$、ns、np 空轨道，能接受配体的孤对电子，所以形成配合物的能力很强。如 $[FeF_6]^{3-}$ 配离子的稳定性很高，且无色，在定性分析中可用 NaF 作为掩蔽剂，来消除 Fe^{3+} 对其他离子鉴定的干扰。

离子和配合剂作用形成配离子后，离子的溶解度、电极电势都会有所变化，而且配离子大多具有特征颜色，如蓝色的 $[Cu(NH_3)_4]^{2+}$、红色的 $[Fe(SCN)_6]^{3+}$ 等，因此，利用配合物的生成可进行离子的分离、掩蔽、鉴定及溶解某些难溶物。

在 Cr、Mn、Fe、Co、Ni、Cu、Ag、Zn、Cd、Hg 等常见的金属元素中，除 Fe^{3+}、Fe^{2+}、Cr^{3+}、Mn^{2+}、Hg^{2+} 不能和 $NH_3 \cdot H_2O$ 形成氨配合物外，其他离子都能形成相应的氨配合物。在含有上述金属离子的混合液中加入 $NH_3 \cdot H_2O$，Fe^{3+}、Fe^{2+}、Cr^{3+}、Mn^{2+} 产生氢氧化物沉淀，Hg^{2+} 则生成 $HgO \cdot HgNH_2NO_3$ 沉淀。而 Ag^+、Cu^{2+}、Cd^{2+}、Zn^{2+}、Co^{2+}、Ni^{2+} 等离子均能在过量 $NH_3 \cdot H_2O$ 中形成氨配合物，因此可将上述金属离子分成两组。

但当有大量 NH_4^+ 存在，或者加入 $NH_3 \cdot H_2O$ 的量不够时，会使上述两组金属离子分离不完全，这是因为加入适量 $NH_3 \cdot H_2O$ 时，Cu^{2+}、Co^{2+}、Ni^{2+} 首先生成碱式盐沉淀，而 Zn^{2+}、Cd^{2+}、Ag^+ 首先生成氢氧化物沉淀（AgOH 脱水为 Ag_2O），只有继续加入过量 $NH_3 \cdot H_2O$ 时，沉淀才能溶解生成氨配合物。

$$2CuSO_4 + 2NH_3 \cdot H_2O \Longrightarrow Cu_2(OH)_2SO_4 \downarrow + (NH_4)_2SO_4$$
$$Cu_2(OH)_2SO_4 + (NH_4)_2SO_4 + 6NH_3 \cdot H_2O \Longrightarrow 2[Cu(NH_3)_4]SO_4 + 8H_2O$$
$$2CdSO_4 + 2NH_3 \cdot H_2O \Longrightarrow Cd(OH)_2 \downarrow + (NH_4)_2SO_4$$
$$(NH_4)_2SO_4 + Cd(OH)_2 + 2NH_3 \cdot H_2O \Longrightarrow [Cd(NH_3)_4]SO_4 + 4H_2O$$

而 Hg^{2+}、Hg_2^{2+} 与 $NH_3 \cdot H_2O$ 的反应有其特殊性：

$$Hg(NO_3)_2 + NH_3 \cdot H_2O \longrightarrow HgO \cdot HgNH_2NO_3 \downarrow + NH_4NO_3$$
$$Hg_2(NO_3)_2 + NH_3 \cdot H_2O \longrightarrow HgO \cdot HgNH_2NO_3 \downarrow + Hg \downarrow + NH_4NO_3$$

因在 $NH_3 \cdot H_2O$ 中存在下列几个平衡：

$$NH_3 \cdot H_2O \Longrightarrow NH_4^+ + OH^-$$
$$2NH_3 \Longrightarrow NH_2^- + NH_4^+$$

当 $NH_3 \cdot H_2O$ 加入到含有 Hg^{2+} 的混合溶液中，Hg^{2+} 在 $NH_3 \cdot H_2O$ 中发生氨解和水解，生成溶解度较小的 $HgO \cdot HgNH_2NO_3$ 沉淀，当有大量 NH_4^+ 存在下，就会抑制氨解、水解反应的进行，此时不仅可降低溶液中 OH^- 与 NH_2^- 的浓度，而且还能提高 NH_3 的浓度，所以 Hg^{2+} 在大量 NH_4^+ 存在下与过量氨水也能形成氨合物。

难溶物的溶解也常常应用到配合反应，加入一定量的配位剂使难溶盐中的金属离子形成配合物，降低金属离子浓度而溶解。例如：

$$AgCl + 2NH_3 \longrightarrow [Ag(NH_3)_2]^+ + Cl^-$$

再如 $PbSO_4$ 沉淀在饱和的 NH_4Ac 溶液中能形成 $[PbAc]^+$ 而溶解。而某些溶解度很小的难溶物则可通过配合-氧化溶解，或者配合-酸溶解的多元溶解方法。如 HgS 溶于王水，包括配合、氧化两个反应，即降低了 Hg^{2+} 浓度又降低了 S^{2-} 浓度，从而使其离子浓度乘积小于溶度积而溶解。

$$3HgS + 12HCl + 2HNO_3 \longrightarrow 3H_2[HgCl_4] + 3S \downarrow + 2NO \uparrow + 4H_2O$$

PbS、Sb_2S_3 溶于浓 HCl，生成配合物和硫化氢而使其离子浓度乘积小于溶度积而溶解。

$$PbS + 4HCl(浓) \longrightarrow H_2[PbCl_4] + H_2S \uparrow$$
$$Sb_2S_3 + 12HCl(浓) \longrightarrow 2H_3[SbCl_6] + 3H_2S \uparrow$$

(4) 溶液酸碱性在离子分离和鉴定中的应用

化合物的酸碱性主要包括盐类的水解性和氧化物及其水合物的酸碱性。

盐的水解性与其阳离子所带的电荷数及离子半径有关，电荷数越小，离子半径越大，则阳离子与 OH⁻ 的静电引力越小，盐越不容易水解。碱金属和碱土金属离子的盐不易水解，而其他阳离子所组成的盐类一般都容易水解。有的弱酸盐甚至可以完全水解，盐类本身不能在水溶液中存在，如 Al_2S_3 和 Cr_2S_3 等在水溶液中不能存在，而是水解生成相应的氢氧化物：

$$Al_2S_3 + 6H_2O \longrightarrow 2Al(OH)_3\downarrow + 3H_2S$$

$$Cr_2S_3 + 6H_2O \longrightarrow 2Cr(OH)_3\downarrow + 3H_2S$$

欲使这些阳离子充分存在于水溶液中，必须控制溶液的酸度。

溶液的酸碱性可用 pH 试纸或 pH 计测得，但难溶化合物的酸碱性不能采用 pH 试纸测定，而是通过其与强酸、强碱的反应来判断。如难溶于水的氢氧化物，凡溶于强酸而不溶于强碱的为碱性，强酸、强碱中都能溶解的则为两性氢氧化物。能形成两性氢氧化物的金属离子有 Al^{3+}、Cr^{3+}、Zn^{2+}、Pb^{2+}、Sb^{3+}、Sn^{2+}、Cu^{2+} 等，当其与强酸作用生成正盐，与强碱作用生成含氧酸盐。如：

$$Sn(OH)_2 + 2HCl =\!\!= SnCl_2 + 2H_2O$$

$$Sn(OH)_2 + 2NaOH =\!\!= Na_2SnO_2 + 2H_2O$$

（亚锡酸钠）

根据所加入酸、碱的浓度大小与量的多少还可比较其酸碱性的相对强弱。如 $Cu(OH)_2$ 能溶于稀酸，又能溶于较高浓度的碱中，说明 $Cu(OH)_2$ 呈两性，但碱性大于酸性。因此，利用某些金属离子具有两性的特点，控制溶液的酸碱性可进行离子的分离和鉴定。

例如，以 NaOH 作沉淀剂分离 Al^{3+}、Cr^{3+}、Fe^{3+}、Sn^{2+}、Sb^{3+}、Bi^{3+} 时，需加过量 NaOH，这样能使 Fe^{3+}、Bi^{3+} 以氢氧化物形式沉淀，而 Al^{3+}、Cr^{3+}、Sn^{2+}、Sb^{3+} 的氢氧化物呈两性，不生成沉淀，以此可分成两组：

Al^{3+}	$Al(OH)_3\downarrow$（白）	$AlO_2^-+H_2O$
Cr^{3+}	$Cr(OH)_3\downarrow$（灰绿色）	$CrO_2^-+H_2O$
Sn^{2+} $\xrightarrow{\text{适量 NaOH}}$	$Sn(OH)_2\downarrow$（白） $\xrightarrow{\text{过量 NaOH}}$	$SnO_2^{2-}+H_2O$
Fe^{3+}	$Fe(OH)_3\downarrow$（红棕色）	
Bi^{3+}	$Bi(OH)_3\downarrow$（黑）	

6.1.2 离子的分离

离子的分离方法有多种，如沉淀分离法、萃取法、离子交换法等，在定性分析中，最常用的是沉淀分离法，即依据物质溶解度的不同实现分离。对于混合离子体系，为了分离工作的简捷、迅速，常常按一定的次序逐个加入沉淀剂，使性质相似的离子一组组地沉淀而与其他组分分离，然后再在每一组中进一步分离，这种能将复杂体系分成若干组的试剂（沉淀剂）称为组试剂。常用的组试剂有 HCl、H_2SO_4、NaOH、$NH_3\cdot H_2O$、$(NH_4)_2CO_3$、H_2S、$(NH_4)_2S$、$AgNO_3$、$BaCl_2$ 等。

在定性分析中，通过组试剂把具有共性的离子共同进行分离后再进一步鉴定的分析方法称为系统分析法，由于阴、阳离子在性质上具有显著的差异，因此，系统分析又分为阳离子系统分析和阴离子系统分析。

现将常见离子与常用试剂的作用情况归纳介绍如下：

(1) 常见阳离子与常用试剂的反应

常见阳离子与常用试剂的反应见表 6-1。

(2) 常见阴离子与常用试剂的反应

常见阴离子与常用试剂的反应见表 6-2。

表6-1　常见阳离子与常用试剂的反应

阳离子	HCl	H_2SO_4	NH_3（适量）	NH_3（过量）	NaOH（适量）	NaOH（过量）	$(NH_4)_2CO_3$	H_2S（$0.3mol\cdot L^{-1}$ HCl）	$(NH_4)_2S$
Ag^+	$AgCl\downarrow$（白）	$Ag_2SO_4\downarrow$（白）	$Ag_2O\downarrow$（褐）	$[Ag(NH_3)_2]^+$	$Ag_2O\downarrow$（褐）	$Ag_2O\downarrow$（褐）	$Ag_2CO_3\downarrow$（白）	$Ag_2S\downarrow$（黑）	$Ag_2S\downarrow$（黑）
Hg_2^{2+}	$Hg_2Cl_2\downarrow$（白）	$Hg_2SO_4\downarrow$（白）	$NH_2HgNO_3\downarrow$（白）$+Hg\downarrow$（黑）	$NH_2HgNO_3\downarrow$（白）$+Hg\downarrow$（黑）	$Hg_2O\downarrow$（黑）	$Hg_2O\downarrow$（黑）	HgO（黄）$+Hg\downarrow$（黑）	$HgS\downarrow+Hg$（黑）	$HgS\downarrow+Hg$（黑）
Pb^{2+}	$PbCl_2\downarrow$（白）	$PbSO_4\downarrow$（白）	$Pb(OH)_2\downarrow$（白）	$Pb(OH)_2\downarrow$（白）	$Pb(OH)_2\downarrow$（白）	PbO_2^{2-}	$Pb_2(OH)_2CO_3\downarrow$（白）	$PbS\downarrow$（黑）	$PbS\downarrow$（黑）
Cu^{2+}			$Cu(OH)NO_3\downarrow$（蓝绿）	$[Cu(NH_3)_4]^{2+}$（蓝）	$Cu(OH)_2\downarrow$（浅蓝）	$Cu(OH)_2\downarrow$（浅蓝）部分CuO_2^{2-}	$Cu_2(OH)_2CO_3\downarrow$（蓝绿）	$CuS\downarrow$（黑）	$CuS\downarrow$（黑）
Cd^{2+}			$Cd(OH)_2\downarrow$（白）	$[Cd(NH_3)_4]^{2+}$（无色）	$Cd(OH)_2\downarrow$（白）	$Cd(OH)_2\downarrow$（白）	$Cd_2(OH)_2CO_3\downarrow$（白）	$CdS\downarrow$（黄）	$CdS\downarrow$（黄）
Bi^{3+}			$Bi(OH)_3\downarrow$（白）	$Bi(OH)_3\downarrow$（白）	$Bi(OH)_3\downarrow$（白）	$Bi(OH)_3\downarrow$（白）	$Bi(OH)CO_3\downarrow$（白）	$Bi_2S_3\downarrow$（暗褐）	$Bi_2S_3\downarrow$（暗褐）
Hg^{2+}			$NH_2HgNO_3\downarrow$（白）	$NH_2HgNO_3\downarrow$（白）	$HgO\downarrow$（黄）	$HgO\downarrow$（黄）	$HgCO_3\cdot3HgO$（红棕）	$HgS\downarrow$（黑）	$HgS\downarrow$（黑）
Sn^{2+}			$Sn(OH)_2\downarrow$（白）	$Sn(OH)_2\downarrow$（白）	$Sn(OH)_2\downarrow$（白）	SnO_2^{2-}	$Sn(OH)_2\downarrow$（白）	$SnS\downarrow$（棕）	$SnS\downarrow$（棕）
Sn^{4+}			$Sn(OH)_4\downarrow$（白）	$Sn(OH)_4\downarrow$（白）	$Sn(OH)_4\downarrow$（白）	SnO_3^{2-}	$Sn(OH)_4\downarrow$（白）	$SnS_2\downarrow$（黄）	$SnS_2\downarrow$（黄）
Sb^{3+}			$HSbO_2\downarrow$（白）	$HSbO_2\downarrow$（白）	$HSbO_2\downarrow$（白）	SbO_3^{3-}	$HSbO_2\downarrow$（白）	$Sb_2S_3\downarrow$（橙红）	$Sb_2S_3\downarrow$（橙红）
Sb^{5+}			$HSbO_3\downarrow$（白）	$HSbO_3\downarrow$（白）	$HSbO_3\downarrow$（白）	SbO_4^{3-}	$HSbO_3\downarrow$（白）	$Sb_2S_5\downarrow$（橙红）	$Sb_2S_5\downarrow$（橙红）
As^{3+}								$As_2S_3\downarrow$（淡黄）	$As_2S_3\downarrow$（淡黄）
As^{5+}								$As_2S_5\downarrow$（淡黄）	$As_2S_5\downarrow$（淡黄）

阳离子	HCl	H_2SO_4	NH_3(适量)	NH_3(过量)	NaOH(适量)	NaOH(过量)	$(NH_4)_2CO_3$	H_2S ($0.3mol \cdot L^{-1}$ HCl)	$(NH_4)_2S$
Fe^{2+}			$Fe(OH)_2\downarrow$(白)	$Fe(OH)_2\downarrow$(白)	$Fe(OH)_2\downarrow$(白)	$Fe(OH)_2\downarrow$(白)	$Fe_2(OH)_2CO_3\downarrow$(白)		$FeS\downarrow$(黑)
Fe^{3+}			$Fe(OH)_3\downarrow$(红棕)	$Fe(OH)_3\downarrow$(红棕)	$Fe(OH)_3\downarrow$(红棕)	$Fe(OH)_3\downarrow$(红棕)	$Fe(OH)CO_3\downarrow$(红棕)		$Fe_2S_3\downarrow$(黑)
Co^{2+}			$Co(OH)NO_3\downarrow$(蓝)	$[Co(NH_3)_6]^{2+}$(黄)	$Co(OH)_2\downarrow$(粉红)	$Co(OH)_2\downarrow$(粉红)	$Co_2(OH)_2CO_3\downarrow$(粉红)		$CoS\downarrow$(黑)
Ni^{2+}			$Ni(OH)NO_3\downarrow$(浅绿)	$[Ni(NH_3)_4]^{2+}$(蓝)	$Ni(OH)_2\downarrow$(绿)	$Ni(OH)_2\downarrow$(绿)	$Ni_2(OH)_2CO_3\downarrow$(浅绿)		$NiS\downarrow$(黑)
Mn^{2+}			$Mn(OH)_2\downarrow$(白)	$Mn(OH)_2\downarrow$(白)	$Mn(OH)_2\downarrow$(白)	$Mn(OH)_2\downarrow$(白)	$MnCO_3\downarrow$(白)		$MnS\downarrow$(肉色)
Al^{3+}			$Al(OH)_3\downarrow$(白)	$Al(OH)_3\downarrow$(白)	$Al(OH)_3\downarrow$(白)	AlO_2^-	$Al(OH)_3\downarrow$(白)		$Al(OH)_3\downarrow$(白)
Cr^{3+}			$Cr(OH)_3\downarrow$(灰绿)	$Cr(OH)_3\downarrow$(灰绿)	$Cr(OH)_3\downarrow$(灰绿)	CrO_2^-	$Cr(OH)_3\downarrow$(灰绿)		$Cr(OH)_3\downarrow$(灰绿)
Zn^{2+}			$Zn(OH)_2\downarrow$(白)	$[Zn(NH_3)_4]^{2+}$(无色)	$Zn(OH)_2\downarrow$(白)	ZnO_2^{2-}	$Zn_2(OH)_2CO_3\downarrow$(白)		$ZnS\downarrow$(白)
Ca^{2+}		$CaSO_4\downarrow$(白)					$CaCO_3\downarrow$(白)		
Sr^{2+}		$SrSO_4\downarrow$(白)					$SrCO_3\downarrow$(白)		
Ba^{2+}		$BaSO_4\downarrow$(白)					$BaCO_3\downarrow$(白)		
Mg^{2+}			部分 $Mg(OH)_2\downarrow$(白)	部分 $Mg(OH)_2\downarrow$(白)	$Mg(OH)_2\downarrow$(白)	$Mg(OH)_2\downarrow$(白)	$Mg_2(OH)_2CO_3\downarrow$(白)		
K^+									
Na^+									
NH_4^+									

表 6-2　常见阴离子与常用试剂的反应

阴离子	BaCl₂	钡盐沉淀加酸	AgNO₃	酸的作用	氧化剂	还原剂
SO_4^{2-}	$BaSO_4\downarrow$(白)	不溶	$Ag_2SO_4\downarrow$(白)(浓溶液中)			
SO_3^{2-}	$BaSO_3\downarrow$(白)	溶解 $SO_2\uparrow$	$Ag_2SO_3\downarrow$(白)溶于强酸及 CH_3COOH,$NH_3\cdot H_2O$	$SO_2\uparrow$	酸性 $KMnO_4$ 溶液褪色；I_2 淀粉液褪色	被 Zn、Al、Mg 还原成 $H_2S\uparrow$
$S_2O_3^{2-}$	$BaS_2O_3\downarrow$(白,浓溶液中)	溶解 $SO_2\uparrow+S\downarrow$	$Ag_2S_2O_3\downarrow+H_2O\longrightarrow Ag_2S\downarrow+2H^++SO_4^{2-}$ $Ag_2S_2O_3$溶于 HNO_3 和 $NH_3\cdot H_2O$	$SO_2\uparrow+S\downarrow$	酸性 $KMnO_4$ 溶液褪色；I_2 淀粉液褪色	被 Zn、Al、Mg 还原成 $H_2S\uparrow$
CO_3^{2-}	$BaCO_3\downarrow$(白)	溶解 $CO_2\uparrow$	$Ag_2CO_3\downarrow$(白),溶于 HNO_3,CH_3COOH,$NH_3\cdot H_2O$	$CO_2\uparrow$		
BO_2^-	$Ba(BO_2)_2\downarrow$(白,浓溶液中)	溶解	$AgBO_2\downarrow$(白),溶于 HNO_3,CH_3COOH,$NH_3\cdot H_2O$			
PO_4^{3-}	$Ba_3(PO_4)_2\downarrow$(白)	溶解	$Ag_3PO_4\downarrow$(黄),溶于强酸及 CH_3COOH,$NH_3\cdot H_2O$			
AsO_4^{3-}	$Ba_3(AsO_4)_2\downarrow$(白)	溶解	$Ag_3AsO_4\downarrow$(棕),溶于强酸及 CH_3COOH,$NH_3\cdot H_2O$			KI 溶液中析出 I_2(酸性溶液)
AsO_3^{3-}	$Ba_3(AsO_3)_2\downarrow$(白)	溶解	$Ag_3AsO_3\downarrow$(黄),溶于 HNO_3,CH_3COOH,$NH_3\cdot H_2O$		酸性 $KMnO_4$ 溶液褪色,在 $NaHCO_3$ 存在下,I_2 淀粉溶液褪色	
$C_2O_4^{2-}$	$BaC_2O_4\downarrow$(白)	溶解	$Ag_2C_2O_4$,溶于 HNO_3,$NH_3\cdot H_2O$		酸性 $KMnO_4$ 溶液褪色(加热)	
SiO_3^{2-}	$BaSiO_3\downarrow$(白)	H_2SiO_3	$Ag_2SiO_3\downarrow$(黄),溶于酸,析出 H_2SiO_3	H_2SiO_3(白,凝胶状)		
F^-	$BaF_2\downarrow$(白)	溶解于浓酸中逸出 $HF\uparrow$		$HF\uparrow$(浓 H_2SO_4)		
CN^-			$AgCN\downarrow$(白)	$HCN\uparrow$(稀酸) NH_4^++CO(浓 H_2SO_4)		不与 $KMnO_4$ 作用,I_2 淀粉溶液褪色

阴离子	BaCl₂	钡盐沉淀加酸	AgNO₃	酸的作用	氧化剂	还原剂
SCN^-			$AgSCN\downarrow$(白),溶于 $NH_3 \cdot H_2O$	$NH_4^+ + COS\uparrow$（H_2SO_4）	酸性 $KMnO_4$ 溶液褪色	
Cl^-			$AgCl\downarrow$(白),溶于 $NH_3 \cdot H_2O$	HCl(浓 H_2SO_4) HCl(稀 H_2SO_4)	酸性 $KMnO_4$ 溶液褪色	
Br^-			$AgBr\downarrow$(浓黄),溶于 $Na_2S_2O_3$	$HBr + Br_2$ （浓 H_2SO_4）	酸性 $KMnO_4$ 溶液褪色	
I^-			$AgI\downarrow$(黄),不溶于 $NH_3 \cdot H_2O$	HI(稀 H_2SO_4) I_2(浓 H_2SO_4)	酸性 $KMnO_4$ 溶液褪色	
S^{2-}			$Ag_2S\downarrow$(黑),溶于热 HNO_3	$H_2S\uparrow$ （稀 H_2SO_4） H_2S, SO_2 （浓 H_2SO_4）	酸性 $KMnO_4$ 溶液褪色,I_2淀粉溶液褪色	
NO_3^-				$NO_2\uparrow + O_2\uparrow$ （浓 H_2SO_4）		可被还原成 NO_2、NO、N_2、NH_3
NO_2^-			$AgNO_2\downarrow$(白)（浓 NO_2^-）	$NO_2\uparrow + NO\uparrow$ （浓 H_2SO_4）	酸性 $KMnO_4$ 溶液褪色	可被还原成 NO、N_2、NH_3,使 KI 析出 I_2(酸性溶液中)
ClO_3^-				ClO_2（浓 H_2SO_4）		浓时,使 KI 溶液析出 I_2
ClO^-				$HCl + O_2\uparrow$ （浓 H_2SO_4） Cl_2（HCl）		KI 酸性溶液中 I_2 析出
CH_3COO^-			$CH_3COOAg\downarrow$（浓时）	CH_3COOH （浓 H_2SO_4）		

(3) 阳离子分析分组

常见阳离子有 Na^+、NH_4^+、Mg^{2+}、K^+、Ag^+、Hg_2^{2+}、Pb^{2+}、Ca^{2+}、Ba^{2+}、Cu^{2+}、Zn^{2+}、Cd^{2+}、Co^{2+}、Ni^{2+}、Al^{3+}、Cr^{3+}、Sb（Ⅲ，Ⅴ）、Sn（Ⅱ，Ⅳ）、Fe^{2+}、Fe^{3+}、Bi^{3+}、Mn^{2+}、Hg^{2+} 等 20 多种。

在阳离子系统分析中，利用不同的组试剂有不同的分组方案。有以硫化物溶解度不同为基础，用 HCl、H_2S、$(NH_4)_2S$ 和 $(NH_4)_2CO_3$ 为组试剂的硫化氢系统分组法；有以两酸（HCl、H_2SO_4）、两碱（$NH_3 \cdot H_2O$、NaOH）为组试剂的两酸两碱系统分组法；以及用 HCl、H_2SO_4、NaOH、$NH_3 \cdot H_2O$、$(NH_4)_2S$ 为组试剂的两酸三碱系统分组法等。现将三种分组方案介绍如下。

两酸两碱系统分组分离示意图见图 6-1，两酸三碱系统分组分离示意图见图 6-2，硫化氢系统分组分离示意图见图 6-3。

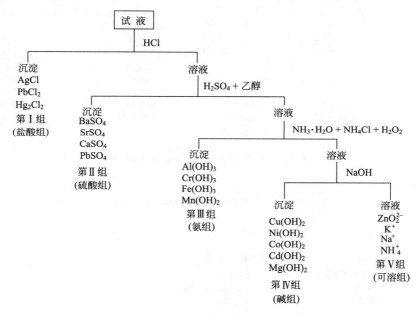

图 6-1　两酸两碱系统分组分离示意图

硫化氢系统分析中所使用的组试剂 H_2S 气体具有毒性和刺激性气味，因此一般以硫代乙酰胺（CH_3CSNH_2，简称 TAA）的水溶液代替 H_2S 作沉淀剂。其水解反应产物与介质有关。

酸性溶液：$CH_3CSNH_2 + H^+ + 2H_2O \longrightarrow CH_3COOH + NH_4^+ + H_2S\uparrow$

碱性溶液：$CH_3CSNH_2 + 3OH^- \longrightarrow CH_3COO^- + NH_3 + H_2O + S^{2-}$

氨性溶液：$CH_3CSNH_2 + 2NH_3 \longrightarrow CH_3C(NH_2)NH + NH_4^+ + HS^-$

(4) 阴离子分析分组

常见阴离子有 F^-、Cl^-、Br^-、I^-、S^{2-}、SO_3^{2-}、SO_4^{2-}、$S_2O_3^{2-}$、NO_2^-、NO_3^-、PO_4^{3-}、CO_3^{2-}、SiO_3^{2-} 和 Ac^- 等十多种。除少数几种阴离子外，大多数情况下彼此不妨碍鉴定。而且在一种试液中，许多阴离子同时存在的机会也较少。因此，阴离子分析一般都采用分别分析的方法。

虽然阴离子分析不用系统分析的方法，但是也可以根据阴离子某些共性选择某种试剂将

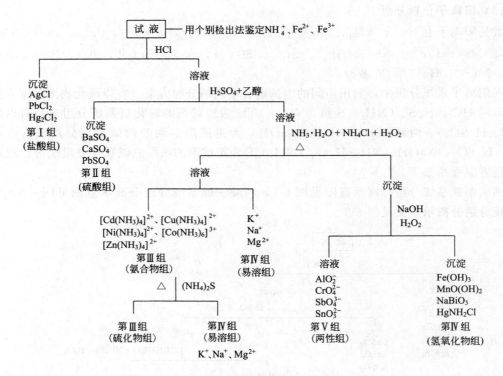

图 6-2　两酸三碱系统分组分离示意图

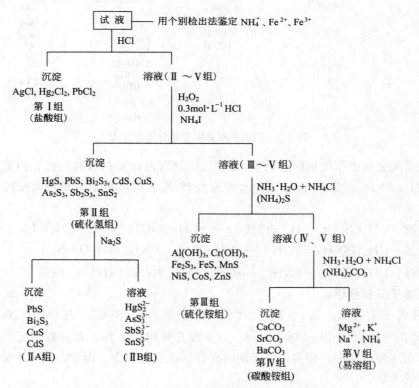

图 6-3　H_2S 系统分组分离示意图

阴离子进行分组。分组的目的并不是借组试剂进行系统分离，而是为了确定离子存在的可能范围，所以组试剂只是起着检验该组离子是否存在的作用。如果用组试剂已能确定某一组离子不存在，就不必对该组离子进行鉴定，这样就可以大大简化分析工作。目前，一般多利用钡盐和银盐的溶解度不同，将阴离子分为三组，见表 6-3。

表 6-3 阴离子的分组

组别	组试剂	组内离子	特性
第一组（钡盐组）	$BaCl_2$（中性或弱碱性溶液）	SO_4^{2-}, SO_3^{2-}, $S_2O_3^{2-}$, CO_3^{2-}, SiO_3^{2-}, PO_4^{3-}, F^-	钡盐难溶于水，除 $BaSO_4$ 外，其他钡盐溶于酸
第二组（银盐组）	$AgNO_3$（稀、冷 HNO_3 溶液）	S^{2-}, Cl^-, Br^-, I^-	银盐难溶于水和稀 HNO_3，Ag_2S 溶于热 HNO_3
第三组（易溶组）	无组试剂	NO_2^-, NO_3^-, Ac^-	钡盐、银盐都易溶于水

常见阳、阴离子的具体分析步骤参阅实验教材。

6.1.3 离子的鉴定

（1）离子鉴定的要求与鉴定反应的条件

离子鉴定反应大都是在水溶液中进行的，所谓离子鉴定就是根据发生化学反应的现象来确定某种元素或其离子的存在与否。为了便于观察，取得正确的分析结果，作为鉴定反应必须满足以下要求。

① 有明显的外观特征　如根据溶液颜色的改变，沉淀的生成或溶解，逸出气体的颜色、气味或产生的气体与一定试剂的反应等来判断某些离子的存在。

② 灵敏度高，选择性好　灵敏度是指与一种试剂作用的离子量多少，凡待检出的离子量很少就能发生显著反应的为灵敏度高的反应。所谓选择性是指与同一种试剂作用的离子种类而言，能与加入的试剂起反应的离子愈少，则这一反应的选择性愈高。若某试剂只与一种离子起反应，则该反应称为该离子的特效反应，该试剂就成为鉴定此离子的特效试剂。

③ 反应迅速　在水溶液中进行的反应一般瞬时即可完成，如果有些鉴定反应的速率较慢，可采取加热或加入催化剂等措施以加快反应速率。

鉴定反应和其他化学反应一样，要求在一定条件下进行才能得到正确可靠的结论。因此在进行鉴定反应时，必须严格控制下列几个条件。

① 溶液的酸度　例如用 CrO_4^{2-} 鉴定 Pb^{2+} 的反应，要求在中性或弱酸性溶液中进行。在碱性介质中，会生成 $Pb(OH)_2$ 沉淀，甚至转化为 PbO_2^{2-}。但若酸性太强，CrO_4^{2-} 大部分将转化为 $Cr_2O_7^{2-}$，降低了溶液中 CrO_4^{2-} 的浓度，也得不到黄色的 $PbCrO_4$ 沉淀。

② 反应物的浓度　在鉴定反应中，为了反应显著，便于观察，要求反应的离子和试剂有适当的浓度。如 $Pb^{2+} + Cl^- \longrightarrow PbCl_2 \downarrow$，由于 $PbCl_2$ 在水中的溶解度较大，只有当溶液中 Pb^{2+} 的浓度足够大时，才能观察到白色 $PbCl_2$ 沉淀的生成。又如钼酸铵试剂鉴定 PO_4^{3-} 的反应：

$$PO_4^{3-} + 12MoO_4^{2-} + 3NH_4^+ + 24H^+ = (NH_4)_3PO_4 \cdot 12MoO_3 \cdot 6H_2O \downarrow + 6H_2O$$

由于生成的磷钼酸铵沉淀溶于过量磷酸盐溶液，因此要求加入过量钼酸铵试剂，才能观察到黄色沉淀的析出。

但也有些鉴定反应，如用 $NaBiO_3$、PbO_2 等强氧化剂来鉴定 Mn^{2+} 时，Mn^{2+} 浓度不能过大，过量的 Mn^{2+} 会使反应生成的 MnO_4^- 还原成棕色 $MnO(OH)_2$ 沉淀：

$$3Mn^{2+} + 2MnO_4^- + 7H_2O \Longrightarrow 5MnO(OH)_2\downarrow + 4H^+$$

③ 反应的温度、催化剂　在有些鉴定反应中，溶液的温度对产物的溶解度有较大的影响，如通过 $PbCl_2$ 沉淀的生成鉴定 Pb^{2+}，但 $PbCl_2$ 能溶于热水，因此不能在热溶液中用稀 HCl 沉淀 Pb^{2+}。相反，用 $NaOH$ 鉴定 NH_4^+ 时，加热有利于 NH_3 逸出并且进一步与奈斯勒试剂或试纸反应，可以提高鉴定的灵敏度。

此外，加热又可提高反应速率，如用 $S_2O_8^{2-}$ 鉴定 Mn^{2+} 时，必须加热，并加入催化剂：

$$Mn^{2+} + S_2O_8^{2-} + H_2O \xrightarrow{\triangle, Ag^+} MnO_4^- + SO_4^{2-} + H^+$$

若没有 Ag^+ 作催化剂，$S_2O_8^{2-}$ 只能将 Mn（Ⅱ）氧化成 Mn（Ⅳ），形成棕色 $MnO(OH)_2$ 沉淀。

④ 溶剂　改变溶剂可以改变物质的溶解度，提高鉴定反应的灵敏度。一些极性较强的物质在有机溶剂中的溶解度要比在水中小，如在水中加入乙醇，$CaSO_4$ 的溶解度显著降低而析出。相反，极性小的物质较易溶于有机溶剂中，如鉴定 Cr^{3+} 或 H_2O_2 的反应：

$$Cr_2O_7^{2-} + H_2O_2 + 6H^+ \Longrightarrow 2CrO_5 + 4H_2O$$

蓝色 CrO_5 在水中不稳定，易分解为 Cr^{3+} 使蓝色退去，但 CrO_5 在有机溶剂中较为稳定，故可用乙醚或戊醇等有机溶剂萃取以提高鉴定的灵敏度。

⑤ 干扰离子的排除　在多数情况下，一种鉴定用的试剂能与多种离子起反应，例如：用 SCN^- 鉴定 Co^{2+} 时，若有 Fe^{3+} 存在，由于 Fe^{3+} 与 SCN^- 生成血红色 $[Fe(SCN)_6]^{3-}$，干扰蓝色 $[Co(SCN)_4]^{2-}$ 的生成与观察，即干扰 Co^{2+} 的检出。为了消除 Fe^{3+} 的干扰，可加入 NH_4F 或 NaF 作掩蔽剂，使 Fe^{3+} 与 F^- 形成稳定的无色 $[FeF_6]^{3-}$，便于 $[Co(SCN)_4]^{2-}$ 的生成和观察。

除加入掩蔽剂排除干扰离子外，还可用控制溶液酸度的方法来排除干扰，如 Ba^{2+} 和 Sr^{2+} 都能与 CrO_4^{2-} 生成黄色的铬酸盐沉淀，因此用 CrO_4^{2-} 鉴定 Ba^{2+} 时，为避免受 Sr^{2+} 的干扰，可以利用 $BaCrO_4$ 与 $SrCrO_4$ 溶解度的不同，控制反应在中性或弱酸性介质中进行，降低 CrO_4^{2-} 浓度，则 $SrCrO_4$ 不能沉淀，而溶解度较小的 $BaCrO_4$ 仍能沉淀。

（2）空白试验与对照试验

在离子鉴定过程中常常可能出现过度检出或离子的失落。过度检出是指试样中并不含某种离子，但由于去离子水或试剂中含有被检离子等因素，误以为试样中有该离子存在。相反，若试样中有某离子，但由于试剂失效或没有严格控制好反应条件，可能误认为该离子不存在，造成离子的失落。当实验现象不甚明显，很难做出肯定判断时，则应采用对比的方法，通常要做空白试验或对照试验。

① 空白试验　取一份去离子水代替试液，与试液在相同条件下，以相同方法对同一种离子进行鉴定。这种对比实验方法称为空白试验，目的在于检查去离子水及试剂中是否含有被鉴定的离子。

如用 NCS^- 鉴定试样中有无 Fe^{3+} 时，若得到血红色溶液，则说明有 Fe^{3+}。但试样是用酸溶液配制而成的，微量的 Fe^{3+} 是试样中原有的，还是所使用的酸或是去离子水带入的杂质呢？为此可做空白试验：取少量配制试样的酸与去离子水代替试液，重复上述操作，若得到同样深浅的血红色，说明试样中无 Fe^{3+}。如所得的结果为无色或明显比试样颜色浅，才能判断试样中确有 Fe^{3+} 存在。

② 对照试验　用含有某种离子的纯盐溶液代替试液，与试液在相同条件下进行鉴定，称为对照试验。目的在于检查试剂是否失效或鉴定反应条件控制是否恰当。

如用 $SnCl_2$ 溶液鉴定 Hg^{2+} 时，未出现灰黑色沉淀（Hg，Hg_2Cl_2）一般认为无 Hg^{2+}。但考虑到 $SnCl_2$ 易被空气氧化而失效，这时可取已知 Hg^{2+} 盐溶液做对照试验，若也不出现灰黑色沉淀，说明试剂 $SnCl_2$ 已经失效，应重新配置后再进行鉴定。

(3) 常见阳、阴离子的鉴定反应

① 常见阳离子的鉴定反应　常见阳离子的鉴定反应见表 6-4。

表 6-4　常见阳离子的鉴定反应

离子	试剂	鉴定反应	介质条件	主要干扰离子
NH_4^+	NaOH	$NH_4^+ + OH^- \xrightarrow{\triangle} NH_3 + H_2O$ NH_3 使湿润的红色石蕊试纸变蓝或使 pH 试纸显碱性反应	强碱性介质	CN^- $CN^- + 2H_2O \xrightarrow{\triangle,OH^-}$ $HCOO^- + NH_3\uparrow$
	奈斯勒试剂	$NH_4^+ + 2[HgI_4]^{2-} + 4OH^- \longrightarrow$ $[Hg_2ONH_2]I$(棕色)$+ 7I^- + 3H_2O$	碱性介质	Fe^{3+}、Cr^{3+}、Co^{2+}、Ni^{2+}、Ag^+、Hg^{2+} 等离子能与奈斯勒试剂生成有色沉淀，妨碍 NH_4^+ 检出
Na^+	KH_2SbO_4	$Na^+ + H_2SbO_4^- \longrightarrow NaH_2SbO_4\downarrow$ *(白色)*	中性或弱碱性介质	(1)强酸的铵盐水解后所带的微酸性能促使产生白色的 $HSbO_3$ 沉淀，干扰 Na^+ 检出； (2)碱金属外的金属离子亦能生成白色沉淀干扰 Na^+ 检出
	醋酸铀酰锌	$Na^+ + Zn^{2+} + 3UO_2^{2+} + 9Ac^- +$ $9H_2O \longrightarrow NaZn(UO_2)_3Ac_9 \cdot 9H_2O\downarrow$ *(淡黄绿色)*	中性或醋酸溶液	大量 K^+ 存在有干扰[生成 $KAc \cdot UO_2(Ac)_2$ 针状结晶]，Ag^+、Hg_2^{2+}、$Sb(III)$ 存在亦有干扰
	焰色反应	挥发性钠盐在煤气灯的无色火焰中灼烧时，火焰呈紫色		
K^+	钴亚硝酸钠	$2K^+ + Na^+ + [Co(NO_2)_6]^{3-} \longrightarrow$ $K_2Na[Co(NO_2)_6]\downarrow$(亮黄色)	中性或弱酸性	Rb^+、Cs^+、NH_4^+ 能与试剂形成相似的化合物，妨碍鉴定
	焰色反应	挥发性钠盐在煤气灯的无色焰火中灼烧时，火焰呈黄色		Na^+ 存在时，K^+ 所显示的紫色被黄色遮盖，为消除黄色火焰的干扰，可透过蓝玻璃去观察
Mg^{2+}	镁试剂	镁试剂被 $Mg(OH)_2$ 吸附后呈天蓝色，故反应结果形成天蓝色沉淀	强碱性介质	(1)除碱金属外，在强碱性介质中形成有色沉淀的离子，如 Ag^+、Hg^{2+}、Ni^{2+}、Co^{2+}、Cr^{3+}、Cu^{2+}、Mn^{2+}、Fe^{3+} 等离子对反应均有干扰； (2)大量 NH_4^+ 存在，降低了溶液中 OH^- 浓度，使 $Mg(OH)_2$ 难以析出，降低反应的灵敏度
Ca^{2+}	$(NH_4)_2C_2O_4$	$Ca^{2+} + C_2O_4^{2-} \longrightarrow CaC_2O_4\downarrow$ *(白色)*	中性或碱性介质	Ag^+、Pb^{2+}、Cu^{2+}、Cd^{2+}、Hg_2^{2+}、Hg^{2+} 等金属离子均能与 $C_2O_4^{2-}$ 作用生成沉淀，对反应有干扰，可在氨性试液中加入锌粉，将它们还原为金属而除去
	焰色反应	挥发性钙盐使火焰呈砖红色		

离子	试剂	鉴定反应	介质条件	主要干扰离子
Ba^{2+}	K_2CrO_4	$Ba^{2+}+CrO_4^{2-}\longrightarrow BaCrO_4\downarrow$（黄色）	中性或弱酸性介质	Sr^{2+}、Pb^{2+}、Ag^+、Ni^{2+}、Zn^{2+}等离子与CrO_4^{2-}能生成有色沉淀
	焰色反应	挥发性钡盐使火焰呈黄绿色		
Al^{3+}	铝试剂	形成红色絮状沉淀	弱碱性介质	Fe^{3+}、Cr^{3+}、Bi^{3+}、Pb^{2+}、Cu^{2+}等离子能生成与铝相类似的红色沉淀
	茜素-S	（茜素-S结构 $+1/3Al^{3+}\longrightarrow$ 1/3Al 螯合物 $\downarrow+H^+$，玫瑰红色）	$pH=4\sim9$	Fe^{3+}、Cr^{3+}、Mn^{2+}及大量Cu^{2+}等离子存在对反应有干扰
Sn^{2+}	$HgCl_2$	见Hg^{2+}的鉴定反应		
Pb^{2+}	K_2CrO_4	$Pb^{2+}+CrO_4^{2-}\longrightarrow PbCrO_4\downarrow$（黄色）	中性或弱碱性介质	Ba^{2+}、Sr^{2+}、Ag^+、Ni^{2+}、Zn^{2+}等离子与CrO_4^{2-}亦能生成有色沉淀,影响Pb^{2+}检出
$As(V)$	Zn片 $AgNO_3$	$AsO_4^{3-}+11H^++4Zn\longrightarrow AsH_3\uparrow+4Zn^{2+}+4H_2O$ $AsH_3+6Ag^++3H_2O\longrightarrow H_3AsO_3+6Ag+6H^+$	强酸性介质	
Sb^{3+}	锡片	$2Sb^{3+}+3Sn\longrightarrow 2Sb\downarrow+3Sn^{2+}$（黑色）	酸性介质	Ag^+、AsO_2^-、Bi^{3+}等离子也能与Sn发生氧化还原反应,析出相应的黑色金属,妨碍Sb^{3+}的检出
Bi^{3+}	$Na_2[Sn(OH)_4]$	$2Bi^{3+}+3SnO_2^{2-}+6OH^-\longrightarrow 2Bi\downarrow+3SnO_3^{2-}+3H_2O$（黑色）	强碱性介质	Hg_2^{2+}、Hg^{2+}、Pb^{2+}等离子存在时,亦会慢慢地被SnO_2^{2-}还原而析出黑色金属,干扰Bi^{3+}的检出
Cr^{3+}	用H_2O_2氧化后加可溶性Pb^{2+}盐（或加Ag^+盐或加Ba^{2+}盐）	$Cr^{3+}+4OH^-\longrightarrow CrO_2^-+2H_2O$ $2CrO_2^-+3H_2O_2+2OH^-\longrightarrow 2CrO_4^{2-}+4H_2O$	碱性介质	凡能与CrO_4^{2-}生成有色沉淀的金属离子均对鉴定有干扰
		$CrO_4^{2-}+Pb^{2+}\longrightarrow PbCrO_4\downarrow$（黄色） $CrO_4^{2-}+2Ag^+\longrightarrow Ag_2CrO_4\downarrow$（砖红色） $CrO_4^{2-}+Ba^{2+}\longrightarrow BaCrO_4\downarrow$（黄色）	弱酸性介质（HAc酸化）	
	在NaOH条件下用H_2O_2氧化后再酸化,并用乙醚（或戊醇）萃取	$Cr^{3+}+4OH^-\longrightarrow CrO_2^-+2H_2O$ $2CrO_2^-+3H_2O_2+2OH^-\longrightarrow 2CrO_4^{2-}+4H_2O$	碱性介质	
		$2CrO_4^{2-}+2H^+\Longleftrightarrow Cr_2O_7^{2-}+4H_2O$ $Cr_2O_7^{2-}+4H_2O_2+2H^+\longrightarrow 2CrO_5$（蓝色）$+5H_2O$	酸性介质	

离子	试剂	鉴定反应	介质条件	主要干扰离子
Mn^{2+}	$NaBiO_3$	$2Mn^{2+}+5NaBiO_3+14H^+ \longrightarrow 2MnO_4^-$（紫红色）$+5Na^++5Bi^{3+}+7H_2O$	HNO_3 介质	
Fe^{3+}	NH_4SCN（或 $KSCN$）	$Fe^{3+}+SCN^- \rightleftharpoons Fe(SCN)_n^{3-n}$（$n=2\sim6$）（血红色）	酸性介质	氟化物、磷酸、草酸、酒石酸、柠檬酸、含 α-OH 或 β-OH 的有机酸均能与 Fe^{3+} 生成稳定的配离子，妨碍 Fe^{3+} 检出。大量 Cu^{2+} 存在时能与 SCN^- 生成黑绿色 $Cu(SCN)_2$ 沉淀，干扰 Fe^{3+} 的检出
	$K_4[Fe(CN)_6]$	$K^++Fe^{3+}+[Fe(CN)_6]^{4-} \longrightarrow K[Fe(Ⅱ)(CN)_6Fe(Ⅲ)]\downarrow$[普鲁士蓝（靛蓝）]	酸性介质	
Fe^{2+}	$K_3[Fe(CN)_6]$	$K^++Fe^{2+}+[Fe(CN)_6]^{3-} \longrightarrow K[Fe(Ⅲ)(CN)_6Fe(Ⅱ)]\downarrow$[滕氏蓝（纯蓝）]	酸性介质	
Co^{2+}	饱和或固体 NH_4SCN 并用丙酮或戊醇萃取	$Co^{2+}+4SCN^- \rightleftharpoons [Co(SCN)_4]^{2-}$（蓝色或绿色）	酸性介质	Fe^{3+} 干扰 Co^{2+} 的检出
Ni^{2+}	丁二酮肟	（鲜红色）	$pH=5\sim10$ 在氨性或 $NaAc$ 溶液中进行	Co^{2+}（与本试剂反应生成棕色可溶性化合物）、Fe^{2+}（与本试剂作用呈红色）、Bi^{3+}（与本试剂作用生成黄色沉淀）、Fe^{3+}、Mn^{2+}（在氨性溶液中与 $NH_3\cdot H_2O$ 作用产生有色沉淀）等离子的存在干扰 Ni^{2+} 的检出
Cu^{2+}	$K_4[Fe(CN)_6]$	$2Cu^{2+}+[Fe(CN)_6]^{4-} \longrightarrow Cu_2[Fe(CN)_6]\downarrow$（红褐色）	中性或酸性	能与 $[Fe(CN)_6]^{4-}$ 生成深色沉淀的金属离子（如 Fe^{3+}、Bi^{3+}、Co^{2+} 等）均对鉴定有干扰
Ag^+	$HCl-NH_3\cdot H_2O-HNO_3$	$Ag^++Cl^- \longrightarrow AgCl\downarrow$（白色） $AgCl+2NH_3\cdot H_2O \longrightarrow [Ag(NH_3)_2]^++Cl^-+2H_2O$ $[Ag(NH_3)_2]^++2H^++Cl^- \longrightarrow AgCl\downarrow+2NH_4^+$	酸性介质	Pb^{2+}、Hg_2^{2+} 与 Cl^- 生成 $PbCl_2$、Hg_2Cl_2 白色沉淀，干扰 Ag^+ 的鉴定，但 $PbCl_2$、Hg_2Cl_2 难溶于氨水，可与 $AgCl$ 分离
	K_2CrO_4	$2Ag^++CrO_4^{2-} \longrightarrow Ag_2CrO_4\downarrow$（砖红色）	中性或微酸性介质	凡能与 CrO_4^{2-} 生成深色沉淀的金属离子（如 Hg_2^{2+}、Ba^{2+}、Pb^{2+} 等）均对鉴定有干扰

离子	试剂	鉴定反应	介质条件	主要干扰离子
	$(NH_4)_2S$ 或碱金属硫化物	$Zn^{2+} + S^{2-} \longrightarrow ZnS \downarrow$（白色）	$[H^+] <$ $0.3 mol \cdot L^{-1}$	凡能与 S^{2-} 生成有色硫化物的金属离子均对鉴定有干扰
Zn^{2+}	二苯硫腙	$Zn^{2+} + 2S=C \begin{matrix} NH-NH-C_6H_5 \\ N=N-C_6H_5 \end{matrix}$ 水层呈玫瑰-粉红色	强碱性	在中性或弱酸性条件下,许多金属离子都能与二苯硫腙生成有色的配合物,因而必须注意鉴定时的介质条件
Cd^{2+}	H_2S 或 Na_2S	$Cd^{2+} + S^{2-} \longrightarrow CdS \downarrow$（黄色）		凡能与 H_2S(或 Na_2S)生成有色沉淀的金属离子均对鉴定有干扰
Hg^{2+}	$SnCl_2$	$Sn^{2+} + 2HgCl_2 + 4Cl^- \longrightarrow Hg_2Cl_2 \downarrow$（白色）$+ [SnCl_6]^{2-}$ $Sn^{2+} + Hg_2Cl_2 + 4Cl^- \longrightarrow 2Hg \downarrow$（黑色）$+ [SnCl_6]^{2-}$	酸性介质	
	KI 和 $NH_3 \cdot H_2O$	(1)先加入过量 KI $Hg^{2+} + 2I^- \longrightarrow HgI_2 \downarrow$ $HgI_2 + 2I^- \longrightarrow [HgI_4]^{2-}$ (2)在上述溶液中加入 $NH_3 \cdot H_2O$ 或 NH_4^+ 盐溶液并加入浓碱溶液,则生成红棕色沉淀 $NH_4^+ + 2[HgI_4]^{2-} + 4OH^- \longrightarrow [Hg_2ONH_2]I \downarrow$（红棕色）$+ 7I^- + 3H_2O$		凡能与 I^-、OH^- 生成深色沉淀的金属离子均对鉴定有干扰

② 常见阴离子的鉴定反应 常见阴离子的鉴定反应见表 6-5。

表 6-5　常见阴离子的鉴定反应

离子	试剂	鉴定反应	介质条件	主要干扰离子
F^-	浓 H_2SO_4	$CaF_2 + H_2SO_4 \xrightarrow{\triangle} CaSO_4 + 2HF \uparrow$ 放出的 HF 与硅酸盐或 SiO_2 作用,生成 SiF_4 气体。当 SiF_4 与水作用时,立即分解并转化为不溶性硅酸沉淀使水变浑 $Na_2SiO_3 \cdot CaSiO_3 \cdot 4SiO_2 + 28HF \longrightarrow 4SiF_4 \uparrow + Na_2SiF_6 + CaSiF_6 + 14H_2O$ $SiF_4 + 4H_2O \longrightarrow H_4SiO_4 \downarrow + 4HF$	酸性介质	
Cl^-	$AgNO_3$	$Ag^+ + Cl^- \longrightarrow AgCl \downarrow$（白色） $AgCl$ 溶于过量氨水或 $(NH_4)_2CO_3$ 中,用 HNO_3 酸化,沉淀重新析出	酸性介质	

离子	试剂	鉴定反应	介质条件	主要干扰离子
Br^-	氯水，CCl_4（或苯）	$2Br^- + Cl_2 \longrightarrow Br_2 + 2Cl^-$ 析出的 Br_2 溶于 CCl_4（或苯）溶剂中呈橙黄色（或橙红色）	中性或酸性介质	
I^-	氯水，CCl_4（或苯）	$2I^- + Cl_2 \longrightarrow I_2 + 2Cl^-$ 析出的 I_2 溶于 CCl_4（或苯）中呈紫红色	中性或酸性介质	
S^{2-}	稀 HCl	$S^{2-} + 2H^+ \longrightarrow H_2S\uparrow$ H_2S 的检验： （1）H_2S 气体有腐蛋臭味 （2）H_2S 气体可使蘸有 $Pb(Ac)_2$ 或 $Pb(NO_3)_2$ 的试纸变黑	酸性介质	
	$Na_2[Fe(CN)_5NO]$	$S^{2-} + [Fe(CN)_5NO]^{2-} \longrightarrow$ $[Fe(CN)_5NOS]^{4-}$（紫红色）	碱性介质	
SO_4^{2-}	$BaCl_2$	$SO_4^{2-} + Ba^{2+} \longrightarrow BaSO_4\downarrow$ **（白色）**	酸性介质	
SO_3^{2-}	稀 HCl	$SO_3^{2-} + 2H^+ \longrightarrow SO_2\uparrow + H_2O$ SO_2 的检验： （1）SO_2 可使稀 $KMnO_4$ 溶液还原而褪色 （2）SO_2 可将 I_2 还原为 I^-，使淀粉-I_2 试纸褪色 （3）SO_2 可使品红溶液褪色	酸性介质	$S_2O_3^{2-}$、S^{2-} 干扰 SO_3^{2-} 的鉴定
	$ZnSO_4$ $K_4[Fe(CN)_6]$ $Na_2[Fe(CN)_5NO]$	$2Zn^{2+} + [Fe(CN)_6]^{4-} \longrightarrow$ $Zn_2[Fe(CN)_6]\downarrow$（浅黄色） $Zn_2[Fe(CN)_6] + [Fe(CN)_5NO]^{2-} +$ $SO_3^{2-} \longrightarrow Zn_2[Fe(CN)_5NOSO_3]\downarrow$（红色） $+ [Fe(CN)_6]^{4-}$	酸性介质	S^{2-} 与 $Na_2[Fe(CN)_5NO]$ 生成紫红色配合物，干扰 SO_3^{2-} 的鉴定
$S_2O_3^{2-}$	稀 HCl	$S_2O_3^{2-} + H^+ \longrightarrow SO_2\uparrow + S\downarrow + H_2O$ 反应中因有硫析出而使溶液变浑浊	酸性介质	SO_3^{2-}、S^{2-} 干扰 $S_2O_3^{2-}$ 的鉴定
	$AgNO_3$	$2Ag^+ + S_2O_3^{2-} \longrightarrow Ag_2S_2O_3$（白色） $Ag_2S_2O_3$ 沉淀不稳定，立即发生水解反应，颜色发生变化，由白→黄→棕，最后变为黑色 Ag_2S 沉淀 $Ag_2S_2O_3 + H_2O \longrightarrow Ag_2S\downarrow + 2H^+ + SO_4^{2-}$ （黑色）	中性介质	S^{2-} 干扰鉴定
NO_2^-	对氨基苯磺酸＋α-萘胺	 （红色染料）	中性或醋酸介质	MnO_4^- 等强氧化剂存在有干扰

离子	试剂	鉴定反应	介质条件	主要干扰离子
NO_3^-	$FeSO_4$	$NO_3^- + 3Fe^{2+} + 4H^+ \longrightarrow$ $3Fe^{3+} + NO + 2H_2O$ $Fe^{2+} + NO \longrightarrow [Fe(NO)]^{2+}$（棕色）在混合液与浓 H_2SO_4 分层处形成棕色环	酸性介质	NO_2^- 有同样的反应，妨碍鉴定
PO_4^{3-}	$AgNO_3$	$3Ag^+ + PO_4^{3-} \longrightarrow Ag_3PO_4 \downarrow$（黄色）	中性或酸性介质	CrO_4^{2-}、S^{2-}、AsO_4^{3-}、AsO_3^{3-}、I^-、$S_2O_3^{2-}$ 等离子能与 Ag^+ 生成有色沉淀，妨碍鉴定
	$(NH_4)_2MoO_4$	$PO_4^{3-} + 3NH_4^+ + 12MoO_4^{2-} + 24H^+ \longrightarrow$ $(NH_4)_3PO_4 \cdot 12MoO_3 \cdot 6H_2O \downarrow + 6H_2O$（黄色）	HNO_3 介质，过量试剂	（1）SO_3^{2-}、$S_2O_2^{2-}$、S^{2-}、I^-、Sn^{2+} 等还原性物质存在时，易将 $(NH_4)_2MoO_4$ 还原为低价钼的化合物——钼蓝，而使溶液呈深蓝色，严重干扰 PO_4^{3-} 的检出 （2）SiO_3^{2-}、AsO_4^{3-} 与钼酸铵试剂也能形成相似的黄色沉淀，妨碍鉴定
CO_3^{2-}	稀 HCl，饱和 $Ba(OH)_2$	$CO_3^{2-} + 2H^+ \longrightarrow CO_2 \uparrow + H_2O$ CO_2 气体使饱和 $Ba(OH)_2$ 变浑浊 $CO_2 + 2OH^- + Ba^{2+} \longrightarrow BaCO_3 \downarrow + H_2O$（白色）	酸性介质	
SiO_3^{2-}	饱和 NH_4Cl	$SiO_3^{2-} + 2NH_4^+ + 2H_2O \longrightarrow$ $H_2SiO_3 \downarrow + 2NH_3 \uparrow + 2H_2O$（白色胶状沉淀）	碱性介质	

6.1.4 未知样品的分析

未知样品的分析，目的是要鉴定出样品中存在的各种阴阳离子，未知样品是多种多样的，有盐类、难溶化合物、矿石、合金、溶液和其他化工产品等。不同的样品组成各不相同，因此所采用的分析方法也就不尽相同。

在进行未知样品分析时，一般先进行初步试验，了解样品中可能存在的阴阳离子，然后根据可能存在的离子，再进行针对性的系统分析试验（或分别分析试验），从而得出结论。

一般无机化合物及其混合物的定性分析可按下列步骤进行。

（1）初步试验

① 外表观察及试液酸碱性测试　若未知样品是固体，可观察试样的颜色、光泽、结晶形状和均匀程度，是否易潮解、风化等。根据试样的这些特征物理性质，可估计某些离子存在的可能性。常见无机化合物的颜色见表 6-6。

表 6-6　常见的有色无机化合物的颜色

颜色	可能存在的化合物
黑色	Ag_2S、Hg_2S、HgS、Cu_2S、CuS、FeS、CoS、NiS、CuO、NiO、FeO、Fe_3O_4、PbS
棕褐色	Bi_2S_3、SnS、Bi_2O_3、PbO_2、Ag_2O、CdO、$CuCrO_4$、$CuBr_2$、MnO_2
橙红色	CrO_3、Sb_2S_3、Sb_2S_5、多数重铬酸盐

颜色	可能存在的化合物
紫红色	高锰酸盐、$CoCl_2 \cdot 2H_2O$
蓝色	水合铜盐、无水钴盐
绿色	镍盐、水合亚铁盐、某些铜盐如 $CuCO_3$、$CuCl_2$、某些铬盐
黄色	As_2S_3、As_2S_5、SnS_2、CdS、HgO、AgI、PbO、多数铬酸盐、铁盐、某些碘化物
红色	Fe_2O_3、Pb_3O_4、Ag_2CrO_4、HgO、HgI_2、HgS
粉红色	亚锰盐、水合钴盐
白色	ZnS、一些无水盐类

若未知样品是溶液，则可通过溶液颜色和测定溶液 pH 值，估计可能存在或不可能存在的离子。溶液中常见离子的颜色见表 6-7。

表 6-7　溶液中常见离子的颜色

色	可能存在的离子	颜色	可能存在的离子
蓝色	Cu^{2+}、$[CoCl_4]^{2-}$、$[Cu(OH)_4]^{2-}$	粉红色	Co^{2+}、Mn^{2+}（色淡）
绿色	Ni^{2+}、Fe^{2+}（色淡）、MnO_4^{2-}、$[Cr(OH)_4]^-$	紫红色	MnO_4^-
黄色	CrO_4^{2-}、Fe^{3+}、$[Fe(CN)_6]^{4-}$、$[CuCl_4]^{2-}$	蓝紫色	Cr^{3+}
橙色	$Cr_2O_7^{2-}$		

若溶液的 pH 值呈弱酸性，易水解的离子 Sn^{2+}、Sb^{3+}、Bi^{3+} 不可能存在；若试液的 pH 值呈强酸性，则易被酸分解的离子 SiO_3^{2-}、CO_3^{2-}、SO_3^{2-} 就不可能存在；若试液的 pH 值呈碱性，则易生成氢氧化物沉淀的金属离子则不可能存在。

② 溶解性试验　如果是固体样品，还可进行溶解性试验，根据样品的溶解性也可初步判断试样的组成。

溶解性试验按下列步骤进行：首先看其在水中的溶解性：若溶于水，则根据试液的颜色、pH 值就可作出初步判断；如果不溶于水，可依次分别用稀 HCl、浓 HCl、稀 HNO_3、浓 HNO_3、王水等溶剂处理。若各种溶剂都不能将试样全部溶解，则不溶物部分可采用熔融法将其熔解。根据未知样品的溶解情况可作出粗略判断。

物质在不同溶液中的溶解情况如下。

a. 溶于水　钠盐、钾盐、铵盐、硝酸盐、亚硝酸盐（$AgNO_2$ 除外）；除 AgX、PbX_2、CuX、HgI_2 外的氯化物、溴化物和碘化物；除 Cu^{2+}、Sr^{2+}、Ba^{2+}、Pb^{2+}、Ag^+、Hg^{2+} 外的硫酸盐。

b. 溶于 HCl　氢氧化物、氧化物及碱式盐、弱酸盐及 Fe^{3+}、Mn^{2+} 等的硫化物。

c. 溶于 HNO_3　溶解度很小的硫化物，如 CuS、PbS 等。

d. 溶于王水　$PbCl_2$、$AuCl$、HgS 及某些重金属。

③ 化学性质试验　根据未知试样与常用试剂［例如 HCl、H_2SO_4、$NH_3 \cdot H_2O$、H_2S、$(NH_4)_2S$、$BaCl_2$、$AgNO_3$ 等］的反应情况可预测可能存在的离子和不可能存在的离子。例如，加入稀 HCl 若有白色不溶物生成，试样中可能存在的离子有 Ag^+、Hg^{2+}、Pb^{2+} 等；

若有气体产生则试样中可能有 CO_3^{2-}、S^{2-}、SO_3^{2-}、NO_2^- 等离子存在。另外，在检测阴离子时，还需注意还原性阴离子和氧化性阴离子的变化，如加 HNO_3，若有 S 析出，则有可能存在 $S_2O_3^{2-}$ 或 S^{2-}。因此根据阴离子的氧化还原性，可初步判断试液中可能存在的是氧化性阴离子还是还原性阴离子。

通过上述初步试验后，可以估计样品中可能存在的离子，对于进一步建立样品的分析方案及分析结果的可靠性判断都有很大的帮助。

(2) 确证性试验

在上述初步试验的基础上，需对样品进行系统分析，制备阳离子分析试液和阴离子分析试液，根据具体情况设计合理的分析方案，然后进行确证试验，最后作出正确判断和结论。

6.2　有机化合物的鉴定

在有机化合物的合成、研究及检验等过程中，常常会遇到有机化合物的分离、提纯和鉴定等问题。有机化合物的鉴定、分离和提纯是三个既有关联而又不相同的概念。

分离和提纯的目的都是由混合物得到纯净物，但要求不同，处理方法也不同。分离是将混合物中的各个组分一一分开。在分离过程中常常将混合物中的某一组分通过化学反应转变成新的化合物，分离后还要将其还原为原来的化合物。提纯有两种情况：一是设法将杂质转化为所需的化合物；另一种情况是把杂质通过适当的化学反应转变为另外一种化合物将其分离（分离后的化合物不必再还原）。

鉴定是根据化合物的不同性质来确定其含有什么官能团，是哪种化合物。如鉴定一组化合物，就是分别确定各是哪种化合物即可。在做鉴定有机化合物时要注意，并不是化合物的所有化学性质都可以用于鉴定，必须具备一定的条件：

① 化学反应中有颜色变化；

② 化学反应过程中伴随着明显的温度变化（放热或吸热）；

③ 反应产物有气体产生；

④ 反应产物有沉淀生成或反应过程中沉淀溶解、产物分层等。

本章节的内容的重点是化合物的鉴定，而有机化合物一般按照性质来说最大的不同是不同有机衍生物具有不同的官能团，而具有相同官能团的化合物在某种程度上具有一定的相似性质，所以大部分有机化合物进行定性鉴定时的依据就是有机化合物的特征官能团的性质。

6.2.1　烷烃、烯烃、炔烃、芳香烃的鉴定

烷烃、烯烃、炔烃和芳香烃类化合物分子中只有碳原子和氢原子，它们的性质一般都比较稳定，尤其是烷烃，只有在特殊条件下才可发生取代反应。烷烃通常不用化学方法鉴定，主要依靠其物理性质和波谱性质来进行鉴定和表征。烯烃、炔烃由于分子中具有不饱和双键和叁键，所以相对比烷烃活泼，很容易通过化学方法被检测到。而芳香烃虽然含有多个双键，但是由于形成了共轭体系，电子云密度平均化，使得芳香烃的性质比烯烃和炔烃稳定得多，只有在比较强烈的反应条件下才能发生取代反应，可以通过波谱和物理测试方法来表

征。另外某些小环烃（如三、四元脂环烃）因性质类似于烯烃，所以有时也能通过采用烯烃鉴定法来进行鉴定和表征。

（1）烯烃、二烯、炔烃

① 溴的四氯化碳溶液，红色褪去。

红棕色   无色

鉴定方法：

取 1 支试管，在其中加入 2mL 溴的四氯化碳溶液，滴入 2～3 滴待测样品，振荡摇匀，观察其颜色变化情况。

5％溴的四氯化碳溶液配制方法：在 95mL 四氯化碳溶液中加入 5mL 溴，摇匀待用。

溴为强腐蚀性化学品，在使用时应注意戴好防护眼镜和防护手套，取用时在通风橱中进行。

当被测样品中含有烯醇、多酚和可烯醇化的物质时，也可以使溴溶液褪色。

② 高锰酸钾溶液，紫色褪去。

烯烃可以被 $KMnO_4$ 氧化成 1,2-二醇，锰也由紫色的 Mn^{7+} 还原成棕褐色的 MnO_2：

紫色   棕褐色

鉴定方法：

取 1 支试管，在其中加入 2mL 水或乙醇，取 2～3 滴待测样品，振荡摇匀，逐滴加入 2％$KMnO_4$ 水溶液，观察其颜色变化情况。如紫色消失，同时试管底部出现棕褐色悬浮物 MnO_2，则表明有碳碳双键和叁键的存在。

（2）含有炔氢的炔烃

① 硝酸银氨溶液，生成炔化银白色沉淀。

$$RC\equiv C—H^+ \ [Ag(NH_3)_2]^+ \longrightarrow RC\equiv C—Ag\downarrow + NH_4^+ + NH_3$$

炔化银（白色）

测试试剂：银氨溶液（即托伦试剂，Tollen's reagent），由 5％$AgNO_3$ 溶液、5％ $NaOH$ 溶液和 5％NH_4OH 溶液组成。

测定方法：将炔烃通入新制备的银氨溶液中，即析出炔化银沉淀。

银氨溶液久置会析出爆炸性黑色沉淀物 Ag_3N，故不能储存，必须现用现配。

由于炔化银干燥时易爆炸，因此实验做完必须将剩余的沉淀加入 3mL 稀硝酸，在水浴上加热煮沸，进行分解破坏。

$$RC\equiv C—Ag + HNO_3 \longrightarrow RC\equiv C—H + AgNO_3$$

② 氯化亚铜的氨溶液，生成炔化亚铜红棕色沉淀。

$$RC\equiv C—H + [Cu(NH_3)_2]^+ \longrightarrow RC\equiv C—Cu\downarrow + NH_4^+ + NH_3$$

炔化亚铜（红棕色）

测定方法：将炔烃通入盛有 5 滴氯化亚铜氨溶液的试管中，析出炔化铜沉淀，进行与炔化银相同的操作，破坏剩余物。

氯化亚铜氨溶液的配制：将 3.5g $CuSO_4 \cdot 5H_2O$ 及 1g NaCl 溶于 12mL 热水中，在搅拌下加入由 1g $NaHSO_4$ 和 10mL 5% NaOH 组成的溶液，置暗处冷却，以免氧化。用倾倒法将溶液倒出，洗涤得到氯化亚铜沉淀，然后将其溶解在 10～15mL 用浓氨水和等量水配成的溶液中，即得到氯化亚铜氨溶液。

(3) 小环烃

三、四元脂环烃可使溴的四氯化碳溶液褪色（参见烯烃）。

(4) 芳香烃

与氧化偶氮苯-$AlCl_3$ 反应，观察溶液颜色的变化或沉淀产生。

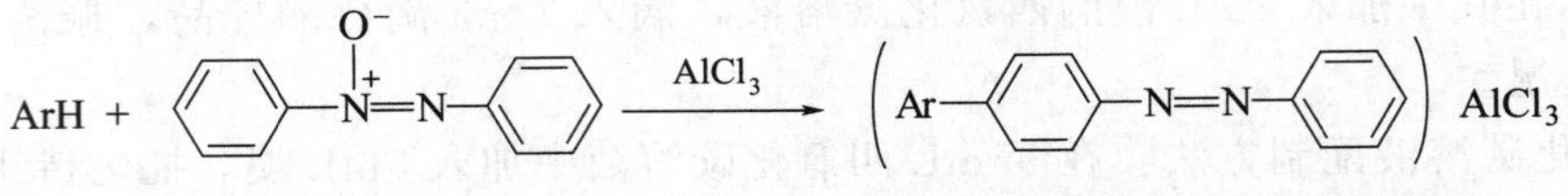

芳基化合物　　　氧化偶氮苯　　　　　4-芳基氧化偶氮苯（有色配合物）

操作：取 1 支干燥的试管，加入 0.5mL 经过干燥处理的待测液样品，1 粒氧化偶氮苯晶体和约 25mg 无水 $AlCl_3$，注意观察颜色变化。若没有出现颜色变化，可以加热几分钟，冷却后再观察现象。

本实验应在绝对无水条件下进行。

如待测样品是固体，可取 0.5g 样品加入 2mL 无水 CS_2 溶解，然后进行实验。

实验中，反应呈现的颜色是 4-芳基偶氮苯和 $AlCl_3$ 配合物的颜色，在溶液中呈深橙色至暗红色，或生成沉淀。稠环芳烃（如萘、蒽、菲）呈棕色。

6.2.2　卤代烃的鉴定

硝酸银的醇溶液，生成卤化银沉淀；不同结构的卤代烃生成沉淀的速度不同，叔卤代烃和烯丙式卤代烃最快，仲卤代烃次之，伯卤代烃需加热才出现沉淀。

$$RX + AgNO_3 \longrightarrow AgX \downarrow + RONO_2$$

测试试剂：2% $AgNO_3$-乙醇溶液、5% 硝酸溶液。

操作：取 1 支试管，用蒸馏水冲洗并干燥，在试管中加入 2mL 2% $AgNO_3$-乙醇溶液，然后取少量样品加入试管中，观察卤化银沉淀出现并记录时间。10min 后，若无沉淀，加热试管至溶液沸腾，再观察是否有沉淀生成，记录其颜色和时间。然后加 2 滴 5% 硝酸溶液观察沉淀的溶解性情况。

因为自来水中含有卤素，所以试管必须用蒸馏水冲洗并干燥。

卤化银不溶于稀硝酸，而有机酸银盐可溶于稀硝酸。

6.2.3　醇、酚、醚的鉴定

(1) 醇

① 与金属钠反应放出氢气（鉴别 8 个碳原子以下的醇）。

$$ROH + Na \longrightarrow RONa + H_2 \uparrow$$

因含 8 个碳以上的醇在此反应中反应速度很缓慢，故没有实验价值。

测试试剂：金属钠、乙醚。

操作：试管用蒸馏水冲洗并干燥，加入 0.5mL 或 0.25g 待测样品，加入新切的钠薄片，至钠不再溶解，观察有无氢气气体放出。冷却溶液，然后加入等体积的乙醚，并随时观察溶液变化，如有固体盐析出，则可以进一步证明有活泼氢的存在。

② 用卢卡斯试剂鉴别伯、仲、叔醇，叔醇立刻变浑浊，仲醇放置后变浑浊，伯醇放置后也无变化。

在酸性条件下，醇易脱除质子化羟基形成碳正离子的醇，容易与氯化锌-盐酸（即卢卡斯试剂）反应：

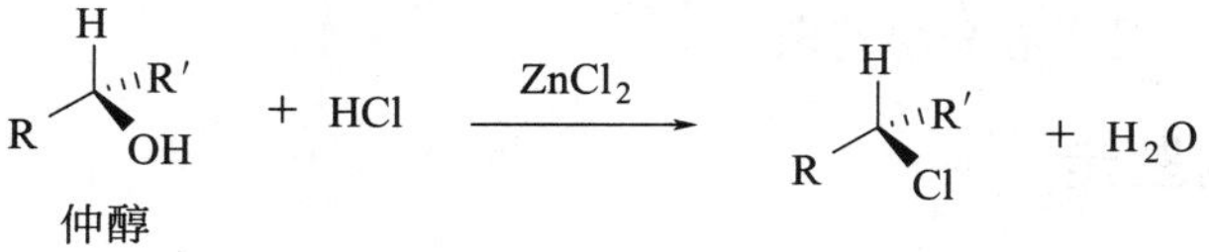

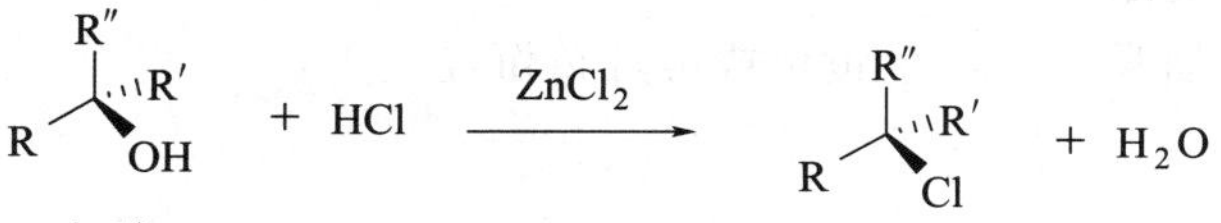

只有仲醇和叔醇能生成卤代烷，形成两相溶液。叔醇的活性最高，伯醇与卢卡斯试剂反应很慢或不反应。

卢卡斯试剂配制：将 13.6g（0.1mol）无水 $ZnCl_2$ 溶于 10.5g（0.1mol）浓盐酸中，冷却后待用。

操作：取干净试管，取 5 滴待测样品加入试管，在室温下加入 2mL 卢卡斯试剂，振荡摇匀，观察反应物是否变浑浊和分层，并记录现象所形成的时间。

(2) 酚或烯醇类化合物

① 用三氯化铁溶液产生颜色（苯酚产生蓝紫色）。

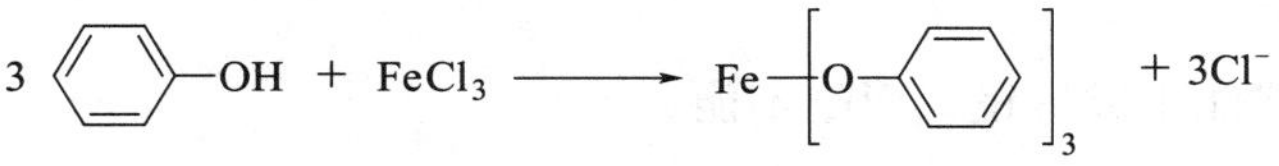

不同的酚与 $FeCl_3$ 溶液反应可以生成不同颜色的配合物。

测试试剂：1‰$FeCl_3$-氯仿溶液，在 100mL 氯仿中加入 1g 无水 $FeCl_3$ 晶体，间歇性振摇使其溶解，静置使不溶性物质沉降，利用倾倒法取出上层清液，保存在棕色瓶中。

操作：在干燥的试管中加入 2mL 氯仿，再加 4～5 滴或 30～50mg 待测样品，摇匀使其溶解（如样品不溶或部分溶解，可略加热）。加入 2 滴 1‰$FeCl_3$-氯仿溶液，振荡，观察记录立即生成的颜色，几分钟后再观察颜色的变化。

测试中加入几滴吡啶，可以提高测试的准确率。

② 苯酚与溴水生成三溴苯酚白色沉淀。

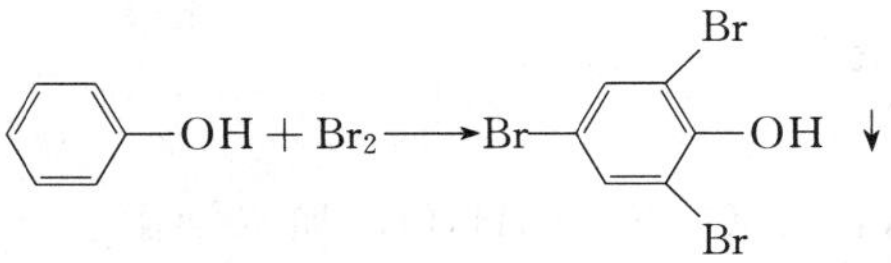

测试试剂：饱和溴水溶液，在 100mL 水中溶解 15g KBr，再加入 10g 溴，振荡摇匀。

操作：在试管中加入 2mL 饱和溴水溶液，滴入 5 滴 1‰待测样品水溶液，观察有无沉淀生成和沉淀颜色。

(3) 醚

醚的性质一般条件下比较稳定，但与强酸作用能形成鎓盐而溶于强酸，鎓盐不稳定，遇水很快分解成醚而使溶液分层。

操作：取 1 支试管，加入 1mL 浓硫酸，将试管置于冰水浴中，慢慢滴入 2mL 待测样品，观察现象，将试管振荡后再观察现象。

取另 1 支大试管，加入 10mL 水，将大试管浸入冰水浴中，将第 1 支试管中的溶液慢慢倒入其中，振荡，观察是否有分层现象。

6.2.4 醛、酮的鉴定

(1) 鉴别所有的醛酮

与 2,4-二硝基苯肼反应，产生黄色或橙红色沉淀。

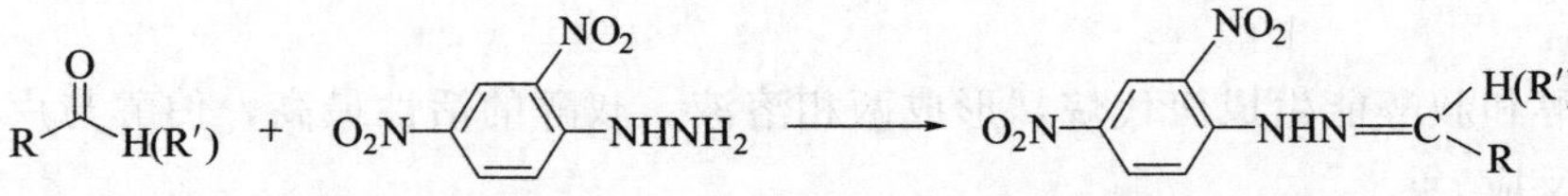

测试试剂：2,4-二硝基苯肼试剂，将 3g 2,4-二硝基苯肼溶于 15mL 浓硫酸中，边搅拌边缓慢倒入 20mL 水和 70% 95% 乙醇溶液中，充分混合并过滤除去不溶物。

操作：取 1 支试管，加入 2mL 95% 乙醇，1～2 滴或 50mg 待测样品，摇匀溶解后，滴加 3mL 2,4-二硝基苯肼试剂，剧烈振荡，观察有无沉淀生成和溶液颜色的变化。

大多数醛、酮可生成不溶性的固体二硝基苯腙，反应刚开始可能出现油状物，静置后通常可得到晶体。

(2) 区别醛与酮

用托伦试剂，醛能生成银镜，而酮不能。

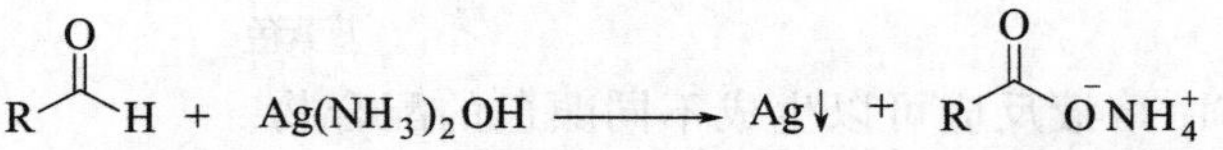

测试试剂：托伦试剂由 5% $AgNO_3$ 溶液、10% NaOH 溶液和 2% NH_4OH 溶液组成。

操作：取经过蒸馏水冲洗并干燥的试管，加入 2mL 新配制的托伦试剂，再加入 1 滴或几粒待测样品，振荡，观察是否有黑色沉淀生成或在试管壁上出现银镜现象。

(3) 区别芳香醛与脂肪醛或酮与脂肪醛

用斐林试剂，脂肪醛生成砖红色沉淀，而酮和芳香醛不能。

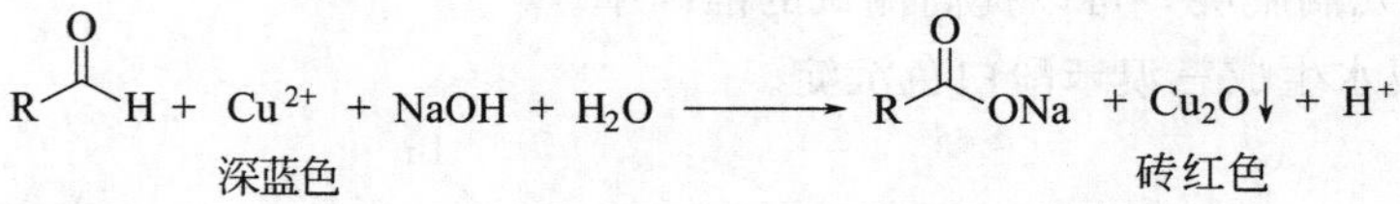

测试试剂：斐林试剂。

斐林试剂配制：溶液 A：7g $CuSO_4 \cdot 5H_2O$，加水溶解至 100mL；溶液 B：34.6g 酒石酸钾钠加 14g NaOH 溶于 100mL 水中。因酒石酸钾钠和氢氧化铜的配合物不稳定，故需要分别配制和存放，实验时将两溶液等量混合。

操作：取 1 支试管，分别加入斐林试剂 5 滴和待测样品 5 滴，摇匀，在水浴中加热，仔细观察现象。

（4）鉴别甲基酮和具有羟基碳邻位有甲基结构的醇

用碘的氢氧化钠溶液，生成黄色的碘仿沉淀。

$$\underset{2\text{-醇}}{R-\overset{OH}{\underset{|}{CH}}-CH_3} + I_2 + 2NaOH \longrightarrow \underset{\text{甲基酮}}{R-\overset{O}{\underset{\parallel}{C}}-CH_3} + 2NaI + 2H_2O$$

$$R-\overset{O}{\underset{\parallel}{C}}-CH_3 + 3I_2 + 3NaOH \longrightarrow R-\overset{O}{\underset{\parallel}{C}}-CI_3 + 3NaI + 3H_2O$$

$$R-\overset{O}{\underset{\parallel}{C}}-CI_3 + NaOH \longrightarrow R-\overset{O}{\underset{\parallel}{C}}-ONa + \underset{\text{碘仿，黄色固体}}{CHI_3}$$

测试试剂：碘-碘化钾溶液，配制方法：在 80mL 水中加入 20g 碘化钾和 10g 碘，搅拌至完全溶解。

操作：取 5 滴或 0.1g 待测样品及 2mL 水加入试管中，振荡使样品溶解，加入 1mL 10％ NaOH 溶液，边摇动边缓慢加入碘-碘化钾溶液，直至出现碘特有的暗黑色。再加入几滴 10％NaOH 溶液以除去多余的碘，再观察是否有黄色沉淀生成。

6.2.5　羧酸及其衍生物的鉴定

（1）羧酸

与 $NaHCO_3$ 溶液反应生成羧酸钠和 CO_2 气体。

$$R-\overset{O}{\underset{\parallel}{C}}-OH + NaHCO_3 \longrightarrow R-\overset{O}{\underset{\parallel}{C}}-ONa + H_2O + CO_2\uparrow$$

测试试剂：$NaHCO_3$ 饱和溶液。

操作：在 1mL 乙醇溶液中加几滴或几粒待测样品，使其溶解，再将其缓慢倒入 1mL $NaHCO_3$ 饱和溶液中，若有 CO_2 气体放出说明有羧酸存在。

（2）羧酸衍生物

酰卤、酸酐、酯和酰胺均能发生水解，可根据水解产物鉴别酰卤、酸酐、酯和酰胺。

测试试剂：2％硝酸银溶液、稀硝酸、$3mol \cdot L^{-1}$ H_2SO_4 溶液、$6mol \cdot L^{-1}$ NaOH 溶液。

测试方法：

① 酰卤　在试管中加入 1mL 水和 3 滴待测样品，略加摇动，观察反应情况，等反应趋于平稳后，将试管放入冷水浴中冷却，加入 1～2 滴 2％硝酸银溶液，观察是否有沉淀生成。

② 酸酐　在试管中 1mL 水和 3 滴待测样品，一般酸酐不溶于水，呈油珠状沉于底部，加热可看到油珠消失，同时可闻到酸味。加入 1～2 滴 2％硝酸银溶液，观察有何变化，再加入稀硝酸直到沉淀溶解。

③ 酯　取 3 支试管，分别加入 1mL 水和 1mL 待测样品，第 1 支试管做对照，第 2 支试管中加入 1mL $3mol \cdot L^{-1}$ H_2SO_4 溶液，第 3 支试管中加入 1mL $6mol \cdot L^{-1}$ NaOH 溶液，三支试管同时置于 70～80℃ 的水浴中，边摇动边观察试管中酯层消失的情况。

④ 酰胺　在试管中加入 3mL $6mol \cdot L^{-1}$ NaOH 溶液和 0.5g 待测样品，煮沸，可以闻到氨的气味。

6.2.6　胺类与硝基化合物的鉴定

（1）用 Hinsberg 法区分伯胺、仲胺和叔胺

即利用苯磺酰氯或对甲苯磺酰氯，在 NaOH 溶液中反应，伯胺生成的产物溶于 NaOH，仲胺生成的产物不溶于 NaOH 溶液，叔胺不发生反应。

$$RNH_2 + C_6H_5SO_2Cl + NaOH \longrightarrow C_6H_5SO_2NR^-Na^+$$
可溶

$$R_2NH + C_6H_5SO_2Cl + NaOH \longrightarrow C_6H_5SO_2NR_2$$
不溶

测试试剂：10%NaOH、苯磺酰氯、10%HCl。

操作：在具塞试管中加入 0.3mL 或 0.3g 待测样品，再加入 2mL 10% NaOH 溶液和 0.4mL 苯磺酰氯，盖好塞子剧烈振摇。测试溶液 pH 以始终保持呈碱性。反应结束，观察是否有不溶物出现，若无，则用 10%HCl 酸化反应液，观察是否有现象；若有不溶物，过滤将其分离，用 10%HCl 溶液测试其溶解性。沉淀物经分离后也可通过测定熔点来确定是胺还是磺酰胺。

伯胺在反应后溶于碱性溶液，但是酸化后会析出不溶性的磺酰胺。

(2) 用 NaNO_2 + HCl（重氮化反应）

胺与亚硝酸的反应不仅能区分伯胺、仲胺和叔胺，还能区分脂肪胺和芳胺。

脂肪胺：伯胺放出氮气，仲胺生成黄色油状物，叔胺不反应。

芳香胺：伯胺生成重氮盐，仲胺生成黄色油状物，叔胺生成绿色固体。

$$NaNO_2 + HCl \longrightarrow HONO + NaCl$$
亚硝酸钠   亚硝酸

$$RNH_2 + HONO + HCl \longrightarrow R\overset{+}{N}_2Cl^- \xrightarrow{\text{分解}} N_2\uparrow + ROH + RCl + ROR$$
脂肪族伯胺   重氮盐，0℃不稳定

$$ArNH_2 + HONO + HCl \longrightarrow Ar\overset{+}{N}_2Cl^- \xrightarrow{\text{分解}} N_2\uparrow + ArOH + HCl$$
芳香族伯胺   重氮盐，0℃稳定

测试试剂：$2mol \cdot L^{-1}$ HCl 溶液、10% NaNO_2 水溶液、淀粉-碘试纸。

操作：在试管中加入 5mL $2mol \cdot L^{-1}$ HCl 溶液和 0.5mL 或 0.5g 待测样品，冰浴冷却至 0~5℃，然后边摇动边滴加 10% NaNO_2 水溶液，至用淀粉-碘试纸测试时试纸呈现蓝色，说明有亚硝酸存在，停止滴加，缓慢加热并检验是否有气体放出。

在滴加亚硝酸钠水溶液时，若看到有气泡或泡沫迅速产生，则表明有脂肪族伯胺存在；若升温时放出气体则为芳香族伯胺。

如果并无气体放出，而是出现淡黄色油状物或低熔点固体，则是仲胺。

$$R_2NH + HONO \longrightarrow \begin{matrix} R \\ \diagdown \\ N-N=O + H_2O \\ \diagup \\ R \end{matrix}$$
仲胺   N-亚硝胺（黄色固体或油状物）

如果滴加 NaNO_2 溶液时立刻检测到亚硝酸生成，也无气体生成，则该样品为脂肪族叔胺，脂肪族叔胺在反应液中质子化形成可溶性盐，但不与亚硝酸反应。

芳香族叔胺与亚硝酸反应生成深橙色溶液或析出橙色结晶，这是 C-亚硝胺盐酸盐，取反应液用 10% NaOH 溶液处理，产生亮绿色或蓝色亚硝胺碱。

$$C_6H_5NR_3 + NaNO_2 + HCl \longrightarrow O=N-C_6H_4-N\overset{+}{H}R_2Cl^- + H_2O$$
芳香族叔胺   C-亚硝胺盐酸盐（橙色）

↓

$$O=N-C_6H_4-NR_2$$
C-亚硝胺（绿色）

干燥的重氮化合物有爆炸危险，所以芳基重氮盐离子生成后应立即参与后续反应，如与苯酚或萘酚进行偶联化反应，生成偶氮化染料等。

（3）与 $Fe(OH)_2$ 还原反应鉴定硝基化合物

在 $Fe(OH)_2$ 还原反应中，Fe^{2+} 被硝基氧化成 Fe^{3+}，颜色由绿色变为红褐色或褐色：

$$RNO_2 + 6Fe(OH)_2 + 4H_2O \longrightarrow RNH_2 + 6Fe(OH)_3$$

测试试剂：

① $FeSO_4$ 试剂　配制方法：向 100mL 新蒸的蒸馏水中加入 0.5g 硫酸亚铁铵晶体，再加入 0.4mL 浓硫酸，加一个小铁钉以防止氧化。

② KOH-乙醇试剂　在 3mL 蒸馏水中溶解 3g KOH，将溶液倒入 100mL 95％的乙醇中，摇匀使其溶解。

操作：在试管中，先后加入 1mL $FeSO_4$ 试剂和 2 滴或 10mg 待测样品，再加入 0.7mL KOH-乙醇试剂。插入一根玻璃管至试管底部，通入惰性气体（如氮气）30s 以除去空气，然后塞紧试管口，振荡试管，观察出现沉淀的颜色，有红褐色或褐色的沉淀则说明有硝基存在。

6.2.7　碳水化合物的鉴定

① 单糖都能与托伦试剂和斐林试剂作用，产生银镜反应或砖红色沉淀。

② 葡萄糖与果糖　用溴水可区别葡萄糖与果糖，葡萄糖能使溴水褪色，而果糖不能。

③ 麦芽糖与蔗糖　用托伦试剂或斐林试剂，麦芽糖可生成银镜或砖红色沉淀，而蔗糖不能。

具体测试试剂和操作方法可参见前面的相关测定方法。

6.2.8　氨基酸、蛋白质的鉴定

（1）与茚三酮的反应

α-氨基酸与茚三酮在水溶液中反应，生成一种蓝色至蓝紫色的物质：

水合茚三酮　　　　　　　　　　　　　　　　　蓝紫色

测定试剂：0.5％茚三酮水溶液。

操作：在试管中加入 2mL 0.5％茚三酮水溶液和 5 滴或 0.5mg 待测样品，加热煮沸 1～2min，观察试管中溶液颜色的变化，并记录颜色变化的时间。

（2）双缩脲反应

蛋白质中氨基酸之间的肽键和一般酰胺键一样，在酸性或碱性条件下可以发生水解反应而断键，根据不同的条件，蛋白质水解可以经过一系列中间产物，最后生成 α-氨基酸，即蛋白质→多肽→少肽→二肽→α-氨基酸。因这些酰胺键和不同的氨基酸残基的存在，使蛋白质能与不同的试剂产生特有的显色反应。

测试试剂：10％ NaOH 溶液、5％ $CuSO_4$ 溶液。

操作：在试管中，加入 1mL 10％ NaOH 溶液、2 滴苯胺、10 滴蛋白质溶液，混合均匀后，加入 3～5 滴 5％ $CuSO_4$ 溶液，振摇后，观察反应现象，溶液中出现紫色或粉红色即说明有蛋白质存在。

第7章

物质组成分析——化学分析法

分析化学是研究物质组成的测定方法与有关原理的一门科学。它分为定性分析和定量分析两部分。定性分析的任务是确定物质的组成成分；定量分析的任务是在定性分析的基础上进一步确定各组成成分的相对含量。

定量分析通常可分为化学分析和仪器分析。化学分析是以物质化学性质为基础的分析方法，它包括滴定分析和重量分析。仪器分析是以物质的物理或物理化学性质为基础，借助于仪器进行分析的方法。

7.1 滴定分析法

7.1.1 滴定分析法概述

7.1.1.1 滴定分析的特点和分类

滴定分析法是使用滴定管将已知准确浓度的溶液（称为标准溶液）滴加到待测物的溶液中，当标准溶液与被测组分的反应恰好完全时，即加入的标准溶液的物质的量与被测组分的物质的量符合反应式的化学计量关系时，利用标准溶液的浓度和所消耗的体积计算被测物质含量的方法。上述滴加标准溶液的过程称为滴定，滴加的标准溶液与被测组分恰好反应完全时的点称为化学计量点，化学计量点时往往无任何外部变化特征，不易被观察，故常常需要加入指示剂，利用指示剂在化学计量点附近的颜色突变来指示滴定的完成，指示剂变色时的点称为滴定终点。化学计量点和滴定终点之间的差值称为终点误差。

滴定分析法是以标准溶液与被测组分之间所发生化学反应为基础，根据分析时所利用的化学反应的类型不同，滴定分析法分为四类：

① 酸碱滴定法（又称中和法） 这是以质子传递反应为基础的一类分析方法，可用于测定酸、碱性物质。如强酸强碱滴定，其反应的实质为：

$$H^+ + OH^- = H_2O$$

② 沉淀滴定法 这是以沉淀反应为基础的一类分析方法，可用于测定 Ag^+、CN^-、SCN^-、卤素离子等。如银量法，其反应的实质为：

$$Ag^+ + Cl^- = AgCl\downarrow$$

③ 配位滴定法（又称络合滴定法） 这是以配位反应为基础的一类分析方法，可用于测定金属离子。如用 EDTA（用 Y 表示）做标准溶液，其反应的实质为：

$$M + Y = MY$$

④ 氧化还原滴定法 这是以氧化还原反应为基础的一类分析方法，可用于测定具有氧化还原性的物质及某些不具有氧化还原性的物质。如以 $KMnO_4$ 标准溶液测定 Fe^{2+}，其反应的实质为：

$$MnO_4^- + 5Fe^{2+} + 8H^+ = Mn^{2+} + 5Fe^{3+} + 4H_2O$$

值得注意的是，并非所有的反应都可用于滴定分析，适合滴定分析的反应必须具备以下条件：

a. 反应必须定量完成，即反应必须具有确定的化学计量关系，无副反应发生，而且必须进行完全，通常要求反应达到 99.9% 以上，这是定量计算的基础。

b. 反应速度要快，对于速度较慢的反应，必须采取适当的措施加速反应。

c. 必须有简便、灵敏的方法确定滴定的终点。

能够满足上述三项要求的反应，才能用于滴定分析。

7.1.1.2 滴定分析的方式

滴定分析的方法有直接滴定法和间接滴定法。直接滴定法是在满足上述三项要求的条件下，用标准溶液直接测定待测组分。若不能完全满足上述三项要求，则有时可以采用间接滴定法。间接滴定的方式常见有三种情况。

① 置换滴定 有些滴定反应没有定量关系或伴有副反应而无法直接测定。此时可以先加入适当的试剂与待测组分定量反应，生成另一种可滴定的物质，再利用标准溶液滴定反应产物，然后由滴定剂的消耗量、反应生成的物质与待测组分等物质的量的关系计算出待测组分的量。例如，用 KIO_3、$KBrO_3$、$K_2Cr_2O_7$ 等强氧化剂标定 $Na_2S_2O_3$ 溶液的浓度时，就是以一定量的 KIO_3 在酸性溶液中与过量的 KI 作用，析出相当量的 I_2，以淀粉为指示剂，用 $Na_2S_2O_3$ 溶液滴定析出的 I_2，进而求得 $Na_2S_2O_3$ 溶液的浓度。

② 返滴定 有些反应可以进行完全，但是反应速度较慢，则可以采用返滴定的方式，如 Al^{3+} 与 EDTA 反应较慢，无法直接滴定，可在 Al^{3+} 试液中加入过量的 EDTA 标准溶液，并加热，使 Al^{3+} 与 EDTA 反应完全，再以标准的 Cu^{2+} 或 Zn^{2+} 溶液滴定剩余的EDTA，从而求出 Al^{3+} 的含量。

③ 间接滴定 有的待测组分不能与滴定剂直接起反应，则可通过另一适当的化学反应，进行间接测定，如欲测定 Ca^{2+} 含量，可将 Ca^{2+} 沉淀为 CaC_2O_4，经过滤、洗涤后，沉淀溶解于酸中，用 $KMnO_4$ 标准溶液滴定与 Ca^{2+} 结合的 $C_2O_4^{2-}$，从而间接测得 Ca^{2+} 的含量。

7.1.1.3 标准溶液

在滴定分析法中，运用标准溶液的浓度和体积求算待测组分的含量，因此正确地配制标准溶液，准确地标定标准溶液的浓度以及妥善保存标准溶液，对于提高滴定分析的准确度有重大意义。

(1) 标准溶液的配制

通常用直接法或间接法配制标准溶液。

① 直接配制法

准确称取一定量的基准物质，溶解后转入容量瓶中，稀释定容。根据溶质的量和溶液的体积可计算出该溶液的准确浓度。

所谓基准物质是指那些能够直接用来配制溶液的物质。它们必须符合下列条件。

a. 物质的组成应与化学式相符，若含结晶水，其结晶水的含量也应与化学式相符。

b. 物质的纯度要高，一般含量在 99.9% 以上。

c. 物质要稳定，如不易吸收空气中的水分及二氧化碳，不易被空气氧化等。

由于大多数试剂不能满足基准物质的条件，也就不能直接用来配制标准溶液。这时可采用间接配制法。

② 间接配制法

间接配制法是先粗略地配制成接近所需浓度的溶液，然后用基准物质或用另一标准溶液来测定其准确浓度。这种用滴定方法确定溶液准确浓度的过程称为标定。

（2）标准溶液浓度的标定

标定用的基准物质必须满足上述直接法配制标准溶液所应具备的三项条件，此外为了减小称量所引起的误差，还应具备第四项条件，即具有较大的摩尔质量。滴定分析中常用的基准物质见表 7-1。

表 7-1　常用标准溶液的基准物

标准溶液	基准物	干燥条件	特点
HCl	$Na_2B_4O_7 \cdot 10H_2O$ Na_2CO_3	置于 NaCl＋蔗糖的饱和溶液的密闭容器中 200～300℃	易提纯,不易吸湿,摩尔质量大 易得纯品,价廉,易吸湿
NaOH	邻苯二甲酸氢钾 $H_2C_2O_4 \cdot 2H_2O$	110～120℃ 室温、空气干燥	易提纯,不吸湿,摩尔质量大 价廉,固体稳定,溶液稳定性较差
EDTA	金属锌 $CaCO_3$	室温、干燥器中 110℃	纯度高,稳定 稳定,摩尔质量大
$KMnO_4$	$Na_2C_2O_4$	105～110℃	易提纯,不吸湿,稳定
$Na_2S_2O_3$	KIO_3 $KBrO_3$ $K_2Cr_2O_7$	180℃ 180℃ 150℃	纯度高,与 I^- 反应快 纯度高,与 I^- 反应较慢 纯度高,与 I^- 反应较慢
I_2	As_2O_3	室温、干燥器中	易提纯,稳定,剧毒

（3）标准溶液浓度表示法

① 物质的量浓度

物质的量浓度是指单位体积溶液所含溶质的物质的量（n）。计算公式为：

$$c_A = \frac{n_A}{V} \tag{7-1}$$

式中，n_A 为 A 的物质的量；V 为溶液的体积；c_A 为 A 的物质的量浓度，$mol \cdot L^{-1}$。
A 的物质的量 n_A 与其质量 m_A 之间存在如下关系：

$$n_A = \frac{m_A}{M_A} \tag{7-2}$$

式中，M_A 为 A 的摩尔质量。

② 滴定度

滴定度是指每毫升标准溶液相当的被测物质的质量，用符号 $T_{被测物/滴定剂}$ 表示。例如 $T_{Fe/KMnO_4} = 0.005682 g/mL$，表示每毫升 $KMnO_4$ 标准溶液相当于 0.005682g 铁。

物质的量浓度 c 与滴定度 T 之间存在换算关系，对于一个化学反应：

$$aA + bB \rightleftharpoons cC + dD$$

A 为被测物，B 为标准溶液，若以 c_B、V_B 表示标准溶液的浓度和体积，m_A 和 M_A 表示被测物的质量和摩尔质量。当反应达到化学计量点时，有

$$\frac{c_B V_B / 1000}{b} = \frac{m_A / M_A}{a}$$

由滴定度的定义 $T_{A/B} = \dfrac{m_A}{V_B}$，得

$$T_{A/B} = \frac{a}{b} c_B \frac{M_A}{1000} \tag{7-3}$$

7.1.1.4 滴定分析结果的计算

滴定分析结果的计算常常要涉及被测组分的物质的量与滴定剂的物质的量之间的相互换算，若为直接滴定，则依据被测组分和滴定剂的化学计量关系，可建立关系式。如对于任一滴定反应：

$$aA + bB \rightleftharpoons cC + dD$$
$$n_A : n_B = a : b$$
$$n_A = \frac{a}{b} n_B \quad \text{或} \quad n_B = \frac{b}{a} n_A$$

若为间接滴定，则应从多步反应中找出被测组分与滴定剂之间的相当关系以建立关系式。如在酸性条件下以 $KBrO_3$ 为基准物标定 $Na_2S_2O_3$ 溶液的浓度，反应分两步进行，首先，在酸性条件下以 $KBrO_3$ 与过量的 KI 反应析出 I_2：

$$BrO_3^- + 6I^- + 6H^+ \rightleftharpoons Br^- + 3I_2 + 3H_2O$$

然后用 $Na_2S_2O_3$ 溶液为滴定剂，滴定析出的 I_2：

$$2S_2O_3^{2-} + I_2 \rightleftharpoons S_4O_6^{2-} + 2I^-$$

由上述二个方程可知：$n_{KBrO_3} : n_{I_2} = 1 : 3$，$n_{I_2} : n_{Na_2S_2O_3} = 1 : 2$。

故 $n_{KBrO_3} : n_{Na_2S_2O_3} = 1 : 6$。

滴定分析的结果常常需要报出被测组分的质量分数。对质量为 m_S 的试样，若其中被测组分 A 的质量为 m_A，则其质量分数 w_A 为：

$$w_A = \frac{m_A}{m_S} \times 100\% \tag{7-4}$$

m_A 可通过滴定剂与其发生直接或间接的反应后，由滴定剂的浓度 c_B、体积 V_B 以及被测组分与滴定剂的物质的量之比求得：

$$m_A = \frac{a}{b} c_B V_B M_A$$

故
$$w_A = \frac{\dfrac{a}{b} c_B V_B M_A}{m_S} \times 100\% \tag{7-5}$$

7.1.2 滴定分析法的原理

滴定分析是基于标准溶液与被测组分之间所发生的化学反应而进行的，根据被测组分的性质不同，可发生酸碱反应、配位反应和氧化还原反应等。这些反应的理论基础都是化学平衡原理，故滴定分析法的理论基础是化学平衡原理。

7.1.2.1 酸碱滴定

酸碱滴定的理论基础是酸碱质子理论和酸碱平衡。

酸碱质子理论认为：凡能给出质子的物质称为酸；凡能接受质子的物质称为碱。酸和碱不是孤立的，每一种酸给出质子后成为该酸的共轭碱；每一种碱接受质子后成为该碱的共轭酸。酸碱的这种相互依存又相互转化的关系称为共轭关系，对应的酸碱构成共轭酸碱对。酸碱可以是分子也可以是离子。

对于弱酸（HA），其离解平衡为：

$$HA \Longrightarrow H^+ + A^-$$

其平衡常数可表达为

$$K_a = \frac{[H^+][A^-]}{[HA]}$$

当 HA 的初始浓度为 c 时，计算溶液中 $[H^+]$ 可表达为

$$[H^+] = \sqrt{[HA]K_a}$$

在 $c/K_a \geqslant 105$ 时， $\qquad [H^+] = \sqrt{cK_a}$

各种酸碱反应过程中溶液 pH 值的变化都可以通过酸碱平衡计算而得，有关计算公式见表 7-2。

表 7-2　几种酸溶液、两性物质溶液和缓冲溶液 $[H^+]$ 的计算公式及其使用条件

	计算公式	使用条件（允许误差 5%）
一元弱酸	(a) $[H^+] = \sqrt{K_a[HA] + K_w}$	
	(b) $[H^+] = \sqrt{cK_a + K_w}$	$c/K_a \geqslant 105$
	$[H^+] = \frac{1}{2}(-K_a + \sqrt{K_a^2 + 4cK_a})$	$cK_a \geqslant 10K_w$
	(c) $[H^+] = \sqrt{cK_a}$	$\begin{cases} c/K_a \geqslant 105 \\ cK_a \geqslant 10K_w \end{cases}$
两性物质	(a) $[H^+] = \sqrt{K_{a1}(K_{a2}[HA^-] + K_w)/(K_{a1} + [HA^-])}$	
	(b) $[H^+] = \sqrt{cK_{a1}K_{a2}/(K_{a1} + c)}$	$cK_{a2} \geqslant 10K_w$
	(c) $[H^+] = \sqrt{K_{a1}K_{a2}}$	$\begin{cases} cK_{a2} \geqslant 10K_w \\ c/K_{a1} \geqslant 10 \end{cases}$
二元弱酸	(a) $[H^+] = \sqrt{K_{a1}[H_2A]}$	$\begin{cases} cK_{a1} \geqslant 10K_w \\ 2K_{a2}/[H^+] \ll 1 \end{cases}$
	(b) $[H^+] = \sqrt{cK_{a1}}$	$\begin{cases} cK_{a1} \geqslant 10K_w \\ c/K_{a1} \geqslant 105 \\ 2K_{a2}/[H^+] \ll 1 \end{cases}$
缓冲溶液	(a) $[H^+] = \frac{c_a - [H^+] + [OH^-]}{c_b + [H^+] - [OH^-]} K_a$	
	(b) $[H^+] = K_a(c_a - [H^+])/(c_b + [H^+])$	$[H^+] \gg [OH^-]$
	(c) $[H^+] = K_a \cdot \dfrac{c_a}{c_b}$	$c_a \gg [OH^-] - [H^+]$ $c_b \gg [H^+] - [OH^-]$

注：c_a 及 c_b 分别为 HA 及其共轭碱 A^- 的总浓度。

7.1.2.2 配位滴定

配位滴定的理论基础是配位平衡，常用于测定金属离子，其中最常见的滴定剂是乙二胺四乙酸或其二钠盐（二者均简称 EDTA，简写为 Y）。金属离子与 EDTA 的配位反应（略去电荷）可简写成：

$$M + Y \Longrightarrow MY$$

其稳定常数 K_{MY} 为：

$$K_{MY} = \frac{[MY]}{[M][Y]} \tag{7-6}$$

在上述配位反应（主反应）发生的过程中，反应物 M、Y 及反应产物 MY 都可能同溶液中其他组分发生副反应，使 MY 配合物的稳定性受到影响，如下式所示：

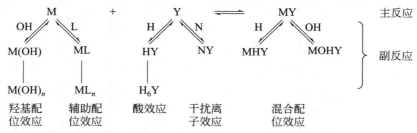

式中，L 为辅助配位剂；N 为干扰离子。

在多种副反应中，酸效应最为主要，下面对酸效应加以讨论。

EDTA 是个多元弱酸，可用 H_4Y 表示，若溶于酸度很高的溶液，它可以再接受 H^+ 而形成 H_6Y^{2+}，相当于形成一个六元弱酸，六个 H^+ 的离解存在下列平衡：

$$H_6Y^{2+} \underset{+H^+}{\overset{-H^+}{\rightleftharpoons}} H_5Y^+ \underset{+H^+}{\overset{-H^+}{\rightleftharpoons}} H_4Y \underset{+H^+}{\overset{-H^+}{\rightleftharpoons}} H_3Y^- \underset{+H^+}{\overset{-H^+}{\rightleftharpoons}} H_2Y^{2-} \underset{+H^+}{\overset{-H^+}{\rightleftharpoons}} HY^{3-} \underset{+H^+}{\overset{-H^+}{\rightleftharpoons}} Y^{4-}$$

从上式得出，EDTA 中各种存在形式间的浓度比例取决于溶液的 pH。若溶液酸度增大，pH 减小，上述平衡向左移动，H_6Y^{2+} 浓度增加；反之，若溶液酸度减小，pH 增大，则上述平衡右移，Y^{4-} 的浓度增加。在 pH 很大（>12）时几乎以 Y^{4-} 形式存在。

EDTA 与金属离子的反应本质上是 Y^{4-} 与金属离子的反应。由 EDTA 的离解平衡可知，Y^{4-} 只是 EDTA 各种存在形式中的一种，在 pH<12 时，EDTA 溶液中有 HY^{3-}、H_2Y^{2-} 等，会使 EDTA 与金属离子的反应能力降低。这种由于 H^+ 与 Y^{4-} 作用而使 Y^{4-} 参与主反应能力下降的现象称为 EDTA 的酸效应。酸效应的大小用酸效应系数 $\alpha_{Y(H)}$ 来衡量。酸效应系数表示在一定 pH 下未参加配位反应的 EDTA 的各种存在形式的总浓度 $[Y']$ 与能参加配位反应的 Y^{4-} 的平衡浓度之比。即：

$$\alpha_{Y(H)} = \frac{[Y']}{[Y^{4-}]} \tag{7-7}$$

式中：$[Y'] = [Y^{4-}] + [HY^{3-}] + [H_2Y^{2-}] + [H_3Y^-] + [H_4Y] + [H_5Y^+] + [H_6Y^{2+}]$

$$\alpha_{Y(H)} = \frac{[Y^{4-}] + [HY^{3-}] + [H_2Y^{2-}] + [H_3Y^-] + [H_4Y] + [H_5Y^+] + [H_6Y^{2+}]}{[Y^{4-}]}$$

$$= 1 + \frac{[H^+]}{K_{a6}} + \frac{[H^+]^2}{K_{a6}K_{a5}} + \frac{[H^+]^3}{K_{a6}K_{a5}K_{a4}} + \frac{[H^+]^4}{K_{a6}K_{a5}K_{a4}K_{a3}} + \frac{[H^+]^5}{K_{a6}K_{a5}K_{a4}K_{a3}K_{a2}} +$$

$$\frac{[H^+]^6}{K_{a6}K_{a5}K_{a4}K_{a3}K_{a2}K_{a1}}$$

$$= 1 + \beta_1[H^+] + \beta_2[H^+]^2 + \beta_3[H^+]^3 + \beta_4[H^+]^4 + \beta_4[H^+]^4 + \beta_5[H^+]^5 +$$
$$\beta_6[H^+]^6 \tag{7-8}$$

式中，β 为累积稳定常数，其中：$\beta_1 = 1/K_{a6}$，$\beta_2 = 1/K_{a5}K_{a6}$，$\beta_3 = 1/K_{a4}K_{a5}K_{a6}$，……

由上述计算关系可见，酸效应系数与 EDTA 的各级离解常数和溶液的酸度有关。在一定温度下，离解常数为定值，因而 $\alpha_{Y(H)}$ 仅随溶液酸度而变。溶液酸度越大，$\alpha_{Y(H)}$ 值越大，表示酸效应引起的副反应越严重。不同 pH 时的 $\lg\alpha_{Y(H)}$ 列于表 7-3。

表 7-3 不同 pH 时的 $\lg\alpha_{Y(H)}$

pH	$\lg\alpha_{Y(H)}$	pH	$\lg\alpha_{Y(H)}$	pH	$\lg\alpha_{Y(H)}$
0.0	23.64	3.8	8.85	7.4	2.88
0.4	21.32	4.0	8.44	7.8	2.47
0.8	19.08	4.4	7.64	8.0	2.27
1.0	18.01	4.8	6.84	8.4	1.87
1.4	16.02	5.0	6.45	8.8	1.48
1.8	14.27	5.4	5.69	9.0	1.28
2.0	13.51	5.8	4.98	9.5	0.83
2.4	12.19	6.0	4.65	10.0	0.45
2.8	11.09	6.4	4.06	11.0	0.07
3.0	10.60	6.8	3.55	12.0	0.01
3.4	9.70	7.0	3.32	13.0	0.00

由于 EDTA 的酸效应的影响，使 EDTA 与金属离子的主反应受到影响，因此必须考察在不同酸度下配合物的实际稳定性，将式(7-7) 转化可得：

$$[Y^{4-}]=\frac{[Y']}{\alpha_{Y(H)}}$$

代入式(7-6)，则得：

$$\frac{[MY]}{[M][Y']}=\frac{K_{MY}}{\alpha_{Y(H)}}=K'_{MY} \tag{7-9}$$

上式中 K'_{MY} 是考虑了酸效应后 EDTA 与金属离子配合物的稳定常数，称为条件稳定常数。即在一定酸度条件下用 EDTA 溶液总浓度表示的稳定常数。它的大小说明溶液的酸度对配合物实际稳定性的影响。pH 越大，$\alpha_{Y(H)}$ 值越小，条件稳定常数 K'_{MY} 越大，配位反应越完全，对滴定越有利；反之 pH 降低，条件稳定常数将减小，不利于滴定。

为使滴定反应完全（允许相对误差±0.1%，$\Delta pM > \pm0.2$），若金属离子的分析浓度为 c，根据终点误差公式，可推导出测定单一金属离子的滴定条件：

$$\lg(cK'_{MY})\geqslant6 \tag{7-10}$$

对一定浓度的试样，欲满足上述滴定条件，则要求有一最小的 K'_{MY}，而条件稳定常数和 pH 有关，故当控制滴定允许的最低 pH 时，可使滴定反应完全。

将式(7-9) 取对数和式(7-10) 结合可得：

$$\lg c+\lg K_{MY}-\lg\alpha_{Y(H)}\geqslant6$$

即：

$$\lg\alpha_{Y(H)}\leqslant\lg c+\lg K_{MY}-6 \tag{7-11}$$

由式(7-11) 可算出 $\lg\alpha_{Y(H)}$，再查表 7-3，用内插法可求得配位滴定允许的最低 pH（pH_{min}）。

由式(7-11) 可知，不同金属离子由于其 $\lg K_{MY}$ 不同，滴定时允许的最低 pH 也不相同。将金属离子的 $\lg K_{MY}$ 值与最低 pH（或对应的 $\lg\alpha_{Y(H)}$ 与最低 pH）绘成曲线，称为 EDTA 的酸效应曲线或林邦（Ringbom）曲线，如图 7-1 所示。图中金属离子位置所对应的 pH，就是滴定该金属离子时所允许的最低 pH。

在满足滴定允许的最低 pH 条件下，若溶液的 pH 升高，则 $\lg K'_{MY}$ 增大，配位反应的完全程度也增大。但若溶液的 pH 太高，则某些金属离子会水解，影响滴定的主反应。因此，

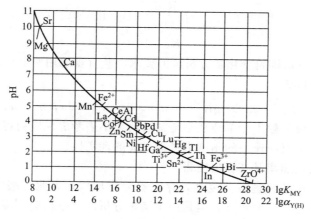

图 7-1　EDTA 酸效应曲线

配位滴定还应考虑不使金属离子发生水解反应的 pH 条件，这个允许的 pH 条件为最高 pH，可以由金属离子水解而得的氢氧化物的 K_{sp} 计算而得。

7.1.2.3　氧化还原滴定

(1) 条件电极电位

电极电位是定量描述电对中氧化型物质的氧化能力或还原型物质的还原能力强弱的重要指标，反映的是离子的活度。若要进一步考虑溶液中活度和浓度的转化，考虑溶液中副反应的影响，则要表达成条件电极电位，条件电极电位的数值与标准电极电位有关，同时也与活度系数 γ 和副反应系数 α 有关，条件电极电位可表达为：

氧化还原电对：
$$Ox + ne^- \rightleftharpoons Red$$

条件电极电位：
$$E^{\ominus\prime} = E^{\ominus} + \frac{0.059}{n} \lg \frac{\gamma_{Ox}\alpha_{Red[Ox]}}{\gamma_{Red}\alpha_{Ox[Red]}} \tag{7-12}$$

$E^{\ominus\prime}$ 是考虑了溶液中离子强度和副反应的影响，反映了在外界因素影响下，电对的实际氧化还原能力。在一定的条件下是一个常数。条件电极电位可由实验测得，其中部分的 $E^{\ominus\prime}$ 列于附录 10 中。

(2) 氧化还原平衡

氧化还原滴定的理论基础是氧化还原平衡，氧化还原反应通式为：
$$n_2 Ox_1 + n_1 Red_2 \rightleftharpoons n_2 Red_1 + n_1 Ox_2$$

平衡时，氧化还原反应的平衡常数为：
$$\lg K' = \lg\left[\left(\frac{[Red_1]}{[Ox_1]}\right)^{n_2}\left(\frac{[Ox_2]}{[Red_2]}\right)^{n_1}\right] = \frac{n(E_1^{\ominus\prime} - E_2^{\ominus\prime})}{0.059} \tag{7-13}$$

式中，n 为 n_1、n_2 的最小公倍数。

条件平衡常数 K' 值的大小由氧化剂和还原剂两个电对的条件电极电位之差和转移的电子数决定。K' 越大，反应进行得越完全。按照化学分析法的要求，反应的完全程度达到 99.9% 时，对于 $n_1 = n_2 = 1$ 的反应而言，允许残留的还原剂
$$\frac{[Red_2]}{[Ox_2]} = 0.1\%/99.9\%,\quad \frac{[Ox_2]}{[Red_2]} = 10^3$$

氧化剂过量
$$\frac{[Ox_1]}{[Red_1]} = 0.1\%/100\%,\quad \frac{[Red_1]}{[Ox_1]} = 10^3$$

$$\lg K'=\lg\frac{[Ox_2][Red_1]}{[Red_2][Ox_1]}=\lg(10^3\times10^3)=6$$
$$K'=10^6$$

即 $K'=10^6$ 时，反应即符合化学分析法的要求。若直观地用两电对的条件电极电位或标准电极电位进行比较应为

$$E_1^{\ominus'}-E_2^{\ominus'}=0.059\lg K'=0.059\times6\approx0.35(V),(n_1=n_2=1)$$

对于氧化还原反应一般不能单纯从平衡常数的大小来考虑反应的可能性，由于氧化还原反应较为复杂，还应从反应速率的角度来考虑反应的现实性。

(3) 氧化还原反应速率及其影响因素

由于氧化还原反应的机理较为复杂，存在着分步反应，因此与酸碱反应或配合反应相比，氧化还原反应的速度一般较慢，但是用于滴定分析的化学反应，不但要求在热力学上是可行的，而且还应具有一定的反应速度，即在动力学上也应该是可能完成的，所以在氧化还原滴定中，还应考虑反应速度问题。

影响反应速率的因素有浓度、温度和催化剂等，对氧化还原滴定而言，还有自动催化反应和诱导反应。

例如在标定 $KMnO_4$ 溶液的浓度时，通常使用 $Na_2C_2O_4$ 作为基准物，其化学反应为：

$$2MnO_4^-+5C_2O_4^{2-}+16H^+=\!=\!=2Mn^{2+}+10CO_2+8H_2O$$

在滴定中控制溶液的 $[H^+]=1mol\cdot L^{-1}$，加热溶液至 $75\sim85$℃，但反应速率还是不快，第一滴 $KMnO_4$ 溶液滴入后，需经一段时间，$KMnO_4$ 溶液的紫红色才能褪去，但随后加入的 $KMnO_4$ 溶液褪色速度逐渐加快。究其原因，认为上述反应是分步进行的，其反应过程可表示如下：

$$Mn(VII)\xrightarrow{Mn(II)}Mn(VI)+Mn(III)$$
$$\downarrow Mn(II)$$
$$Mn(IV)+Mn(III)$$
$$\downarrow Mn(II)$$
$$Mn(III)$$

$$Mn(III)\xrightarrow{nC_2O_4^{2-}}Mn(C_2O_4)_n^{3-2n}\longrightarrow Mn(II)+CO_2\uparrow$$

在整个反应过程中，Mn^{2+} 起催化剂的作用，开始时溶液中无 Mn^{2+}，所以反应速度很慢，尽管已经加热，但 $KMnO_4$ 褪色仍很慢，而反应一经开始，产生少量 Mn^{2+} 后，催化剂的作用使反应速度大大加快。由于催化剂 Mn^{2+} 是反应的生成物，因此这种反应称为自动催化反应。

另外在有些情况下，一个氧化还原反应的发生加速了另一氧化还原反应的进行，这种作用称为诱导作用，后一反应称为诱导反应。例如在酸性介质中以 $KMnO_4$ 溶液测定铁含量，反应如下：

$$MnO_4^-+5Fe^{2+}+8H^+=\!=\!=Mn^{2+}+5Fe^{2+}+4H_2O$$

当在盐酸溶液中进行测定时，$KMnO_4$ 会与 Cl^- 发生反应：

$$2MnO_4^-+10Cl^-+16H^+=\!=\!=2Mn^{2+}+5Cl_2\uparrow+8H_2O$$

这一反应的速度本来极其缓慢，但当有 Fe^{2+} 存在时，$KMnO_4$ 与 Fe^{2+} 的反应促进了 $KMnO_4$ 与 Cl^- 的反应。研究认为，在 $KMnO_4$ 与 Fe^{2+} 的反应过程中，产生一系列不稳定的中间价态离子，如 $Mn(VI)$、$Mn(IV)$、$Mn(III)$，它们能与 Cl^- 作用而发生诱导反应。为此，在测定铁时，需加入大量 Mn^{2+}，使 $Mn(VII)$ 迅速转变为 $Mn(III)$，同时由于大量 Mn^{2+} 的

存在，降低了 $Mn(Ⅲ)/Mn(Ⅱ)$ 电对的电极电位，从而使 $Mn(Ⅲ)$ 只与 Fe^{2+} 反应，抑制了 MnO_4^- 与 Cl^- 之间的诱导反应，避免了 Cl^- 对 $KMnO_4$ 测 Fe^{2+} 的干扰。

7.1.3 滴定曲线

滴定曲线是描述加入标准溶液的体积 V（或体积分数）和相应的被测组分溶液中浓度变化（常用负对数表示）或电位变化（氧化还原滴定）的关系曲线，可以通过计算绘制滴定曲线，也可从电位滴定的实验中绘制滴定曲线，或可利用自动记录装置直接得到滴定曲线。不同类型的滴定反应滴定曲线的变化不尽相同。

通过了解滴定曲线的变化规律，可以确定滴定终点，为选择指示剂提供依据。

酸碱滴定曲线的计算分四步，即滴定开始前、滴定开始至化学计量点前、化学计量点、化学计量点后。具体如下：

(1) 强碱滴定强酸

以 $0.1000mol \cdot L^{-1}$ NaOH 滴定 $0.1000mol \cdot L^{-1}$ HCl 为例，根据 NaOH 标准溶液加入量的不同，滴定体系中 HCl 浓度在发生变化，被测溶液的氢离子浓度或 pH 就在发生变化，具体分四个阶段作如下计算。

① 滴定开始前　溶液中仅有 HCl 存在，其 pH 值取决于 HCl 的原始浓度；
$$[H^+]=0.1000mol \cdot L^{-1} \qquad pH=1.00$$

② 滴定开始至化学计量点前　由于已加入 NaOH，部分 HCl 被中和，生成 NaCl 和 H_2O，剩余的 HCl 决定溶液的 pH 值。如当加入的 NaOH 溶液达到 19.98mL 时，溶液中还剩余 0.02mL 的 HCl 溶液还未被中和，这时溶液的 pH 值可按下式计算：
$$[H^+]=\frac{剩余的\ HCl\ 的物质的量}{总体积}=\frac{0.02 \times 0.1000}{20.00+19.98}=5.00 \times 10^{-5}mol \cdot L^{-1}$$
$$pH=4.30$$

③ 化学计量点时　HCl 被 NaOH 全部中和，生成 NaCl 和 H_2O，溶液呈中性；
$$pH=7.00$$

④ 化学计量点后　过量 NaOH 的加入，溶液的 pH 值取决于过量的 NaOH。如当加入的 NaOH 溶液达到 20.02mL 时，溶液中过量 0.02mL 的 NaOH 溶液，这时溶液的 pH 值可按下式计算
$$[OH^-]=\frac{过量的\ NaOH\ 的物质的量}{总体积}=\frac{0.02 \times 0.1000}{20.00+20.02}=5.00 \times 10^{-5}mol \cdot L^{-1}$$
$$pOH=4.30 \qquad pH=9.70$$

按照上述四个阶段的计算原则，具体计算 $0.1000mol \cdot L^{-1}$ NaOH 溶液滴定 20.00mL $0.1000mol \cdot L^{-1}$ HCl 溶液的一些结果列于表 7-4。

表 7-4　$0.1000mol \cdot L^{-1}$ NaOH 溶液滴定 20.00mL $0.1000mol \cdot L^{-1}$ HCl 溶液

加入 NaOH 溶液的体积/mL	加入 NaOH 溶液/%	剩余 HCl 溶液的体积 V/mL	过量 NaOH 溶液的体积 V/mL	pH 值
0.00	0	20.00		1.00
18.00	90.0	2.00		2.28
19.80	99.0	0.20		3.30
19.98	99.9	0.02		4.30
20.00	100.0	0.00		7.00
20.02	100.1		0.02	9.70
20.20	101.0		0.20	10.70
22.00	110.0		2.00	11.70
40.00	200.0		20.00	12.50

若以 NaOH 的加入体积（或体积分数）为横坐标，被测溶液的 pH 值为纵坐标，绘制关系曲线，即得强碱滴定强酸的滴定曲线，如图 7-2 所示。

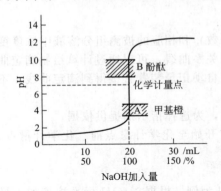

图 7-2　0.1000mol·L^{-1}NaOH 滴定 20.00mL0.1000mol·L^{-1}HCl 的滴定曲线

从图 7-2 滴定曲线中可以看出，随着滴定的进行，HCl 含量逐渐减少，相应的 pH 值逐渐升高，当接近化学计量点时，pH 值升高极快，曲线上 A 点为加入 NaOH 溶液 19.98mL，比化学计量点时应加入的 NaOH 溶液体积少 0.02mL（相当于 -0.1%）。曲线上 B 点是超过化学计量点 0.02mL（相当于 $+0.1\%$），A 与 B 之间 NaOH 溶液仅差 0.04mL，相当于一滴，但溶液的 pH 值却从 4.30 突然升高到 9.70，因此把化学计量点前后 $\pm0.1\%$ 范围内 pH 值的急剧变化称为"滴定突跃"，这是在整个滴定曲线上最为被关注的线段。

应该注意，滴定突跃的大小还与溶液浓度有关，若换用不同的浓度进行强酸与强碱间的滴定，化学计量点时的 pH 值仍为 7.00，但是滴定突跃的大小将发生变化。图 7-3 画出三种不同浓度的滴定曲线，从图中可知酸碱浓度越大，滴定突跃越大；酸碱浓度越小，滴定突跃越小。

（2）强碱滴定弱酸

以 NaOH 滴定 HAc 溶液为例，仿照上述强碱滴定强酸的情况分四个阶段计算各点的 pH 值，但应考虑弱酸的离解平衡。

① 滴定开始前　溶液中仅存在 HAc，故溶液中的 [H$^+$] 由 HAc 溶液在水中离解来计算。已知 HAc 的离解常数 $K_a = 1.75 \times 10^{-5}$，则溶液的 $[\mathrm{H}^+] = \sqrt{cK_a}$

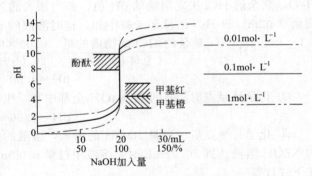

图 7-3　不同浓度 NaOH 溶液滴定不同浓度 HCl 溶液的滴定曲线

② 滴定开始至化学计量点前　这阶段部分 HAc 被 NaOH 中和，组成 HAc+NaAc 混合溶液，故溶液的 [H$^+$] 计算为：

$$[\mathrm{H}^+] = K_a \frac{[\mathrm{HAc}]}{[\mathrm{Ac}^-]}$$

③ 化学计量点时　溶液中存在 NaAc 溶液，可根据 HAc 的共轭碱 Ac$^-$ 的离解平衡计算 [OH$^-$]，再求出 pH 值。此时，应注意由于溶液体积增大了一倍，浓度已为 HAc 原始浓度的一半。

$$[\mathrm{OH}^-] = \sqrt{cK_b}$$

④ 化学计量点后　组成 NaAc+NaOH 溶液，其 pH 值主要取决于 NaOH 的过量程度。

$$[\mathrm{OH}^-] = \frac{\text{过量的 NaOH 的物质的量}}{\text{总体积}}$$

按照上述四个阶段的计算原则，具体计算 0.1000mol·L^{-1}NaOH 溶液滴定 20.00mL 0.1000mol·L^{-1}HAc 溶液的一些结果列于表 7-5。

表 7-5　0.1000mol·L⁻¹NaOH 溶液滴定 20.00mL 0.1000mol·L⁻¹HAc 溶液

加入 NaOH 溶液的体积/mL	加入 NaOH 溶液/%	剩余 HAc 溶液的体积 V/mL	过量 NaOH 溶液的体积 V/mL	pH 值
0.00	0	20.00		2.88
18.00	90.0	2.00		5.71
19.98	99.9	0.02		7.76
20.00	100.0	0.00		8.73
20.02	100.1		0.02	9.70
22.00	110.0		2.00	11.70
40.00	200.0		20.00	12.50

若以 NaOH 的加入体积（或体积分数）为横坐标，对应的 pH 值为纵坐标，绘制曲线，即为强碱滴定弱酸的滴定曲线，如图 7-4 所示。其中曲线 I 为 0.1000mol·L⁻¹NaOH 溶液滴定 0.1000mol·L⁻¹HAc 的滴定曲线，曲线上 A，B 两点即为其滴定突跃（pH 值在 7.76～9.70）。图 7-4 中的虚线为强碱滴定强酸曲线的前半部分。

强碱滴定弱酸的突跃大小取决于两个因素，一为溶液的浓度，如前所述，浓度越大，突跃也会越长；另一为 K_a，从图 7-4 中可看出，被滴定的酸越弱，即其 K_a 值越小，滴定曲线的前半部分越往上移，化学计量点的 pH 值也随之升高，突跃变短，若被滴定的酸 K_a 值小到 10^{-9} 左右，已看不出明显的滴定突跃（见图 7-4 中的曲线 III）。对于这类极弱酸，在水溶液中已无法用一般的酸碱指示剂指示滴定的终点。

综合上述二方面影响因素，若弱酸浓度为 c，离解常数为 K_a，一般认为当 $cK_a \geq 10^{-8}$ 时，滴定可以直接进行，这时的滴定突跃可大于 0.3pH 单位，人眼能够辨别出指示剂颜色的改变，终点误差也在允许的 ±0.1% 以内。对于强酸滴定弱碱的情况，同样可得出目视直接滴定的条件，即：$cK_b \geq 10^{-8}$。

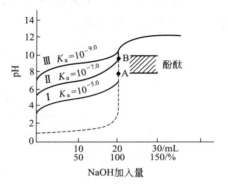

图 7-4　NaOH 溶液滴定不同弱酸溶液的滴定曲线

（3）多元酸（或碱）的滴定

以 NaOH 滴定 H_3PO_4 为例讨论多元酸的滴定问题。H_3PO_4 是三元酸，其三级离解情况如下：

$$H_3PO_4 \Longrightarrow H^+ + H_2PO_4^- \quad pK_{a1} = 2.12$$

$$H_2PO_4^- \Longrightarrow H^+ + HPO_4^{2-} \quad pK_{a2} = 7.20$$

$$HPO_4^{2-} \Longrightarrow H^+ + PO_4^{3-} \quad pK_{a3} = 12.36$$

当用 NaOH 滴定 H_3PO_4 时，使用电位滴定方法，自动记录其滴定曲线，得到如图 7-5 所示的滴定曲线，从图中可以看出第一化学计量点和第二化学计量点附近曲线倾斜，这是由于加入的 NaOH 尚未使 H_3PO_4 全部转化为 $H_2PO_4^-$ 时，已有少量的 $H_2PO_4^-$ 被 NaOH 转化为 HPO_4^{2-}，即在第一化学计量点附近 H_3PO_4 的第一步和第二步离解是同时交叉进行，因此滴定突跃不是非常明显。同理，第二化学计量点附近，H_3PO_4 的第二步与第三步离解也是交叉进行，致使滴定突跃也不太明显。

第一化学计量点时，溶液中绝大部分为 $H_2PO_4^-$（存在的 H_3PO_4 和 HPO_4^{2-} 仅各占 0.3%），$H_2PO_4^-$ 为两性物质，因此第一化学计量点时的 pH 值可用下式计算：

$$[H^+]=\sqrt{K_{a1}K_{a2}}=\sqrt{10^{-2.12}\times10^{-7.20}}=2.19\times10^{-5}\,mol\cdot L^{-1}$$
$$pH=4.66$$

同理，第二化学计量点时，溶液中 99.5％为 HPO_4^{2-}，HPO_4^{2-} 亦为两性物质，故

$$[H^+]=\sqrt{K_{a2}K_{a3}}=\sqrt{10^{-7.20}\times10^{-12.36}}=1.66\times10^{-10}\,mol\cdot L^{-1}$$
$$pH=9.78$$

由于 H_3PO_4 的 pK_{a3} 甚小，不能满足 $cK_a\geqslant10^{-8}$ 的条件，因此不能目视直接滴定到第三个化学计量点。

对于多元酸的测定，判断其能否分步滴定的条件是（终点误差允许 $\pm1\%$，滴定突跃 0.4pH）：

$$\begin{cases} cK_a\geqslant10^{-9} \\ \dfrac{K_{a1}}{K_{a2}}\geqslant10^4 \end{cases}$$

多元碱的滴定与多元酸的滴定情况相似，上述多元酸分步滴定的结论也适用多元碱的滴定，只是需将 K_a 换成 K_b。

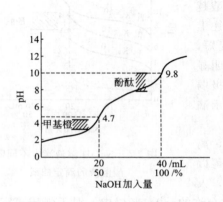

图 7-5　NaOH 溶液滴定 H_3PO_4
溶液的滴定曲线

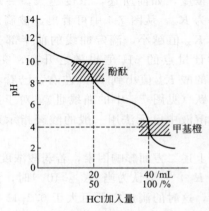

图 7-6　HCl 溶液滴定 Na_2CO_3
溶液的滴定曲线

Na_2CO_3 经常作为标定 HCl 溶液浓度的基准物，它是二元碱，其滴定曲线如图 7-6 所示。已知 CO_3^{2-} 的 $pK_{b1}=3.75$，$pK_{b2}=7.62$，根据多元碱分步滴定的条件可判断 Na_2CO_3 基本符合分步滴定的条件，但因 K_{b1} 与 K_{b2} 的比值稍小于 10^4，因此第一化学计量点（pH=8.3）附近，滴定曲线倾斜，滴定突跃不很明显；在 pH=3.9 附近有一稍大些的滴定突跃，视为第二化学计量点。

(4) 配位滴定曲线

配位滴定曲线是随着 EDTA 的不断加入，被滴定的金属离子的 pM 不断变化所绘制的滴定曲线。同酸碱滴定曲线的计算一样，分四步完成，以在 NH_3-NH_4Cl 缓冲溶液中（pH=10.0），$0.01000\,mol\cdot L^{-1}$ EDTA 标液滴定 20.00mL $0.01000\,mol\cdot L^{-1}\,Ca^{2+}$ 溶液过程中 $[Ca^{2+}]$ 的变化为例说明。

已知 $lgK_{CaY}=10.69$，pH=10.0 时，$lg\alpha_{Y(H)}=0.45$，则

$$lgK'_{CaY}=lgK_{CaY}-lg\alpha_{Y(H)}=10.69-0.45=10.24$$
$$K'_{CaY}=10^{10.24}=1.7\times10^{10}$$

① 滴定前：$[Ca^{2+}] = 0.01000 mol \cdot L^{-1}$

故 $pCa = -lg0.01000 = 2.00$

② 滴定开始至计量点前：当加入 19.98mL EDTA 标准溶液时

$$[Ca^{2+}] = \frac{c_{Ca^{2+}}(V_{Ca^{2+}} - V_{EDTA})}{V_{Ca^{2+}} + V_{EDTA}} = \frac{0.01000 \times (20.00 - 19.98)}{20.00 + 19.98} = 5.00 \times 10^{-6} mol \cdot L^{-1}$$

$$pCa = 5.30$$

③ 计量点时：因为 K'_{CaY} 大，Ca^{2+} 几乎与 EDTA 完全配位

$$[CaY] = \frac{0.01000 \times 20.00}{20.00 + 20.00} = 5.00 \times 10^{-3} mol \cdot L^{-1}$$

$$[Ca^{2+}] = [Y]$$

$$K'_{稳} = \frac{[CaY]}{[Ca^{2+}][Y]} \qquad [Ca^{2+}] = \sqrt{\frac{[CaY]}{K'_{稳}}} = \sqrt{\frac{5.00 \times 10^{-3}}{1.7 \times 10^{10}}} = 5.4 \times 10^{-7} mol \cdot L^{-1}$$

$$pCa = 6.27$$

④ 计量点后：加入 20.02mL EDTA 标准溶液时

$$[Y] = \frac{c_{EDTA}(V_{EDTA} - V_{Ca^{2+}})}{V_{Ca^{2+}} + V_{EDTA}} = \frac{0.01000 \times (20.02 - 20.00)}{20.00 + 20.02} = 5.00 \times 10^{-6} mol \cdot L^{-1}$$

$$K'_{稳} = \frac{[CaY]}{[Ca^{2+}][Y']}$$

$$[Ca^{2+}] = \frac{[CaY]}{[Y']K'_{稳}} = \frac{5.00 \times 10^{-3}}{5.00 \times 10^{-6} \times 1.7 \times 10^{10}} = 5.9 \times 10^{-8} mol \cdot L^{-1}$$

$$pCa = 7.23$$

计算数据列于表 7-6，据此可绘制相应的滴定曲线（如图 7-7 所示）。

表 7-6 $0.01000mol \cdot L^{-1}$ EDTA 溶液滴定 20.00mL $0.01000mol \cdot L^{-1}$ Ca^{2+} 溶液

加入 EDTA 溶液的体积/mL	加入 EDTA 溶液/%	剩余 Ca^{2+} 溶液的体积 V/mL	过量 EDTA 溶液的体积 V/mL	pCa
0.00	0	20.00		2.00
18.00	90.0	2.00		3.28
19.98	99.9	0.02		5.30
20.00	100.0	0.00		6.27
20.02	100.1		0.02	7.23

对于易水解的金属离子（如 Al^{3+}），还应考虑水解效应，引入 $\alpha_{Y(H)}$ 和 $\alpha_{Al(OH)}$ 修正 K_{MY}；而对于易水解又易与辅助配位剂配位的金属离子（如 Ni^{2+} 在氨缓冲溶液中），则应考虑以 $\alpha_{Y(H)}$、$\alpha_{Ni(OH)}$ 和 $\alpha_{Ni(NH_3)}$ 修正 K_{MY}。再计算出不同 pH 溶液中，在滴定的不同阶段被滴定金属离子的浓度，据此绘制滴定曲线（如图 7-8 所示）。

在配合滴定中，影响滴定突跃的因素是金属离子浓度 c_M 和条件稳定常数 K'_{MY}。c_M 越大，pM 突跃越大，K'_{MY} 越大，pM 突跃越大。K'_{MY} 的大小除了和 K_{MY} 有关外，还和 EDTA 的酸效应和金属离子的副反应等都有关，因此各种副反应对配位滴定的突跃都会产生影响。例如上述用 EDTA 测定 Ca^{2+} 的浓度，由图 7-7 可见，化学计量点前的 pCa 只取决于溶液中剩余的 Ca^{2+} 的浓度，而与 pH 无关。化学计量点后，溶液中 pCa 主要取决于过量的 EDTA 和 K'_{MY}，故滴定曲线的变化与 pH 有关。pH 越小，酸度越大；K'_{MY} 越小，pCa 越小，曲线后一段位置越低，突跃范围越小。有些金属离子易水解，滴定时往往需加入辅助配位剂防止

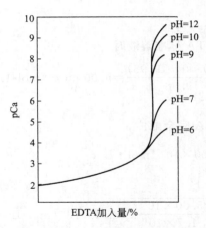

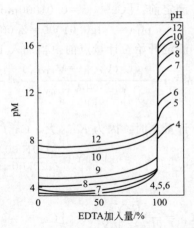

图 7-7　$0.0100\text{mol}\cdot\text{L}^{-1}$ EDTA 滴定　　　　图 7-8　EDTA 滴定 $0.0100\text{mol}\cdot\text{L}^{-1}$ Ni^{2+} 溶液的

$0.0100\text{mol}\cdot\text{L}^{-1}$ 的 Ca^{2+} 的滴定曲线　　　　滴定曲线，溶液中 $[NH_3]+[NH_4^+]=0.1\text{mol}\cdot\text{L}^{-1}$

水解，此时滴定过程中将同时存在酸效应和辅助配位效应。化学计量点前一段曲线的位置，主要因 pH 对辅助配位剂的配位效应的影响而改变；化学计量点后一段曲线的位置，主要因 pH 对 EDTA 酸效应的影响而改变。例如在碱性条件下测定 Ni^{2+} 时，常加入 $NH_3\text{-}NH_4Cl$ 缓冲溶液以控制溶液 pH，并使金属离子生成氨配合物，氨配合物的稳定性与氨的浓度及溶液酸度有关。溶液的 pH 越高，溶液中氨的浓度越大，生成的氨配合物越稳定，游离的金属离子的浓度就越小，pM 越高，滴定曲线在化学计量点前的位置越高，如图 7-8 所示在化学计量点前 pM 因溶液 pH 的升高而升高。在化学计量点后 pM 也随溶液 pH 的升高而升高。综合二方面的影响在 pH＝9 时化学计量点前后的 pM 突跃最大。

（5）氧化还原滴定曲线

氧化还原滴定曲线可以通过滴定过程中标准溶液和被测组分的电极电位的变化计算而得。以 $0.1000\text{mol}\cdot\text{L}^{-1}$ $Ce(SO_4)_2$ 滴定 20.00mL $0.1000\text{mol}\cdot\text{L}^{-1}$ Fe^{2+}（$1\text{mol}\cdot\text{L}^{-1}$ H_2SO_4 介质中）为例，讨论滴定过程中 E 的计算方法。

① 滴定开始至化学计量点前，以被测组分的电对 Fe^{3+}/Fe^{2+} 计算体系的电位。

$$Fe^{3+}+e^-\rightleftharpoons Fe^{2+} \qquad E_{Fe^{3+}/Fe^{2+}}^{\ominus\prime}=0.68V$$

当加入 19.98mL $0.1000\text{mol}\cdot\text{L}^{-1}$ Ce^{4+} 标准溶液时

$$E_{Fe^{3+}/Fe^{2+}}=E_{Fe^{3+}/Fe^{2+}}^{\ominus\prime}+\frac{0.059}{1}\lg\frac{[Fe^{3+}]}{[Fe^{2+}]}=0.68+\frac{0.059}{1}\lg\frac{99.9}{0.1}=0.86V$$

② 化学计量点以后，以标准溶液的电对 Ce^{4+}/Ce^{3+} 计算体系的电极电位。

$$Ce^{4+}+e^-\rightleftharpoons Ce^{3+} \qquad E_{Ce^{4+}/Ce^{3+}}^{\ominus\prime}=1.44V$$

当滴入 Ce^{4+} 溶液 20.02mL 时，即 Ce^{4+} 过量 0.1% 时：

$$E_{Ce^{4+}/Ce^{3+}}=E_{Ce^{4+}/Ce^{3+}}^{\ominus\prime}+\frac{0.059}{1}\lg\frac{[Ce^{4+}]}{[Ce^{3+}]}=1.44+\frac{0.059}{1}\lg\frac{0.1}{100}=1.26V$$

③ 化学计量点时，Ce^{4+} 和 Fe^{2+} 浓度都很小，且不易直接求得，但由反应式可知计量点时：

$$[Fe^{2+}]=[Ce^{4+}],\quad [Fe^{3+}]=[Ce^{3+}]$$

$$E_{Fe^{3+}/Fe^{2+}}=E_{Ce^{4+}/Ce^{3+}}=E_{sp}$$

$$E_{sp}=E_{Fe^{3+}/Fe^{2+}}=E_{Fe^{3+}/Fe^{2+}}^{\ominus\prime}+\frac{0.059}{1}\lg\frac{[Fe^{3+}]}{[Fe^{2+}]}$$

$$E_{sp} = E_{Ce^{4+}/Ce^{3+}} = E_{Ce^{4+}/Ce^{3+}}^{\ominus'} + \frac{0.059}{1}\lg\frac{[Ce^{4+}]}{[Ce^{3+}]}$$

$$2E_{sp} = E_{Fe^{3+}/Fe^{2+}}^{\ominus'} + E_{Ce^{4+}/Ce^{3+}}^{\ominus'} + \frac{0.059}{1}\lg\frac{[Fe^{3+}][Ce^{4+}]}{[Fe^{2+}][Ce^{3+}]}$$

$$E_{sp} = \frac{E_{Fe^{3+}/Fe^{2+}}^{\ominus'} + E_{Ce^{4+}/Ce^{3+}}^{\ominus'}}{2} = \frac{1.44+0.68}{2} = 1.06V$$

当氧化还原反应的电子转移数分别是 n_1 和 n_2 时，化学计量点时 E_{sp} 可以表示为：

$$E_{sp} = \frac{n_1 E_1^{\ominus'} + n_2 E_2^{\ominus'}}{n_1 + n_2} \tag{7-14}$$

上式表明化学计量点电位 E_{sp} 与两电对的条件电极电位和电子转移数有关，与滴定剂和被测物浓度无关。

氧化还原滴定的突跃范围是指被测组分剩余 0.1% 至标准溶液过量 0.1% 时两点间电极电位的变化范围。电位突跃的长短与两个电对的条件电极电位有关，条件电极电位相差越大，突跃越长。当两电对的电子转移数 $n_1 = n_2$ 时，E_{sp} 正处于滴定突跃的中间，若 $n_1 \neq n_2$，则 E_{sp} 偏向 n 值大的电对一方。

7.1.4 终点指示方法

在滴定分析中，确定终点的方法有两类，即指示剂法和电位滴定法。现讨论指示剂法。

(1) 酸碱滴定指示剂

酸碱滴定中使用的指示剂，一般为有机弱酸或弱碱，当进行酸碱滴定时，随着溶液 pH 值的变化，指示剂的质子转移，同时分子结构改变，在某一特定 pH 范围内，指示剂发生颜色变化，从而指示到达滴定终点。

以甲基橙指示剂为例，它是一种有机弱碱，在水溶液中存在着如下的平衡：

$$Na^+ - O_3S - \left\langle\!\!\!\bigcirc\!\!\!\right\rangle - N\!=\!N - \left\langle\!\!\!\bigcirc\!\!\!\right\rangle - N(CH_3)_2 + H_3O^+ \Longrightarrow$$
黄色分子

$$Na^+ - O_3S - \left\langle\!\!\!\bigcirc\!\!\!\right\rangle - \overset{\overset{H}{|}}{N} - N = \left\langle\!\!\!\bigcirc\!\!\!\right\rangle = N^+(CH_3)_2 + H_2O$$
红色离子

上式表明，当溶液 pH 减小时，平衡向右移动，甲基橙以红色离子形式存在，而当 pH 增大时，甲基橙又转变为黄色分子。根据实际测定，当溶液 pH < 3.1 时，甲基橙显红色，当溶液 pH > 4.4 时，则呈黄色；当 pH 介于 3.1~4.4 时，出现红色与黄色的混合色橙色，此 pH 的范围称为甲基橙的变色范围。

指示剂的变色范围可以用指示剂在溶液中的平衡移动过程说明。以弱酸型指示剂 HIn 为例，在溶液中有如下平衡：

$$HIn \Longrightarrow H^+ + In^-$$

平衡时，各浓度之间符合下列关系：

$$K_{HIn} = \frac{[H^+][In^-]}{[HIn]}$$

式中，K_{HIn} 为指示剂常数。上式可变换成：

$$\frac{[In^-]}{[HIn]} = \frac{K_{HIn}}{[H^+]}$$

式中，$[In^-]$ 代表碱式颜色的浓度；$[HIn]$ 代表酸式颜色的浓度。而指示剂在溶液中的颜色依赖于两种组分颜色浓度的比值，该比值与 K_{HIn} 与 $[H^+]$ 有关。在一定温度下，K_{HIn} 为一常数，所以 $[In^-]/[HIn]$ 的比值，即指示剂的颜色完全决定于 $[H^+]$。

通常认为当 $[In^-]/[HIn]$ 为 $1/10$ 时，人的眼睛可从酸式颜色中勉强辨认出碱式颜色，若 $[In^-]/[HIn]$ 比值小于 $1/10$ 时，则目力就看不出碱式颜色了，而当 $[In^-]/[HIn] = 10/1$ 时，人眼能在碱式颜色中勉强辨认出酸式颜色，因此变色范围的一般为：

$$\frac{[In^-]}{[HIn]} = \frac{1}{10} \sim \frac{10}{1} \qquad 故 \frac{K_{HIn}}{[H^+]} = \frac{1}{10} \sim \frac{10}{1} \qquad pH = pK_{HIn} \pm 1$$

上述情况可表示为

$\dfrac{[In^-]}{HIn} < \dfrac{1}{10}$	$= \dfrac{1}{10}$	$= 1$	$= \dfrac{10}{1}$	$> \dfrac{10}{1}$
酸色	略带碱色	中间颜色	略带酸色	碱色
酸色	$\longleftarrow$	变色范围	$\longrightarrow$	碱色
	$pH_1 = pK_{HIn} - 1$		$pH_2 = pK_{HIn} + 1$	

由上可知，指示剂的变色范围为 $pH = pK_{HIn} \pm 1$，由于各种指示剂的平衡常数不同，因而指示剂的变色范围也各不相同。指示剂从酸色变为碱色时，pH 变化理论上为 2 个 pH 单位。但实际指示剂变色范围往往小于 2 个 pH 单位，这是因为实际的变色范围是依靠人眼观察所得，由于人眼对于各种颜色的敏感程度不同，而且两种颜色还会相互遮盖，使变色范围边缘的 pH 值发生移动，因此各种指示剂变色范围比理论推算的要小。表 7-7 列出几种常用酸碱指示剂的变色范围。

表 7-7　几种常用酸碱指示剂的变色范围（室温）

指示剂	变色范围 pH	颜色变化	pK_{HIn}	浓度	用量①
百里酚蓝	1.2～2.8	红～黄	1.7	0.1%的20%乙醇溶液	1～2
甲基黄	2.9～4.0	红～黄	3.3	0.1%的90%乙醇溶液	1
甲基橙	3.1～4.4	红～黄	3.4	0.05%的水溶液	1
溴酚蓝	3.0～4.6	黄～紫	4.1	0.1%的20%乙醇溶液或其钠盐水溶液	1
溴甲酚绿	4.0～5.6	黄～蓝	4.9	0.1%的20%乙醇溶液或其钠盐水溶液	1～3
甲基红	4.4～6.2	红～黄	5.0	0.1%的60%乙醇溶液或其钠盐水溶液	1
溴百里酚蓝	6.2～7.6	黄～蓝	7.3	0.1%的20%乙醇溶液或其钠盐水溶液	1
中性红	6.8～8.0	红～黄橙	7.4	0.1%的60%乙醇溶液	1
苯酚红	6.8～8.4	黄～红	8.0	0.1%的60%乙醇溶液或其钠盐水溶液	1
百里酚蓝	8.0～9.6	黄～蓝	8.9	0.1%的20%乙醇溶液	1～4
酚酞	8.0～10.0	无～红	9.1	0.5%的90%乙醇溶液	1～3
百里酚酞	9.4～10.6	无～蓝	10.0	0.1%的90%乙醇溶液	1～2

① 指每 10mL 试液加入指示剂溶液的滴数。

在有些酸碱滴定中，需要使用变色范围窄的指示剂，于是人们用两种指示剂或一种指示剂与一种惰性染料，按特定的比例加以混合，利用颜色的叠加或互补，配制成一类变色敏锐的混合指示剂，例如溴甲酚绿与甲基红适当混合后，当 pH<5.1 时显酒红色，pH>5.1 时，则显绿色，变色范围已近似于一个变色点，变色情况相当敏锐。表 7-8 列出几种常用的混合指示剂。

表 7-8　几种常用混合指示剂

指示剂溶液的组成	变色时 pH 值	颜色		备注
		酸色	碱色	
一份 0.1%甲基黄乙醇溶液 一份 0.1%次甲基蓝乙醇溶液	3.25	蓝紫	绿	pH=3.2,蓝紫色 pH=3.4,绿色
一份 0.1%甲基橙水溶液 一份 0.25%靛蓝二磺酸水溶液	4.1	紫	黄绿	
一份 0.1%溴甲酚绿钠盐水溶液 一份 0.2%甲基橙水溶液	4.3	橙	蓝绿	pH=3.5,黄色 pH=4.05,绿色 pH=4.3,浅绿
三份 0.1%溴甲酚绿乙醇溶液 一份 0.2%甲基红乙醇溶液	5.1	酒红	绿	
一份 0.1%溴甲酚绿钠盐水溶液 一份 0.1%氯酚红钠盐水溶液	6.1	黄绿	蓝绿	pH=5.4,蓝绿色 pH=5.8,蓝色 pH=6.0,蓝带紫 pH=6.2,蓝紫
一份 0.1%中性红乙醇溶液 一份 0.1%次甲基蓝乙醇溶液	7.0	紫蓝	绿	pH=7.0,紫蓝
一份 0.1%甲酚红钠盐水溶液 三份 0.1%百里酚蓝钠盐水溶液	8.3	黄	紫	pH=8.2,玫瑰红 pH=8.4,清晰的紫色
一份 0.1%百里酚蓝 50%乙醇溶液 三份 0.1%酚酞 50%乙醇溶液	9.0	黄	紫	从黄到绿,再到紫
一份 0.1%酚酞乙醇溶液 一份 0.1%百里酚酞乙醇溶液	9.9	无色	紫	pH=9.6,玫瑰红 pH=10,紫色
二份 0.1%百里酚酞乙醇溶液 一份 0.1%茜素黄 R 乙醇溶液	10.2	黄	紫	

酸碱滴定中,在化学计量点附近,溶液的 pH 值发生突变,这时如酸碱指示剂选择恰当,就可使指示剂的颜色也随之发生突变,从而起到指示终点的作用。根据滴定的突跃范围,选择指示剂的原则为指示剂的变色范围应部分或全部处于滴定的突跃范围内。据此原则,由滴定的突跃范围可选择适当的指示剂,滴定的突跃范围越长,可供选择的指示剂越多。

例如 $0.1000\text{mol} \cdot \text{L}^{-1}$ NaOH 滴定 $0.1000\text{mol} \cdot \text{L}^{-1}$ HCl,其 pH 突跃范围为 $4.3 \sim 9.7$,化学计量点为 pH=7.0,则选择溴百里酚蓝、中性红和苯酚红都能正确指示终点的到达。酚酞、甲基红和甲基橙等指示剂的变色范围也已部分跨入滴定突跃范围,当这些指示剂变色时,滴定剂的加入量与化学计量点的需要量相差都在半滴之内,即终点误差在 $\pm 0.1\%$ 范围内,也符合滴定分析的误差要求,因此酚酞、甲基红和甲基橙等仍可选用。

(2) 配位滴定指示剂

配位滴定的指示剂称为金属指示剂,金属指示剂是一些有机配位剂,可与金属离子形成有色配合物,其颜色与游离指示剂的颜色不同,因而能指示滴定过程的终点。以铬黑 T(EBT) 指示剂为例,滴定前铬黑 T 与少量金属离子配位成酒红色配合物,绝大部分金属离子处于游离状态。随着 EDTA 的滴入,游离金属离子逐步被配位而形成配合物 M-EDTA。等到游离金属离子几乎完全配位后,继续滴加 EDTA 时,由于 EDTA 与金属离子配合物的条件稳定常数大于铬黑 T 与金属离子配合物（M-EBT）的条件稳定常数，因此 EDTA 夺取 M-EBT 中的金属离子，将指示剂游离出来，溶液显示游离铬黑 T 的蓝色，指示滴定终点的到达。

$$M\text{-}EBT + EDTA \Longleftrightarrow M\text{-}EDTA + EBT$$
酒红色　　　　　　　　　　　蓝色

金属指示剂又多为有机弱酸，在不同 pH 时，有不同的存在形式，显示不同的颜色。例如铬黑 T 为三元弱酸（$pK_{a1}=3.9$，$pK_{a2}=6.3$，$pK_{a3}=11.6$），在溶液中存在如下平衡：

$$H_2In^- \underset{+H^+}{\overset{-H^+}{\Longleftrightarrow}} HIn^{2-} \underset{+H^+}{\overset{-H^+}{\Longleftrightarrow}} In^{3-}$$

红色　　　　　蓝色　　　　　橙色
pH<6　　　pH 8~11　　　pH>12

铬黑 T 与许多金属阳离子（如 Ca^{2+}、Mg^{2+}、Zn^{2+}、Cd^{2+} 等）形成酒红色的配合物（M-EBT），显然铬黑 T 在 pH<6 或 pH>12 时，游离指示剂的颜色与 M-BT 的颜色没有显著的差别。只有在 pH 8~11 时进行滴定，终点由金属离子配合物的酒红色变成游离指示剂的蓝色，颜色变化才显著。因此使用金属指示剂时，必须注意控制合适的 pH 范围。

① 金属指示剂应具备的条件

从以上讨论可知，作为金属指示剂，必须具备下列条件。

a. 在滴定的 pH 范围内，游离指示剂和指示剂金属离子配合物两者的颜色应有显著的差别，这样才能使终点颜色变化明显。

b. 指示剂与金属离子形成的有色配合物要有适当的稳定性。指示剂与金属离子配合物的稳定性必须小于 EDTA 与金属离子配合物的稳定性，这样在滴定到达化学计量点时，指示剂才能被 EDTA 置换出来，而显示终点的颜色变化。如果指示剂与金属离子所形成的配合物太不稳定，则在化学计量点前指示剂就开始游离出来，并使终点提前出现而引入误差。如果指示剂与金属离子形成太稳定的配合物，则虽加入过量 EDTA 也不能置换出游离指示剂，即达不到终点，使终点拖长或不变色而引入误差，这种现象称为指示剂的封闭。例如铬黑 T 能被 Fe^{3+}、Al^{3+}、Cu^{2+} 和 Ni^{2+} 等离子封闭。

为了消除封闭现象，可以加入适当的配位剂来掩蔽能封闭指示剂的离子（量多时要分离除去）。有时使用的蒸馏水不合要求，其中含有微量重金属离子，也能引起指示剂封闭，所以配位滴定要求蒸馏水有一定的质量指标。

c. 指示剂与金属离子形成的配合物应易溶于水，如果生成胶体溶液或沉淀，在滴定时指示剂与 EDTA 的置换作用将进行缓慢而使终点拖长，这种现象称为指示剂的僵化。例如用 PAN 作指示剂，在温度较低时，易发生僵化。

为了避免指示剂的僵化，可以加入有机溶剂或将溶液加热，以增大有关物质的溶解度。加热还可加快反应速度。在可能发生僵化时，接近终点时更要缓慢滴定，剧烈振摇。

金属指示剂多数是具有若干双键的有色有机化合物，易受日光、氧化剂、空气等作用而分解，有些在水溶液中不稳定，有些日久会变质。为了避免指示剂变质，有些指示剂可以用中性盐（如 NaCl 固体等）稀释后配成固体指示剂使用，有时可在指示剂溶液中加入可以防止指示剂变质的试剂，如在铬黑 T 溶液中加三乙醇胺等。一般指示剂都不宜久放，最好是用时新配。

② 常用金属指示剂

一些常用金属指示剂的主要使用情况列于表 7-9。

表 7-9　常见的金属指示剂

指示剂	适用的 pH 范围	颜色变化		直接滴定的离子	配制	注意事项
		In	MIn			
铬黑 T（简称 BT 或 EBT）	8～10	蓝	红	pH＝10，Mg^{2+}、Zn^{2+}、Cd^{2+}、Pb^{2+}、Mn^{2+}、稀土元素离子	1：100 NaCl（固体）	Fe^{3+}、Al^{3+}、Cu^{2+}、Ni^{2+}等离子封闭 EBT
酸性铬蓝 K	8～13	蓝	红	pH＝10，Mg^{2+}、Zn^{2+}、Mn^{2+} pH＝13，Ca^{2+}	1：100 NaCl（固体）	
二甲酚橙（简称 XO）	<6	亮黄	红	pH＜1，ZrO^{2+} pH＝1～3.5，Bi^{3+}、Th^{4+} pH＝5～6，Tl^{3+}、Zn^{2+}、Pb^{2+}、Cd^{2+}、Hg^{2+}、稀土元素离子	0.5％水溶液	Fe^{3+}、Al^{3+}、Ni^{2+}、Ti^{IV}等离子封闭 XO
磺基水杨酸（简称 ssal）	1.5～2.5	无色	紫红	pH＝1.5～2.5，Fe^{3+}	5％水溶液	ssal 本身无色，FeY^-呈黄色
钙指示剂（简称 NN）	12～13	蓝	红	pH＝12～13，Ca^{2+}	1：100 NaCl（固体）	Ti（Ⅳ）、Fe^{3+}、Al^{3+}、Cu^{2+}、Ni^{2+}、Co^{2+}、Mn^{2+}等离子封闭 NN
PAN	2～12	黄	紫红	pH＝2～3，Th^{4+}、Bi^{3+} pH＝4～5，Cu^{2+}、Ni^{2+}、Pb^{2+}、Cd^{2+}、Zn^{2+}、Mn^{2+}、Fe^{2+}	0.1％乙醇溶液	MIn 在水中溶解度很小，为防止 PAN 僵化，滴定时须加热

（3）氧化还原指示剂

氧化还原滴定中常用的指示剂分为三类。

① 氧化还原指示剂

氧化还原指示剂是一些有机化合物，它们本身具有氧化还原性质，其氧化型与还原型具有不同的颜色。在滴定至终点时，稍微过量的滴定剂使指示剂氧化或还原，引起溶液颜色突变，以指示终点的到达。

若用 In_{Ox} 和 In_{Red} 分别表示指示剂的氧化型和还原型，则指示剂的氧化还原半反应和电极电位为：

$$In_{Ox} + ne^- \rightleftharpoons In_{Red}$$

$$E_{In} = E_{In}^{\ominus\prime} + \frac{0.059}{n}\lg\frac{[In_{Ox}]}{[In_{Red}]}$$

式中，$E_{In}^{\prime}$ 为指示剂的条件电位，当溶液中氧化还原电对的电位改变时，指示剂的氧化型和还原型的浓度比也会发生改变，因而溶液的颜色将发生变化。

与酸碱指示剂的变色相似，当 $\dfrac{[In_{Ox}]}{[In_{Red}]} = 1$ 时，指示剂呈中间色，$E_{In} = E_{In}^{\prime}$，

当 $\dfrac{[In_{Ox}]}{[In_{Red}]} \geq \dfrac{10}{1}$ 时，指示剂呈氧化型颜色，$E_{In} \geq E_{In}^{\ominus\prime} + \dfrac{0.059}{n}\lg 10 = E_{In}^{\ominus\prime} + \dfrac{0.059}{n}$

当 $\dfrac{[In_{Ox}]}{[In_{Red}]} \leq \dfrac{1}{10}$ 时，指示剂呈还原型颜色，$E_{In} \leq E_{In}^{\ominus\prime} + \dfrac{0.059}{n}\lg\dfrac{1}{10} = E_{In}^{\ominus\prime} - \dfrac{0.059}{n}$

因此，指示剂变色的电位范围为：$\Delta E_{In} = E_{In}^{\ominus\prime} \pm \dfrac{0.059}{n}$

由于 $\dfrac{0.059}{n}$ 相对于 $E_{In}^{\ominus}$ 较小，一般可用 $E_{In}^{\ominus}$ 来估量指示剂变色的电位范围。故选择指示

剂的原则是指示剂变色点的条件电位应该处于滴定的电位突跃范围内。$E_{In}^{\ominus'}$ 越接近化学计量点的电位，则终点的误差越小。常见的氧化还原指示剂见表 7-10。

表 7-10 一些氧化还原指示剂的条件电位和颜色变化

指示剂	$E_{In}^{\ominus'}/V\{[H^+]=1mol \cdot L^{-1}\}$	颜色变化	
		氧化态	还原态
亚甲基蓝	0.36	蓝	无色
二苯胺	0.76	紫	无色
二苯胺磺酸钠	0.84	紫红	无色
邻苯氨基苯甲酸	0.89	紫红	无色
邻二氮杂菲-亚铁	1.06	浅蓝	无色
硝基邻二氮杂菲-亚铁	1.25	浅蓝	紫红

② 自身指示剂

在氧化还原滴定中，可利用标准溶液（或被滴定物质）本身的颜色变化指示终点，此指示剂称为自身指示剂。例如用 $KMnO_4$ 作滴定剂滴定无色或浅色的还原性溶液时，由于 $KMnO_4$ 本身呈紫红颜色，反应后被还原的 Mn^{2+} 几乎无色，故滴定到终点时，稍过量的 $KMnO_4$ 就可使溶液呈现粉红颜色，由此指示终点的到达。

③ 专属指示剂

某些试剂本身不具有氧化还原性，但它能与氧化剂或还原剂作用产生特殊颜色，从而指示终点到达。例如可溶性淀粉溶液遇碘（I_3^-）生成蓝色物质，反应很灵敏（I_3^- 可小至 10^{-5} $mol \cdot L^{-1}$），因此，淀粉可用作碘量法的指示剂。

用指示剂指示滴定终点，操作简便，不需特殊设备，因此指示剂法使用广泛，但该法也有些缺陷，如操作者凭眼睛辨别颜色的能力互有差异；在有色溶液中滴定时，无法使用指示剂指示终点；对于指示剂变色不敏锐的滴定，较难判断终点，上述情况下宜采用电位滴定法确定终点。

7.1.5 滴定分析法的应用

7.1.5.1 酸碱滴定法的应用

酸碱滴定法简便易行，测定范围相当广泛，在我国的产品检验标准中，如化学试剂、化工产品、食品添加剂、水质标准、石油产品等凡涉及酸度、碱度项目的，多数都采用酸碱滴定法。现举几个应用实例。

（1）混合碱的分析

工业上将 $NaOH + Na_2CO_3$ 或 $NaHCO_3 + Na_2CO_3$ 的混合物称为混合碱，常需用 HCl 标准溶液分别测定其含量，从图 7-6 的 HCl 滴定 Na_2CO_3 曲线上可知，当以酚酞指示第一终点（pH=8.3）时，说明试样中的 Na_2CO_3 已被中和成 $NaHCO_3$，试样中的 NaOH 也被中和成 H_2O，此时记下消耗的 HCl 溶液体积 V_1，继续滴定至第二终点（pH=3.9），甲基橙变色，说明溶液中的 $NaHCO_3$ 已转化为 H_2CO_3，又消耗 HCl 溶液体积 V_2，根据 V_1 与 V_2 的大小，可作如下的判断。

① $V_1 = V_2$，仅存在 Na_2CO_3 单一组分；

② $V_1 \neq 0$，$V_2 = 0$，仅存在 NaOH 单一组分；

③ $V_1 = 0$，$V_2 \neq 0$，仅存在 $NaHCO_3$ 单一组分；

④ $V_1 < V_2$，存在 $NaHCO_3 + Na_2CO_3$ 混合物；

其中

$$w_{Na_2CO_3} = \frac{c_{HCl}2V_1 \times 10^{-3} \dfrac{M_{Na_2CO_3}}{2}}{m} \times 100\%$$

$$w_{NaHCO_3} = \frac{c_{HCl}(V_2 - V_1) \times 10^{-3} M_{NaHCO_3}}{m} \times 100\%$$

⑤ $V_1 > V_2$，存在 $NaOH + Na_2CO_3$ 混合物。

其中

$$w_{Na_2CO_3} = \frac{c_{HCl}2V_2 \times 10^{-3} \dfrac{M_{Na_2CO_3}}{2}}{m} \times 100\%$$

$$w_{NaOH} = \frac{c_{HCl}(V_1 - V_2) \times 10^{-3} M_{NaOH}}{m} \times 100\%$$

为改善终点时指示剂变色的敏锐度，可选用表 7-7 中的混合指示剂，如百里酚蓝＋甲酚红，溴甲酚绿＋甲基橙分别指示混合碱滴定的两个终点。

（2）硼酸测定

H_3BO_3 的 $pK_a = 9.24$，为一元弱酸，显然不能目视直接滴定，但可以采用弱酸强化的办法，加入多羟基化合物（要求在碳链的一侧含相邻两个羟基），如乙二醇、丙三醇、甘露醇等，与硼酸生成稳定的配合物，使硼酸在水中的表观酸式离解常数明显增大，达到 10^{-6} 左右，当用 $NaOH$ 标准溶液滴定时，化学计量点的 pH 值在 9 左右，可用酚酞或百里酚酞指示终点。

$$H_3BO_3 + NaOH \rightleftharpoons NaB(OH)_4$$

（3）铵盐测定

NH_4^+ 的 $pK_a = 9.26$，不能直接滴定 NH_4Cl、$(NH_4)_2SO_4$ 中的 NH_4^+，但可以采用两种间接的方法测定：一为蒸馏法；二为甲醛法。

蒸馏法即置试样于蒸馏瓶中，与过量 $NaOH$ 共热煮沸，蒸馏出的 NH_3，用过量的 H_2SO_4 或 HCl 标准溶液吸收，再以 $NaOH$ 标准溶液返滴剩余的酸，以甲基红或甲基橙指示终点。也可用硼酸溶液吸收蒸馏出的 NH_3，生成的 $H_2BO_3^-$ 是较强的碱，可用标准酸溶液滴定，用甲基橙或甲基红和溴甲酚绿混合指示剂指示终点。此法仅需配制一种标准酸溶液，而所用的 H_3BO_3 溶液，既不需要其浓度数据，又不需准确计量其体积，只要保证 H_3BO_3 过量即可，因此比用 H_2SO_4 或 HCl 标准溶液吸收的方法简便。蒸馏法测定 NH_4^+ 比较准确，但较费时。

甲醛法是利用 NH_4^+ 与甲醛的如下反应：

$$4NH_4^+ + 6HCHO \rightleftharpoons (CH_2)_6N_4H^+ + 3H^+ + 6H_2O$$

按化学计量关系生成的酸（包括 H^+ 和质子化的六亚甲基四胺），可用标准碱溶液滴定，以酚酞指示终点。计算结果时应注意反应中 4 个 NH_4^+ 生成 4 个可与碱作用的 H^+，用 $NaOH$ 滴定时，NH_4^+ 与 $NaOH$ 的化学计量关系为 1:1。

7.1.5.2 配位滴定法的应用

（1）单一离子的测定

一般只要配位反应符合滴定分析的要求，应尽量采用直接滴定法。若无法满足直接滴定的要求或存在封闭现象等可灵活应用返滴定法、置换滴定法和间接滴定法。

① 直接滴定法　是将试样处理成溶液后，调节 pH，加入必要的试剂和指示剂，用 EDTA标准溶液直接滴定。

当待测组分与 EDTA 的配位速率快，并且形成配合物的 $\lg cK'_{MY} > 6$，在选用的滴定条件下，有变色敏锐的指示剂，且待测金属离子不发生其他反应、无封闭现象时采用直接滴定法。

② 返滴定法　是在试液中先加入已知过量的 EDTA 标准溶液，再用另一种金属离子的标准溶液滴定剩余的 EDTA，根据两种标准溶液的浓度和用量，可计算出被测物质的含量。

当某些被测金属离子与 EDTA 反应速率慢，被测离子在滴定的 pH 条件下发生水解，直接滴定时无合适的指示剂或待测离子对指示剂有封闭作用等时，采用返滴定法。

③ 置换滴定法　利用置换反应，置换出等物质的量的另一种金属离子或 EDTA，然后用标准溶液进行滴定。

当溶液中存在干扰离子或待测金属离子与 EDTA 形成的配合物不够稳定时，可采用置换滴定法。将被测离子和干扰离子先与 EDTA 完全反应，然后加入另一配体夺取被测离子而释放出与被测离子相当量的 EDTA，或让被测离子 M 置换出另一配合物 NL 中的 N 离子，再用 EDTA 滴定 N 离子，从而求得 M 离子的含量。

④ 间接滴定法　当一些金属离子（如 Li^+、K^+、Na^+）与 EDTA 的配合物稳定性差，或者一些非金属离子（如 SO_4^{2-}，PO_4^{3-}）不与 EDTA 反应，不便于直接配位滴定，可采用间接滴定法测定。

（2）混合离子的分别滴定

由于 EDTA 能和许多金属离子形成稳定的配合物，实际的分析对象又常常比较复杂，在被滴定溶液中可能存在多种金属离子，在滴定时很可能相互干扰，因此，在混合离子中如何滴定某一种离子或分别滴定某几种离子是配位滴定中要解决的重要问题。

① 用控制溶液酸度的方法进行分别滴定　若溶液中含有金属离子 M 和 N，它们均可与 EDTA 形成配合物，此时欲测定 M 的含量，共存的 N 是否对 M 的测定产生干扰，需根据测定的准确度要求、终点和化学计量点之间 pM 的差值 ΔpM 等因素来决定。一般允许测定的相对误差 $\leqslant \pm 0.5\%$，用指示剂检测终点 $\Delta pM \approx 0.3$，故当 $c_M = c_N$ 时，则得：

$$\Delta \lg K = 5 \tag{7-15}$$

式(7-15)是判断 N 是否对 M 的测定产生干扰的判据，若 $\Delta \lg K \geqslant 5$，则 N 对 M 的测定无干扰，可利用控制酸度进行分别滴定。

控制溶液的 pH 范围是在混合离子溶液中进行选择性滴定的途径之一，滴定的 pH 是综合了滴定最低 pH、最高 pH、指示剂的变色、共存离子的存在等情况后确定的。

② 用掩蔽和解蔽的方法进行分别滴定　若被测金属离子的配合物与干扰离子的配合物的稳定常数相差不大（ΔlgK 小），就不能用控制酸度的方法进行分别滴定，此时可利用掩蔽剂来降低干扰离子的浓度以消除干扰。但须注意干扰离子存在的量不能太大，否则得不到满意的结果。

掩蔽方法按所用反应类型不同，可分为配位掩蔽法、沉淀掩蔽法和氧化还原掩蔽法等，其中最常用的是配位掩蔽法。

a. 配位掩蔽法　这种方法是基于干扰离子与掩蔽剂形成稳定配合物的反应，当 ΔlgK 非常接近时，不能用控制酸度的方法消除干扰，因此可通过加入掩蔽剂使干扰离子形成稳定配合物以去除干扰。常见的配位掩蔽剂见表 7-11。

表 7-11　一些常见的掩蔽剂

名称	pH 范围	被掩蔽离子	备注
KCN	>8	Co^{2+}、Ni^{2+}、Cu^{2+}、Zn^{2+}、Hg^{2+}、Cd^{2+}、Ag^+、Tl^+ 及铂系元素	
NH_4F	4~6	Al^{3+}、Ti^{IV}、Sn^{4+}、Zr^{4+}、W^{VI} 等	NH_4F 比 NaF 好,加入后溶液 pH 变化不大
	10	Al^{3+}、Mg^{2+}、Ca^{2+}、Sr^{2+}、Ba^{2+} 及稀土元素	
邻二氮菲	5~6	Cu^{2+}、Co^{2+}、Ni^{2+}、Zn^{2+}、Hg^{2+}、Cd^{2+}、Mn^{2+}	
三乙醇胺 (TEA)	10	Al^{3+}、Sn^{4+}、Ti^{IV}、Fe^{3+}	与 KCN 并用,可提高掩蔽效果
	11~12	Fe^{3+}、Al^{3+} 及少量 Mn^{2+}	
二巯基丙醇	10	Hg^{2+}、Cd^{2+}、Zn^{2+}、Bi^{3+}、Pb^{2+}、Ag^+、As^{3+}、Sn^{4+} 及少量 Cu^{2+}、Co^{2+}、Ni^{2+}、Fe^{3+}	
硫脲	弱酸性	Cu^{2+}、Hg^{2+}、Tl^+	
铜试剂 (DDTC)	10	能与 Cu^{2+}、Hg^{2+}、Pb^{2+}、Cd^{2+}、Bi^{3+} 生成沉淀,其中 Cu-DDTC 为褐色,Bi-DDTC 为黄色,故其存在量应分别小于 2mg 和 10mg	
酒石酸	1.5~2	Sb^{3+}、Sn^{4+}	在抗坏血酸存在下
	5.5	Fe^{3+}、Al^{3+}、Sn^{4+}、Ca^{2+}	
	6~7.5	Mg^{2+}、Cu^{2+}、Fe^{3+}、Al^{3+}、Mo^{4+}	
	10	Al^{3+}、Sn^{4+}、Fe^{3+}	

使用掩蔽剂时需注意下列几点。

（a）干扰离子与掩蔽剂形成的配合物应远比与 EDTA 形成的配合物稳定。而且形成的配合物应为无色或浅色的，不影响终点的判断。

（b）掩蔽剂不与待测离子配位，即使形成配合物，其稳定性也应远小于待测离子与 EDTA 配合物的稳定性。

（c）使用掩蔽剂时应注意其性质和适用的 pH 范围，如 KCN 是剧毒物，只允许在碱性溶液中使用；若将它加入酸性溶液中，则产生剧毒的 HCN 呈气体逸出，对环境与人有严重危害；使用 KCN 后的溶液应注意处理，以免造成污染。又如掩蔽 Fe^{3+}、Al^{3+} 等的三乙醇胺，必须在酸性溶液中加入，然后再碱化，否则 Fe^{3+} 将生成氢氧化物沉淀而不能进行配位掩蔽。

b. 沉淀掩蔽法　是指加入选择性沉淀剂作掩蔽剂，使干扰离子形成沉淀以降低其浓度的方法。

用于沉淀掩蔽法的沉淀反应必须具备下列条件：

（a）生成的沉淀溶解度要小，使反应完全；

（b）生成的沉淀应是无色或浅色的，最好是晶形沉淀。

实际应用时，由于较难完全满足上述条件，故沉淀掩蔽法应用不广。常用的沉淀掩蔽剂见表 7-12。

表 7-12　配位滴定中常用的沉淀掩蔽剂

名称	被掩蔽的离子	待测定的离子	pH 范围	指示剂
NH_4F	Mg^{2+}、Ca^{2+}、Sr^{2+}、Ba^{2+}、$Ti(IV)$、Al^{3+} 及稀土	Zn^{2+}、Cd^{2+}、Mn^{2+} (有还原剂存在下)	10	铬黑 T
		Cu^{2+}、Co^{2+}、Ni^{2+}	10	紫脲酸铵

名称	被掩蔽的离子	待测定的离子	pH 范围	指示剂
K_2CrO_4	Ba^{2+}	Sr^{2+}	10	Mg-EDTA 铬黑 T
Na_2S 或铜试剂	Bi^{3+}、Cd^{2+}、Cu^{2+}、Hg^{2+}、Pb^{2+} 等	Mg^{2+}、Ca^{2+}	10	铬黑 T
H_2SO_4	Pb^{2+}	Bi^{3+}	1	二甲酚橙
$K_4[Fe(CN)_6]$	微量 Zn^{2+}	Pb^{2+}	5~6	二甲酚橙

c. 氧化还原掩蔽法　利用氧化还原反应,改变干扰离子价态,以消除干扰的方法。常用的还原剂有抗坏血酸、羟胺、联胺、硫脲、半胱氨酸等,其中有些还原剂同时又是配位剂。

7.1.5.3　氧化还原滴定的应用

(1) $KMnO_4$ 法

高锰酸钾是一种强氧化剂,可以直接滴定 Fe^{2+}、H_2O_2、草酸盐、As(Ⅲ)、Sb(Ⅲ) 等还原性物质;也可间接测定一些氧化性物质,如测定 MnO_2 含量时于试样的 H_2SO_4 溶液中加入一定量且过量的 $Na_2C_2O_4$,使与 MnO_2 作用,再用 $KMnO_4$ 标准溶液回滴剩余的 $Na_2C_2O_4$,用此法可测 PbO_2、Pb_3O_4、$K_2Cr_2O_7$、$KClO_3$ 等物质;高锰酸钾法还可测定某些能与 $C_2O_4^{2-}$ 定量沉淀的离子,如 Ca^{2+}、Sr^{2+}、Ba^{2+}、Zn^{2+}、Cu^{2+}、Pb^{2+}、Ni^{2+} 等,如测定 Ca^{2+} 含量,先使 Ca^{2+} 沉淀为 CaC_2O_4,再用稀 H_2SO_4 将所得沉淀溶解,以 $KMnO_4$ 标准溶液滴定溶液中的 $C_2O_4^{2-}$,从而间接求得 Ca^{2+} 的含量。

$KMnO_4$ 试剂常含有少量杂质,需采用间接法配制 $KMnO_4$ 溶液,再用 $H_2C_2O_4 \cdot 2H_2O$、$Na_2C_2O_4$、$FeSO_4 \cdot (NH_4)_2SO_4 \cdot 6H_2O$、纯铁丝等作基准物标定其浓度。其中 $Na_2C_2O_4$ 不含结晶水,容易提纯,性质稳定最为常用,当以 $Na_2C_2O_4$ 标定时,要注意溶液的温度、酸度,还应注意滴定速度与反应速度相适应。

$KMnO_4$ 溶液不够稳定,易受酸、碱、光、热以及 MnO_2 等的存在而分解,因此使用长久放置后的 $KMnO_4$ 溶液时,应重新标定其浓度。

$KMnO_4$ 法的优点是氧化能力强、应用广泛,而且在滴定无色或浅色溶液时,可利用 $KMnO_4$ 溶液本身的紫红色,不需另加指示剂即可指示终点(自身指示剂)。但 $KMnO_4$ 易与空气和水中多种还原性物质反应,所以溶液不稳定,测定时的干扰也比较严重,这是 $KMnO_4$ 法的主要缺点。

① 铁的测定　以 $KMnO_4$ 法测定褐铁矿的矿石、合金、硅酸盐等试样中的含铁量,有很大实用价值。

试样溶解后(通常用盐酸作溶剂),生成的 $[FeCl_4]^{2-}$、$[FeCl_6]^{3-}$ 等 Fe(Ⅲ),先用还原剂还原为 Fe(Ⅱ),然后用 $KMnO_4$ 标准溶液滴定。还原采用 $SnCl_2$-$TiCl_3$ 联合还原剂,其过程是先用 $SnCl_2$ 将大部分 Fe(Ⅲ) 还原,然后以 Na_2WO_4 为指示剂,用 $TiCl_3$ 将剩余的 Fe(Ⅲ) 还原,待 Fe(Ⅲ) 定量还原后,过量一滴 $TiCl_3$ 即可将无色 Na_2WO_4 还原成蓝色(钨蓝)。在微量 Cu^{2+} 存在下,钨蓝和过量的 $TiCl_3$ 被水中的溶解氧氧化而除去,最后以 $KMnO_4$ 标准溶液滴定。

为了避免 Cl^- 存在下发生的诱导反应,需加入 $MnSO_4$;另一方面,滴定中生成的黄色 Fe(Ⅲ),对判断终点颜色有干扰,可加入 H_3PO_4 使之与 Fe(Ⅲ) 生成无色的 $Fe(PO_4)_2^{3-}$,予以配合掩蔽。在实践中是以 $MnSO_4$、H_3PO_4 和 H_2SO_4 配成 $MnSO_4$ 滴定液,于测铁时一并加入,简化了操作。

② 过氧化氢的测定 可用 $KMnO_4$ 标准溶液在室温时，于酸性介质中直接测定商品双氧水中的过氧化氢含量，其反应为：

$$5H_2O_2+2MnO_4^-+6H^+ = 2Mn^{2+}+5O_2+8H_2O$$

为加速反应，可加入少量 Mn^{2+} 作催化剂。

在工业品中，为增加 H_2O_2 的稳定性，常加入一些稳定剂，如乙酰苯胺，后者能与 $KMnO_4$ 反应而干扰测定，这时宜采用碘法或铈量法测定。

③ 化学需氧量（COD）的测定 化学需氧量是指 1L 水中，所含还原性物质在给定条件下被强氧化剂氧化时所消耗氧的量，以 $mg \cdot L^{-1}$ 表示，它是量度水体中还原性污染物（可被氧化的有机物和亚铁盐、硫化物、亚硝酸盐等无机物）的主要指标。由于反应情况复杂，对使用的氧化剂种类、浓度、反应的酸度、加热的方式、时间甚至加入试剂的顺序都有严格规定。通常对污染不太严重的水样采用高锰酸钾法测定 COD，否则采用氧化效率高、再现性好的重铬酸钾法测定。

测定时，在水样中加入酸（Cl^- 含量高时，则用碱性介质）及一定的 $KMnO_4$ 标准溶液，沸水浴中加热，然后加入一定量的 $Na_2C_2O_4$ 再以 $KMnO_4$ 标准溶液回滴，最后将消耗的氧化剂的量换算成氧的量。

（2）碘法

① 原理

利用 I_2($\varphi_{I_3^-/I^-}^{\ominus}=0.54V$)的弱氧化性可以直接测定强还原性物质，如 $Sn(II)$、$Sb(III)$、As_2O_3、S^{2-}、SO_3^{2-}、甲醛、维生素 C 等。利用 I^- 的还原性，可以间接测定氧化性物质，如 Cu^{2+}、IO_3^-、BrO_3^-、$Cr_2O_7^{--}$、NO_2^-、H_2O_2 等。氧化性被测物质先于 I^- 反应生成 I_2，再用 $Na_2S_2O_3$ 标准溶液滴定 I_2，从而间接测定氧化性物质。

碘法测定要注意两个问题：一方面是 I_2 具有挥发性，容易挥发损失，应在温度低于 25℃下进行滴定；另一方面是 I^- 在酸性溶液中易被空气中的 O_2 所氧化：

$$4I^-+4H^++O_2 = 2I_2+2H_2O$$

在碱性溶液中，I_2 将转化为次碘酸根 IO^-，进而迅速歧化为 IO_3^- 和 I^-：

$$I_2+2OH^- \longrightarrow IO^-+I^-+H_2O$$
$$\longrightarrow IO_3^-+I^-$$

所以只能在弱酸到中性的条件下滴定。

碘法使用的标准溶液主要有 $Na_2S_2O_3$ 和 I_2 两种，$Na_2S_2O_3$ 溶液使用得更多。$Na_2S_2O_3 \cdot 5H_2O$ 常含少量杂质，如 S、Na_2SO_3、Na_2SO_4 等，而且容易风化、潮解，因此要用间接法配制溶液，再标定其浓度。此外，$Na_2S_2O_3$ 溶液不稳定，易与溶解于水中的 CO_2 作用、与空气中的 O_2 作用，同时易被细菌所分解。

$$Na_2S_2O_3+CO_2+H_2O = NaHCO_3+NaHSO_3+S\downarrow$$
$$2Na_2S_2O_3+O_2 = 2Na_2SO_4+2S\downarrow$$
$$Na_2S_2O_3 \longrightarrow Na_2SO_3+2S\downarrow$$

为此，配制 $Na_2S_2O_3$ 溶液时，应使用新煮沸（除去水中 CO_2 及杀菌）并已冷却了的蒸馏水，还需加入少量 Na_2CO_3，保持溶液的微碱性，配好的溶液保存在棕色瓶内，一般需放置 8~14d，再标定其浓度。对于长期保存的溶液，应隔 1~2 月标定一次。若发现溶液变浑浊，应过滤后重新标定或弃去。

标定 $Na_2S_2O_3$ 溶液的基准物有纯碘、KIO_3、$KBrO_3$、$K_2Cr_2O_7$ 等，这些物质除纯碘外，都能与 KI 反应而析出 I_2：

$$IO_3^- + 5I^- + 6H^+ \Longrightarrow 3I_2 + 3H_2O$$
$$BrO_3^- + 6I^- + 6H^+ \Longrightarrow 3I_2 + 3H_2O + Br^-$$
$$Cr_2O_7^{2-} + 6I^- + 14H^+ \Longrightarrow 2Cr^{3+} + 3I_2 + 7H_2O$$

析出的 I_2 用 $Na_2S_2O_3$ 溶液滴定,用淀粉指示终点:

$$2Na_2S_2O_3 + I_2 \Longrightarrow S_4O_6^{2-} + 2I^-$$

根据基准物的质量和消耗的 $Na_2S_2O_3$ 溶液的体积,即可求出 $Na_2S_2O_3$ 溶液的浓度。标定时应注意以下几点。

a. 不同基准物与 KI 的反应速度不相同,如 KIO_3 与 KI 反应速度较快,而 $KBrO_3$、$K_2Cr_2O_7$ 与 KI 的反应速度则较慢,为提高反应速度可适当增加溶液的酸度。但若酸度过高,将导致空气中的 O_2 氧化 I^- 的反应加速,而引入误差。

b. 滴定操作应与反应速度相配合,对于 $KBrO_3$、$K_2Cr_2O_7$ 与 KI 的反应,在溶液酸化后,于暗处加盖放置几分钟,待反应完全后,再用 $Na_2S_2O_3$ 溶液滴定;KIO_3 与 KI 间的反应快,不需放置。

c. 以淀粉指示终点时,应先用 $Na_2S_2O_3$ 溶液滴定至溶液呈浅黄色(大部分 I_2 已作用)后,再加入淀粉指示剂,否则大量的 I_2 与淀粉结合成蓝色物质,反而不容易与 $Na_2S_2O_3$ 溶液反应,将引入误差。

滴定至终点后,若经过几分钟溶液由无色又转为蓝色,系空气中的 O_2 氧化 I^- 所致,不影响标定结果;若滴定至终点后,溶液很快变蓝,说明基准物与 KI 的反应不完全,应调整酸度或延长放置时间,重新标定。

② 碘法的应用示例

a. 铜盐的测定   在一定的酸度条件(pH=3~4)下,Cu^{2+} 与 I^- 反应如下:

$$2Cu^{2+} + 4I^- \Longrightarrow 2CuI\downarrow + I_2$$

析出的 I_2 用 $Na_2S_2O_3$ 标准溶液滴定,用淀粉指示终点,即可求得 Cu^{2+} 的含量。上述反应生成的 CuI 强烈地吸附 I_2,易造成测定的误差,为此可在接近终点时,加入 KSCN,使 CuI 转化为溶解度更小的 CuSCN 沉淀:

$$CuI + SCN^- \Longrightarrow CuSCN\downarrow + I^-$$

经过这一转化反应,可减少被吸附的 I_2 量,而且同时产生的 I^-,又可与未反应的 Cu^{2+} 作用,因而可用较少的 KI 使反应进行得更完全。

在测定过程中,KI 起着三种作用:将 Cu(Ⅱ)还原成 Cu(Ⅰ),KI 是还原剂;将 Cu^+ 沉淀为 CuI,KI 是沉淀剂;与 I_2 配合成 I_3^-,KI 又是配合剂。

b. 有机物的测定 I_2 可氧化许多有机化合物,如抗坏血酸(维生素 C)、四乙基铅、肼类、二巯基乙酸等都可用 I_2 标准溶液直接滴定。

7.2　重量分析法

7.2.1　重量分析法概述

(1) 重量分析法的分类

重量分析法是用适当的方法先将试样中待测组分与其他组分分离,然后用称量的方法测定该组分的含量。根据分离方法的不同,重量分析法常分为三类。

① 沉淀法　沉淀法是重量分析法中的主要方法，这种方法是利用试剂与待测组分生成溶解度很小的沉淀，经过滤、洗涤、烘干或灼烧成为组成一定的物质，然后称其质量，再计算待测组分的含量。

② 气化法（挥发法）　利用物质的挥发性质，通过加热或其他方法使试样中的待测组分挥发逸出，然后根据试样质量的减少，计算该组分的含量；或者用吸收剂吸收逸出的组分，根据吸收剂质量的增加计算该组分的含量。

③ 电解法　利用电解的方法使待测金属离子在电极上还原析出，然后称量，根据电极增加的质量，求得其含量。

（2）特点

准确度高，直接用分析天平称量获得结果，不需与标准试样或基准物质比较。但繁琐费时，该法只适合于常量组分的测定。

7.2.2　重量分析对沉淀的要求

利用沉淀重量法进行分析时，首先在试样的溶液中加入适当的沉淀剂使其与被测组分发生沉淀反应，并以"沉淀形式"沉淀出来。沉淀经过过滤、洗涤，在适当的温度下烘干或灼烧，转化为"称量形式"，再进行称量。根据称量形式的化学式计算被测组分在试样中的含量。"沉淀形式"和"称量形式"可能相同，也可能不同。

对沉淀形式的要求：①沉淀完全且溶解度小；②沉淀的纯度高；③沉淀便于洗涤和过滤；④易于转化为称量形式。

对称量形式的要求：①组成与化学式相符；②化学性质稳定；③摩尔质量大。

根据上述对沉淀形式和称量形式的要求，选择沉淀剂时应考虑如下几点：沉淀剂应具有较好的选择性；选用能与待测离子生成溶解度最小的沉淀的沉淀剂；沉淀剂最好是易于挥发或经灼烧易除去；沉淀剂自身溶解度较大。

7.2.3　沉淀的完全程度与影响沉淀溶解度的因素

（1）沉淀平衡与溶度积

对难溶电解质的沉淀平衡：M_mA_n（固）$\Longrightarrow m M^{n+} + n A^{m-}$

溶度积：　　　　　　　　　　$K_{sp} = [M^{n+}]^m [A^{m-}]^n$

（2）影响沉淀溶解度的因素

① 同离子效应　当沉淀反应达到平衡后，增加某一构晶离子的浓度使沉淀溶解度降低的现象。

在重量分析中，常加入过量的沉淀剂，利用同离子效应使沉淀完全。沉淀剂加多少合适视具体情况定。若沉淀剂在烘干或灼烧时能挥发除去，可过量 $50\% \sim 100\%$，若沉淀剂在烘干或灼烧时不易挥发除去，过量 $20\% \sim 30\%$ 即可。沉淀剂过量太多，有时可能会引起盐效应、配合效应等副反应，沉淀的溶解度升高。

② 盐效应　沉淀溶解度随着溶液中的电解质浓度的增大而增大的现象。构晶离子电荷越高，盐效应越严重。

③ 酸效应　当沉淀反应达到平衡后，增加溶液的酸度可使难溶盐溶解度增大的现象。主要是对弱酸、多元酸离解平衡的影响。一般强酸盐的溶解度受酸度影响不显著，弱酸盐的溶解度受酸度影响较大，应在低酸度下沉淀。沉淀本身为弱酸应在强酸性溶液中沉淀。

④ 配位效应　溶液中存在能与构晶离子生成可溶性配合物的配位剂，使沉淀的溶解度

增大的现象。

四种效应对溶解度的影响不同,其中同离子效应使溶解度降低,其余三种使溶解度增大。此外,温度、介质、水解作用、胶溶作用、晶体结构和颗粒大小等也对溶解度有影响。

7.2.4 沉淀的形成和沉淀的条件

沉淀按其物理性质的不同,可粗略地分为晶形沉淀和无定形沉淀两大类。在沉淀过程中,究竟生成的沉淀属于哪一种类型,主要取决于沉淀本身的性质和沉淀的条件。

(1) 沉淀的形成

沉淀的形成一般经过晶核形成和晶核长大两个过程。晶核的形成有两种:一种是均相成核;另一种是异相成核。晶核长大形成两类沉淀,即晶形沉淀和无定形沉淀。

① 晶核的形成

均相成核作用:构晶离子在饱和溶液中,通过离子的缔合作用,自发地形成晶核。

异相成核作用:溶液或器壁上混有的固体微粒,在沉淀过程中起着晶种的作用而诱导沉淀的形成。这些固体微粒的数目决定了晶核的数目。

② 晶核的长大

晶核长大形成沉淀颗粒,按聚集速度和定向速度的相对大小决定沉淀的颗粒大小,产生晶形沉淀和无定形沉淀。

聚集速度:沉淀微粒有相互聚集为更大聚集体的倾向。由沉淀条件决定,主要是溶液的相对过饱和度。

定向速度:构晶离子按一定顺序定向排列于晶格内而形成更大的晶粒的倾向。

晶形沉淀:定向速度大于聚集速度,则构晶离子在晶格上定向排列,形成晶形沉淀。

无定形沉淀:聚集速度大于定向速度,则生成的晶核数较多,来不及排列成晶格,就形成无定形沉淀。

(2) 沉淀条件的选择

① 晶形沉淀的沉淀条件   在不断搅拌下,缓慢地将沉淀剂滴加到稀且热的被测组分溶液中,并进行陈化。即:稀、热、慢、搅、陈。

② 无定形沉淀的条件   在不断搅拌下,快速将沉淀剂加到浓、热且加有大量电解质的被测组分溶液中,不需陈化。即:浓、热、快、搅、加入电解质、不陈化。

③ 均相沉淀法   通过化学反应缓慢而均匀地产生沉淀剂,从而使沉淀自溶液中均匀、缓慢地生成,避免了溶液局部过浓的现象,相对过饱和度始终较小。因此得到的沉淀颗粒粗大,吸附杂质少,易滤、易洗。但该法仍不能避免后沉淀和混晶共沉淀现象。

7.2.5 影响沉淀纯度的因素

当沉淀从溶液中析出时,杂质的存在可能产生共沉淀和后沉淀。

(1) 共沉淀现象

当沉淀从溶液中析出时,溶液中某些可溶性杂质也混杂于沉淀中的现象称为共沉淀现象。共沉淀包括表面吸附、混晶或固溶体、包藏或吸留。

① 表面吸附   由于沉淀表面上离子电荷不完全平衡而引起的对杂质的吸附。

表面吸附规律:优先吸附构晶离子,其次是吸附与构晶离子电荷相同半径相近的离子或能与构晶离子形成微溶或离解度很小的化合物的离子,离子的价态越高,浓度越大,越易被吸附。沉淀的总表面积越大，温度越低，吸附杂质量越多。

提高纯度的措施：可通过洗涤沉淀、陈化或重结晶的方法除去。或通过加入配位剂或改用其他沉淀剂减小表面吸附。

② 混晶　当杂质离子与构晶离子半径相近、电荷相同、所形成的晶体结构相同时，则易生成混晶。

提高纯度的措施：可通过重结晶或陈化去除，而不能用洗涤的方法除去。

③ 包藏和吸留　包藏是母液机械地被包藏在沉淀内部的现象。吸留是杂质被机械地陷入沉淀内部的现象。

提高纯度的措施：可通过重结晶或陈化去除，而不能用洗涤的方法除去。

注意：吸留有选择性，包藏无选择性，吸留发生在内部，表面吸附发生在沉淀表面。

（2）后沉淀现象

在沉淀析出后，溶液中原来不能析出沉淀的组分，也在沉淀表面逐渐沉积出来的现象。

提高纯度的措施：应事先分离干扰离子，不能通过洗涤的方法除去。

7.2.6　重量分析结果的计算

重量分析是以称量形式的质量来计算待测组分的含量，因此当待测组分与称量形式不一致时，须通过换算因数 F 转化。

（1）换算因数 F

换算因数 F 是待测组分的摩尔质量比上称量形式的摩尔质量，再乘以一定的系数。例如：

待测组分	称量形式	换算因数 F
Cl^-	$AgCl$	$F = Cl/AgCl$
MgO	$Mg_2P_2O_7$	$F = 2MgO/Mg_2P_2O_7$
Cr_2O_3	$BaCrO_4$	$F = Cr_2O_3/2BaCrO_4$

（2）质量分数的计算

$$w = \frac{m_{待测组分}F}{m_{称量形式}} \times 100\%$$ 　　　　　　　(7-16)

7.3　定量分析的一般步骤

物质的一般分析步骤通常包括：试样的采取和制备、试样的分解、定性检验、干扰物质的分离、定量测定、数据处理及分析结果的表示等。并非每个试样的化学分析都要有这些过程，实际分析中应根据具体情况进行考虑。

7.3.1　试样的采集和制备

试样的采取和制备必须保证所取试样具有代表性，即分析试样的组成能代表整批物料的平均组成。否则分析结果再准确也是毫无意义的，甚至可能导致错误的结论。因此，慎重地审查试样的来源，采用正确的取样方法是非常重要的。

所谓试样的采集和制备，是指从大批物料的不同部位，采取具有代表性的一部分平均试样作为原始试样，然后再制备成供分析用的分析试样。由于物料的种类繁多，其形态、性质和均匀程度千差万别，因此应针对不同物料采取不同的取样方法。

（1）组成均匀的物料

对于大气试样，可根据被测组分在空气中存在的状态（气态、蒸气和气溶胶）、浓度和测定方法的灵敏度，采用集气法和富集法取样。对于江河、湖泊、地下水，选择时要考虑不同的位置、不同的段面及断面上取样点的分布。对于储存于大容器里的物料，应在不同深度取样，以避免由于密度不同对物料均匀程度的影响。对于分装在小容器里的液体物料，应从每个容器里取样，然后混匀作为分析试样。

（2）组成不均匀的物料

有些固体物料的组成、颗粒大小等很不均匀，如矿石、土壤和合金等，采样时应根据堆放情况，从不同的部位取样。若为输送带输送，则从输送带不同截面段取样，若为车船输送，则从车船不同部位取样，若为锥形堆放，则从不同高度、深度取样。

取样的份数越多，试样越具有代表性，但处理试样的难度也增加，因此须用统计学的方法处理，求出能达到预期准确度的最小采样量，采用的计算式为：

$$Q = Kd^{\alpha}$$

式中，Q 为采集试样的最低质量，kg；d 为试样中最大颗粒的直径，mm；K 和 α 为经验常数，可由实验求得，通常 K 值为 $0.02\sim1$，α 值为 $1.8\sim2.5$。

固体试样采集后，一般经过破碎、过筛、混匀和缩分四个步骤。常用的缩分方法为"四分法"，将试样粉碎之后混合均匀，堆成锥形，然后略为压平，通过中心分为四等分把任何相对的两份弃去，其余相对的两份收集在一起混匀，这样试样便缩减了一半，称为缩分一次。每次缩分后的最低质量也应符合采样公式的要求。经过多次磨细和缩分，最后制成 $100\sim300$g 左右的分析试样。

制得的试样应妥善保存，避免试样受潮、挥发、风干、分解、污染或变质。蛋白质和酶容易变性失活，应在稳妥的条件下储存，或在取样后立即进行分析。

一般固体试样往往含有湿存水（亦称吸湿水），即样品表面及孔隙中吸附的空气中的水分，其含量会随试样的粉碎程度和放置时间而改变，因而试样中各组分的相对含量也随湿存水的多少而变化。为使试样与原物料含水量一致，应在分析之前将试样烘干（对于受热易分解的物质采用风干或真空干燥的方法），以得到除去湿存水的干燥样品进行分析。

7.3.2 试样的分解

在一般分析工作中，通常采用湿法分析，先将试样分解制成溶液再进行分析。分解试样时应注意：试样分解必须完全，处理后的溶液不得残留原试样的细屑或粉末；试样分解过程中待测组分不应挥发损失；不应引入被测组分和有碍测定的干扰杂质。

由于试样的性质不同，分解的方法也有所不同。常用的试样分解方法有溶解法和熔融法。

7.3.2.1 无机试样的分解

（1）溶解法

采用适当的溶剂将试样溶解制成分析试液，称为溶解法，此法比较简单、快速。常用的溶剂有水、酸、碱和混合溶剂等。溶于水的试样一般称为可溶性盐类，如硝酸盐、醋酸盐、铵盐、绝大部分的碱金属化合物和大部分的氯化物、硫酸盐等。对于不溶于水的试样，则采用酸或碱作溶剂的酸溶法或碱溶法进行溶解，以制备分析试液。

① 水溶法　可溶性的无机盐直接用水制成试液。

② 酸溶法　酸溶法是利用酸的酸性、氧化还原性和形成配合物的作用使试样溶解。钢铁、合金、部分氧化物、硫化物、碳酸盐矿物和磷酸盐矿物等常采用此法溶解。常用的酸溶剂有盐酸、硝酸、硫酸、磷酸、高氯酸、氢氟酸或它们的混合酸。

③ 碱溶法　碱溶法常用来溶解两性金属铝、锌及其合金，以及它们的氧化物、氢氧化物等。碱溶法的溶剂主要为 NaOH 和 KOH。

在测定铝合金中的硅时，用碱溶解使 Si 以 SiO_3^{2-} 形式转到溶液中。如果用酸溶解则 Si 可能以 SiH_4 的形式挥发损失，影响测定结果。

(2) 熔融法

熔融法是将试样与固体熔剂混合，在高温下加热使试样的全部组分转化成易溶于水或酸的化合物。对于既不溶于水、也不溶于酸或碱的固体试样，常采用熔融法。根据所用熔剂的不同，可分为酸熔法和碱熔法。

① 酸熔法

碱性试样宜采用酸性熔剂。常用的酸性熔剂有焦硫酸钾（$K_2S_2O_7$，熔点 419℃）和硫酸氢钾（$KHSO_4$，熔点 219℃），后者经灼烧后脱水，亦生成 $K_2S_2O_7$，所以两者的作用是一样的。这类熔剂在 300℃ 以上可与碱或中性氧化物作用，生成可溶性的硫酸盐。如分解金红石的反应是：

$$TiO_2 + 2K_2S_2O_7 = Ti(SO_4)_2 + 2K_2SO_4$$

这种方法常用于分解 Al_2O_3、Cr_2O_3、Fe_3O_4、ZrO_2、钛铁矿、铬矿、中性耐火材料（如铝砂、高铝砖）及磁性耐火材料（如镁砂、镁砖）等。

② 碱熔法

酸性试样宜采用碱熔法，如酸性矿渣、酸性炉渣和酸不溶试样均可采用碱熔法，使它们转化为易溶于酸的氧化物或碳酸盐。

常用的碱性熔剂有 Na_2CO_3（熔点 853℃）、K_2CO_3（熔点 891℃）、NaOH（熔点 318℃）、Na_2O_2（熔点 460℃）和它们的混合熔剂等。这些熔剂除具碱性外，在高温下均可起氧化作用（本身的氧化性或空气氧化），可以把一些元素氧化成高价，Cr^{3+}、Mn^{2+} 可以氧化成 Cr(Ⅵ)、Mn(Ⅶ)，从而增强了试样的分解作用。有时为了增强氧化作用还加入 KNO_3 或 $KClO_3$，使氧化作用更为完全。

a. Na_2CO_3 或 K_2CO_3　常用来分解硅酸盐和硫酸盐等。分解反应如下：

$$Al_2O_3 \cdot 2SiO_2 + 3Na_2CO_3 \longrightarrow 2NaAlO_2 + 2Na_2SiO_3 + 3CO_2 \uparrow$$

$$BaSO_4 + Na_2CO_3 = BaCO_3 + Na_2SO_4$$

b. Na_2O_2　常用来分解含 Se、Sb、Cr、Mo、V 和 Sn 的矿石及其合金。由于 Na_2O_2 是强氧化剂，能把其中大部分元素氧化成高价状态。例如铬铁矿的分解反应为：

$$2FeO \cdot Cr_2O_3 + 7Na_2O_2 = 2NaFeO_2 + 4Na_2CrO_4 + 2Na_2O$$

熔块用水处理，溶出 Na_2CrO_4，同时 $NaFeO_2$ 水解而生成 $Fe(OH)_3$ 沉淀：

$$NaFeO_2 + 2H_2O = NaOH + Fe(OH)_3 \downarrow$$

然后利用 Na_2CrO_4 溶液和 $Fe(OH)_3$ 沉淀分别测定铬和铁的含量。

c. NaOH(KOH)　常用来分解硅酸盐、磷酸盐矿物、钼矿和耐火材料等。

（3）烧结法

此法是将试样与熔剂混合，小心加热至熔块（半熔物收缩成整块），而不是全熔，故称为半熔融法又称烧结法。

常用的半熔混合熔剂为：2 份 $MgO+3$ 份 Na_2CO_3、1 份 $MgO+1$ 份 Na_2CO_3、1 份 $ZnO+1$ 份 Na_2CO_3。

此法广泛地用来分解铁矿及煤中的硫。其中 MgO、ZnO 的作用在于其熔点高，可以预防 Na_2CO_3 在灼烧时熔合，保持松散状态，使矿石氧化得以更快更完全反应产生的气体容易逸出。此法不易损坏坩埚，因此可以在瓷坩埚中进行熔融，不需要贵重器皿。

7.3.2.2 有机试样的分解

（1）干式灰化法

将试样置于马弗炉中加热（400～1200℃），以大气中的氧作为氧化剂使之分解，然后加入少量浓盐酸或浓硝酸浸取燃烧后的无机残余物。

（2）湿式消化法

用硝酸和硫酸的混合物与试样一起于烧瓶内，在一定温度下进行煮解，其中硝酸能破坏大部分有机物。在煮解的过程中，硝酸逐渐挥发，最后剩余硫酸。继续加热使产生浓厚的 SO_3 白烟，并在烧瓶内回流，直到溶液变得透明为止。

7.3.3 测定方法的选择

实际工作中，一种组分往往可用多种方法测定，选择分析方法可从以下几方面考虑：

（1）测定的具体要求

首先应明确测定的目的和要求，确定测定组分、准确度及完成测定的时间等。如对于标样分析和成品分析，准确度是主要的，对于高纯物质、微量组分的分析，灵敏度是主要的，而对于中间控制分析则要求快速简便。所以测定的具体要求不同，采用的方法就不一样。

（2）待测组分的含量范围

适用于测定常量组分的方法，一般不适于微量组分的测定，反之亦然。因此在选择测定方法时应考虑待测组分的含量范围。常量组分的测定多采用滴定分析法和重量分析法，包括电位、光度等滴定方法。它们的相对误差为 0.1% 左右，其中优先选用滴定法；对于微量组分的测定，则应采用灵敏度较高的仪器分析法，允许有 1%～5% 的相对误差。

（3）待测组分的性质

一般来说，分析方法都基于被测组分的某种性质。酸碱性物质常选用酸碱滴定法，氧化还原性物质可选用氧化还原滴定法，大多数金属离子可选用配位滴定法。对于有色物质或能转变成有色化合物的，可选用分光光度法等。了解待测组分的性质有助于测定方法的选择。

（4）共存组分的影响

选择测定方法时，必须同时考虑共存组分对测定的影响，尽可能采用选择性较好的分析方法，以提高测定的准确度。如没有合适的方法，则应改变测定条件以避免干扰，必要时分离共存的干扰组分。

建立一个理想的分析方法应该要做到灵敏度高、检出限低、精密度佳、准确度高、操作简便。但在实际中往往很难同时满足以上要求。所以需要综合考虑各项指标，对选择的各种方法进行综合分析，以期选择一个较为适宜的测定方法。

7.3.4　分析结果准确度的保证和评价

　　要使分析结果的准确度得到保证，必须使所有的测定误差减小到预期的水平。一方面要采取措施减小系统误差，对整个分析过程进行质量控制；另一方面要采取有效的方法对分析方法进行评价，及时发现分析过程中的问题，确保分析结果的可靠性。

　　对分析结果的质量评价方法通常可分为"实验室内"和"实验室间"两种。实验室内的质量评价包括：通过多次重复测定确定随机误差，用标准物质或其他可靠的分析方法检验系统误差，用互换仪器以发现仪器误差，交换操作者以发现操作误差，绘制质量控制图以便及时发现测定过程中的问题。实验室间的质量评价由一个中心实验室指导进行，通过分发标准样（管理样）给各实验室。考核其工作质量，评价各实验室间是否存在明显的系统误差。

第 8 章

物质组成分析——仪器分析

仪器分析法是以测量物质的物理性质为基础的分析方法。由于这类方法通常需要使用较特殊的仪器，故得名"仪器分析"。随着科学技术的发展，分析化学在方法和实验技术上都发生了深刻的变化，特别是新的仪器分析方法不断出现，应用日益广泛，仪器分析在分析化学中的比重越来越大，并成为实验化学的重要支柱。因此仪器分析的一些基本原理和实验技术，已成为化学工作者所必须掌握的基础知识和基本技能。

物质的所有物理性质几乎都可以用于分析化学上。仪器分析方法的种类繁多，本章将介绍一些常用的方法。

8.1 电化学分析法

8.1.1 电化学分析法概述

利用物质的电学及电化学性质来测定组成和含量的分析方法称为电化学分析法或电分析化学法。通常是将待分析的试样构成化学电池（电解池或原电池），然后通过测定电流、电位、电导及电量等物理量，在溶液中有电流或无电流的情况下，来研究、确定参与反应的化学物质的量。电化学分析法可以分为以下三种类型。

第一类是通过试液的浓度在某特定实验条件下与化学电池中某些物理量的关系来进行分析的。这些物理量包括电极电位（电位分析法）、电阻（电导分析法）、电量（库仑分析法）及电流-电压曲线（伏安分析法）等。

第二类是以上述这些物理量的突变指示滴定分析的终点，又称为电容量分析法，如电位滴定、电流滴定及电导滴定等。

第三类是将试液中某待测组分通过电极反应转化为固相（金属或其氧化物），然后由工作电极上析出的物质的量来确定该组分的量，称为电重量分析法。

电化学分析法的灵敏度、准确度都很高，选择性好，被测物质的浓度范围宽，可进行组成、状态、价态和相态分析，适用于各种不同体系，应用广泛。电化学分析仪器装置较为简单，操作方便，因此在科学研究和生产控制中起着重要的作用。

下面主要介绍电位分析法。

8.1.2　电位分析法原理

电位分析法是通过测定含有待测溶液的化学电池的电位进行待测组分含量分析的方法，它包括电位测定法和电位滴定法。

电位分析法中测定的电极电位与待测离子的活度遵循能斯特关系，如对于氧化还原体系

$$Ox + ne^- \rightleftharpoons Red$$

$$E = E^{\ominus}_{Ox/Red} + \frac{RT}{nF} \ln \frac{a_{Ox}}{a_{Red}} \tag{8-1}$$

式中，$E^{\ominus}$ 是标准电极电位；R 是气体常数（8.314J·mol^{-1}·K^{-1}）；F 是法拉第常数（96485C·mol^{-1}）；T 是热力学温度；n 是电极反应中传递的电子数；a_{Ox} 及 a_{Red} 为氧化型 Ox 和还原型 Red 的活度。

对于金属电极，还原态是纯金属，其活度定为 1，上式可简写作：

$$E = E^{\ominus}_{M^{n+}} + \frac{RT}{nF} \ln a_{M^{n+}} \tag{8-2}$$

式中，$a_{M^{n+}}$ 为金属离子 M^{n+} 的活度。

由此可见，测定了电极电位即可确定离子的活度（或浓度），这是电位测定法的依据。

在滴定分析中，滴定进行到化学计量点附近时，将发生浓度的突变。若在滴定容器内浸入一对合适的电极，则在化学计量点附近可观察到电极电位的突变，这样可确定滴定的终点，这是电位滴定法的原理。

8.1.3　电位测定法

电位测定法也称作直接电位测定法，是通过测量化学电池的电位来确定待测离子活度的方法。其中应用最多的是 pH 的测定及用离子选择性电极测定离子的含量，pH 的测定在第 3 章中 3.4.6 已作介绍，本节只介绍离子选择性电极测定离子的含量。

与 pH 的测定类似，应用离子选择性电极测定离子的含量时，采用离子选择性电极作为指示电极，将其与参比电极插入待测溶液组成工作电池，测定其电位。以测定溶液中 F$^-$ 离子含量为例，该电池可表示如下：

$$Hg \mid Hg_2Cl_2, KCl(饱和) \parallel 待测溶液 \mid LaF_3 \text{ 膜} \mid NaF, NaCl, AgCl \mid Ag$$
$$\mid\leftarrow \quad 饱和甘汞电极 \quad \rightarrow\mid \qquad \mid\leftarrow \qquad 氟离子电极 \qquad \rightarrow\mid$$

在 25℃时，其电位为：

$$E = K' - 0.059 \lg a_{F^-} \tag{8-3}$$

式中，K' 的数值取决于温度、离子选择性电极膜的特性、内外参比电极的电位及液接电位等，其值在一定的实验条件下为定值。

用不同种类的离子选择性电极进行离子含量测定时，其电位可用如下通式表示：

$$E = K' - 0.059 \lg a_{阴离子} \quad 或 \quad E = K' + 0.059 \lg a_{阳离子} \tag{8-4}$$

由式(8-4)可知，在一定条件下，工作电池的电位 E 与待测离子活度 a 的对数值呈线性关系，以此作为定量依据来测定待测离子的活度。

然而，在实际分析工作中要求测定的是离子浓度 c，其与活度的关系为 $a_i = \gamma_i c_i$，其中 γ_i 是活度系数，它是溶液中离子强度的函数，在极稀溶液中，$\gamma_i \approx 1$，因此可用浓度代替活度；而在较浓的溶液中，$\gamma_i < 1$。当溶液的离子强度一定时（可加入总离子强度调节剂，它

是浓度很大的电解质溶液，对待测离子没有干扰，其组成有时会含有 pH 缓冲剂、掩蔽剂等），即 γ_i 一定，E 与 $\lg c$ 呈线性关系，通过测定的 E 即可得到待测离子的浓度 c。

$$E = K' + 0.059\lg(\gamma c) = K' + 0.059\lg\gamma + 0.059\lg c = K'' + 0.059\lg c \tag{8-5}$$

通常在测定待测离子浓度时，可用标准曲线法和标准加入法。标准曲线法是先配制一系列不同浓度 c 的标准溶液并测定它们的 E，绘制 E-$\lg c$ 曲线，即标准曲线，然后在相同的条件下测定待测溶液的 E_x，从标准曲线上查出相应的 $\lg c_x$，进而求出待测离子的浓度 c_x，此法适用于大批量同一类型的试样分析，但实验条件必须一致。

标准加入法是将一定量已知浓度的标准溶液 c_s 加入到待测溶液中，测定加入标准溶液前后电池的电位差 ΔE，由此计算待测溶液的浓度，即

$$c_x = c_\Delta (10^{\frac{\Delta E}{k}} - 1) \tag{8-6}$$

其中 $c_\Delta = \dfrac{c_s V_s}{V_s + V_0}$，$k = \dfrac{2.303RT}{nF}$。此法适用于组成比较复杂、样品数较少的试样。

8.1.4 电位滴定法

(1) 电位滴定法原理

电位滴定法与电位测定法一样，以指示电极、参比电极与试液组成化学电池，通过测量滴定过程中指示电极的电位变化来确定滴定终点的滴定分析法。在化学计量点附近，由于被滴定物质的浓度发生突变，所以指示电极的电位发生突跃，由此确定滴定终点。

电位滴定法的基本原理与普通滴定分析相同，区别在于确定终点的方法不同，其具有如下特点。

① 准确度与普通滴定分析一样，滴定的相对误差可低至 0.2%。

② 能用于难以用指示剂判断终点的浑浊或有色溶液的测定。

③ 能用于非水溶液的滴定。

④ 能用于连续滴定和自动滴定，并适用于微量分析。

总之，电位滴定法使得用指示剂来指示终点的滴定分析的应用范围大大拓宽了，准确度得到了较大改善。

(2) 滴定终点的确定

以电池的电位 E（或指示电极的电位 E）对滴定剂体积 V 作图，得到如图 8-1(a) 所示的滴定曲线。对反应物系数相等的反应来说，曲线突跃的中点（转折点）即为化学计量点；对反应物系数不相等的反应来说，曲线突跃的中点与化学计量点稍有偏离，但偏差很小，可以忽略不计，仍可用突跃中点作为滴定终点。

如果滴定曲线的突跃不明显，可绘制如图 8-1(b) 所示的 $\Delta E/\Delta V$ 对 V 的一阶微商滴定曲线，曲线上将出现极大值，极大值指示的就是滴定终点。也可绘制 $\Delta^2 E/\Delta V^2$ 对 V 的二阶微商滴定曲线，如图 8-1(c)，图中 $\Delta^2 E/\Delta V^2$ 等于零的点即为滴定终点。

此外，滴定终点也可根据滴定至终点的电位值来确定。此时，可从滴定标准试样获得的经验化学计量点的电位作为滴定终点电位值的依据，这也是自动电位滴定的方法依据之一。

自动电位滴定有三种类型：第一种是自动控制滴定终点，当到达终点时，即自动关闭滴定装置，并显示滴定剂用量；第二种是自动记录滴定曲线，经自动运算后显示终点滴定剂的体积；第三种是记录滴定过程中的 $\Delta^2 E/\Delta V^2$ 值，当此值为零时即为滴定终点。

(3) 指示电极的选择

电位滴定的反应类型与普通滴定分析完全相同。滴定时，应根据不同的反应选择合适的

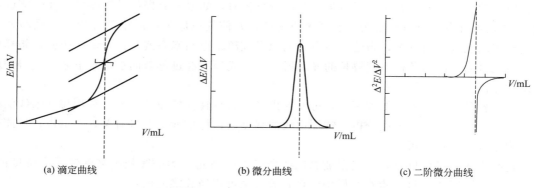

| (a) 滴定曲线 | (b) 微分曲线 | (c) 二阶微分曲线 |

图 8-1 确定电位滴定终点的图解法

指示电极,具体如下。

① 酸碱反应 该反应可用玻璃电极作为指示电极。

② 氧化还原反应 在滴定过程中,溶液中氧化型和还原型的浓度比值发生变化,可采用零类电极作为指示电极,常用铂电极。

③ 沉淀反应 根据不同的沉淀反应,选用不同的指示电极。如用硝酸银滴定卤素离子时,滴定过程中卤素离子浓度发生变化,可用银电极来测定。目前更多采用相应的卤素离子选择性电极作为指示电极。例如,以碘离子选择性电极作为指示电极,可用硝酸银连续滴定氯、溴和碘离子。

④ 配位反应 用 EDTA 进行电位滴定时,可以采用两种类型的指示电极:一种是用于个别反应的指示电极,如用 EDTA 滴定 Fe^{3+} 时,可用铂电极(体系中加入 Fe^{2+})为指示电极;又如,滴定 Ca^{2+} 时,可用钙离子选择性电极作为指示电极。另一种能够指示多种金属离子浓度的电极,称为 pM 电极,这是在试液中加入 Hg-EDTA 配合物,然后用汞电极作为指示电极,当用 EDTA 滴定某种金属离子时,溶液中游离 Hg^{2+} 的浓度受游离 EDTA 浓度的制约,而游离 EDTA 的浓度又受该离子浓度的制约,所以汞电极的电位可以指示溶液中游离 EDTA 的浓度,间接反应被测定金属离子浓度的变化。

8.2 光谱分析法

光学分析法是一类重要的仪器分析法,它是根据物质发射、吸收电磁辐射以及物质与电磁辐射的相互作用来进行分析的方法,包括光谱分析法和非光谱分析法。其中,光谱分析法是物质与电磁辐射相互作用时,物质内部发生量子化的能级跃迁,通过测量辐射的波长与强度而建立起来的分析方法,如原子发射光谱分析法、原子吸收光谱分析法等;而非光谱分析法在物质与电磁辐射相互作用时不涉及能级的跃迁,电磁辐射只改变传播方向、速度或某些物理性质,据此建立的分析方法,如折射法、衍射法等。本节将介绍几种常用的光谱分析法。

8.2.1 原子发射光谱分析法

(1) 原子发射光谱分析法原理简介

原子发射光谱法是根据原子外层电子发生能级跃迁而发射特征光谱来研究物质结构和测

定物质化学成分的分析方法。当对某试样进行分析时，如果外界提供足够能量（如热能或电能等），将试样蒸发分解转变为气态原子或离子，并使气态原子或离子的外层电子受激发而跃迁至较高能级的激发态，当处于激发态的原子或离子返回基态或其他较低能级时，将释放出多余能量而发射出各种不同波长的光辐射。这些光辐射经过色散而被记录下来，就得到原子发射光谱。

由于各种元素原子的结构不同，可发射出各具自身特征的原子光谱。利用特征谱线的存在与否，可进行元素的定性分析；特征谱线的强度与试样中元素含量有关，可借以进行原子发射定量或半定量分析。

进行光谱定量分析时，是根据被测试样光谱中待测元素的谱线强度来确定元素浓度的。元素的谱线强度 I 与该元素在试样中浓度 c 的关系可用经验式表示：

$$I = a c^b \tag{8-7}$$

此公式也称赛伯-罗马金公式。式中，a 和 b 为常数；a 是发射系数，与试样的蒸发、激发过程和试样组成等有关；b 是自吸系数，与谱线的自吸收有关。当元素含量很低时，谱线自吸收很小，$b=1$；当元素含量较高时，谱线自吸收较大，$b<1$。因此当测定条件一定时，待测元素含量在一定的范围内，a 和 b 才是常数。对式(8-7) 取对数得

$$\lg I = \lg a + b \lg c \tag{8-8}$$

此式为原子发射光谱定量分析的基本关系式。

(2) 原子发射光谱仪

原子发射光谱仪一般包括三大部分，即光源、分光系统（光谱仪）及检测系统（检测器）。

① 光源 为试样的蒸发和激发提供能量，是决定分析灵敏度、准确度的关键。经典的光源有直流电弧、交流电弧、高压火花等，而电感耦合等离子体光源（ICP）因其分析重现性好、线性范围宽、灵敏度和准确度高的特点，使原子发射光谱分析性能极大提高，这种光源已逐步取代各种经典光源。

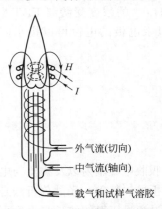

图 8-2 为等离子体炬管结构示意图，是由三层石英管组成的同心型套管，且有三路氩气进入各层石英管中，在其外管的上方装有施加高频电流的感应线圈，内通冷却水。ICP 工作原理为：常温下，气体不导电，高频能量不会在气体中产生感应电流，不会出现等离子体。如果使用线圈触发少量气体电离，或将石墨棒等导体插入炬管内，使其在高频交变电场作用下产生焦耳热并发射热电子，随后产生的带电粒子在高频交变电场的作用下作高速运动，碰撞气体原子，使之迅速大量电离，形成"雪崩"式放电，电离了的气体在感应线圈内形成类似变压器的次级线圈，由于感应耦合作用，产生与线圈同心的涡流，强大的电流产生高温（瞬间温度可达 10000K），使气体被加热和电离，在石英炬管上形成一个如同蜡烛火焰形状的、耀眼的、稳定的等离子体焰炬。它提供

外气流(切向)
中气流(轴向)
载气和试样气溶胶

图 8-2 等离子体炬管结构示意图
H—感应磁场；I—高频电流

能量，使试样的悬浮微粒原子化、激发甚至电离，产生元素的离子线和原子线光谱。

② 光谱仪 由分光系统与观测系统组成。其作用是将光源发射出的复合光通过狭缝照射在分光元件上，随后按不同波长展开，再通过检测元件记录谱线。按分光元件不同，可以分为棱镜光谱仪或光栅光谱仪，由于光栅的分辨率比棱镜的大得多，目前主要采用后者。

③ 检测器 检测谱线可用肉眼直接看，称为看谱法。用感光板检测记录的为摄谱法，

感光板记录谱线后，经过显影、定影得到谱片，一般要将谱片放大、投影到屏幕上观察，必要时还要用到测量谱线强度的测微光度计和谱线间距的比长仪等，这种摄谱法需要的设备和操作步骤较多，现在的分析中已经很少使用了；用光电倍增管或电感耦合器件（CCD）检测记录的为光电直读光谱仪，即谱线信息转换为电信号后，以数字化形式记录和储存，需要时调用即可，其中 CCD 多与 ICP 激发光源联合使用，充分发挥原子发射光谱分析的优点，成为商品化仪器的主导性产品。

（3）应用

原子发射光谱由于发射的是线光谱，因此，该方法具有选择性好、检出能力强、精密度高、分析速度快等优点，可以同时连续地测定数十种元素而无需复杂的样品前处理，并且对于大部分元素都有很高的灵敏度，所需试样量也很少，可以进行微量试样分析或无损分析，在金属、合金、矿物等各种无机材料的定性、定量分析方面起着重要作用。但本方法不能用于有机物及大部分非金属元素的分析。

8.2.2　原子吸收光谱分析法

（1）原子吸收光谱分析法原理简介

原子吸收光谱分析法是基于物质所产生的原子蒸气对共振发射线的吸收作用来进行定量分析的一种方法。其原理是由光源发射出一定强度和一定波长的特征谱线的光，当它通过含有待测元素基态原子的蒸气时，其中部分特征谱线的光被吸收，而未被吸收的特征谱线的光经单色器分光后，照射到光电检测器上被检测，根据该特征谱线光强被吸收的程度，即可测得试样中待测元素的含量。

特征谱线被吸收的程度，可用朗伯-比尔定律表示：

$$A = \lg \frac{I_0}{I} = abN_0 \tag{8-9}$$

式中，A 为吸光度；I_0 和 I 分别为入射光强度和透射光强度；a 为吸收系数；b 为吸收层厚度，在实验中为一定值；N_0 为待测元素的基态原子数，由于在实验条件下待测元素原子蒸气中基态原子的分布占绝对优势，因此可用 N_0 代表在吸收层中的原子总数。当试液原子化效率一定时，待测元素在吸收层中的原子总数与试液中待测元素的浓度 c 成正比，可以进行定量分析。

在原子吸收光谱分析法中，试样中待测元素转化为基态原子时，可以利用火焰的热能，称为火焰原子吸收法，是最常用的原子化方法，其中空气-乙炔火焰可用于常见的 30 多种元素的分析。此外，还有非火焰原子化方法，主要是电加热形式的石墨炉原子吸收光谱法，以及氢化物原子吸收光谱法和冷原子吸收光谱法。

（2）原子吸收分光光度计

原子吸收分光光度计主要由光源、原子化系统、分光系统及检测与记录系统等部分组成。

① 光源　其作用是发射被测元素的特征共振谱线。对光源的要求是发射的特征共振谱线的半宽度要明显小于吸收线的半宽度（即锐线光源），且强度高，背景小，稳定性好，寿命长等。最常用的是空心阴极灯（见图 8-3），它是由一个指定元素的金属或合金制成空心圆筒形阴极和一个钨棒阳极构成，灯管前方为石英窗，管内充低压惰性气体氖气。当在阴、阳两极间施加 $300 \sim 500V$ 直流电压时，惰性气体产生辉光放电，从阴极发出的电子向阳极作加速运动，运动中电子与惰性气体发生非弹性碰撞，使惰性气体电离，在电场的作用下，

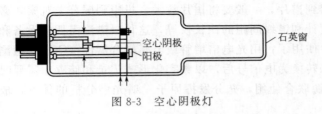

图 8-3 空心阴极灯

惰性气体正离子以极大速度撞击阴极圆筒内壁，使圆筒内壁表面金属原子溅射出来，它们再与电子、惰性气体正离子和原子发生碰撞而被激发，于是发射出该元素特征波长的锐线光，即共振发射线。

② 原子化装置　作用是提供能量使待测元素转化为原子蒸气，对其要求是原子化效率高、稳定性好，干扰小并且安全耐用等，主要分为火焰型和无火焰型两类。

常用的火焰原子化器为预混合型原子化器，其结构见图 8-4，由雾化器和燃烧器两部分组成。试液在其中的原子化过程为：当助燃气（空气或 N_2O）急速流过毛细管的喷嘴时形成负压，试液被吸入毛细管，并迅速喷射出来，形成雾滴，雾滴随着气流撞击在喷嘴正前方的撞击球上，被分散成更小的雾滴（气溶胶），未被分散的便聚成液滴由废液管排出。气溶胶、助燃气和燃烧气三者在预混合室内混合均匀，一起进入燃烧器喷灯头，试液在火焰中进行原子化。整个火焰原子化历程为：试液→喷雾→分散→蒸发→干燥→熔融→汽化→离解→基态原子。同时还伴随着电离、化合、激发等副反应。常用的火焰有空气-乙炔焰、空气-氢气、氧化亚氮-乙炔等。其中最常用的空气-乙炔焰最高温度约 2300℃，能测定 35 种以上的元素，但测定易形成难离解氧化物的元素（如 Al、Ta、Ti 等）时灵敏度很低，且这种火焰在短波长范围内对紫外光吸收较强，易使信噪比变差，因此应根据分析需要选择合适的火焰。

常用的无火焰原子化器有石墨炉原子化器，它是电热原子化器，结构见图 8-5。它是将一个石墨管固定在两个电极之间，石墨管两端开口，光路从该开口处穿过，管的中心有一进样口，试液由此加入。为了防止试样及石墨管氧化，需要在通入惰性气体（如氮或氩）的情况下用大电流（如 300A）通过石墨管。此时石墨管被加热至高温（如 3000℃）而使试样原子化。测定时分干燥、灰化、原子化、净化四步程序升温。其中，干燥的目的是在低温（通常为 105℃）下蒸发除去试样的溶剂，以免溶剂的存在导致灰化和原子化过程飞溅；灰化的作用是在较高温度（350～1200℃）下进一步去除有机物或低沸点无机物，以减少基体组分对待测元素的干扰；原子化温度随被测元素而异（2400～3000℃）；净化的作用是将温度升至最大允许值，以去除残余物，消除由此产生的记忆效应。

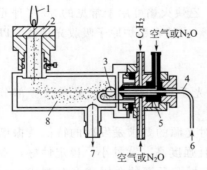

图 8-4　预混合型原子化器的结构示意图
1—火焰；2—喷灯头；3—撞击球；4—毛细管；
5—雾化器；6—试液；7—废液管；8—预混合室

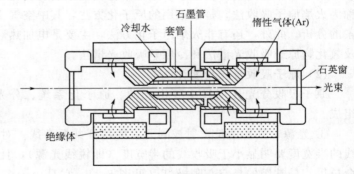

图 8-5　石墨炉原子化器的结构示意图

石墨炉原子化器的优点是注入的试样几乎可以完全原子化。特别是对于易形成难熔氧化物的元素，由于没有大量氧存在，且石墨管提供了大量碳，所以能够得到较好的原子化效率。当试样含量很低，或只能提供很少量的试样时，使用无火焰原子化法是很合适的。它的缺点是共存化合物的干扰要比火焰法大。当共存分子产生的背景吸收较大时，需要调节灰化的温度及时间，使背景分子吸收不与原子吸收重叠，并使用背景校正方法来校正之。其次，由于取样量很少（液体试样为 $5\sim100\mu L$，固体试样 $20\sim40\mu g$），进样量及注入管内位置的变动都会引起偏差，因而重现性要比火焰法差。若采用微型泵或自动进样装置，可减免手工操作过程中取样体积和注入位置的误差，提高测定精度。

③ 分光系统　　目的是将待测元素的分析线与其他干扰谱线分开。由一组光学元件如狭缝、光栅、反射镜、透镜等组成。值得注意的是，原子吸收光谱仪的单色器是放在原子化系统（即试样）的后边，防止原子化器火焰发射的强辐射干扰进入检测器。由于锐线光源的谱线比较简单，因此对分光系统的分辨率要求不像原子发射光谱法中那样高。

④ 检测与记录系统　　目的是将分光系统分出来的光信号转换为电信号，经适当放大后显示并记录下来。主要包括检测器、放大器、对数变换器和显示装置等。其中，检测器常用的是光电倍增管，由光电倍增管转换的信号经放大器放大后，输送到对数变换器进行变换。在参比光束固定时，光电倍增管接收到的光强度的对数与浓度成线性关系。

(3) 应用

原子吸收光谱分析法具有快速、灵敏、准确、选择性好、干扰少和操作简便等优点，目前已得到广泛应用，可对 70 多种元素进行分析。不足之处是测定不同元素时，需要更换相应的元素空心阴极灯，给试样中多元素的同时测定带来不便。

8.2.3　紫外-可见分光光度法

(1) 紫外-可见分光光度法原理简介

紫外-可见分光光度法是物质吸收了一定波长的紫外（波长 $200\sim380nm$）或可见光（波长 $380\sim780nm$）后引起分子中价电子能级跃迁而形成的一种分析方法。不同物质分子中电子类型、分布和结构不同，紫外-可见光谱就不同，因此可用于定性和结构分析。根据结构理论，在分子中形成单键的电子称为 σ 电子，形成双键的电子称为 π 电子，未成键的电子称为 n 电子。这些价电子可能产生的主要跃迁以及所需能量大小见图 8-6。

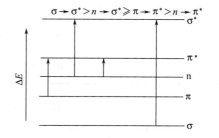

图 8-6　电子跃迁能级示意图

$\sigma\rightarrow\sigma^{*}$ 跃迁所需能量较大，吸收带波长较短，在 $200nm$ 以下。饱和烃类只有 σ 电子，它们的紫外-可见吸收光谱由这类跃迁引起。由于饱和烷烃的分子在高于 $200nm$ 区域内无吸收光谱，因此常用作紫外-可见吸收光谱分析的溶剂。

$n\rightarrow\sigma^{*}$ 跃迁发生在含未成键孤对电子的杂原子的饱和烃分子中。由于 n 电子较 σ 电子易于激发，跃迁所需能量比 $\sigma\rightarrow\sigma^{*}$ 稍低，但多数还是发生在 $200nm$ 以下波长范围内。如甲烷的 $\sigma\rightarrow\sigma^{*}$ 跃迁，吸收光谱在 $125\sim135nm$，但碘甲烷吸收峰在 $150\sim210nm$（$\sigma\rightarrow\sigma^{*}$）和 $259nm$（$n\rightarrow\sigma^{*}$），其吸收波长向长波移动。这种能使吸收波长向长波方向移动（红移）的杂原子基团，称为助色团，如—NH_2、—NR_2、—OH、—OR、—SR、—Cl、—Br、—I 等。

n→π* 和 π→π* 跃迁是紫外-可见光度法测定有机化合物的最常见到的跃迁类型。这类跃迁所需能量较低，吸收波长大多在 200nm 以上，所涉及的基团都含有不饱和 π 键，这类基团称为生色团，如 C＝C、C＝O、C＝N 等，表 8-1 列出了常见生色团的吸收特征。

表 8-1 常见生色团的吸收峰

生色团	化合物	溶剂	λ_{max}/nm	ε_{max} /L·mol⁻¹·cm⁻¹
C=C	$H_2C{=}CH_2$	气态	171	15530
—C≡C—	$HC{\equiv}CH$	气态	173	6000
C=N—	$(CH_3)_2C{=}NOH$	气态	190 / 300	5000 / —
C=O	CH_3COCH_3	正己烷	166 / 276	15
—COOH	CH_3COOH	水	204	40
C=S	CH_3CSCH_3	水	400	—
—N=N—	$CH_3N{=}NCH_3$	乙醇	338	4
—N=O	$CH_3(CH_2)_3{-}NO$	乙醇	300 / 665	100 / 20
—NO₂	CH_3NO_2	水	270	14
—ONO₂	$C_2H_5ONO_2$	二氧六环	270	12
—O—N=O	$CH_3(CH_2)_7ON{-}O$	正己烷	230 / 370	2 200 / 55
C=C—C=C	$H_2C{=}CH{-}CH{=}CH_2$	正己烷	217	21000

比较 n→π* 和 π→π* 跃迁，发现前者的吸收峰强度比后者低，n→π* 跃迁的摩尔吸收系数 ε 通常比 π→π* 跃迁的低 10 倍以上，且在极性大的溶剂中 n→π* 吸收峰向短波方向移动（即蓝移或紫移），而 π→π* 跃迁常表现出红移现象。在各类不饱和脂肪烃中，有单个双键，也有共轭双键的烯烃，都涉及 π 电子和 π→π* 跃迁，其中共轭效应可形成大 π 键，各能级间距离较近，使 π→π* 跃迁能量下降，故其电子易激发，吸收峰红移，生色效应加强。如乙烯的特征吸收为 171nm，丁二烯的特征吸收为 217nm，且其吸收强度也增加了。在共轭体系中，共轭双键越多，生色作用也越强。

在芳香烃环状化合物中，具有三个乙烯的环状共轭体系，可产生多个特征吸收。如苯（在乙醇中）有 185nm、204nm 和 254nm 三处强吸收峰。若在环上增加助色团，由于 n→π 共轭，则会产生红移现象，且吸收强度也会增加。如增加生色团，并和苯环体系产生共轭，同样会引起红移现象。表 8-2 列出了各种取代基对苯的特征吸收的影响。

表 8-2　苯衍生物的吸收特性

化合物	溶剂	λ_{1max}/nm	ε_{1max} /L $\cdot$ mol^{-1} $\cdot$ cm^{-1}	λ_{2max}/nm	ε_{2max} /L $\cdot$ mol^{-1} $\cdot$ cm^{-1}
C_6H_6	碳氢化合物	254	250	204	8800
$C_6H_5CH_3$	碳氢化合物	262	260	208	7900
$C_6(CH_3)_6$	碳氢化合物	271	230	221	10000
C_6H_5Cl	碳氢化合物	267	200	210	7400
C_6H_5I	碳氢化合物	258	660	207	7000
C_6H_5OH	碳氢化合物	271	1260	213	6200
$C_6H_5O^-$	稀氢氧化钠溶液	286	2400	235	9400
C_6H_5COOH	乙醇	272	855	226	9800
$C_6H_5NH_2$	甲醇	280	1320	230	7000
$C_6H_5NH_3^+$	稀酸	254	160	203	7500

$n\rightarrow\pi^*$ 和 $\pi\rightarrow\pi^*$ 跃迁引起的吸收带可分为如下几类。

① R 吸收带　由生色团和助色团的 $n\rightarrow\pi^*$ 跃迁产生，其强度较弱。

② K 吸收带　由 $\pi\rightarrow\pi^*$ 跃迁产生，含共轭生色团的化合物的紫外吸收光谱均含有 K 吸收带，其特点是吸收强度大，ε_{max} 在 10^4 L$\cdot$mol$^{-1}\cdot$cm^{-1} 左右，λ_{max} 随着共轭体系中双键数增加而增大，在 $217\sim280$nm 范围内变化。K 吸收带的波长和强度与共轭体系的双键数目、位置、取代基的种类等有关，据此可以判断共轭体系的存在状况，这是紫外吸收光谱的重要应用。

③ B 吸收带　是芳香族化合物的特征吸收带。如苯的 B 吸收带在 256nm，且具有精细结构，这是由于 $\pi\rightarrow\pi^*$ 跃迁和苯环的振动重叠引起的。B 吸收带的精细结构常用来辨认芳香族化合物，但在苯环上有取代基时，复杂的 B 吸收带却简单化，但吸收强度增加，同时发生红移现象。苯环与生色团相连时，有 B、K 吸收带，有时还有 R 吸收带，且 B 吸收带波长最长。

④ E 吸收带　是芳香族化合物的另一类特征吸收带。

（2）紫外-可见分光光度计

紫外-可见光分光光度计有单光束和双光束两大类型，目前应用都很普遍，它们的主要部件大致相同，由光源、单色器、样品室、检测器等组成。其中单光束紫外-可见分光光度计主要包括一束单色光、一个吸收池（参比池和样品池通过移动进入吸收光路）、一个光电转换器。双光束紫外-可见分光光度计主要包括两束单色光、两个吸收池（参比池和样品池），光电转换器可以是一个或两个，其中大多数仪器为一个光电转换器。

① 光源　用于可见光的光源是钨灯，目前最常用的是卤钨灯，即石英钨灯泡中充入卤素，以提高钨灯的寿命。用于紫外光的光源是氘灯。

② 单色器　是分光光度计的心脏部分，作用是把来自光源的复合光分解为单色光并能随意改变波长。主要由入射狭缝、准直镜（透镜或凹面反射镜使入射光成平行光）、色散元件（即棱镜或光栅）、聚焦元件和出射狭缝等几部分组成。

③ 吸收池　包括池架、比色皿以及各种可更换的附件。其中普通光学玻璃比色皿只能

用于可见光区的测定，石英玻璃比色皿紫外、可见光区测定均可用。

④ 检测器　是将光信号转变成电信号的装置，常用的有光电管、光电倍增管和光电二极管等。

(3) 紫外-可见分光光度法的应用

① 定性分析

紫外-可见分光光度法的定性分析主要在有机化合物的鉴定、同分异构体的鉴别及物质结构的测定等方面，当和红外光谱、质谱及核磁共振等测试方法配合起来，往往能给出可靠的结论。

当化合物在某一波长区域无吸收峰，而其中的杂质有强吸收时，则可用该法来测定化合物中的痕量杂质。如苯在256nm处有一吸收峰，而甲醇在此波长处无明显吸收，则可以通过该方法来估测甲醇中痕量苯的含量。

当化合物在某可见或紫外波长处有强吸收，而杂质无吸收，也可以用该方法测定化合物本身吸光系数来检定其纯度。如菲的氯仿溶液在296nm处有强吸收，（$\lg\varepsilon = 4.10$），用紫外-可见分光光度法测定时，其值比标准 $\lg\varepsilon$ 低 10%，显然该样品不纯。

在相同测定条件下，若未知样品与已知标准物的紫外-可见吸收光谱相同，则可以认定二者具有相同的生色团，但它们有时不一定是相同的物质，因为紫外吸收光谱常只有 $2\sim3$ 个较宽的吸收峰，具有相同生色团的不同分子结构，有时在较大分子中不影响生色团的紫外吸收峰，导致不同分子结构产生相同的紫外吸收光谱，但它们的吸收系数是有差别的，所以在比较 λ_{max} 时，还应比较 ε_{max}。若未知样品与标准物的 λ_{max} 和 ε_{max} 均相同，则可认为两者是同一物质。

② 分子结构推断

根据化合物的紫外及可见光区吸收光谱可以推测化合物所含的官能团。如某一化合物在 $220\sim800$nm 范围内无吸收峰，它可能是脂肪族碳氢化合物、胺、腈、醇、羧酸、氯代烃和氟代烃，不含双键或环状共轭体系，没有醛、酮或溴、碘等基团。如果在 $210\sim250$nm 有强吸收带，可能含有二个双键的共轭单位；在 $260\sim350$nm 有强吸收带，表示有 $3\sim5$ 个共轭单位。如化合物在 $270\sim350$nm 范围内出现的吸收峰很弱（$\varepsilon = 10\sim100$L·mol^{-1}·cm^{-1}）而无其他强吸收峰，则说明只含非共轭的、具有 n 电子的生色团。如在 $250\sim300$nm 有中等强度吸收带且有一定的精细结构，则表示有苯环的特征吸收。

紫外吸收光谱除可用于推测所含官能团外，还可用来对某些同分异构体进行判别。如乙酰乙酸乙酯存在下述酮-烯醇互变异构体：

$$CH_3-\underset{\underset{O}{\|}}{C}-CH_2-\underset{\underset{O}{\|}}{C}-OC_2H_5 \rightleftharpoons CH_3-\underset{\underset{OH}{|}}{C}=CH-\underset{\underset{O}{\|}}{C}-OC_2H_5$$

酮式　　　　　　　　　　烯醇式

其中，酮式没有共轭双键，它在 204nm 处仅有弱吸收；而烯醇式由于有共轭双键，因此在 245nm 处有强的 K 吸收带（$\varepsilon = 18000$L·mol^{-1}·cm^{-1}）。故根据它们的紫外吸收光谱可判断其存在与否。

又如 1,2-二苯乙烯具有顺式和反式两种异构体，由于生色团或助色团必须处在同一平面上才能产生最大的共轭效应。顺式异构体由于产生位阻效应而影响平面性，使共轭的程度降低，因而发生紫移，并使 ε 值降低，$\lambda_{max} = 280$nm（$\varepsilon_{max} = 10500$L·mol^{-1}·cm^{-1}）。而反式结构空间位阻小，双键与苯环在同一平面上容易产生共轭，$\lambda_{max} = 295$nm（$\varepsilon_{max} = 27000$L·mol^{-1}·cm^{-1}），由此可判断其顺反式结构的存在。

8.2.4 红外光谱分析

红外吸收光谱法在化学领域中的应用主要包括分子结构的基础研究和化学组成分析。它是定性鉴定化合物和测定分子结构的最常用方法。除光学异构体外,每种化合物均有自己特定的红外光谱。

红外光谱的波长范围为 $0.78 \sim 1000 \mu m$,通常可分为近红外、中红外和远红外 3 个区域,它们的波长范围及对应的能级跃迁类型见表 8-3。其中中红外区在结构分析中应用最多,该区域内的吸收是由分子的振动能级跃迁(伴有转动能级跃迁)所引起的,因此红外光谱也称为分子振动转动光谱。

表 8-3   红外光谱区分类

名称	$\lambda/\mu m$	σ/cm^{-1}	能级跃迁类型
近红外(泛频区)	$0.78 \sim 2.5$	$12820 \sim 4000$	O—H,N—H,S—H 及 C—H 键的倍频合频吸收
中红外(基本振动区)	$2.5 \sim 25$	$4000 \sim 400$	分子中基团振动、分子转动
远红外(转动区)	$25 \sim 1000$	$400 \sim 10$	分子转动,晶格振动

红外光谱通常用波长 $\lambda(\mu m)$ 或波数 $\sigma(cm^{-1})$ 来表征,两者之间的关系为:

$$\sigma(cm^{-1}) = 10^4/\lambda(\mu m) \tag{8-10}$$

(1) 红外光谱产生的条件

物质吸收电磁辐射应满足两个条件,即辐射应具有刚好能满足物质跃迁时所需的能量;辐射与物质之间有偶合作用(相互作用)。

当一定频率的红外光照射分子时,若分子中某个基团的振动频率和红外光的频率一致,就满足了第一个条件。为满足第二个条件,分子必须有偶极矩的变化。可见并非所有的振动都会产生红外吸收,只有能发生偶极矩变化的振动才能产生红外吸收光谱。对称分子如 N_2、O_2、Cl_2 等,由于正负电荷中心重叠,原子振动没有偶极矩变化,这类分子不吸收红外辐射,故不产生红外吸收光谱。

若用连续改变频率的红外光照射某试样,由于试样对不同频率红外光吸收情况的差异,通过试样后的红外光在一些波长范围内被吸收,而在另一些波长范围内不吸收。用仪器记录分子吸收红外光的情况,就得到该试样的红外吸收光谱。图 8-7 为 1-辛烯的红外光谱图。

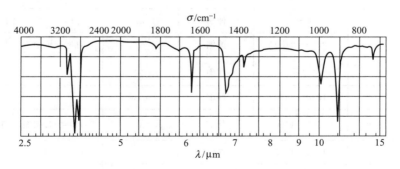

图 8-7   1-辛烯的红外光谱图

根据红外光谱与分子结构关系的特征,可将红外光谱分为基团频率区($4000 \sim 1350cm^{-1}$)和指纹区($1350 \sim 400cm^{-1}$),红外光谱中一些常见基团的吸收频率区域见

表 8-4。不同化合物中同一基团，因受相邻基团的影响，其振动频率不完全相同，但一般变化不大，这个频率叫基团的特征振动频率。有机化合物的各种基团的特征振动频率大部分分布于基团频率区，鉴定基团主要在该区域进行。指纹区的红外吸收光谱很复杂，能反映出分子结构的细微变化，每一种化合物在该区的谱带位置、强度、形状都不同，就如人的指纹一样，因而可用来与标准谱图或已知物谱图进行比较，从而得出未知物与已知物结构是否相同的确切结论。

表 8-4　红外光谱中一些常见基团的吸收频率区域

区域	基团	吸收频率 /cm^{-1}	振动形式	吸收强度*	说明
X—H 伸缩振动区	OH(游离)	3650~3580	伸缩	m,sh	判断有无醇类,酚类和有机酸的重要依据
	OH(缔合)	3400~3200		s,b	
	NH$_2$,NH(游离)	3500~3300	伸缩	m	
	NH$_2$,NH(缔合)	3400~3100		s,b	
	SH	2600~2500	伸缩	m	
	C—H 伸缩振动				
	不饱和 C—H				不饱和 C—H 伸缩振动出现在 3000cm^{-1} 以上
	≡C—H(叁键)	~3300	伸缩	s	
	＝C—H (双键和苯环)	3010~3040	伸缩	m	末端＝CH$_2$ 出现在 3085cm^{-1} 附近
	饱和 C—H				饱和 C—H 伸缩振动出现在 3000cm^{-1} 以下
	CH$_3$	2960±5	反对称伸缩	s	
	CH$_3$	2870±10	对称伸缩	s	
	CH$_2$	2930±5	反对称伸缩	s	三元环中的 CH$_2$ 出现在 3050cm^{-1}
	CH$_2$	2850±10	对称伸缩	s	
	CH	~2890	伸缩	w	
叁键和累积双键区	C≡N	2260~2220	伸缩	s,sh	干扰少
	N≡N	2310~2135	伸缩	m	对称分子中不出现
	C≡C	2260~2100	伸缩	v	对称分子中不出现
	C＝C＝C	~1950	伸缩	v	
双键伸缩振动区	C＝C	1680~1620	伸缩	m,w	
	芳环中 C＝C	1600~1450	伸缩	v	苯环的骨架振动,有 2~4 个峰
	C＝O	1850~1600	伸缩	s	特征性强
	NO$_2$	1600~1500	反对称伸缩	s	
	NO$_2$	1300~1250	对称伸缩	s	
	S＝O	1220~1040	伸缩	s	

区域	基团	吸收频率/cm^{-1}	振动形式	吸收强度*	说明
X—Y伸缩振动及X—H变形振动区	C—O	1300~1000	伸缩	s	
	C—O—C	1150~900	伸缩	s	有反对称和对称2个峰,前者强度大
	CH_3,CH_2	1460±10	CH_3反对称变形;CH_2变形	m	
	CH_3	1380~1370	对称变形	m	是CH_3甲基的特征吸收
	NH_2	1650~1560	变形	m,s	
	C—F	1400~1000	伸缩	s	
	C—Cl	800~600	伸缩	s	
	C—Br	600~500	伸缩	s	
	C—I	500~200	伸缩	s	
	=C—H	1000~650	面外摇摆	s	用于确定烯烃取代类型
	芳环中=C—H	950~650	面外摇摆	s	用于确定苯环取代类型
	$(CH_2)_n$,$n>4$	720	面内摇摆	v	长烷基链的特征

注: *吸收带强度和形状的表示方法;s—强吸收;m—中等强度吸收;w—弱吸收;v—吸收强度可变;b—宽吸收带;sh—尖锐吸收峰。

(2) 红外光谱仪

红外光谱仪主要分为色散型和傅里叶变换型两大类。其中,色散型的以棱镜或光栅作为色散元件的红外光谱仪器,由于采用了狭缝,使这类色散型仪器的能量受到严格限制,扫描时间慢,且灵敏度、分辨率和准确度都较低。随着计算方法和计算技术的发展,20世纪70年代出现了傅里叶变换红外光谱仪(FTIR)。它没有色散元件,主要由光源、迈克尔逊干涉仪、检测器和计算机等组成。它具有很高的分辨率、波数精度高、扫描速度快、光谱范围宽、灵敏度高等优点,特别适用于弱红外光谱测定、红外光谱的快速测定以及与色谱联用等。

傅里叶变换红外光谱仪的结构和工作原理如图8-8所示。由红外光源发出的光经过干涉仪转变成干涉光,干涉光包含了光源发出的所有波长光的信息。当干涉光通过试样时某一些

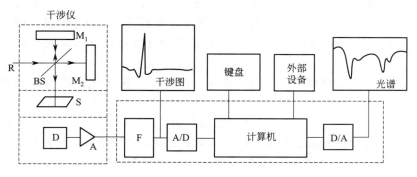

图8-8　FTIR工作原理示意图

R—红外光源;M_1—定镜;M_2—动镜;BS—光束分裂器;S—试样;

D—检测器;A—放大器;F—滤光器;A/D—模数转换器;D/A—数模转换器

特定波长的光被试样吸收，所以检测器检测到的是含有试样信息的干涉光，通过模数转换送入计算机得到试样的干涉图，再经过计算机快速傅里叶变换后得到吸光度或透光率随频率或波长变化的红外光谱图。

① 光源　要求能发射出稳定的、高强度的连续红外光，通常使用能斯特灯、硅碳棒。

② 干涉仪　迈克尔逊干涉仪作为傅里叶变换红外光谱仪的核心部分，主要由定镜、动镜、光束分裂器等组成。它将光源发出的光变成干涉光，此干涉光包含了光源发出的所有波长光的信息。

③ 检测器　主要有热检测器和量子检测器两大类。其中热释电检测器具有结构简单、性能稳定、响应速度快等特点，能实现高速扫描，目前使用最广的晶体材料是氘化硫酸三甘肽（DTGS），响应范围 $10000\sim370\mathrm{cm}^{-1}$（KBr 窗片）。由于 DTGS 极易受潮失效，因此检测器中 DTGS 元件前面要加上溴化钾等材料制成的窗片进行密封。

（3）红外光谱的应用

根据试样光谱图中吸收峰的位置、强度、形状和数目，可对试样进行定性分析，根据吸收峰强度可以进行定量分析。红外光谱对有机化合物的定性分析具有鲜明的特征性。每一化合物都具有独特的红外吸收光谱，其吸收峰的数目、位置、形状和强度均随化合物及其聚集态的不同而不同。因此根据化合物的光谱，就可以像辨别人的指纹一样，确定其是何种化合物或含有哪些官能团。

① 已知物的鉴定　将试样分离提纯后测其红外光谱，再与纯物质的标准谱图对照即可鉴定。对照时要求试样的聚集状态与标准谱图相同；同一物质晶形不同，红外光谱不完全一致；由于溶剂效应，应采用与标准谱图相同的溶剂；试样不纯会给光谱解析带来困难，还可能引起"误诊"。

② 未知物结构的确定　对未知物结构的确定是红外光谱的重要用途。对于简单的化合物，根据用其他方法测定的分子式，利用红外谱图可以确定其结构式。对于比较复杂的化合物，仅用红外谱图难以确定，需要与核磁共振、质谱、紫外光谱等配合才能确定其结构式。

8.2.5　荧光光谱分析法

（1）荧光光谱分析法原理简介

基态分子激发至激发态所需的能量可以通过光能、化学能、热能、电能等多种方式提供。当基态分子吸收了光能而被激发到较高能态，返回基态时发射出波长与激发光波长相同或不同的辐射的现象称为光致发光。最常见的两种光致发光现象是荧光和磷光。其中，分子受光能激发后，由第一电子激发单重态的最低振动能级跃迁回到基态的任一振动能级时所发出的光辐射称为分子荧光（如图 8-9 所示）。由测量荧光强度建立起来的分析方法称为分子荧光分析法。

对同一物质而言，在稀溶液（即 $A=\varepsilon bc<0.02$）中，荧光强度 F 与该物质的浓度 c 有以下关系：

$$F=2.3\varphi I_0\varepsilon bc \tag{8-11}$$

式中，φ 为荧光过程的量子效率；I_0 是入射光强度；ε 是摩尔吸光系数；b 是样品池光程。式(8-11) 为荧光定量关系式，由该式可见，当入射光强度 I_0、样品池长度 b 不变时，稀溶液的荧光强度 F 与溶液浓度 c 成正比，这是荧光光谱法定量分析的依据。

任何荧光都具有两种特征光谱，即激发光谱和发射光谱，它们是荧光定性分析的基础。由于物质分子结构不同，其吸收波长和发射波长具有特征性，因此根据荧光物质的激发光谱

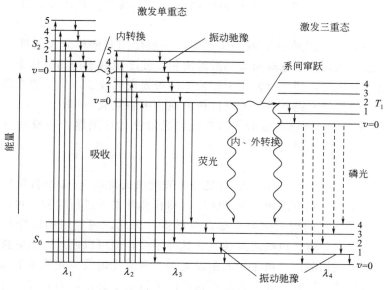

图 8-9　分子的部分电子能级示意图

和发射光谱可鉴别化合物。如果固定荧光的发射波长，不断改变激发光（即入射光）波长（λ_{ex}），测定该发射波长下的荧光强度，以荧光强度对激发光波长作图，即得到荧光化合物的激发光谱。如果使激发光的强度和波长固定不变（通常固定在最大激发波长处），不断改变发射波长，并测定不同发射波长（λ_{em}）下的荧光强度，以所测得的该激发波长下的荧光强度对发射波长作图，即得到发射光谱，也称为荧光光谱。

（2）分子荧光分光光度计

分子荧光分光光度计一般由激发光源、样品池、单色器或滤光片、检测器等构成，图8-10 为荧光分光光度计的结构示意图。

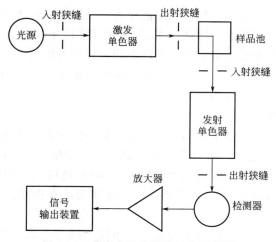

图 8-10　荧光分光光度计结构示意图

① 光源　目前大部分荧光分光光度计采用高压氙灯作为光源。该光源是一种短弧气体放电灯，外套为石英，内充氙气，250～800nm 光谱区呈连续光谱，且在 200～400nm 范围内辐射强度几乎相等。

② 样品池　通常采用弱荧光的石英材质制成的方形或长方形池体，样品池四面均为光学面。

③ 单色器　荧光分光光度计有两个单色器，一般使用光栅作分光元件。第一个单色器置于光源和样品池之间，用于选择所需的激发波长，使之照射于待测试样上。第二个单色器置于样品池与检测器之间，用于分离出所需检测的荧光发射波长。为了避免激发光导致的瑞利散射的影响，一般激发光路和发射光路以样品池为中心互成90°角。

④ 检测器　荧光的强度通常较弱，需要较高灵敏度的检测器，一般采用光电管或光电倍增管，检测位置与激发光呈直角。

（3）应用

由于荧光光谱法灵敏度高，比紫外-可见分光光度法通常高2～4个数量级，这是因为荧光分析法是在入射光的直角方向测定荧光强度，即在黑背景下进行检测，可以通过增加入射光强度I_0或增大荧光信号的放大倍数来提高灵敏度。因此，测定用的试样量很少，特别适合于微量及痕量物质的分析。虽然能发荧光的试样不多，但可以通过一些间接的方法实现无机离子和有机分子的痕量测定。由于荧光激发光谱、发射光谱及荧光强度等参数与分子结构及其所处环境密切相关，因此荧光分析法不仅可以进行定量测定，而且能为分子结构及分子间相互作用的研究提供有用的信息。

8.3　色谱分析法

8.3.1　色谱分析法概述

（1）概述

色谱分析法作为一种分离技术，它是使混合物中各组分在固定相和流动相两相间进行分配，其中不动的一相称为固定相，另一相为流动相，是携带混合物流过固定相的流体。当流动相中所含混合物经过固定相时，就会与固定相发生作用。由于各组分在性质和结构上的差异，与固定相发生作用的强弱也有差异，因此在同一推动力作用下，不同组分在固定相中的滞留时间有长有短，从而按先后次序从固定相中流出。这种借在两相间分配原理而使混合物中各组分分离的技术即为色谱分析法。

（2）色谱分析法分类

色谱分析法有多种类型，从不同的角度出发，有不同的分类方法。

① 按流动相的物态，色谱法可分为气相色谱法（流动相为气体）、液相色谱法（流动相为液体）和超临界流体色谱法（流动相为超临界流体）；再按固定相的物态，又可分为气固色谱法（固定相为固体吸附剂）、气液色谱法（固定相为涂在担体上或毛细管壁上的液体）、液固色谱法和液液色谱法等。

② 按固定相使用的形式，可分为柱色谱法（固定相装在色谱柱中）、纸色谱法（滤纸为固定相）和薄层色谱法（将吸附剂粉末制成薄层作固定相）等。

③ 按分离过程的机制，可分为吸附色谱法（利用吸附剂表面对不同组分的物理吸附性能的差异进行分离）、分配色谱法（利用不同组分在两相中有不同的分配系数来进行分离）、离子交换色谱法（利用离子交换原理）和排阻色谱法（利用多孔性物质对不同大小分子的排

阻作用）等。

本节主要介绍气相色谱法和液相色谱法。

8.3.2 气相色谱法

（1）常用术语

色谱图是以组分的浓度变化（响应信号）作为纵坐标，流出时间作为横坐标，得到组分与浓度随时间变化的曲线，称为色谱流出曲线，如图 8-11 所示，现以此图来说明有关色谱术语。

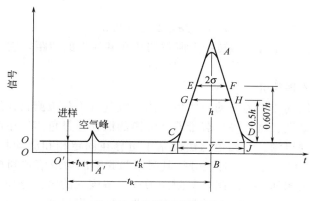

图 8-11 色谱流出曲线图

① 基线　当纯载气通过检测器时，记录到的响应信号即为基线，它反映了检测器系统噪声随时间的变化情况，在实验条件稳定时，基线呈直线。

② 峰高　峰顶到基线的距离 h。

③ 保留值　表示试样中各组分在色谱柱中的滞留时间的数值，通常用时间或用将组分带出色谱柱所需载气的体积来表示。

④ 死时间 t_M　指不被固定相吸附或溶解的气体（如空气、甲烷）从进样开始到柱后出现浓度最大值时所需的时间。

⑤ 保留时间 t_R　指被测组分从进样开始到柱后出现浓度最大值所需的时间。

⑥ 调整保留时间 t_R'　指扣除死时间后的保留时间。

$$t_R' = t_R - t_M \tag{8-12}$$

⑦ 死体积 V_M　指色谱柱在填充后柱管内固定相颗粒间所剩留的空间、色谱仪中管路和连接头间的空间以及检测器的空间的总和。当后两项很小而可忽略不计时，死体积可由死时间与色谱柱出口的载气体积流速 F_0（mL·min^{-1}）来计算

$$V_M = t_M F_0 \tag{8-13}$$

⑧ 保留体积 V_R　指从进样开始到柱后被测组分出现浓度最大值时所通过的载气体积。

$$V_R = t_R F_0 \tag{8-14}$$

⑨ 调整保留体积 V_R'　指扣除死体积后的保留体积，即

$$V_R' = t_R' F_0 \text{ 或 } V_R' = V_R - V_M \tag{8-15}$$

V_R、V_R' 与载气流速无关。死体积反映了色谱柱和仪器系统的几何特性，它与被测物的性质无关，故保留体积值中扣除死体积后将更合理地反映被测组分的保留特性。

⑩ 相对保留值 r_{21}　指某组分 2 的调整保留值与另一组分 1 的调整保留值之比：

$$r_{21} = \frac{t'_{R(2)}}{t'_{R(1)}} = \frac{V'_{R(2)}}{V'_{R(1)}} \neq \frac{t_{R(2)}}{t_{R(1)}} \neq \frac{V_{R(2)}}{V_{R(1)}} \tag{8-16}$$

相对保留值 r_{21} 只与柱温、组分性质、固定相性质有关，与其他色谱操作条件无关，是色谱定性分析的重要参数。它表示色谱柱或固定相对两种组分的选择性，r_{21} 值越大，相邻两组分 t'_R 相差越大，分离得越好，$r_{21} = 1$ 时，两组分不能被分离。r_{21} 也可用 α 表示。

⑪ 区域宽度　即色谱峰宽度，通常有三种表示方法。

标准偏差 σ：指在 0.607 倍峰高处色谱峰宽度的一半。

半峰宽度 $Y_{1/2}$：又称半宽度或区域宽度，即峰高为一半处的宽度，它与标准偏差的关系为

$$Y_{1/2} = 2\sigma\sqrt{2\ln 2} = 2.35\sigma \tag{8-17}$$

峰底宽度 Y：自色谱峰两侧的转折点所作切线在基线上的截距，它与标准偏差的关系为

$$Y = 4\sigma \tag{8-18}$$

(2) 气相色谱法原理简介

气相色谱法是采用气体作为流动相的色谱法。载气（不与被测物作用，用来载送试样的惰性气体，如氢气、氮气、氦气等）载带着待分离的试样通过色谱柱中的固定相，使试样中各组分分离，然后分别检测。气相色谱法是基于组分在固定相和流动相之间发生吸附-脱附和溶解-挥发作用（即分配作用），各组分按其吸附与脱附能力或溶解和挥发能力的大小，以一定的比例分配在固定相和气相之间，吸附能力或溶解度大的组分分配给固定相多一些，气相中的量就少一些；反之，在气相中的量就多一些。在一定温度下，组分在两相之间分配达到平衡时的浓度比称为分配系数 K。由此可见，气相色谱法的分离原理是基于不同物质在两相间具有不同的分配系数。当两相作相对运动时，试样中的各组分就在两相中进行反复多次的分配，使得原来分配系数只有微小差异的各组分产生很大的分离效果，使各组分得以分离。

组分的分离程度既取决于它们在两相间的分配（与分离过程的热力学因素有关），又取决于组分在两相间的扩散作用和传质阻力（与分离过程的动力学因素有关）。气相色谱的塔板理论和速率理论从热力学和动力学角度阐述了色谱分离效能和影响因素。

① 塔板理论

塔板理论是将色谱柱和蒸馏塔类比，在对色谱过程进行多项假设的前提下提出的。根据塔板理论的假设推导出流出曲线方程：

$$c = \frac{m\sqrt{n}}{V_R\sqrt{2\pi}} e^{-\frac{n}{2}\left(1 - \frac{V}{V_R}\right)^2} \tag{8-19}$$

该方程也称塔板理论方程，式中，c 为气相中组分的浓度；m 为进样量；V_R 为组分的保留体积；V 为载气体积；n 为理论塔板数。当 n 值很大时，该流出曲线呈正态分布，与实际色谱峰的峰形基本一致。

从流出曲线方程可以推导出理论塔板数 n 的计算公式：

$$n = 5.54\left(\frac{V_R}{Y_{1/2}}\right)^2 = 5.54\left(\frac{t_R}{Y_{1/2}}\right)^2 = 16\left(\frac{t_R}{Y}\right)^2 \tag{8-20}$$

每一塔板所占的柱长称为理论塔板高度 H，则

$$H = \frac{L}{n} \tag{8-21}$$

式中，L 为柱长。

由式（8-20）和式（8-21）可知，色谱峰越窄，塔板数 n 越多，理论塔板高度 H 就越小，此时柱效能越高，因而 n 或 H 可作为描述柱效能的一个指标。

② 速率理论

速率理论吸收了塔板理论的概念，并把影响塔板高度的动力学因素结合进去，得到了塔板高度 H 与载气线速度 u 的关系：

$$H = A + \frac{B}{u} + Cu \tag{8-22}$$

该式为范氏方程式，A、B、C 为三个常数，其中 A 称为涡流扩散项，B 为分子扩散系数，C 为传质阻力系数。因此，影响 H 的三项因素为涡流扩散项、分子扩散项和传质项。在 u 一定时，只有 A、B、C 较小时，H 才能较小，柱效才能较高，反之则柱效较低，色谱峰将展宽。

(3) 气相色谱仪

气相色谱仪一般由载气系统、进样系统、色谱柱和柱箱、检测系统及记录与数据处理系统五部分组成。其简单流程如图 8-12 所示。载气由高压钢瓶供给，经减压阀减压后，进入载气净化干燥管以除去载气中的水分等杂质。由稳流阀控制载气的压力和流量。压力表指示载气压力。再经过进样器（包括气化室），试样就在进样器注入（如为液体试样，经气化室瞬间加热气化为气体），并由不断流动的载气携带进入色谱柱，各组分被分离，然后它们随载气依次进入检测器后放空。检测器信号由记录系统（色谱工作站或积分仪）记录，就可得到色谱图。

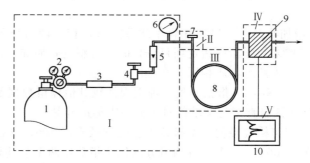

图 8-12　气相色谱流程图

1—高压钢瓶；2—减压阀；3—载气净化干燥管；4—稳流阀；5—流量计；
6—压力表；7—进样器；8—色谱柱；9—检测器；10—色谱工作站

① 载气系统　包括气源、气体净化器和气体流速控制部件。载气一般为 N_2、H_2 及 He 等。由气源输出的载气通过装有催化剂或分子筛的净化器，以除去水、氧等有害杂质，净化后的载气经稳压阀或自动流量控制装置后，使流量按设定值恒定输出。

② 进样系统　包括进样器和气化室。气体样品可通过注射器或定量阀进样，液体或固体样品可稀释或溶解后直接用微量注射器进样。样品在气化室瞬间气化后，随载气进入色谱柱分离。

③ 色谱柱和柱箱　包括色谱柱和温度控制装置，色谱柱包括管柱与固定相两部分。管柱的材质可以是玻璃及不锈钢。固定相是色谱分离的关键部分，固定相的种类很多，一般选择可根据"相似相溶"的原则，按组分的极性或官能团与固定液相似的原则来选择，性质相似，分子间作用力强，组分在固定液中的溶解度大，分配系数大，有利于分离。

④ 检测系统　包括检测器、放大器、检测器的电源控温装置。从色谱柱流出的各组分，

通过检测器把浓度信号转换成电信号，经放大器放大后送到数据记录装置得到色谱图。常用气相色谱检测器分为浓度型和质量型两类。浓度型检测器的响应信号由进入检测器的组分浓度所决定，如热导检测器和电子捕获检测器等；质量型检测器的响应信号由单位时间内进入检测器的组分质量所决定，如氢火焰离子化检测器和火焰光度检测器等。

⑤ 记录及数据处理系统　早期采用记录仪，现采用积分仪或色谱工作站。

（4）定性分析

色谱定性分析就是确定各色谱峰代表的化合物。由于能用于色谱分析的物质很多，不同组分在同一色谱柱上出峰时间可能相同，单凭色谱峰确定物质有一定困难。对于一个未知样品，首先要了解其来源、性质和分析目的，对样品有初步估计，再结合定性方法确定色谱峰代表的物质。下面介绍几种常用的定性分析方法。

① 保留值法　在一定的固定相和操作条件下（如柱温、柱长、内径、载气流速等），任何一种组分都有确定的保留值（t_R、t_R'、V_R、V_R'）。因而在一定条件下测定各色谱峰的保留值，与纯样品的保留值比较就可以初步确定样品中有哪些组分。该方法的缺点是柱温、柱长、固定液配比及载气流速等因素，都会对保留值产生较大的影响，因此必需严格控制操作条件。

② 相对保留值法　相对保留值 r_{21} 是指两种物质调整保留值之比，取物质 2 为待确定的组分，物质 1 为标准物质。r_{21} 仅与固定液性质及柱温有关，与其他操作条件无关。在某种固定液上，一种物质对某种标准物质的相对保留值可从文献上查得。对标准物质的要求是容易得到纯品，它的保留值在各组分的保留值之间，常用苯、正丁烷、对二甲苯、环己烷等作为标准物质。

③ 加入已知物质增加峰高法　当未知物中组分复杂，相邻两组分色谱峰很靠近，且操作条件不易控制，或仅作未知样品中指定项目分析时，可将纯物质加入样品中，则色谱图中峰高增加的组分可能与加入的纯物质相同。

④ 保留指数法　又称 Kovats 指数，是一种重现性较其他保留数据都好的定性参数，以 I 表示。可根据固定相和柱温直接与文献值对照而不需标准样品。

保留指数法人为规定正构烷烃的保留指数为它的碳数乘以 100，如乙烷、丙烷、正丁烷的保留指数分别为 200、300、400 等。待测组分的保留指数用两个与其靠近的正构烷烃来标定。某一组分的保留指数可以按照下式计算：

$$I_i = 100 \left(Z + \frac{\lg t_R'(i) - \lg t_R'(Z)}{\lg t_R'(Z+1) - \lg t_R'(Z)} \right) \tag{8-23}$$

式中，I_i 为组分 i 的保留指数；t_R' 为调整保留时间；Z 和 $Z+1$ 表示具有 Z 个和 $Z+1$ 个碳原子的正构烷烃。

组分 i 的保留值应在这两个正构烷烃的保留值之间，即 $\lg t_R'(Z+1) > \lg t_R'(i) > \lg t_R'(Z)$。求某一物质的保留指数，只要与两个正构烷烃混合在一起（或分别地）在给定条件下进行色谱实验，然后计算保留指数，与文献数据对照即可定性。

（5）定量分析

气相色谱定量分析的依据是在一定操作条件下检测器的响应信号（峰面积或峰高）与进入检测器的组分浓度（或质量）成正比，即

$$m_i = f_i A_i \tag{8-24}$$

式中，f_i 为 i 物质的定量校正因子；A_i 为峰面积。由式(8-24)可知，定量分析需要准确测量峰面积，求出定量校正因子，选择合适的定量方法。

① 定量校正因子

色谱定量分析是基于被测物质的量与其峰面积的正比关系。由于同一检测器对不同物质具有不同的灵敏度，所以两相等量的物质得出的峰面积往往不同，这样就不能用峰面积直接计算物质的含量。因此需要引入定量校正因子 f_i 以校正峰面积，使之能真实反映组分含量。

由式（8-24）可求得校正因子 $f_i = \dfrac{m_i}{A_i}$，f_i 为绝对校正因子，意义是单位峰面积相当的物质质量。它既不易测量，也无法直接应用，因此色谱定量分析中常用相对校正因子，即组分与标准物质绝对校正因子之比。

质量校正因子 f_m：

$$f_m = \frac{f_{i(m)}}{f_{s(m)}} = \frac{m_i A_s}{m_s A_i} \tag{8-25}$$

式中，A_i、A_s 分别为组分 i 和标准物质 s 的峰面积；m_i 和 m_s 分别为 i 和 s 的质量。

摩尔校正因子 f_M：

$$f_M = \frac{f_{i(M)}}{f_{s(M)}} = \frac{m_i A_s M_s}{m_s A_i M_i} = f_m \frac{M_s}{M_i} \tag{8-26}$$

式中，M_i、M_s 分别为 i 和 s 的分子量。

体积校正因子 f_V：气体样品常以体积计量，由于一摩尔气体在标准状态下都是 22.4L，所以体积校正因子就是摩尔校正因子。

$$f_V = \frac{f_{i(V)}}{f_{s(V)}} = \frac{m_i A_s M_s \times 22.4}{m_s A_i M_i \times 22.4} = f_M \tag{8-27}$$

② 定量方法

归一化法：当样品中各组分都能流出色谱柱，并在色谱图上显示色谱峰时，可用此法。设样品中有 n 个组分，每个组分的质量分别为 m_1，m_2，…，m_n，则组分 i 的含量为：

$$C_i = \frac{m_i}{m_1 + m_2 + \cdots + m_n} \times 100\% = \frac{f_i A_i}{\sum f_i A_i} \times 100\% \tag{8-28}$$

若 f_i 为质量校正因子，则 C_i 为质量百分数；f_i 为摩尔校正因子，则 C_i 为摩尔百分数或体积百分数（气体）。若各组分的 f 值相近或相同，例如同系物中沸点接近的各组分，则上式可以进一步简化。

对于很窄的色谱峰，可用峰高代替峰面积 A，则上式可改写为

$$C_i = \frac{f_i' h_i}{\sum f_i' h_i} \times 100\% \tag{8-29}$$

式中，f_i' 为峰高校正因子，需自行测定。

归一化法简便、准确，当操作条件如进样量、流速等变化时，对结果影响较小，但如果样品中组分不能全部出峰，则不能应用此法。

内标法：当样品中所有组分不能全部出峰，或只测定其中的某些组分时，可用此法。该方法是将一定质量的纯物质（内标物）加入到准确称取的样品中，由内标物与样品的质量及内标物与组分的峰面积求出某组分的含量。

由于

$$\frac{m_i}{m_s} = \frac{f_i A_i}{f_s A_s}$$

则

$$m_i = \frac{f_i A_i m_s}{f_s A_s}$$

$$C_i = \frac{m_i}{m} \times 100\%$$

故
$$C_i = \frac{f_i A_i m_s}{f_s A_s m} \times 100\%$$

式中，m_s 和 m 分别为内标物和样品质量；f_i 和 f_s 为组分和内标物的校正因子，因为以内标物为参比标准，故 $f_s = 1$。本法通过测定内标物和待测组分的峰面积的相对值进行计算，因此由操作条件变化而引起的误差同时反映在内标物和待测组分上而得到抵消，可以得到较准确的结果。

内标物应该是样品中不存在的纯物质，加入的量应接近待测组分，同时要求内标物的色谱峰位于待测组分色谱峰附近，或几个色谱峰的中间，并与这些组分完全分离，且与待测组分的物理及物理化学性质接近，这样当操作条件变化时，更利于内标物及待测组分作匀称的变化。

外标法（标准曲线法）：该法是用纯物质配制不同浓度的标准溶液，取一定体积，并在一定操作条件下进样，从色谱图上测出峰面积（或峰高），作峰面积（或峰高）与浓度的关系曲线，即为标准曲线。测定待测组分含量时，在同一条件下进相同的样品量，测得该样品的响应信号，从标准曲线上即可查出待测组分的浓度。

外标法操作和计算都比较简单，不必使用校正因子，但结果的准确度主要取决于进样量的重现性和操作条件的稳定性。适用于工厂控制分析。

8.3.3 高效液相色谱法

(1) 高效液相色谱法概述

高效液相色谱法是在经典的液相色谱法和气相色谱法基础上发展起来的一种色谱方法。它采用了经典液相色谱法的原理，引入了气相色谱法的理论，并采用了高压泵、高效固定相和高灵敏度检测器等装置，使分离效能、分析速度和检测灵敏度都有很大的提高。

高效液相色谱法自 20 世纪 60 年代问世以来，得到了迅速发展，具有分离效能高、分析速度快、检测灵敏度高、流动相选择范围宽、从流出组分中制取纯样品方便和应用范围广泛等特点，成为现今色谱法中一种重要的分离分析技术。

高效液相色谱法对一般液体样品均能分析，特别适用于分析高沸点、大分子、强极性、热不稳定性化合物和各种离子型化合物。因此被广泛应用于氨基酸、蛋白质、甾族化合物、糖类、有机酸、生物碱、药物、抗生素、农药、高聚物及各种无机盐类的分离分析。

(2) 高效液相色谱仪

高效液相色谱仪主要由高压输液泵、梯度洗脱装置、进样器、色谱柱、检测器和记录仪等组成（见图 8-13）。

① 高压输液泵　是高效液相色谱仪的关键部件之一。它将贮液器中贮存的流动相连续不断地输送到液路系统，使样品组分在色谱柱中实现分离。按其工作原理分为恒流泵和恒压泵两类。

② 梯度洗脱装置　高效液相色谱中的梯度洗脱技术类似于气相色谱中的程序升温技术，只不过连续改变的是流动相的极性、pH 值或离子强度，其相应的装置称为梯度洗脱装置。梯度洗脱通过梯度程序控制系统控制泵的动作，根据需要把两种或两种以上性能不同的溶剂按预设的程序和比例混合，使其产生不同形式的梯度，再经高压泵供给色谱柱来实现的。

③ 色谱柱　是高效液相色谱仪的心脏部分，由柱管、固定相、压紧螺丝、密封衬套、柱子堵头和滤片（也叫筛板）等组成。

高效液相色谱的固定相是一种颗粒小而均匀且具有一定机械强度的多孔性物质。常用的

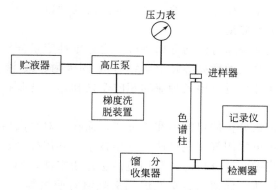

图 8-13　高效液相色谱仪结构示意图

固定相有三种类型：薄壳型、全多孔微球型和化学键合型。在液-液色谱法中，为了避免固定液的流失，对于亲水性固定液常采用疏水性流动相，即流动相的极性小于固定液的，这种情况称为正相液-液色谱法。反之，则称为反相液-液色谱法。但在色谱分离过程中，由于固定液在流动相中仍有微量溶解，以及流动相通过色谱柱时的机械冲击，固定液会不断流失而导致保留行为改变、柱效和分离选择性变差等不良后果。

化学键合固定相是 20 世纪 60 年代后期发展的一种固定相，即用化学反应的方法通过化学键把有机分子结合到担体表面。化学键合固定相的种类很多，按表面结构分为单分子键合相和聚合键合相两种。按键的类型分为 Si—O—C 键、Si—O—Si—C 键和 Si—O—Si—N 键等。按键合相的色谱性质分为极性、非极性和离子型 3 种。

化学键合固定相不仅可以克服固定液涂渍不均匀和流失等缺点，还可进行梯度洗脱，是高效液相色谱常用的固定相之一。由于键合相键合在载体表面的基团可以随意变化，因此适用于各种类型样品的分离与分析。不仅用于反相色谱法、正向色谱法，还用于离子交换色谱法、离子对色谱法等色谱技术上，特别是反相键合相色谱法，由于操作系统简单，色谱分离过程稳定，分离技术灵活多样，已成为高效液相色谱法应用最广泛的一个分支。

④ 检测器　是检测色谱柱后流出组分和浓度变化的装置。要求灵敏度高、适应性广、线性范围宽、噪声小、死体积及受外界的影响小等。常用的检测器有紫外光度检测器、示差折光检测器、荧光检测器、电化学检测器等。在实际工作中，应根据任务要求，参考各种检测器的特性进行选择。

液相色谱中的流动相也称溶剂，由洗脱剂和调节剂组成。前者是将样品溶解和分离，后者是调节洗脱剂的极性和强度，以改变组分在色谱柱中的移动速度和分离状态。流动相的种类很多，有机溶剂、无机盐的水溶液或它们的混合液等均可作为流动相。在液相色谱中，对于流动相的选择，不像气相色谱法那样简单。气相色谱中，所用载气就那么几种，且彼此的性质差别不大，选择性主要靠改变固定相的性质来提高。而液相色谱法除了改变固定相外，还可以改变流动相的办法来提高选择性，且可供选择的流动相种类繁多，性质也各不相同（如极性、黏度、pH、挥发性、对样品的溶解能力等）。它在色谱柱中不仅起洗脱作用，还参与分离过程。因此，流动相的种类、配比等的变化都将严重影响色谱的分离效果。一般情况下，要使样品分离好，容易洗脱，样品和流动相就应具有化学上的相似性。即极性大的样品，选择极性大的流动相；极性小的样品，选择极性小的流动相；离子交换色谱则应选择 pH 与样品的 pK_a 相近的流动相。对于那些在正相色谱中分离时间较长或难以分离的样品，可改用强极性的流动相和弱极性固定相的反相色谱法进行分离。有时为了获得溶剂强度（极性）适当的流动相，往往需要反复多次地试验，或采用两种以上的混合溶剂作为流动相。

（3）高效液相色谱法的应用

高效液相色谱法不仅是快速有效的分离手段，也是定性定量分析的有力工具。它以分析速度快、分离效能高和检测灵敏度高等特点，结合液-固吸附、液-液分配、离子交换和凝胶渗透等多种方式，以及在分离过程中各种流动相的变换和梯度洗脱技术的运用，使其广泛用于各个领域中。

在大多数情况下，色谱分析的目的不在于分离，而在于对分离后的物质进行定性和定量分析。高效液相色谱法也可采用气相色谱法的常用技术，利用样品在色谱过程中的各种特性进行定性和定量分析。当做定性分析时，可用色谱鉴定法定性，如标准物质对照法、保留值定性法、相对保留值定性法、保留指数定性法和文献值对照法等，也可收集分离后的馏分，用专属性化学反应法或用红外光谱法、荧光光谱法、质谱和核磁共振波谱法等非色谱法定性。当做定量分析时，其测定方法与气相色谱法相同，可用归一化法、内标法、外标法等。

高效液相色谱法除定性定量分析外，还可用于制备纯物质。即在色谱仪的出口处安装馏分收集器（也可手工操作），按色谱峰的出峰信号起落，逐一收集起来，除去流动相后即可得到物质的纯品。这种方法可在一般分析柱上进行，也可在大型色谱仪的制备柱上进行。在适当的条件下，对一般分析柱，用加大进样量的办法，可以完成 5～100mg 的制备量，纯度可达 99.99% 以上，与一般经典提纯方法（如重结晶、精密分馏等）相比，具有更高的分辨力，方便快速，而且纯度高，是一种有效的分离提纯方法。

8.4　核磁共振波谱法

核磁共振波谱法是一种非常重要的仪器分析方法，主要用于有机化合物结构分析，其中最常用的是氢核磁共振波谱（^1H NMR）和碳-13 核磁共振波谱（^{13}C NMR），本节仅介绍 ^1H NMR。

8.4.1　核磁共振基本原理

原子核是带电荷的粒子，若有自旋现象，即产生磁矩。自旋量子数 $I \neq 0$ 的原子核具有自旋现象，如 ^1H、^{13}C、^{19}F、^{31}P 等，这样的原子核称为自旋核或磁核。当磁核处于外磁场 B_0 中，外磁场和核磁矩之间的相互作用使磁核原来简并的能级裂分成 $2I+1$ 个磁能级。例如 ^1H 的 $I=1/2$，裂分成 2 个磁能级，它们的能级差为：

$$\Delta E = \frac{h}{2\pi} \gamma B_0 \qquad (8\text{-}30)$$

式中，B_0 为外磁场感应强度；γ 为氢原子核的旋磁比（原子核的磁矩与动力矩之比，是与原子核种类有关的物理常数）；h 为普朗克常数。

两个能级分别代表 ^1H 的两种状态 $m=+1/2$ 和 $m=-1/2$（m 为磁量子数）。如果在垂直于 B_0 的方向施加频率为射频区域的电磁波（即无线电波）作用于 ^1H，而其能量正好等于能级差 ΔE，^1H 就能吸收电磁波的能量，从低能级跃迁到高能级，这就是核磁共振现象。此时外加电磁波的频率 ν（也是核的共振频率）为：

$$\nu = \frac{1}{2\pi} \gamma B_0 \qquad (8\text{-}31)$$

检测和记录电磁波被吸收的情况，就可以得到核磁共振波谱。

8.4.2 核磁共振谱与有机化合物结构间的关系

（1）化学位移

根据式（8-31）可知，同一种核因有相同的旋磁比，在外磁场 B_0 中共振频率相同。但实际上处于不同化学环境的同一种原子核共振频率有微小差别。这是由于处于分子中的氢核外有电子云，在外磁场 B_0 的作用下，核外电子云产生一个方向与 B_0 相反，大小与 B_0 成正比的感应磁场。该感应磁场对原子核起屏蔽作用，使原子核实际所受到的外磁场感应强度减小。在分子中处于不同环境的氢核，由于核外电子云密度的差别，实际受到的外磁场作用不同，共振频率随之改变。因此反过来通过化学位移可以确定各种氢核在化合物中所处的位置，进行有机物的结构分析。

因化学环境而产生的共振频率的差别非常小，大约只有 ^1H 共振频率的百万分之十几，很难准确测定，所以实际测量的是相对于某个标准物质共振频率的差值，为此定义化学位移值为：

$$\delta = \frac{\nu_{样品} - \nu_{标准物}}{\nu_{标准物}} \times 10^6 \tag{8-32}$$

式中，δ 为化学位移值，量纲为 1；$\nu_{样品}$ 和 $\nu_{标准物}$ 分别是试样和标准物的共振频率。常用的标准物是四甲基硅烷（TMS）。按国际纯粹与应用化学联合会（IUPAC）规定：TMS 的化学位移值为零，位于谱图的右边。由于硅的电负性比碳小，TMS 中的氢核外电子云密度比一般有机物的氢核大，即屏蔽常数大，共振频率低。所以绝大多数有机物的化学位移为正值，在谱图上处于 TMS 的左边。常见各种基团中 ^1H 的化学位移范围见图 8-14。

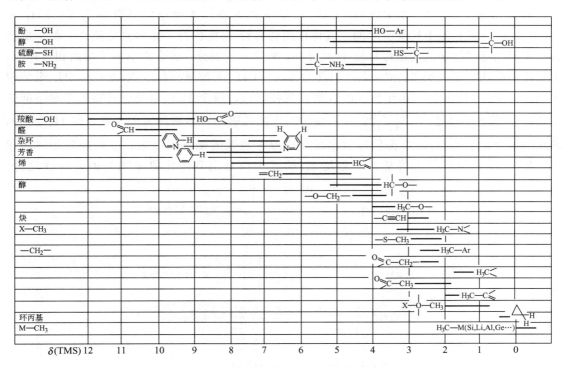

图 8-14　各种环境中质子的化学位移

（2）峰面积

图 8-15 为 CH_3CH_2I 的核磁共振氢谱，其吸收峰位置处有台阶形曲线，称为积分曲线，它是将各组共振峰的面积加以积分而得，积分线的高度代表其对应峰的面积值，这些积分线的高度值的整数比相当于产生吸收峰的各个基团中氢核数目之比。因此只要将峰面积加以比较，就能确定各组质子的数目，积分线的各阶梯高度代表了各组峰面积。

从图可知，c 组峰积分线高 24mm，d 组峰积分线高 36mm，故可知 c 组峰为二个质子，是—CH_2I；而 d 组峰为三个质子，是—CH_3。

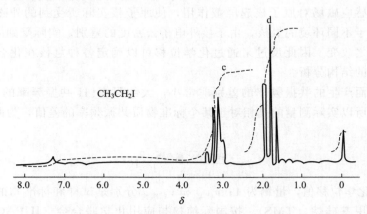

图 8-15 $CDCl_3$ 溶液中 CH_3CH_2I 的核磁共振谱

（3）偶合常数

从 CH_3CH_2I 的核磁共振图谱（见图 8-15）中可以看到，$\delta = 1.6 \sim 2.0$ 处的—CH_3 峰是个三重峰，在 $\delta = 3.0 \sim 3.4$ 处的—CH_2 峰是个四重峰，这种峰的裂分是由于—CH_2 和—CH_3 上的质子相互干扰所引起的，这种作用称自旋-自旋偶合，简称自旋偶合。由自旋偶合所引起的谱线增多的现象称自旋-自旋裂分，简称自旋裂分。偶合表示质子间的相互作用，裂分表示谱线增多的现象。在 CH_3CH_2I 分子中—CH_3 上的氢（H_d）附近有—CH_2 上的两个氢（H_c），见图 8-16。由于质子的自旋有两种取向，两个 H_c 的自旋就可能有三种不同的组合，即① ⇄，② ⇄，③ ⇄ ⇄。假设①产生的核磁与外界磁场方向一致，使 H_d 受到的磁场力增强，于是 H_d 的共振信号将出现在比原来稍低的磁场强度处；②与外磁场方向相反，使 H_d 受到的磁场力降低，于是使 H_d 的共振信号出现在比原来稍高的磁场强度处；

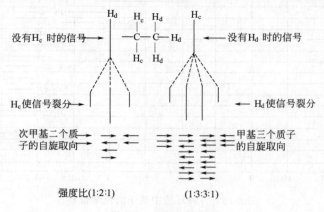

图 8-16 裂分示意图

③对于 H_d 的共振不产生影响，共振峰仍在原处出现。由于 H_c 的影响，H_d 的共振峰将要一分为三，形成三重峰。又由于③这种组合出现的概率两倍于①或②，于是中间的共振峰的强度也将两倍于①或②，其强度比为 1∶2∶1。同样地，H_d 也影响 H_c 的共振，三个 H_d 的自旋取向有八种，但这八种只有四个组合是有影响的，故三个 H_d 质子使 H_c 的共振峰裂分为四重峰，各个峰的强度比为 1∶3∶3∶1。自旋耦合使核磁共振谱中信号裂分为多重峰，峰的数目等于 $n+1$；峰的强度比为 $(a+b)^n$ 展开后各项系数之比，其中 n 为相邻碳原子上的质子数。

裂分后各个多重峰之间的距离表示磁核之间相互作用的程度，称作耦合常数，用 J 表示，单位为 Hz。因此，耦合产生的大小表示了相邻质子间相互作用的大小，与外磁场强度无关。

总之，从核磁共振谱图上可以获得三个重要信息，即化学位移、耦合裂分及耦合常数、峰面积或积分高度，这对于确定化合物的结构非常有意义。

8.4.3　核磁共振波谱仪

傅里叶变换核磁共振谱仪是 20 世纪 70 年代发展起来的核磁共振仪器，它具有灵敏度高、测定速度快、可实现多种特殊实验技术等优点。该仪器是在恒定磁场中，施加一个有一定能量的强而短的脉冲，这个脉冲包含了一定的频率范围，它能使相应频率范围内所有的核同时发生共振跃迁。检测器检测的是脉冲结束后跃迁到高能态的原子核通过弛豫过程返回低能态时发出的信号。这个信号称作自由感应衰减信号（FID），是一个随时间而变化的信号，亦称为时域信号。通过傅里叶变换从 FID 信号中变换出谱线在频率域中的位置及其强度，即通常所见的核磁共振谱图。

傅里叶变换核磁共振谱仪主要由磁体、射频振荡器、射频接收器、探头及信号控制、处理与显示系统等组成。

(1) 磁体

磁体的作用是提供一个强的、高度均匀的和稳定的外磁场，一般来说，用永久磁铁、电磁铁和超导磁体均可提供磁场。核磁共振谱仪的检测灵敏度与外磁场强度的 3/2 次方成正比，因此应尽可能提高磁场强度。现在的核磁共振仪大多采用超导磁体，它是将铌-钛超导材料制成的线圈置于液氦（4K，−269℃）中，此时超导材料电阻为零，一旦通电电流达到要求，撤去电源后，电流依然保持不变，形成稳定的永久磁场。

不论采用哪一种磁体，都要求它产生非常均匀的磁场，通常磁场的不均匀度应达 3×10^{-9}，因此不仅要求精密的磁体设计和加工，而且还需在磁极面上安装许多个匀场线圈，以便调节不同方向的磁场梯度。

(2) 射频振荡器

射频振荡器的作用是为磁核发生能级跃迁提供辐射能量。由于它发射的电磁辐射的频率相当于无线电波的频率，故称为射频振荡器。由于磁核在外磁场中的能级差与外磁场强度成正比 [见式(8-30) 和式(8-31)]，射频振荡器的频率（ν）应与外磁场强度（B_0）匹配。例如对于 ^1H，B_0 为 1.4T 时，ν 应为 60MHz，B_0 为 9.4T 时，ν 应为 400MHz 等。磁核在外磁场中的能级差还与磁核的种类（即核的旋磁比 γ）有关，因此在相同的外磁场中，不同核的共振频率不同。如 B_0 为 7.0T 时，^1H 的共振频率为 300MHz，^{13}C 的共振频率仅为 75.4MHz。习惯上用 ^1H 的共振频率来表示核磁共振谱仪的规格型号。

（3）射频接收器

射频接收器起信号检测作用。当磁核的共振频率与振荡器发射的频率一致时，置于探头内的试样中的磁核就会发生共振吸收，接收线圈便能接收检测信号，将它送到射频接收器中，信号经前置放大器放大，经计算机处理得到相应的谱图。

（4）探头

探头是核磁共振谱仪的一个重要组成部分。它是一个插入式整体组合件，插入磁体的磁极间隙中。探头内组装有射频振荡器的发射线圈和射频接收器的接收线圈，两个线圈相互垂直，以避免信号互相干扰，试样管就插在两线圈的中间。试样管的上方套有一个转子，由适当压力的压缩空气推动，使其以某一稳定的转速（如 30 周/s）旋转，以减少磁场不均匀性的影响，提高仪器的分辨率。常用的试样管是内径为 5mm，长度约 200mm 的专用薄壁玻璃管。

（5）信号控制、处理与显示系统

信号控制、处理与显示系统主要由谱仪（为电子电路部分）、计算机及 NMR 软件组成，用于控制射频发射、射频接收等，通过人机对话的方式完成仪器操作、参数设置、数据处理、信号存储和打印等。

8.4.4　核磁共振谱的应用

核磁共振波谱法被广泛用于化合物的结构鉴定、定量分析和动力学研究等。含氢溶剂一般不用，常用的有氘代氯仿、氘代二甲亚砜、氘代丙酮、氘代苯等试剂作为样品的溶剂。

（1）结构鉴定

对于某些结构简单的化合物，根据 NMR 谱图即可确定其结构，但对于结构复杂的未知物，还需要红外光谱、紫外光谱、质谱等的信息，才能推断出其结构。鉴定未知物结构的一般步骤如下。

① 测出不同环境质子的化学位移，根据化学位移大小与基团的关系，初步判断各种质子的化学环境。在氢谱中应特别注意孤立单峰的解释，然后再解释复杂的重峰。

② 利用积分曲线计算各峰的相对面积，求出不同基团间的质子数之比。

③ 考虑自旋裂分，用谱图的裂分峰型来确定组成分子的结构单元。

④ 将各结构单元适当组合，列出每一种可能的化合物。如有条件，测出每一种可能的化合物纯品的核磁共振谱图，然后与未知样品的谱图进行比较。也可以直接与标准谱图进行比较以确定未知样品是何种化合物。

【例】 图 8-17 是一种无色且只含碳和氢的化合物的核磁共振谱图，试鉴定此化合物。

解： 从图 8-17 左至右出现单峰、七重峰和双重峰。$\delta = 7.2$ 处的单峰表明有一个苯环结构，这个峰的相对面积相当于 5 个 H。因此可推测此化合物是苯的单取代衍生物。在 $\delta = 2.9$ 处出现单一 H 的七个峰和在 $\delta = 1.25$ 处出现 6 个 H 的双重峰。只能解释为结构中有异丙基存在。这是由于异丙基的 2 个甲基中的六个 H 是等效的。且苯环 H 以单峰出现，表明异丙基对苯环的诱导效应很小，不致使苯环质子发生分裂。所以可以初步推断这一化合物为异丙苯：

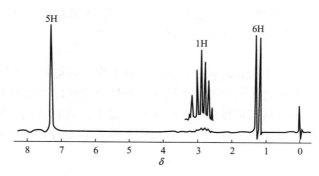

图 8-17　未知物的核磁共振谱图

（2）定量分析

核磁共振谱独特的优点是吸收峰的面积与产生该峰的质子数成正比。因此在分析混合物试样中某一特定组分时，只要用于测定的峰不被其他组分的峰干扰，这个峰的面积就可以直接用于含量的测定，而不需要被测组分的纯品作校正曲线。每个质子的信号面积可以从已知浓度的内标化合物得到。

8.5　质谱分析法

8.5.1　质谱分析法概述

质谱分析法是现代物理与化学领域内一个极为重要的分析手段。按照研究对象的不同分为同位素质谱法、无机质谱法和有机质谱法，本节主要介绍有机质谱法，简称质谱法。质谱法是测定有机化合物结构的最重要方法之一，它可以提供有机物的相对分子质量、分子式、化合物类型以及其他结构信息。

8.5.2　质谱分析法原理

质谱法的基本原理是以某种方式使有机分子电离、碎裂，然后按质荷比大小将各种离子分离，检测它们的强度，并排列成谱。其中质荷比是指离子的质量 m（以相对原子质量为单位）与其所带的电荷量 z（以电子电荷量为单位）之比，通常用 m/z 表示。检测得到的离子按质荷比大小排列的谱图称为质谱图，谱图的横坐标为 m/z，纵坐标为离子的相对强度，即以谱中最强峰为 100%，计算得到的各离子的相对强度。

8.5.3　质谱仪

质谱仪由离子源、质量分析器、离子检测器、进样系统和真空系统五个部分组成，整台仪器配有控制系统和数据处理系统。试样由进样系统导入离子源，在离子源中被电离和碎裂成各种离子，离子进入质量分析器，按质荷比大小被分离后依次到达检测器，检测到的信号经数据处理成为质谱图或以质谱数据表的形式输出。整个仪器必须在高真空条件下工作。下面简要介绍质谱仪的主要部件。

（1）真空系统

质谱仪的离子源、质量分析器及检测器必须处于高真空状态，其中离子源的真空度应达

到 $10^{-3} \sim 10^{-5}\,Pa$，质量分析器的真空度应达到 $10^{-6}\,Pa$。通常用机械泵预抽真空，然后用油扩散泵或分子涡轮泵连续抽气达到并维持高真空。

（2）进样系统

质谱仪在高真空条件下工作，而被分析试样则处于常压环境下，进样系统的作用就是使样品在不破坏真空的情况下进入离子源。不同状态和性质的试样需用不同的进样方式。对于气体或挥发性液体，可将样品用微量注射器注入贮样器中，在低真空下加热样品立即气化，通过漏孔渗入离子源中；对于固体样品，可以用探针杆直接进样，将样品直接送入离子源，并在短时间内加热气化。

（3）离子源

离子源是质谱仪的重要部件之一，它的作用是使被分析物质电离成离子。离子源的种类很多，如电子轰击离子源（EI）、化学电离源（CI）、快原子轰击离子源（FAB）、电喷雾离子源（ESI）等。下面介绍其中两种最常用的电离源——电子轰击离子源和电喷雾离子源。

① 电子轰击离子源　电子轰击离子源的结构如图 8-18 所示。由钨丝或铼钨丝制成的阴极（也称作灯丝）通电流加热时发射电子，电子经聚焦后射入电离盒与气态分子作用，使分子电离。生成的离子立即被推斥极和引出极拉出电离盒，并且被离子聚焦部件聚焦成束，最后经过入口透镜进入质量分析器。电离盒与灯丝之间的电位差决定轰击电子的能量，常规条件为 70eV。永久磁铁用于校准电子运动方向。离子源温度可以调节。

② 电喷雾离子源　电喷雾离子源的结构如图 8-19 所示。由蠕动泵注入的试样溶液（或液相色谱柱流出物）流经喷雾针，在雾化气的作用下，在喷雾针的尖端发生雾化。喷雾针被带高电压的弧形电极环绕，若在弧形电极和毛细管间施加 $3 \sim 5kV$ 的高电压，产生的电场使液滴表面富集与电场极性相反的离子，形成细小的带电液滴。液滴在电场的作用下飞向毛细管。加热的干燥氮气（气帘）反向流动，带走液滴中的中性溶剂分子，使液滴体积减小，液滴表面电荷密度增大，当电荷间相互排斥的静电力超过液滴的表面张力时，会引起库仑爆炸，导致带电液滴分裂成更多更小的带电液滴。该过程不断重复，直到待测组分最终变成气态分子离子进入毛细管。

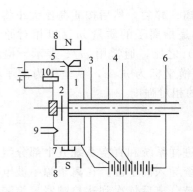

图 8-18　电子轰击离子源的结构示意图

1—电离盒；2—推斥极；3—引出极；4—离子聚焦部件；
5—灯丝；6—入口透镜；7—电子收集极；8—永久磁铁；
9—测温元件；10—电离盒加热元件

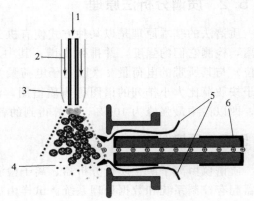

图 8-19　电喷雾离子源的结构

1—试样溶液；2—雾化气；3—喷雾针；
4—喷雾液滴；5—气帘；6—毛细管

（4）质量分析器

质量分析器是质谱仪中最重要的部件，其作用是将不同质荷比的离子分开。它的性能直接影响质谱仪的分辨率、质量范围、扫描速度等技术指标，常见有四极杆、离子阱、飞行时间质量分析器等类型。这里简要介绍四极杆和飞行时间质量分析器的结构和工作原理。

① 四极杆质量分析器 四极杆质量分析器由四根截面为双曲面或圆形的筒状电极组成，相对的两根构成一组，两组电极之间施加一定的直流电压和频率为射频范围的交流电压（见图8-20）。当离子束进入筒状电极所包围的空间后，离子作横向摆动。在一定的直流电压、交流电压和频率以及一定的尺寸等条件下，只有某一种质荷比的离子能够到达检测器，其他离子在运动过程中撞击到电极上而被"过滤"掉，最后被真空泵抽走。如果保持频率不变连续改变电压或保持电压不变连续改变频率，就可以使不同质荷比的离子依次到达检测器而被分开。

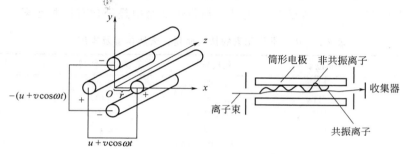

图 8-20 四极杆质量分析器示意图

② 飞行时间（TOF）质量分析器 飞行时间（TOF）质量分析器的结构如图8-21所示。质量分析器的主体是一个离子漂移管，带有电荷的离子经狭缝、透镜聚焦后进入质量分析器，此时，离子在垂直方向上初速度近似为零。离子在推斥极和加速区提供的加速电场的作用下，进入无场飞行区，离子的质量越大，飞行的速度越慢，经过同样的路程所花去的时间越长；反之，离子的质量越小，飞行的速度越快，经过同样的路程所花去的时间越短。根据这一原理，可以把不同质量的离子按 m/z 值的大小进行分离。通过精确测量飞行时间，可计算出不同离子的质荷比，进而得到待测物的精确质量数。然而，由于进入质量分析器的离子初始能量并不完全相同，使得具有相同质荷比的离子到达检测器的时间有一定分布，造成仪器分辨能力下降。若在检测器的前面加上一组静电场反射镜，将自由飞行中的离子反推回去，初始能量大的离子由于初始速度快，进入静电场反射镜的距离长，返回时的路程也就长，初始能量小的离子返回时的路程短，这样就会在返回路程的一定位置聚焦，从而改善了仪器的分辨能力。同时，通过反射增加飞行路程，也有利于分辨率的提高。

（5）检测器

检测器用于检测各种质荷比离子的强度，最常用的检测器是电子倍增管，当离子束撞击到倍增器内表面掺杂了碱金属的发射层时，产生二次电子，二次电子经过多级倍增后输出到放大器。电子通过电子倍增管时间很短，利用电子倍增

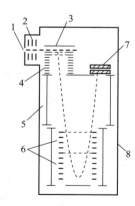

图 8-21 飞行时间质量
分析器的结构示意图

1—狭缝；2—单透镜；3—推斥极；
4—加速区；5—无场飞行区；
6—静电场反射镜；7—检测器；
8—离子漂移管

管可以实现高灵敏度和快速测定。由于二次电子的数量与离子的质量和能量有关，即存在质量歧视效应，因此在进行定量分析时需要加以校正。

8.5.4 质谱中主要离子峰的类型

当气体或蒸气分子（原子）进入离子源后，在电子流的轰击下形成各种类型的离子，在质谱图中经常会出现如下各类离子峰。

① 分子离子峰　由分子失去一个电子而形成的正离子称为分子离子或母离子，其质荷比就是它的相对分子质量，在质谱图中相应的峰称为分子离子峰。

② 同位素离子峰　除 P、F、I 外，组成有机化合物的常见的十几种元素，如 C、H、O、N、S、Cl、Br 等都有同位素，它们的天然丰度如表 8-5 所示，其中 S、Cl、Br 等元素的同位素丰度高，因此含 S、Cl、Br 的化合物的分子离子或碎片离子，其 $M+2$ 峰强度较大，可根据 M 和 $M+2$ 两个峰的强度比易于判断化合物中是否含有这些元素。

表 8-5　几种常见元素的精确质量，天然丰度及丰度比

元素	同位素	精确质量	天然丰度/%	丰度比/%
H	^1H	1.007825	99.985	$^2H/^1H$
	^2H	2.014102	0.015	0.015
C	^{12}C	12.000000	98.893	$^{13}C/^{12}C$
	^{13}C	13.003355	1.107	1.11
N	^{14}N	14.003074	99.634	$^{15}N/^{14}N$
	^{15}N	15.000109	0.366	0.37
O	^{16}O	15.994915	99.759	$^{17}O/^{16}O$
	^{17}O	16.999131	0.037	0.04
	^{18}O	17.999159	0.204	$^{18}O/^{16}O$
F	^{19}F	18.998403	100.00	0.20
S	^{32}S	31.972072	95.02	$^{33}S/^{32}S$
	^{33}S	32.971459	0.78	0.8
	^{34}S	33.967868	4.22	$^{34}S/^{32}S$
Cl	^{35}Cl	34.968853	75.77	4.4
	^{37}Cl	36.965903	24.23	$^{37}Cl/^{35}Cl$
Br	^{79}Br	78.918336	50.537	32.5
	^{81}Br	80.916290	49.463	$^{81}Br/^{79}Br$
I	^{127}I	126.90477	100.00	97.9

③ 碎片离子峰　产生分子离子只要十几电子伏特的能量，而电子轰击源常选用电子能量为 70eV，因而除产生分子离子外，尚有足够能量致使化学键断裂，形成各种碎片离子，所以在质谱图上可以出现许多碎片离子峰。碎片离子的形成和化学键的断裂与分子结构有关，用碎片峰可协助推测分子的结构。

④ 重排离子峰　由于分子或离子中原子重新排列或转移变成的离子所形成的峰称为重排离子峰。重排远比简单断裂复杂，应用各种化合物的重排规律识别重排离子峰，对质谱分析很有帮助。

⑤ 亚稳离子峰　以上各种离子都是稳定的离子。实际上，在电离、断裂或重排过程中所产生的离子，都有一部分处于亚稳态，这种亚稳态离子所形成的峰称为亚稳离子峰。其特点是强度弱且很宽，一般跨 2~5 个质量单位，且其质荷比一般是非整数，因而容易识别。通过亚稳离子峰的质荷比可以推测和判断碎片离子的裂解方式，有助于推断化合物的结构。

8.5.5 质谱法应用

质谱图可提供有关分子结构的许多信息，因而定性能力强是质谱分析的重要特点。以下简要讨论质谱在这方面的主要作用。

(1) 相对分子质量的测定

通过分子离子峰可以得到该物质的相对分子质量，关键是分子离子峰的判断。一方面，由于存在同位素等原因，质谱中最高质荷比的离子峰不一定是分子离子峰，可能出现 $M+1$，$M+2$ 峰；另一方面，若分子离子不稳定，有时甚至不出现分子离子峰。因此，在判断分子离子峰时应注意以下几点。

① 分子离子稳定性的一般规律 分子离子的稳定性与分子结构有关。一般来说，碳链较长和有分支的分子，开裂概率较高，其分子离子的稳定性低，分子离子峰弱；具有 π 键的芳香族化合物和共轭链烯，分子离子稳定，分子离子峰大。分子离子稳定性的顺序一般为：芳环＞共轭链烯＞脂环化合物＞直链烷烃＞硫醇＞酮＞胺＞酯＞醚＞分支较多的烷烃＞醇。

② 分子离子峰质量数规律（氮规则） 由 C、H、O、N 等元素组成的有机化合物，不含 N 或含偶数个 N 的化合物相对分子质量一定是偶数，含奇数个 N 的化合物相对分子质量一定是奇数，这一规律称为氮律。不符合氮规则的，一定不是分子离子峰。

③ 分子离子峰与邻近峰的质量差是否合理 如有不合理的碎片峰，就不是分子离子峰。如分子离子不可能裂解出两个以上的氢原子和小于一个甲基的基团，故分子离子峰的左面，不可能出现比分子离子峰质量小 3～14 个质量单位的峰；若出现质量差 15 或 18，这是由于裂解出 ·CH_3 或一分子水，这些质量差都是合理的。

④ $M+1$ 峰 某些化合物（如醚、酯、胺等）形成的分子离子不稳定，分子离子峰很小，甚至不出现，但 $M+1$ 峰却相当大，这是由于分子离子在离子源中捕获一个 H 形成了稳定的离子。

⑤ $M-1$ 峰 有些化合物没有分子离子峰，但 $M-1$ 峰却较大，如醛化合物可以发生如下的裂解：

$$
\mathop{R}\limits \!-\!\mathop{C}\limits^{\displaystyle\overset{H}{|}}\!\!=\!\!O \xrightarrow{-e^-} R\!-\!\mathop{C}\limits^{\displaystyle\overset{H}{|}}\!\!\overset{+}{=}\!\!O \xrightarrow{-\cdot H} R\!-\!C\!\overset{+}{\equiv}\!O
$$

因此在判断分子离子峰时，应注意形成 $M+1$ 或 $M-1$ 峰的可能性。

⑥ 降低电子轰击源的电子能量 逐步降低电子束的能量，分子离子的裂解将减少，虽然碎片离子峰的强度都会减小，但分子离子峰的强度却会增加。仔细观察质荷比最大的峰是否在所有峰中最后消失，若是则该峰是分子离子。

⑦ 采用其他电离方式 用软电离技术，如化学电离、场解析电离、快原子轰击等，这些离子源的特点是可得到较强的分子离子峰或准分子离子峰。

(2) 分子式的确定

用质谱法测定有机化合物的分子式，一般可通过同位素峰的相对强度来确定。

各元素具有一定的同位素天然丰度，因此对不同的分子式，其 $(M+1)/M$ 和 $(M+2)/M$ 的百分比将有所不同。若以质谱法测定分子离子峰及其分子离子的同位素离子峰 $(M+1$ 和 $M+2)$ 的相对强度，就可根据 $(M+1)/M$ 和 $(M+2)/M$ 的百分比来确定分子式。贝农等计算了含 C、H、O、N 的各种组合的质量和同位素丰度比，列出了全部组合方式及具有一定分子量化合物的 $M+1$ 和 $M+2$ 峰与分子离子峰的相对强度，编制成表，确定了分子质量后可对照此表确定该化合物的分子式。

【例】 某化合物的相对分子质量为 150，由其质谱图可测出其 M、$M+1$、$M+2$ 峰的相对强度比分别为 100%、10.1%、0.88%，试确定该化合物的分子式。

解： 查贝农表可知，相对分子质量为 150 的分子式共 259 个，其中 $(M+1)/M$ 的百分比在 9%～11% 的分子式有以下 7 个，将它们的分子式及有关数据列入下表中：

分子式	$M+1$	$M+2$	分子式	$M+1$	$M+2$
$C_7H_{10}N_4$	9.25	0.38	$C_9H_{10}O_2$	9.96	0.84
$C_8H_8NO_2$	9.23	0.78	$C_9H_{12}NO$	10.34	0.68
$C_8H_{10}N_2O$	9.61	0.61	$C_9H_{14}N_2$	10.71	0.52
$C_8H_{12}N_3$	9.98	0.45			

由于此化合物的相对分子质量为偶数，根据氮规则，分子中应不含 N 或含偶数个 N，故可以除去 $C_8H_8NO_2$、$C_8H_{12}N_3$、$C_9H_{12}NO$。在剩下的 4 个分子式中，只有 $C_9H_{10}O_2$ 的 $M+1$ 和 $M+2$ 的值均与测定值 10.1% 和 0.88% 接近，因此该化合物的分子式可能为 $C_9H_{10}O_2$。

(3) 分子结构式的确定

在质谱分析中，有机化合物分子的裂解有很强的规律性，因此根据裂解后所形成的多种离子峰的质荷比及相对强度，可以推导出它们的形成过程，进而确定其相应的结构单元，最后组合成有机化合物的分子结构式。

【例】 有一未知物经分析初步确定为一种酮，其分子离子峰的质荷比为 100，另外有质荷比为 85、57（基峰）、41、29 等碎片离子峰，试确定其分子结构式。

解： 由于该化合物的分子离子峰质荷比为 100，故其分子质量为 100，质荷比为 85 的碎片离子峰是有分子离子脱去甲基自由基而形成的，质荷比 57 的峰与 85 的峰质量差为 28，可能是脱去了 CO 而形成的，该峰相对强度最大，因而称为基峰，说明该碎片离子较稳定，而且该碎片和分子的其余部分比较容易断裂。根据碎片离子的质荷比和其稳定性的状况，可以推断出该碎片离子很可能是叔丁基正碳离子，可能的裂解过程如下：

因此该未知化合物可能的结构是 通过红外和核磁共振波谱，便可以确定其分子结构。

另外，根据质谱峰的强度可以进行定量分析。如应用质谱进行多组分气体定量分析和石油工业中的烷烃、芳烃等的定量分析。该方法的优点是灵敏度高，一次进样便可进行全分析。进行多组分分析时，需要用计算机求解联立方程，以求出各组分的含量。复杂样品的定量分析可以用 GC-MS、LC-MS 联用仪器进行，GC、LC 的高分离效能与 MS 的强有力的鉴定能力相结合，能迅速地获得混合物中各组分的定性、定量分析结果。因此 GC-MS、LC-MS 联用仪也是结构鉴定和组分定量分析中重要的现代仪器。

第**9**章

特殊实验技术

9.1 高压反应

多数有机反应可在常压下提高温度即可进行，但是对于有气体参与的有机反应，常需要加压提高反应速率同时提高反应物浓度，以使可逆反应向生成物方向移动，如催化加氢反应，催化氧化反应等。

催化加氢是重要的有机合成单元操作，与高压条件结合起来，使加氢反应更加顺利，氢气价廉，而且加氢反应结束后一般只需将催化剂滤去，蒸除溶液，即可得到产物，后处理简单方便，因此，高压加氢反应技术得到较为广泛的应用。

对于液相加氢来说，反应系统中一般都是三相，即气相的氢、液相的反应原料和固相的催化剂。反应在催化剂的表面发生。因此加氢反应的速度与液相中的氢浓度有关，而氢浓度则与氢在反应物料中的溶解度以及氢扩散到催化剂表面的速度有关。氢气压力的增加，氢气到催化剂表面扩散速度的提高都有利于加氢反应的进行。对反应釜强化搅拌也是提高加氢速度有效的措施。

加氢或高压反应通常都在耐高压的高压釜中进行，高压釜有震荡式，摇摆式和磁力搅拌式。高压釜的釜体由于耐压的要求，通常设计成长径比较大的圆筒，内壁衬有不锈钢套。为了加强搅拌效果，一般将搅拌器设计成多层，氢气通过底部气体分配器鼓泡到液体物料中，增强接触效果。气源一般用氢气钢瓶。操作通常按下列步骤进行：

(1) 预算吸氢量

由化学方程式算出需要吸收氢的摩尔数，再由下式近视地估算高压釜内氢化反应开始及氢化反应结束时氢气的压力差：

$$\Delta p = n \times 8314 \times (273 + t)/V \tag{9-1}$$

式中，n 为反应所需氢的摩尔数；V 为高压釜体积减去氢化溶液体积后的实际空间，mL；t 为氢化室的温度，

应用这一式子时，要求在氢化反应结束后，将高压釜冷却到开始时的温度 t，再读压力表上的氢气压力，由于上式是从理想气体定律而来，因而与实际状态略有差异，但对了解氢

化进程有一定的参考价值。

（2）装样

打开高压釜（注意各个螺栓的顺序），将待氢化的溶液倒入釜内，其体积不超过高压釜容积的二分之一，然后加入催化剂，加毕，用棉花或软纸将高压釜与其盖的结合处擦净。

（3）关盖

关上高压釜盖，按原螺栓顺序，对称地（1，4，2，5，3，6顺序）拿专用扳手均匀地将螺栓逐个拧紧（一般分几次进行）。

（4）检漏

首先关闭高压釜进气阀和出气阀，然后将高压氢气导管的接头拧在高压釜进气阀上。慢慢打开氢气钢瓶上的阀，再慢慢拧开高压釜进气阀，当压力表读数至 1MPa 到 1.5MPa 时，将阀门关闭，并徐徐拧松放气阀，再重复灌放气操作两次，使高压釜内的空气基本排除。再将氢气充至反应所需压力，拧紧进气阀，并关闭氢气钢瓶上的阀。观察压力表上读数在 20min 内是否下降，或者用氢气检测器或肥皂水检验高压釜导气管各接头处是否漏气。若发现漏气，应将高压釜内的气体放出，检查漏气处衬垫或压力表等接头处是否松脱或有尘粒沾染，阀或表头是否有损坏，找到原因后，重新将釜盖上紧，再充氢气检验，直至不再漏气。

（5）反应

打开搅拌器开关和加热开关，边搅拌边加热，注意高压釜氢气压力表的变化，当读数与吸氢量相等时，而且在一定时间内氢气压力不再下降，则可认为反应完毕，停止加热，停止搅拌，关闭电源，让高压釜自然冷却至室温。

（6）开釜取样

待高压釜冷却至室温后，缓慢拧开放气阀，使残余氢气缓慢放出，至釜内外压力相等。然后将高压釜的螺栓按拧紧的顺序依次拧开，移开盖子，倒出反应混合物。

（7）清洗

反应物倒出后，将高压釜清洗干净，除净催化剂颗粒，以免拧紧时损伤高压釜密封面。

9.2 无水无氧反应

有机化学合成实验中很多试剂容易和水或氧发生作用，因此，为了避免副反应，有些反应只能在无水无氧条件下才能进行。在微量合成实验中，原料投料量是毫克级的，操作时附着在烧瓶或试管壁上的微量水分氧气等都决定着反应的成败，所以无水无氧操作是上述有机合成反应中的核心问题。隔绝空气的操作有如下三种方法：①使用氮气箱；②使用 Schlenk 无水无氧操作线，在惰性气流中操作；③在全部真空系统中操作。三者优缺点比较如表 9-1 所示。

表 9-1　隔绝空气操作方法比较

操作	特点	装置要求	适用范围	优缺点
高真空操作	真空度高 没有污染	高 要真空	样品封装 液体转移	价格贵 操作麻烦
氮气箱	惰性气体保护	高 有机玻璃制的干燥箱	转移 称重 反应	价格昂贵 操作不方便
Schlenk 操作	惰性气体保护	Schlenk 操作线	反应	操作相对方便

由上表比较可见，无水无氧反应中使用 Schlenk 操作线有明显的优点。

9.2.1　实验原理

Schlenk 无水无氧操作线是一套惰性气体的净化和操作系统，通过该系统，可以将环境中的微量氧气、水分脱除，使无水无氧惰性气体导入反应系统，避免敏感物与空气的接触，使反应、分离、测试等在惰性气体保护下进行。该装置主要由除氧柱，干燥柱、Na-K 合金管、截油管、双排管、真空计等部分组成。装置如图 9-1 所示。

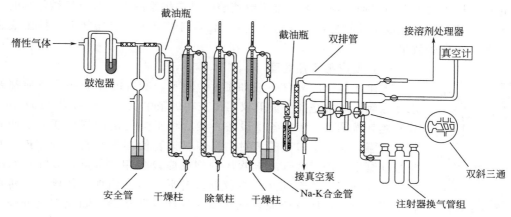

图 9-1　无水无氧操作线

惰性气体（如氩气或氮气）通过鼓泡器导入安全管，经过干燥柱初步脱水，再进入除氧柱除氧，然后进入第二根干燥柱以吸收除氧柱中生成的微量水，然后通过 Na-K 合金管以除去残余微量水和氧，最后通过截油管进入双排管。在干燥柱中可填充 4A 分子筛或 5A 分子筛。除氧柱中一般使用除氧效果好并能再生的银分子筛，分别除去微量的水和氧气，以得到纯的氩气进入双排管。

9.2.2　实验方法

(1) 除氧柱活化

选用银分子筛作除氧剂。将银分子筛装入 60cm 长、3cm 内径的玻璃管中，从管的上部插入 400℃温度计，在外绕上 300W 电热丝，其外再罩上 60cm 长、6cm 内径的玻璃管，氢气从柱的下端侧管通入，从柱上端侧管流出，在 90～110℃下活化 10h，活化过程中生成的少量水可通过柱下端的导管放出。银分子筛变黑后，停止加热，继续通氢气，自然冷却至室温。然后旋转三通活塞，将惰性气体导入，与系统接通。

(2) 干燥柱的活化

选用 4A 分子筛做干燥剂，将 4A 分子筛装入 60cm 长、3cm 内径的玻璃管中，从管的上部插入 400℃温度计，在外绕上 500W 电热丝，其外再罩上 60cm 长、6cm 内径的玻璃管，柱的下端接三通，分别与真空泵及惰性气体相连接，在 10mmHg、320～350℃的条件下活化 10h，然后旋转三通活塞，将惰性气体导入，停止加热，自然冷却至室温，关上旋塞，与系统接通。

(3) Na-K 合金管

其管子尺寸为上部长 50cm、内径 2cm，下部长 15cm、内径 5cm。上端侧管连三通并分别与真空泵及惰性气体相连接。装料前，先抽真空并用电吹风或煤气灯烘烤，自然冷却至室温后，再充惰性气体，抽换气三次，在充惰性气体条件下，从上口加入切碎的钠（15g）和钾（45g），并用适量的石蜡油加以覆盖。然后加热下端，使钠、钾熔融，冷却后即成钠-钾合金。插入已抽换气的内管，关上旋塞，并接入系统。

（4）溶剂处理

反应中所有溶剂也要求作严格无水无氧处理。处理方法是：通过三通将回流装置与无水无氧操作线相连，经抽换气后，将经金属钠丝处理过的溶剂及金属钠和二苯甲酮（按1：4质量比）转入三口烧瓶中，旋转双斜三通活塞，使上下连通，保持回流。待溶液由黄色变成深蓝色后，即可关上双斜三通，使溶剂积聚于储液腔中（当体系的水分和氧气被除尽时，金属钠便将二苯甲酮还原成苯片呐醇钠，呈深蓝色）。取溶剂时可用注射器从上口抽出或旋转双斜三通从下侧管放出。

（5）反应装置预处理

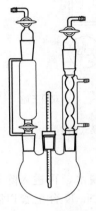

无水无氧反应装置一般如图9-2所示。所有的仪器在反应前都要除水和除氧。通常是先将玻璃仪器预先在烘箱中烘干（一般是110℃烘3～4h）趁热按图9-2装好各项设备，然后将干燥的惰性气体通入，让其冷却至室温，关闭支口处的液封，旋转双排管使体系与真空管相连。开真空泵抽真空，用煤气灯或电吹风处理反应设备相关部分，以除掉系统内的空气和潮气。烘烤完毕，待仪器冷却后，打开惰性气体阀，旋转双排管上双斜三通，使待处理系统与惰性气体管路相通。如此重复处理三次即可。

（6）实验要点

图 9-2　无水无氧反应装置

无水无氧反应中，一般用磁力搅拌，若采用机械搅拌，搅拌密封头要和烧瓶磨口配合非常紧密，而且要加大惰性气体流量。加料一般在惰性气体流量较大的状态下加，动作要快。装置中所用橡皮管都必须是真空橡皮管，以防抽换气时有空气渗入。操作线中的鼓泡器内装有石蜡油和汞，以便观察体系内惰性气体气流情况，同时保持体系压力变化时，内外仍然隔绝，防止空气进入。水银安全管的作用主要是为了防止反应系统内部压力太大而导致将瓶塞冲开。它既可以保持系统一定的压力，又可以在系统压力过大时，让惰性气体从中放空。截油瓶起着捕集鼓泡器中带出的石蜡油的作用。截油管内装有活化的分子筛，以吸收气体流速过快时从钠-钾合金管中带出的少量石蜡油，以免进入反应器、污染反应系统。

9.3　有机电化学合成反应

有机电化学起源与1803年，当时皮特罗夫进行了酸和油酯类有机化合物的电解试验，最早实现工业化生产的有机化学合成反应是1848年 Kolbe 研究的脂肪酸电解脱羧生成较长链的烃的反应，此后，对电化学的研究也越来越活跃，实用化的研究也越来越多。电化学方法中用的试剂少，环境污染少，转化率高，产物分离简单，而且可以达到一些其他方法难以达到的目的。已开发成功的反应有1.3万吨/年规模的四乙基铅电解合成厂，己二腈电解合成厂等。应用有机电解进行有机反应，条件温和，易于控制，而且在反应中所消耗的试剂主要是干净的"电子试剂"，也属于绿色化学的范畴。

9.3.1 电化学合成原理

根据电子得失情况，可分为氧化和还原两类。阳极发生失去电子的氧化反应，阴极发生得到电子的还原反应，有些反应中，反应物直接获得电子或失去电子转变成产物，有些反应是物质在阴极或阳极生成活泼试剂，再与有机物进行反应。如电解法制备碘仿时，电解液中的碘离子在阳极被氧化成碘，而生成的碘在碱性介质中变成次碘酸根离子，再与丙酮或乙醇作用生成碘仿。其反应方程式如下：

$$2I^- + 2e^- \longrightarrow I_2$$
$$I_2 + 2OH^- \Longleftrightarrow IO^- + I^- + H_2O$$
$$CH_3COCH_3 + 3IO^- \longrightarrow CH_3COO^- + CHI_3 + 2OH^-$$
$$CH_3CH_2OH + 5IO^- \longrightarrow CHI_3 + H_2O + 2I^- + HCO_3^- + 2OH^-$$

从上述反应可知。每生成 1mol 碘仿，以丙酮为原料时，需要 6mol 电子参加反应，以乙醇为原料时，需要消耗 10mol 电子。

该反应中可能有的副反应为：

$$3IO^- \Longleftrightarrow IO_3^- + 2I^-$$

即每生成 1mol IO_3^-，消耗 6mol 电子用来生成 3mol IO^-。因此实际上消耗的电量要大于上述生成碘仿的计算值。按照反应式计算的电量与实际通过的电量的比值称为电流效率。

通过采取适当的电极材料和反应条件以及合理的电解池结构，可以提高电流效率，降低电解池的压降，从而降低电解能量的消耗。电解条件参数主要包括电解电位、电流密度、电解液的成分、浓度和温度等。

9.3.2 目前电化学的研究方向

目前有机电化学的研究方向的主要内容是电和化学反应之间的相互作用，化学能和电能之间的相互转化及相关规律的科学，其研究内容包括：有机电合成；有机高分子材料合成，如有机电解聚合反应合成导电高分子材料的研究成果获得 2000 年度的诺贝尔化学奖；有机电源，如利用优良的有机电解质，使锂高能电池实现了商品化；有机功能材料，如采用电解聚合生成的有机聚合物可做成显示元件；有机光电化学促进了有机太阳能电池的发展等。由此可见，有机电化学的发展前景十分诱人，其对科学技术发展的贡献也是难以估量的。

9.3.3 实验方法

(1) 电解装置

用 150mL 烧杯做电解池，在有机玻璃上根据电极的粗细打孔，用于安放电极，电极间距约 3mm，电极下端距杯底约 1～1.5cm，两根电极并联作阴极，另两根电极并联作阳极。可用石墨棒作电极，底部用磁力搅拌。电极上端经过可变电阻、电流转向器及安培计与直流电源（电流＞1A，可调电压 1～12V）相连接。

(2) 电解反应

烧杯中加入原料、溶剂（需要的话），开动磁力搅拌器，接通电源，将电源调整到所需值，在电解过程中电极表面可能会蒙上一层不溶性产物。使电解电流降低，这时可通过反向器改变电流方向，使电流保持恒定，反应过程中维持电解液在室温（20～30℃），电解一定时间，切断电源，停止反应，停止搅拌。通过减压过滤等手段分离产品，需要的话可对产品进行重结晶以进一步提纯产物。

9.4 有机物的微波合成反应

9.4.1 微波作用原理

微波是频率约在 $300MHz\sim300GHz$ 微波区，即波长在 $100cm$ 至 $1mm$ 范围内的电磁波。它位于电磁波谱的红外辐射（光波）和无线电波之间。微波加热的原理是：在高频电磁场的作用下，极性分子从原来的随机分布状态转为依照电场的极性排列取向，这些取向按照交变电磁场的频率不断变化，分子排列方向也随之高速变化，从而造成分子的运动和相互摩擦并产生热量，同时这些吸收了能量的极性分子在与周围其他分子的碰撞中又把能量传递给其他分子，使体系温度提高。一般加热过程中外来能量由表及里，使分子运动逐层加速，加热缓慢且不均匀，被加热体系沿经向存在温度梯度。与一般加热过程不同的是，微波加热是一种内加热，在高频电磁场的作用下，溶液中的极性分子能接受辐射能量而产生高速的翻转和旋转运动，其运动变化速度大约为每秒钟数十亿次的频率，这种分子的剧烈运动导致极性分子间的碰撞摩擦。从而产生能量，使体系温度升高。这样的内热效应可使整个化学反应体系升温均匀，而且体系快速升温也不会导致局部过热。因此微波加热是介质材料自身损耗电场能量而发热。

在微波电场中，介质吸收微波功率的大小 P 正比于频率 f、电场强度 E 的平方、介电常数和介质损耗正切值。即

$$P = 2\pi f E^2 \varepsilon_r V \tan\delta \tag{9-2}$$

式中，V 为物料介质吸收微波的有效体积。

不同介质材料的介电常数 ε_r 和介质损耗正切值 $\tan\delta$ 是不同的，故微波电场作用下的热效应也不一样。极性分子组成的物质能较好地吸收微波能，如水分子呈很强的极性，是吸收微波的最好介质；非极性分子组成的物质基本上不吸收或很少吸收微波，如聚丙烯、聚砜、塑料制品、陶瓷、聚四氟乙烯等材料不吸收微波，但可用作微波加热用的容器或支架。

9.4.2 微波加热的特点

① 加热速度快、加热均匀　在微波加热中微波直接作用于介质分子，将电磁能转换成热量，而且透射使介质内外同时加热，不需要热传导，故可在短时间内达到均匀加热。

② 选择性加热、节能高效、无热辐射　微波加热时只被加热物体吸收，加热室内的空气与相应的容器都不会被加热，热效率高。

③ 易于控制　微波功率由开关、调节旋钮控制，即开即用。功率连续可调，现在还有温度可调的微波炉。

④ 杀毒灭菌功能　微波除加热功能外，在食品、药品加工时能在较低温度下迅速杀虫灭菌，同时最大限度保持食品的营养成分和色泽。

9.4.3 微波促进反应原理

1986 年，加拿大的 R.Gedye 及其合作者发现，利用微波炉加热可以促进多种有机化学反应，这一发现对于几个世纪来惯用的传统加热技术提出了挑战，给有机化学反应研究注入

了新的思想，微波促进有机化学反应引起了人们的广泛关注。微波具有比激光低得多的能级，却能在相同甚至较低温度下产生比常规方法高几倍至几十倍的效率，使反应活性大大提高。微波除热效应外还有非热效应，可以对反应体系选择性加热，从而使化学反应具有一定的选择性。微波促进有机反应的原因，目前学术界有两种观点，一种认为微波是一种内加热方式，对反应动力学不发生影响，因此微波对极性有机物的选择加热主要是热效应作用；另一种观点认为，微波对化学反应作用非常复杂，一方面是反应物分子吸收了微波能量，提高了分子运动速度，致使分子运动杂乱无章，导致熵的增加；另一方面微波对极性分子的作用，迫使其按照电磁场作用方式运动，每秒变化 2.45×10^9 次，导致了熵的减少，因此微波对化学反应的作用机理是不能单纯用微波致热效应来描述的。另外，部分专家认为，微波作用下的有机反应，改变了反应动力学，降低了反应活化能。如 Dayal 等用微波由胆汁酸与牛磺酸合成胆汁酸的衍生物，反应 10min 产率 70% 以上，用油浴在相近的温度下，也加热 10min 但未得到产物。还有如乙酸甲酯的水解动力学的研究结果表明，在相同条件下，微波降低了活化能。在催化反应中，很多情况下，微波有诱导催化反应的作用，许多有机化合物不能直接明显地吸收微波，但可利用某种强烈吸收微波的"敏化剂"把微波能传给这些物质而诱发化学反应，如果选用这种敏化剂做催化剂或催化剂的载体，就可在微波辐射下实现某些催化反应。其基本原理是：将高强度短脉冲微波辐射聚焦到含有某种"敏化剂"的固体催化剂床表面上，由于表面金属点位与微波能的强烈相互作用。微波能将被转化成热，从而使某些表面点位选择性地被很快加热至很高的温度（有些甚至超过 1400℃），不被微波作用的有机试剂与受激发的表面点位接触时即可发生反应。通过适当控制微波脉冲的开关时间可以控制催化表面的温度。加上适当控制反应物的压力和流速就可进一步控制化学反应并减少副反应的发生，因为此时反应介质的本体仍然处于或接近室温。

9.4.4　微波在有机合成中的应用

微波在有机合成中用途很广，目前已用于酯化反应、重排反应、苯偶姻缩合反应、羟醛缩合反应、烷基化反应、水解反应、烯烃加成反应、消除反应、取代反应、自由基反应、成环反应、环交换反应、酯交换反应、酰胺化反应、催化氢化反应、有机金属反应、Witting 反应、Deckman 反应、Reformatsky 反应、Perkin 反应、Knoevenagel 反应、Diels-Alder 反应等二十几类反应中。

9.5　有机物的超声合成反应

1927 年开始就已将超声辐射用于有机反应的研究，但一直限于研究中，直到 20 世纪 80 年代开始才获得了突破性的进展。使该技术得到了迅速应用。

超声波是一种能量较低的机械波，本质上超声波并不能改变化合物的结构或使化学键活化。其对化学反应的促进作用主要来源于超声波的空腔（空化）作用，在局部产生瞬时的高温（可达 5000℃）、高压（500atm）、微射流（400km·h^{-1}）、强剪切、发光、放电等高能环境，使反应体系破碎、分散、雾化、混合和乳化，大大增加了反应界面，从而促进化学键断裂，加速化学反应，提高反应产率。对其确切作用机理及对化学反应本质的影响还正在研究中，对许多超声波作用下的有机合成反应机理还未得到阐明。

产生超生的途径有两种，一种是将超声探头作为超声辐射源，将其直接插入反应器物料中使用，可以提高超声效率；另一种是将反应器置于超声清洗器内，超声波需通过清洗槽中介质的传递才能作用于反应物，这一途径能量消耗大，效率低，而且介质的用量、反应器的大小以及清洗槽中的位置等因素稍有变化都会影响反应结果，重复性较差。多数有机合成反应除了使用超声波外，还必须有加热条件，所以近几年厂家也开发了带加热装置的超声清洗器。以便于调节反应温度。但一般可用的温度比较低，多数用水浴作介质，温度都在80℃以下，个别温度可达90℃，而且温度波动范围较大，这点也使介质传递超声波能量的装置使用场合受到了较大的限制。

目前研究较多、效果较明显的是利用超声辐射锂、镁、锌等金属与卤代烷反应形成相应的有机金属试剂，如烷基锂、Grignard试剂等。卤代烷、金属和亲电反应物混合后，在超声波作用下，可以生成有机金属试剂，与底物发生反应，不需要严格的无水无氧条件，反应速度快，操作十分方便。

9.6 常用有机溶剂的处理技术

(1) 四氯化碳

沸点76.8℃，折射率1.4693，相对密度1.5840。

四氯化碳中二硫化碳达4%。纯化时，可将1000mL四氯化碳与60g氢氧化钾溶于60mL水和100mL乙醇的溶液混在一起，在50～60℃时振摇30min，然后水洗，再将此四氯化碳按上述方法重复操作一次（氢氧化钾的用量减半）。四氯化碳中残余的乙醇可以用氯化钙除掉。最后将四氯化碳用氯化钙干燥、过滤、蒸馏收集76.7～76.8℃的馏分。

(2) 乙醇

乙醇沸点78.5℃，折射率1.3616，相对密度0.7893。

制备无水乙醇的方法很多，根据对无水乙醇质量的要求不同而选择不同的方法。

若要求98%～99%的乙醇，可采用下列方法：

① 共沸蒸馏制无水乙醇

利用苯、水和乙醇形成低共沸混合物的性质，将苯加入乙醇中，进行分馏，在64.9℃时首先蒸出苯、水、乙醇的三元恒沸混合物，接着在68.3℃时蒸出苯与乙醇形成二元恒沸混合物，最后蒸出乙醇或将无水乙醇留于釜底。工业上较多采用此法。

② 用生石灰脱水

于100mL 95%乙醇中加入新鲜的块状生石灰20g，回流3～5h，然后进行蒸馏。

市售的无水乙醇一般只能达到99.5%的纯度，而许多反应中需要使用纯度更高的绝对乙醇，可按下法制取。

a. 在100mL 99%乙醇中，加入7g金属钠，待反应完毕，再加入27.5g邻苯二甲酸二乙酯或25g草酸二乙酯，回流2～3h，然后进行蒸馏。金属钠虽能与乙醇中的水作用，产生氢气和氢氧化钠，但所生成的氢氧化钠又与乙醇发生平衡反应，因此单独使用金属钠不能完全除去乙醇中的水，必须加入过量的高沸点酯，如邻苯二甲酸二乙酯与生成的氢氧化钠作用，抑制上述反应，从而达到进一步脱水的目的。

b. 在250mL干燥的圆底烧瓶中，加入0.6g干燥纯净的镁丝和10mL 99.5%的乙醇。安装回流冷凝管，在冷凝管上口附加一支无水氯化钙干燥管。

在沸水浴上加热至微沸，移去热源，立即加入几粒碘（注意此时不要振荡），可见随即在碘粒附近发生反应，若反应较慢，可稍加热，若不见反应发生，可补加几粒碘。当金属镁全部作用完毕后，再加入 100mL 99.5％乙醇和几粒沸石，水浴加热回流 1h。改成蒸馏装置，补加沸石后，水浴加热蒸馏，收集 78.5℃馏分，贮存在试剂瓶中，用橡胶塞或磨口塞封口。此法制得的绝对乙醇，纯度可达 99.99％。

由于乙醇具有非常强的吸湿性，所以在操作时，动作要迅速，尽量减少转移次数以防止空气中的水分进入，同时所用仪器必须事前干燥好。

（3）二硫化碳

沸点 46.25℃，折射率 1.6319，相对密度 1.2632。

二硫化碳为有毒化合物，能使血液神经组织中毒。具有高度的挥发性和易燃性，因此，使用时应避免与其蒸气接触。

对二硫化碳纯度要求不高的实验，在二硫化碳中加入少量无水氯化钙干燥几小时，在水浴 55～65℃下加热蒸馏、收集。如需要制备较纯的二硫化碳，在试剂级的二硫化碳中加入 0.5％高锰酸钾水溶液洗涤三次。除去硫化氢再用汞不断振荡以除去硫。最后用 2.5％硫酸汞溶液洗涤，除去所有的硫化氢（洗至没有恶臭为止），再经氯化钙干燥，蒸馏收集。

（4）丙酮

沸点 56.2℃，折射率 1.3588，相对密度 0.7899。

丙酮中常含有少量的水及甲醇、乙醛等还原性杂质。其纯化方法有以下几种。

① 于 250mL 丙酮中加入 2.5g 高锰酸钾回流，若高锰酸钾紫色很快消失，再加入少量高锰酸钾继续回流，至紫色不褪为止。然后将丙酮蒸出，用无水碳酸钾或无水硫酸钙干燥，过滤后蒸馏，收集 55～56.5℃的馏分。用此法纯化丙酮时，须注意丙酮中含还原性物质不能太多，否则会过多消耗高锰酸钾和丙酮，使处理时间增长。

② 将 100mL 丙酮装入分液漏斗中，先加入 4mL 10％硝酸银溶液，再加入 3.6mL 1mol·L 氢氧化钠溶液，振摇 10min，分出丙酮层，再加入无水硫酸钾或无水硫酸钙进行干燥。最后蒸馏收集 55～56.5℃馏分。此法比方法①要快，但硝酸银较贵，只宜做小量纯化用。

（5）苯

沸点 80.1℃，折射率 1.5011，相对密度 0.87865。

普通苯常含有少量水和噻吩，噻吩沸点 84℃，与苯接近，不能用蒸馏的方法除去。

噻吩的检验：取 3mL 苯与 10mg 靛红和 10mL 浓硫酸配成的溶液一起振荡，出现蓝绿色时，即表示有噻吩存在。

噻吩和水的除去：将苯装入分液漏斗中，加入相当于苯体积七分之一的浓硫酸，振摇使噻吩磺化，弃去酸液，再加入新的浓硫酸，重复操作几次，直到酸层呈现无色或淡黄色并检验无噻吩为止。

将上述无噻吩的苯依次用 10％碳酸钠溶液和水洗至中性，再用氯化钙干燥，进行蒸馏，收集 80℃的馏分，最后用金属钠脱去微量的水得无水苯。

（6）四氢呋喃

沸点 67℃，折射率 1.4050，相对密度 0.8892。

四氢呋喃与水能混溶，并常含有少量水分及过氧化物。如要制得无水四氢呋喃，可用氢化铝锂在隔绝潮气下回流（通常 1000mL 约需 2～4g 氢化铝锂）除去其中的水和过氧化物，然后蒸馏，收集 66℃的馏分（蒸馏时不要蒸干，将剩余少量残液即倒出）。精制后的液体加入钠丝并应在氮气氛中保存。

处理四氢呋喃时，应先用小量进行试验，在确定其中只有少量水和过氧化物，作用不致过于激烈时，方可进行纯化。

四氢呋喃中的过氧化物可用酸化的碘化钾溶液来检验。如过氧化物含量很大，以弃去不用为宜。

(7) 二氧六环

沸点 101.5℃，熔点 12℃，折射率 1.4424，相对密度 1.0336。

二氧六环能与水任意混合，常含有少量二乙醇缩醛与水，久贮的二氧六环可能含有过氧化物（鉴定和除去参阅乙醚）。二氧六环的纯化方法，在 500mL 二氧六环中加入 8mL 浓盐酸和 50mL 水的溶液，回流 6～10h，在回流过程中，慢慢通入氮气以除去生成的乙醛。冷却后，加入固体氢氧化钾，直到不能再溶解为止，分去水层，再用固体氢氧化钾干燥 24h。然后过滤，在金属钠存在下加热回流 8～12h，最后在金属钠存在下蒸馏，压入钠丝密封保存。精制过的二氧六环应当避免与空气接触。

(8) 吡啶

沸点 115.5℃，折射率 1.5095，相对密度 0.9819。

分析纯的吡啶含有少量水分，可供一般实验用。如要制得无水吡啶，可将吡啶与粒状氢氧化钾（钠）一同回流，然后隔绝潮气蒸出备用。干燥的吡啶吸水性很强，保存时应将容器口用石蜡封好。

(9) 石油醚

石油醚为轻质石油产品，是低分子量烷烃类的混合物。其沸程为 30～150℃，收集的温度区间一般为 30℃左右。有 30～60℃，60～90℃，90～120℃ 等沸程规格的石油醚。其中含有少量不饱和烃，沸点与烷烃相近，用蒸馏法无法分离。

石油醚的精制：通常将石油醚用其同体积的浓硫酸洗涤 2～3 次，再用 10% 硫酸加入高锰酸钾配成的饱和溶液洗涤，直至水层中的紫色不再消失为止。然后再用水洗，经无水氯化钙干燥后蒸馏。若需绝对干燥的石油醚，可加入钠丝（与纯化无水乙醚相同）。

(10) 甲醇

沸点 64.96℃，折射率 1.3288，相对密度 0.7914。

普通未精制的甲醇含有 0.02% 丙酮和 0.1% 水。而工业甲醇中这些杂质的含量达 0.5%～1%。

为了制得纯度达 99.9% 以上的甲醇，可将甲醇用分馏柱分馏。收集 64℃ 的馏分，再用镁除去水（与制备无水乙醇相同）。甲醇有毒，处理时应防止吸入其蒸气。

(11) 乙酸乙酯

沸点 77.06℃，折射率 1.3723，相对密度 0.9003。

乙酸乙酯一般含量为 95%～98%，含有少量水、乙醇和乙酸。可用下法纯化：于1000mL 乙酸乙酯中加入 100mL 乙酸酐，10 滴浓硫酸，加热回流 4h，除去乙醇和水等杂质，然后进行蒸馏。馏出液用 20～30g 无水碳酸钾振荡，再蒸馏。产物沸点为 77℃，纯度可达 99% 以上。

(12) 乙醚

乙醚沸点 34.51℃，折射率 1.3526，相对密度 0.7134。

普通乙醚常含有 2% 乙醇和 0.5% 水。久藏的乙醚常含有少量过氧化物。

过氧化物的检验和除去：在干净和试管中放入 2～3 滴浓硫酸，1mL 2% 碘化钾溶液（若碘化钾溶液已被空气氧化，可用稀亚硫酸钠溶液滴到黄色消失）和 1～2 滴淀粉溶液，混合均匀后加入乙醚，出现蓝色即表示有过氧化物存在。

除去过氧化物可用新配制的硫酸亚铁稀溶液（配制方法是：在100mL水和6mL浓硫酸中，加入6g硫酸亚铁，此溶液久放后容易氧化变质，故以现用现配为宜）。将100mL乙醚和10mL新配制的硫酸亚铁溶液放在分液漏斗中洗数次，至无过氧化物为止。

醇和水的检验和除去：乙醚中放入少许高锰酸钾粉末和一粒氢氧化钠。放置后，氢氧化钠表面附有棕色树脂，即证明有醇存在。水的存在用无水硫酸铜检验。

先用无水氯化钙除去大部分水，再经金属钠干燥。其方法是：将100mL乙醚放在干燥锥形瓶中，加入20～25g无水氯化钙，瓶口用软木塞塞紧，放置一天以上，并间断摇动，然后蒸馏，收集33～37℃的馏分。用压钠机将1g金属钠直接压成钠丝放于盛乙醚的瓶中，用带有氯化钙干燥管的软木塞塞住。或在木塞中插一末端拉成毛细管的玻璃管，这样，既可防止潮气浸入，又可使产生的气体逸出。放置至无气泡发生即可使用；放置后，若钠丝表面已变黄变粗时，必须再蒸一次，然后再压入钠丝。

（13）二甲基亚砜（DMSO）

沸点189℃，熔点18.5℃，折射率1.4783，相对密度1.100。

二甲基亚砜能与水混合，可用分子筛长期放置加以干燥。然后减压蒸馏，收集76℃/1600Pa（12mmHg）馏分。蒸馏时，温度不可高于90℃，否则会发生歧化反应生成二甲砜和二甲硫醚。也可用氧化钙、氢化钙、氧化钡或无水硫酸钡来干燥，然后减压蒸馏。也可用部分结晶的方法纯化。二甲基亚砜与某些物质混合时可能发生爆炸，例如氢化钠、高碘酸或高氯酸镁等应予注意。

（14）N,N-二甲基甲酰胺（DMF）

沸点149～156℃，折射率1.4305，相对密度0.9487。

N,N-二甲基甲酰胺，无色液体，与多数有机溶剂和水可任意混合，对有机和无机化合物的溶解性能较好。N,N-二甲基甲酰胺含有少量水分。常压蒸馏时有些分解，产生二甲胺和一氧化碳。在有酸或碱存在时，分解加快。所以加入固体氢氧化钾（钠）在室温放置数小时后，即有部分分解。因此，最常用硫酸钙、硫酸镁、氧化钡、硅胶或分子筛干燥，然后减压蒸馏，收集76℃/4800Pa（36mmHg）的馏分。其中如含水较多时，可加入其1/10体积的苯，在常压及80℃以下蒸去水和苯，然后再用无水硫酸镁或氧化钡干燥，最后进行减压蒸馏。纯化后的N,N-二甲基甲酰胺要避光贮存。

N,N-二甲基甲酰胺中如有游离胺存在，可用2,4-二硝基氟苯产生颜色来检查。

（15）二氯甲烷

沸点40℃，折射率1.4242，相对密度1.3266。

使用二氯甲烷比氯仿安全，因此常用它来代替氯仿作为比水重的萃取剂。普通的二氯甲烷一般都能直接做萃取剂用。如需纯化，可用5%碳酸钠溶液洗涤，再用水洗涤，然后用无水氯化钙干燥，蒸馏收集40～41℃的馏分，保存在棕色瓶中。

（16）氯仿

沸点61.7℃，折射率1.4459，相对密度1.4832。

氯仿在日光下易氧化成氯气、氯化氢和光气（剧毒），故氯仿应贮于棕色瓶中。市场上供应的氯仿多用1%乙醇做稳定剂，以消除产生的光气。氯仿中乙醇的检验可用碘仿反应；游离氯化氢的检验可用硝酸银的醇溶液。

除去乙醇可将氯仿用其二分之一体积的水振摇数次分离下层的氯仿，用氯化钙干燥24h，然后蒸馏。

另一种纯化方法：将氯仿与少量浓硫酸一起振动两三次。每 200mL 氯仿用 10mL 浓硫酸，分去酸层以后的氯仿用水洗涤，干燥，然后蒸馏。

除去乙醇后的无水氯仿应保存在棕色瓶中并避光存放，以免光化作用产生光气。

(17) 冰乙酸（冰醋酸）

沸点 118℃，折射率 1.3718，相对密度 1.0492。

通常的杂质是微量的乙醛、水和某些过氧化物。纯化时加入一些乙酐或五氧化二磷使之与所含水反应，或加入 2%～5% 的高锰酸钾在低于沸点条件下加热 2～6h，然后分馏，均可得到纯乙酸。还可加苯进行恒沸蒸馏或用冷冻结晶的方法除去乙酸中的微量水。

(18) 乙腈

沸点 81.5℃，折射率 1.3441，相对密度 0.7822。

工业上，乙腈是丙烯与氨反应生产丙烯腈的副产物，所以乙腈中常含有水、丙烯腈、醚、胺等杂质。甚至还含有乙酸和氨等水解产物。

在乙腈中加入五氧化二磷（0.5%～1%，m/V），可以去除其中的大部分水。应避免加入过量的五氧化二磷，否则可生成橙色聚合物。在馏出的乙腈中加入少量碳酸钾再蒸馏，可以去除痕量的五氧化二磷，最后用分馏柱分馏。

加入硅胶或 4A 分子筛并摇荡，可以去除乙腈中的大部分水。继后，使之与氢化钙一起搅拌，至不再放出氢气为止，分馏。这样可以做到只含痕量水而不含乙酸的乙腈。乙腈还可以与二氯甲烷、苯或三氯乙烯一起恒沸蒸馏而干燥。

乙腈与少量氢氧化钾（1mL，1%）进行初回流，可以除去其中的不饱和腈。乙腈中含异腈（臭味显示其存在）时，可用浓盐酸处理而除去，之后，用碳酸钾干燥，蒸馏。

注意：乙腈有毒，对皮肤有刺激性，应避免吸入蒸气。

(19) 叔丁醇

沸点 82.45℃/101.2kPa，折射率 1.3878，相对密度 0.7858。

一般无水叔丁醇的干燥是先用氧化钙、碳酸钾、硫酸钙、硫酸镁处理后，过滤和分馏而得。进一步的干燥是在 N_2 的保护下与镁（用碘活化）或少量金属钙、钾或钠一起回流，然后蒸馏，将叔丁醇经 4A 分子筛（350℃活化 2h）柱而吸去水分，或加以冷却进行分级结晶，这些都是有效的干燥方法。叔丁醇中含有较大量水分时，可以加入苯使之成为三元共沸物，从而将水带走，其共沸点为 67.5℃。

(20) 环己烷

沸点 80.7℃，折射率 1.4264，相对密度 0.7781。

环己烷是由苯氢化制得，所以通常含有微量苯。环己烷一般不须特别处理即可使用。若须除去所含的微量苯，可以用冷的浓硫酸与浓硝酸的混合物（7:3，V/V）搅拌洗涤数次，使苯转变成沸点更高的硝基苯，然后用 25% 氢氧化钠溶液及水洗涤，用氧化钙干燥，最后加钠蒸馏。

(21) 正己烷

沸点 68.7℃，折射率 1.3749，相对密度 0.660。

如果杂质是少量甲基环戊烷等异构体，其纯化方法是：在正己烷中加入少量发烟硫酸（低含量 SO_3）振荡，分出酸，如此反复处理，直到酸层只呈淡黄色。然后依次用硫酸、水、2% 氢氧化钠溶液洗涤，之后用水洗涤，最后用固体氢氧化钾干燥，蒸馏。

如果环己烷中的杂质是不饱和的化合物，其纯化方法是：将正己烷与硝化混酸（58% 硫酸、25% 浓硝酸及 17% 水，或 50% 硝酸 50% 硫酸）共振荡，分出烃层，用浓硫酸、水依次洗涤，干燥，在钠或丁基锂存在下蒸馏。

（22）正戊烷

沸点 36.1℃，折射率 1.3577，相对密度 0.6264。

在搅拌下用浓硫酸连续处理正戊烷多次，至 12h 内不再产生颜色为止。然后用 $0.1mol \cdot L^{-1}$ 高锰酸钾溶液和 $3mol \cdot L^{-1}$ 硫酸处理 12h，用水和碳酸氢钠溶液洗涤。干燥时先用硫酸镁或硫酸钠干燥，最后用五氧化二磷干燥。也可以将正戊烷流过硅胶柱。之后，将其与氢化钙一起蒸馏、贮存。还可以将正戊烷与甲醇进行恒沸蒸馏，用水连续洗涤馏出液，干燥后蒸馏。

（23）甲苯

沸点 110.8℃，折射率 1.4969，相对密度 0.8623。

从煤焦油中所得甲苯常含有甲基噻吩，所以甲苯的纯化与苯类似，但是由于甲苯比苯更容易磺化，所以甲苯用浓硫酸处理时，温度应当控制在 30℃ 以下。

甲苯的干燥除了可以用恒沸蒸馏去水外，也可以用氧化钙、硫酸钙、硫酸镁等干燥剂脱水，进一步的干燥则可以将甲苯与五氧化二磷、钠、氢化钙或氢化铝锂一起回流，然后分馏即可得到完全无水的甲苯。

附　　录

1. SI 辅助单位、具有专门名称的导出单位与十进倍数的词头

SI 辅助单位

量　的　名　称	单　位　名　称	单　位　符　号
平面角	弧度	rad
立体角	球面度	sr

SI 具有专门名称的导出单位

量　的　名　称	单　位　名　称	单位符号	其他表示示例
频率	赫〔兹〕	Hz	s^{-1}
力；重力	牛〔顿〕	N	$kg \cdot m/s^2$
压力，压强；应力	帕〔斯卡〕	Pa	N/m^2
能量；功；热	焦〔耳〕	J	$N \cdot m$
功率；辐射通量	瓦〔特〕	W	J/s
电荷量	库〔仑〕	C	$A \cdot s$
电位；电压；电动势	伏〔特〕	V	W/A
电容	法〔拉〕	F	C/V
电阻	欧〔姆〕	Ω	V/A
电导	西〔门子〕	S	A/V
磁通量	韦〔伯〕	Wb	$V \cdot s$
磁通量密度，磁感应强度	特〔斯拉〕	T	Wb/m^2
电感	亨〔利〕	H	Wb/A
摄氏温度	摄氏度	℃	
光通量	流〔明〕	lm	$cd \cdot sr$
光照度	勒〔克斯〕	lx	lm/m^2
放射性活度	贝可〔勒尔〕	Bq	s^{-1}
吸收剂量	戈〔瑞〕	Gy	J/kg
剂量当量	希〔沃特〕	Sv	J/kg

用于构成十进倍数和分数的词头

表示的因数	词头名称	词头符号	表示的因数	词头名称	词头符号
10^{24}	尧〔它〕	Y	10^{-1}	分	d
10^{21}	泽〔它〕	Z	10^{-2}	厘	c
10^{18}	艾〔可萨〕	E	10^{-3}	毫	m
10^{15}	拍〔它〕	P	10^{-6}	微	μ
10^{12}	太〔拉〕	T	10^{-9}	纳〔诺〕	n
10^{9}	吉〔咖〕	G	10^{-12}	皮〔可〕	p
10^{6}	兆	M	10^{-15}	飞〔母托〕	f
10^{3}	千	k	10^{-18}	阿〔托〕	a
10^{2}	百	h	10^{-21}	仄〔普托〕	z
10^{1}	十	da	10^{-24}	幺〔科托〕	y

2. 我国选定的非国际单位制单位

量的名称	单位名称	单位符号	换算关系和说明
时间	分	min	$1min=60s$
	［小］时	h	$1h=60min=3600s$
	天（日）	d	$1d=24h=86400s$
平面角	［角］秒	(″)	$1″=(\pi/64800)rad$（π 为圆周率）
	［角］分	(′)	$1′=60″=(\pi/10800)rad$
	度	(°)	$1°=60′=(\pi/180)rad$
旋转速度	转每分	r/min	$1r/min=(1/60)s^{-1}$
长度	海里	n mile	$1n\ mile=1852\ m$（只用于航程）
速度	节	kn	$1kn=1n\ mile/h$
			$=(1852/3600)m/s$（只用于航行）
质量	吨	t	$1t=10^3kg$
	原子质量单位	u	$1u\approx1.6605655\times10^{-27}kg$
体积	升	L(l)	$1L=1dm^3=10^{-3}m^3$
能	电子伏	eV	$1eV\approx1.6021892\times10^{-19}J$
级差	分贝	dB	
线密度	特［克斯］	tex	$1tex=1g/km$

3. 弱电解质的解离常数（298K）

弱电解质	解 离 常 数 $K^{\ominus}$		弱电解质	解 离 常 数 $K^{\ominus}$	
H_3AsO_4	$K_1^{\ominus}=6.03\times10^{-3}$ $K_3^{\ominus}=3.16\times10^{-12}$	$K_2^{\ominus}=1.05\times10^{-7}$	HIO_3	$K^{\ominus}=0.16$	
$HAsO_2$	$K^{\ominus}=6.61\times10^{-10}$		HNO_2	$K^{\ominus}=7.24\times10^{-4}$	
H_3BO_3	$K^{\ominus}=5.75\times10^{-10}$		H_3PO_4	$K_1^{\ominus}=7.08\times10^{-3}$ $K_3^{\ominus}=4.17\times10^{-13}$	$K_2^{\ominus}=6.31\times10^{-8}$
CO_2+H_2O	$K_1^{\ominus}=4.36\times10^{-7}$	$K_2^{\ominus}=4.68\times10^{-11}$	H_2SiO_3	$K_1^{\ominus}=1.70\times10^{-10}$	$K_2^{\ominus}=1.58\times10^{-12}$
$H_2C_2O_4$	$K_1^{\ominus}=5.37\times10^{-2}$	$K_2^{\ominus}=5.37\times10^{-5}$	SO_2+H_2O	$K_1^{\ominus}=1.29\times10^{-2}$	$K_2^{\ominus}=6.16\times10^{-8}$
HCN	$K^{\ominus}=6.17\times10^{-10}$		H_2SO_4		$K_2^{\ominus}=1.0\times10^{-2}$
HF	$K^{\ominus}=6.61\times10^{-4}$		$HCOOH$	$K^{\ominus}=1.77\times10^{-4}$	
H_2O_2	$K^{\ominus}=2.24\times10^{-12}$		CH_3COOH	$K^{\ominus}=1.75\times10^{-5}$	
H_2S	$K_1^{\ominus}=10.7\times10^{-7}$	$K_2^{\ominus}=1.26\times10^{-13}$	邻苯二甲酸	$K_1^{\ominus}=1.29\times10^{-3}$	$K_2^{\ominus}=2.88\times10^{-6}$
$HBrO$	$K_1^{\ominus}=2.51\times10^{-9}$		六亚甲基四胺	$K_b^{\ominus}=1.4\times10^{-9}$	
$HClO$	$K_1^{\ominus}=2.88\times10^{-8}$		NH_3+H_2O	$K_b^{\ominus}=1.74\times10^{-5}$	
HIO	$K_1^{\ominus}=2.29\times10^{-11}$				

4. 难溶电解质的溶度积常数（298K）

化合物	$K_{sp}^{\ominus}$	化 合 物	$K_{sp}^{\ominus}$	化 合 物	$K_{sp}^{\ominus}$
$AgBr$	5.0×10^{-13}	$Al(OH)_3$（无定形）	1.3×10^{-33}	Bi_2S_3	1×10^{-97}
Ag_2CO_3	8.1×10^{-12}	$BaCO_3$	5.1×10^{-9}	$CdCO_3$	5.2×10^{-12}
$Ag_2C_2O_4$	3.4×10^{-11}	$BaCrO_4$	1.2×10^{-10}	$Cd(OH)_2$（新析出）	2.5×10^{-14}
$AgCl$	1.8×10^{-10}	BaF_2	1.0×10^{-6}	CdS	8.0×10^{-27}
Ag_2CrO_4	1.1×10^{-12}	BaC_2O_4	1.6×10^{-7}	$CaCO_3$	2.8×10^{-9}
$Ag_2Cr_2O_7$	2.0×10^{-7}	$Ba_3(PO_4)_2$	3.4×10^{-23}	$CaC_2O_4\cdot H_2O$	4×10^{-9}
$AgIO_3$	3.0×10^{-8}	$BaSO_4$	1.1×10^{-10}	$CaCrO_4$	7.1×10^{-4}
AgI	8.3×10^{-17}	$BaSO_3$	8×10^{-7}	CaF_2	5.3×10^{-9}
Ag_3PO_4	1.4×10^{-16}	BaS_2O_3	1.6×10^{-5}	$Ca(OH)_2$	5.5×10^{-6}
Ag_2SO_4	1.4×10^{-5}	$Bi(OH)_3$	4×10^{-31}	$CaHPO_4$	1×10^{-7}
Ag_2S	6.3×10^{-50}	$BiOCl$	1.8×10^{-31}	$Ca_3(PO_4)_2$	2.0×10^{-20}

化合物	$K_{sp}^{\ominus}$	化合物	$K_{sp}^{\ominus}$	化合物	$K_{sp}^{\ominus}$
$CaSO_4$	9.1×10^{-6}	$Fe(OH)_3$	4×10^{-38}	γ-NiS	2.0×10^{-26}
$Cr(OH)_3$	6.3×10^{-31}	$FePO_4$	1.3×10^{-22}	$PbBr_2$	4.0×10^{-5}
$CoCO_3$	1.4×10^{-13}	FeS	6.3×10^{-18}	$PbCO_3$	7.4×10^{-14}
$Co(OH)_2$(新析出)	1.6×10^{-15}	$K_2[PtCl_6]$	1.1×10^{-5}	PbC_2O_4	4.8×10^{-10}
$Co(OH)_3$	1.6×10^{-44}	Hg_2I_2	4.5×10^{-29}	$PbCl_2$	1.6×10^{-5}
α-CoS	4.0×10^{-21}	Hg_2SO_4	7.4×10^{-7}	$PbCrO_4$	2.8×10^{-13}
β-CoS	2.0×10^{-25}	Hg_2S	1.0×10^{-47}	PbI_2	7.1×10^{-9}
$CuBr$	5.3×10^{-9}	HgS(红)	4×10^{-53}	$Pb_3(PO_4)_2$	8.0×10^{-43}
$CuCl$	1.2×10^{-6}	(黑)	1.6×10^{-52}	$PbSO_4$	1.6×10^{-8}
$CuCN$	3.2×10^{-20}	$MgCO_3$	3.5×10^{-8}	PbS	8.0×10^{-28}
$CuCO_3$	1.4×10^{-10}	MgF_2	6.5×10^{-9}	$Sn(OH)_2$	1.4×10^{-28}
$CuCrO_4$	3.6×10^{-6}	$Mg(OH)_2$	1.8×10^{-11}	$Sn(OH)_4$	1×10^{-56}
CuI	1.1×10^{-12}	$MnCO_3$	1.8×10^{-11}	SnS	1.0×10^{-26}
$CuOH$	1×10^{-14}	$Mn(OH)_2$	1.9×10^{-13}	$ZnCO_3$	1.4×10^{-11}
$Cu(OH)_2$	2.2×10^{-20}	MnS(无定形)	2.5×10^{-10}	ZnC_2O_4	2.7×10^{-8}
Cu_2S	2.5×10^{-48}	(结晶)	2.5×10^{-13}	$Zn(OH)_2$	1.2×10^{-17}
CuS	6.3×10^{-36}	$NiCO_3$	6.6×10^{-9}	α-ZnS	1.6×10^{-24}
$FeCO_3$	3.2×10^{-11}	$Ni(OH)_2$(新析出)	2.0×10^{-15}	β-ZnS	2.5×10^{-22}
$Fe(OH)_2$	8.0×10^{-16}	α-NiS	3.2×10^{-19}		
$FeC_2O_4\cdot2H_2O$	3.2×10^{-7}	β-NiS	1.0×10^{-24}		

5. 常用酸溶液和碱溶液的相对密度和浓度

（1）酸

相对密度 (15℃)	HCl 溶液		HNO$_3$ 溶液		H$_2$SO$_4$ 溶液	
	g/100g	mol/L	g/100g	mol/L	g/100g	mol/L
1.02	4.13	1.15	3.70	0.6	3.1	0.3
1.04	8.16	2.3	7.26	1.2	6.1	0.5
1.05	10.2	2.9	9.0	1.5	7.4	0.8
1.06	12.2	3.5	10.7	1.8	8.8	0.9
1.08	16.2	4.8	13.9	2.4	11.6	1.3
1.10	20.0	6.0	17.1	3.0	14.4	1.6
1.12	23.8	7.3	20.2	3.6	17.0	2.0
1.14	27.7	8.7	23.3	4.2	19.9	2.3
1.15	29.6	9.3	24.8	4.5	20.9	2.5
1.19	37.2	12.2	30.9	5.8	26.0	3.2
1.20			32.3	6.2	27.3	3.4
1.25			39.8	7.9	33.4	4.3
1.30			47.5	9.8	39.2	5.2
1.35			55.8	12.0	44.8	6.2
1.40			65.3	14.5	50.1	7.2
1.42			69.8	15.7	52.2	7.6
1.45					55.0	8.2
1.50					59.8	9.9
1.55					64.3	10.2
1.60					68.7	11.2
1.65					73.0	12.3
1.70					77.2	13.4
1.84					95.6	18.0

（2）碱

相对密度 （15℃）	NH₃ 水溶液		NaOH 溶液		KOH 溶液	
	g/100g	mol/L	g/100g	mol/L	g/100g	mol/L
0.88	35.0	18.0				
0.90	28.3	15				
0.91	25.0	13.4				
0.92	21.8	11.8				
0.94	15.6	8.6				
0.96	9.9	5.6				
0.98	4.8	2.8				
1.05			4.5	1.25	5.5	1.0
1.10			9.0	2.5	10.9	2.1
1.15			13.5	3.9	16.1	3.3
1.20			18.0	5.4	21.2	4.5
1.25			22.5	7.0	26.1	5.8
1.30			27.0	8.8	30.9	7.2
1.35			31.8	10.7	35.5	8.5

6. 常用的缓冲溶液

（1）不同温度下，标准缓冲溶液的 pH 值

温度/℃	$0.05\text{mol} \cdot \text{L}^{-1}$ 草酸三氢钾	25℃ 饱和酒石酸 氢钾	$0.05\text{mol} \cdot \text{L}^{-1}$ 邻苯二甲酸 氢钾	$0.025\text{mol} \cdot \text{L}^{-1}$ KH_2PO_4 + $0.025\text{mol} \cdot \text{L}^{-1}$ Na_2HPO_4	0.008695 $\text{mol} \cdot \text{L}^{-1}$ KH_2PO_4 + 0.03043 $\text{mol} \cdot \text{L}^{-1}$ Na_2HPO_4	$0.01\text{mol} \cdot \text{L}^{-1}$ 硼砂	25℃ 饱和氢氧 化钙
10	1.670		3.998	6.923	7.472	9.332	13.011
15	1.672		3.999	6.900	7.448	9.276	12.820
20	1.675		4.002	6.881	7.429	9.225	12.637
25	1.679	3.559	4.008	6.865	7.413	9.180	12.460
30	1.683	3.551	4.015	6.853	7.400	9.139	12.292
40	1.694	3.547	4.035	6.838	7.380	9.068	11.975
50	1.707	3.556	4.060	6.833	7.367	9.011	11.697
60	1.723	3.573	4.091	6.836		8.962	11.426

（2）几种常用缓冲溶液的配制

pH 值	配 制 方 法
0	$1\text{mol} \cdot \text{L}^{-1}$ HCl（Cl⁻ 对测定有妨碍时，可用 HNO_3）
1	$0.1\text{mol} \cdot \text{L}^{-1}$ HCl
2	$0.01\text{mol} \cdot \text{L}^{-1}$ HCl
3.6	NaAc·$3H_2O$ 8g，溶于适量水中，加 $6\text{mol} \cdot \text{L}^{-1}$ HAc 134mL，稀释至 500mL
4.0	NaAc·$3H_2O$ 20g，溶于适量水中，加 $6\text{mol} \cdot \text{L}^{-1}$ HAc 134mL，稀释至 500mL
4.5	NaAc·$3H_2O$ 32g，溶于适量水中，加 $6\text{mol} \cdot \text{L}^{-1}$ HAc 68mL，稀释至 500mL
5.0	NaAc·$3H_2O$ 50g，溶于适量水中，加 $6\text{mol} \cdot \text{L}^{-1}$ HAc 34mL，稀释至 500mL
5.7	NaAc·$3H_2O$ 100g，溶于适量水中，加 $6\text{mol} \cdot \text{L}^{-1}$ HAc 13mL，稀释至 500mL
7	NH_4Ac 77g，用水溶解后，稀释至 500mL
7.5	NH_4Cl 60g，溶于适量水中，加 $15\text{mol} \cdot \text{L}^{-1}$ 氨水 1.4mL，稀释至 500mL
8.0	NH_4Cl 50g，溶于适量水中，加 $15\text{mol} \cdot \text{L}^{-1}$ 氨水 3.5mL，稀释至 500mL
8.5	NH_4Cl 40g，溶于适量水中，加 $15\text{mol} \cdot \text{L}^{-1}$ 氨水 8.8mL，稀释至 500mL
9.0	NH_4Cl 35g，溶于适量水中，加 $15\text{mol} \cdot \text{L}^{-1}$ 氨水 24mL，稀释至 500mL
9.5	NH_4Cl 30g，溶于适量水中，加 $15\text{mol} \cdot \text{L}^{-1}$ 氨水 65mL，稀释至 500mL
10.0	NH_4Cl 27g，溶于适量水中，加 $15\text{mol} \cdot \text{L}^{-1}$ 氨水 197mL，稀释至 500mL
10.5	NH_4Cl 9g，溶于适量水中，加 $15\text{mol} \cdot \text{L}^{-1}$ 氨水 175mL，稀释至 500mL
11	NH_4Cl 3g，溶于适量水中，加 $15\text{mol} \cdot \text{L}^{-1}$ 氨水 207mL，稀释至 500mL
12	$0.01\text{mol} \cdot \text{L}^{-1}$ NaOH（Na⁺ 对测定有妨碍时，可用 KOH）
13	$0.1\text{mol} \cdot \text{L}^{-1}$ NaOH

（3）25℃时几种缓冲溶液的 pH 值

50mL 0.1mol·L^{-1}三羟甲基氨基甲烷＋xmL 0.1mol·L^{-1}HCl，稀释至 100mL

pH	x	pH	x	pH	x
7.00	46.6	7.80	34.5	8.60	12.4
7.20	44.7	8.00	29.2	8.80	8.5
7.40	42.0	8.20	22.9	9.00	5.7
7.60	38.5	8.40	17.2		

50mL 0.025mol·$L^{-1}$$Na_2B_4O_7$＋$x$mL 0.1mol·$L^{-1}$HCl，稀释至 100mL

pH	x	pH	x	pH	x
8.00	20.5	8.40	16.6	8.80	9.4
8.20	18.8	8.60	13.5	9.00	4.6

50mL 0.025mol·$L^{-1}$$Na_2B_4O_7$＋$x$mL 0.1mol·$L^{-1}$NaOH，稀释至 100mL

pH	x	pH	x	pH	x
9.20	0.9	9.80	15.0	10.40	22.1
9.40	6.2	10.00	18.3	10.60	23.3
9.60	11.1	10.20	20.5	10.80	24.25

50mL 0.05mol·$L^{-1}$$NaHCO_3$＋$x$mL 0.1mol·$L^{-1}$HCl，稀释至 100mL

pH	x	pH	x	pH	x
9.60	5.0	10.20	13.8	10.80	21.2
9.80	7.6	10.40	16.5	11.00	22.7
10.00	10.7	10.60	19.1		

50mL 0.05mol·$L^{-1}$$Na_2HPO_4$＋$x$mL 0.1mol·$L^{-1}$NaOH，稀释至 100mL

pH	x	pH	x	pH	x
11.0	4.1	11.40	9.1	11.80	19.4
11.20	6.3	11.60	13.5	12.00	26.9

25mL 0.2mol·L^{-1}KCl＋xmL 0.2mol·L^{-1}NaOH，稀释至 100mL

pH	x	pH	x	pH	x
12.00	6.0	12.40	16.2	12.80	41.2
12.20	10.2	12.60	25.6	13.00	66.0

25mL 0.2mol·L^{-1}KCl＋xmL 0.2mol·L^{-1}HCl，稀释至 100mL

pH	x	pH	x	pH	x
1.00	67.0	1.40	26.6	1.80	10.2
1.20	42.5	1.60	16.2	2.00	6.5

50mL 0.1mol·L^{-1}邻苯二甲酸氢钾＋xmL 0.1mol·L^{-1}HCl，稀释至 100mL

pH	x	pH	x	pH	x
2.20	49.5	3.00	22.3	3.80	2.9
2.40	42.2	3.20	15.7	4.00	0.1
2.60	35.4	3.40	10.4		
2.80	28.9	3.60	6.3		

50mL $0.1mol \cdot L^{-1}$邻苯二甲酸氢钾＋x mL $0.1mol \cdot L^{-1}$NaOH，稀释至100mL

pH	x	pH	x	pH	x
4.20	3.0	4.80	16.5	5.40	34.1
4.40	6.6	5.00	22.6	5.60	38.8
4.60	11.1	5.20	28.8	5.80	42.3

50mL $0.1mol \cdot L^{-1}$$KH_2PO_4$＋$x$ mL $0.1mol \cdot L^{-1}$NaOH，稀释至100mL

pH	x	pH	x	pH	x
5.80	3.6	6.60	16.4	7.40	39.1
6.00	5.6	6.80	22.4	7.60	42.8
6.20	8.1	7.00	29.1	7.80	45.3
6.40	11.6	7.20	34.7	8.00	46.7

50mL H_3BO_3 和 HCl 各为 $0.1mol \cdot L^{-1}$ 的溶液＋x mL $0.1mol \cdot L^{-1}$NaOH，稀释至100mL

pH	x	pH	x	pH	x
8.00	3.9	8.80	15.8	9.60	36.9
8.20	6.0	9.00	20.8	9.80	40.6
8.40	8.6	9.20	26.4	10.00	43.7
8.60	11.8	9.40	32.1	10.20	46.2

7. 配离子的不稳定常数

配离子离解式	$K_{不稳}^{\ominus}$	配离子离解式	$K_{不稳}^{\ominus}$
$Ag(NH_3)_2^+ \rightleftharpoons Ag^+ + 2NH_3$	8.91×10^{-8}	$Al(OH)_4^- \rightleftharpoons Al^{3+} + 4OH^-$	9.33×10^{-24}
$Cd(NH_3)_6^{2+} \rightleftharpoons Cd^{2+} + 6NH_3$	7.24×10^{-6}	$Sn(OH)_4^{2-} \rightleftharpoons Sn^{2+} + 4OH^-$	5.0×10^{-22}
$Cd(NH_3)_4^{2+} \rightleftharpoons Cd^{2+} + 4NH_3$	7.58×10^{-8}	$Cd(OH)_4^{2-} \rightleftharpoons Cd^{2+} + 4OH^-$	2.40×10^{-9}
$Co(NH_3)_6^{2+} \rightleftharpoons Co^{2+} + 6NH_3$	7.76×10^{-4}	$Cu(OH)_4^{2-} \rightleftharpoons Cu^{2+} + 4OH^-$	3.16×10^{-19}
$Co(NH_3)_6^{3+} \rightleftharpoons Co^{3+} + 6NH_3$	6.31×10^{-36}	$Pb(OH)_3^- \rightleftharpoons Pb^{2+} + 3OH^-$	2.63×10^{-25}
$Cu(NH_3)_4^{2+} \rightleftharpoons Cu^{2+} + 4NH_3$	1.38×10^{-13}	$Pb(OH)_6^{4-} \rightleftharpoons Pb^{2+} + 6OH^-$	1×10^{-61}
$Ni(NH_3)_6^{2+} \rightleftharpoons Ni^{2+} + 6NH_3$	1.82×10^{-9}	$Ni(OH)_3^- \rightleftharpoons Ni^{2+} + 3OH^-$	4.68×10^{-12}
$Ni(NH_3)_4^{2+} \rightleftharpoons Ni^{2+} + 4NH_3$	1.10×10^{-8}	$Zn(OH)_4^{2-} \rightleftharpoons Zn^{2+} + 4OH^-$	2.19×10^{-18}
$Zn(NH_3)_4^{2+} \rightleftharpoons Zn^{2+} + 4NH_3$	3.47×10^{-10}	$CuI_2^- \rightleftharpoons Cu^+ + 2I^-$	1.41×10^{-9}
$CuCl_2^- \rightleftharpoons Cu^+ + 2Cl^-$	3.2×10^{-6}	$PbI_4^{2-} \rightleftharpoons Pb^{2+} + 4I^-$	3.39×10^{-5}
$PbCl_4^{2-} \rightleftharpoons Pb^{2+} + 4Cl^-$	2.51×10^{-2}	$HgI_4^{2-} \rightleftharpoons Hg^{2+} + 4I^-$	1.48×10^{-30}
$HgCl_4^{2-} \rightleftharpoons Hg^{2+} + 4Cl^-$	8.51×10^{-16}	$Co(CNS)_4^{2-} \rightleftharpoons Co^{2+} + 4CNS^-$	1.00×10^{-3}
$Cu(CN)_2^- \rightleftharpoons Cu^+ + 2CN^-$	1.0×10^{-24}	$Cu(CNS)_2^- \rightleftharpoons Cu^+ + 2CNS^-$	6.61×10^{-6}
$Cu(CN)_4^{3-} \rightleftharpoons Cu^+ + 4CN^-$	5.01×10^{-31}	$Fe(CNS)_2^+ \rightleftharpoons Fe^{3+} + 2CNS^-$	4.36×10^{-4}
$Fe(CN)_6^{4-} \rightleftharpoons Fe^{2+} + 6CN^-$	1×10^{-25}	$Hg(CNS)_4^{2-} \rightleftharpoons Hg^{2+} + 4CNS^-$	5.89×10^{-22}
$Fe(CN)_6^{3-} \rightleftharpoons Fe^{3+} + 6CN^-$	1×10^{-42}	$Ag(CNS)_4^{3-} \rightleftharpoons Ag^+ + 4CNS^-$	8.33×10^{-11}
$Hg(CN)_4^{2-} \rightleftharpoons Hg^{2+} + 4CN^-$	4.0×10^{-42}	$Ag(CNS)_2^- \rightleftharpoons Ag^+ + 2CNS^-$	2.69×10^{-8}
$Ag(CN)_2^- \rightleftharpoons Ag^+ + 2CN^-$	7.94×10^{-24}	$Cd(S_2O_3)_2^{2-} \rightleftharpoons Cd^{2+} + 2S_2O_3^{2-}$	3.63×10^{-7}
$Ag(CN)_4^{3-} \rightleftharpoons Ag^+ + 4CN^-$	2.51×10^{-21}	$Cu(S_2O_3)_3^{3-} \rightleftharpoons Cu^+ + 2S_2O_3^{2-}$	6.02×10^{-13}
$Zn(CN)_4^{2-} \rightleftharpoons Zn^{2+} + 4CN^-$	2.0×10^{-17}	$Pb(S_2O_3)_2^{2-} \rightleftharpoons Pb^{2+} + 2S_2O_3^{2-}$	7.41×10^{-5}
$AlF_6^{3-} \rightleftharpoons Al^{3+} + 6F^-$	1.44×10^{-20}	$Ag(S_2O_3)^- \rightleftharpoons Ag^+ + S_2O_3^{2-}$	1.51×10^{-9}
$FeF_6^{3-} \rightleftharpoons Fe^{3+} + 6F^-$	1×10^{-16}	$Ag(S_2O_3)_2^{3-} \rightleftharpoons Ag^+ + 2S_2O_3^{2-}$	3.47×10^{-14}

8. 常用的恒沸混合物

组分名称	组分沸点/℃	恒沸物沸点/℃	恒沸物组成/%	组分名称	组分沸点/℃	恒沸物沸点/℃	恒沸物组成/%
氯仿	61.0	56.1	97.2	乙酸丁酯	126.2	90.2	71.3
水	100.0		2.8	水	100.0		28.7
苯	80.1	69.25	91.17	苯甲酸乙酯	212.4	99.4	16.0
水	100.0		8.83	水	100.0		84.0
乙醇	78.32	78.17	96.0	乙酸丁酯	126.2	117.2	53.0
水	100.0		4.0	正丁醇	117.4		47.0
正丁醇	117.4	92.7	57.5	苯	80.1		74.1
水	100.0		42.5	乙醇	78.32	64.86	18.5
乙醚	34.5	34.2	98.7	水	100.0		7.4
水	100.0		1.3	乙酸丁酯	126.2		35.3
				正丁醇	117.4	89.4	27.4
				水	100.0		37.3

9. 标准电极电势（位）（298K）

电 极 反 应	$E^{\ominus}/V$
$Al^{3+}+3e^-\rightleftharpoons Al$	-1.67
$Zn^{2+}+2e^-\rightleftharpoons Zn$	-0.762
* $Fe(OH)_3+e^-\rightleftharpoons Fe(OH)_2+OH^-$	-0.56
* $NO_2^-+H_2O+e^-\rightleftharpoons NO+2OH^-$	-0.46
* $Fe^{2+}+2e^-\rightleftharpoons Fe$	-0.441
$Sn^{2+}+2e^-\rightleftharpoons Sn$	-0.140
$Pb^{2+}+2e^-\rightleftharpoons Pb$	-0.126
* $CrO_4^{2-}+4H_2O+3e^-\rightleftharpoons Cr(OH)_3+5OH^-$	-0.12
* $[Cu(NH_3)_2]^++e^-\rightleftharpoons Cu+2NH_3$	-0.11
* $O_2+H_2O+2e^-\rightleftharpoons HO_2^-+OH^-$	-0.076
* $MnO_2+H_2O+2e^-\rightleftharpoons Mn(OH)_2+2OH^-$	-0.05
$Fe^{3+}+3e^-\rightleftharpoons Fe$	-0.036
$2H^++2e^-\rightleftharpoons H_2$	0.0000
* $[Co(NH_3)_6]^{3+}+e^-\rightleftharpoons [Co(NH_3)_6]^{2+}$	0.2
$S+2H^++2e^-\rightleftharpoons H_2S$	0.141
$Sn^{4+}+2e^-\rightleftharpoons Sn^{2+}$	0.15
$Cu^{2+}+e^-\rightleftharpoons Cu^+$	0.167
$S_4O_6^{2-}+2e^-\rightleftharpoons 2S_2O_3^{2-}$	0.17
* $Co(OH)_3+e^-\rightleftharpoons Co(OH)_2+OH^-$	0.20
* $IO_3^-+3H_2O+6e^-\rightleftharpoons I^-+6OH^-$	0.26
$Cu^{2+}+2e^-\rightleftharpoons Cu$	0.345
$I_2+2e^-\rightleftharpoons 2I^-$	0.534
* $O_2+2H_2O+4e^-\rightleftharpoons 4OH^-$	0.401
$H_2SO_3+4H^++4e^-\rightleftharpoons S+3H_2O$	0.45
* $2ClO^-+2H_2O+2e^-\rightleftharpoons Cl_2+4OH^-$	0.52
$MnO_4^-+e^-\rightleftharpoons MnO_4^{2-}$	0.54
* $MnO_4^-+2H_2O+3e^-\rightleftharpoons MnO_2+4OH^-$	0.57
* $MnO_4^{2-}+2H_2O+2e^-\rightleftharpoons MnO_2+4OH^-$	0.58
* $ClO_3^-+3H_2O+6e^-\rightleftharpoons Cl^-+6OH^-$	0.62
$O_2+2H^++2e^-\rightleftharpoons H_2O_2$	0.682
$Fe^{3+}+e^-\rightleftharpoons Fe^{2+}$	0.771
$Ag^++e^-\rightleftharpoons Ag$	0.7991
* $HO_2^-+H_2O+2e^-\rightleftharpoons 3OH^-$	0.88
* $ClO^-+H_2O+2e^-\rightleftharpoons Cl^-+2OH^-$	0.89
$NO_3^-+4H^++3e^-\rightleftharpoons NO+2H_2O$	0.90
$Br_2+2e^-\rightleftharpoons 2Br^-$	1.0652
$IO_3^-+6H^++6e^-\rightleftharpoons I^-+3H_2O$	1.085
$IO_3^-+6H^++5e^-\rightleftharpoons \frac{1}{2}I_2+3H_2O$	1.195

电 极 反 应	$E^{\ominus}/V$
$O_2 + 4H^+ + 4e^- \Longrightarrow 2H_2O$	1.229
$MnO_2 + 4H^+ + 2e^- \Longrightarrow Mn^{2+} + 2H_2O$	1.23
$Cr_2O_7^{2-} + 14H^+ + 6e^- \Longrightarrow 2Cr^{3+} + 7H_2O$	1.33
$Cl_2 + 2e^- \Longrightarrow 2Cl^-$	1.3595
$ClO_3^- + 4H^+ + 4e^- \Longrightarrow ClO^- + 2H_2O$	1.42
$ClO_3^- + 6H^+ + 6e^- \Longrightarrow Cl^- + 3H_2O$	1.45
$PbO_2 + 4H^+ + 2e^- \Longrightarrow Pb^{2+} + 2H_2O$	1.455
$ClO_3^- + 6H^+ + 5e^- \Longrightarrow \frac{1}{2}Cl_2 + 3H_2O$	1.47
$HClO + H^+ + 2e^- \Longrightarrow Cl^- + H_2O$	1.49
$MnO_4^- + 8H^+ + 5e^- \Longrightarrow Mn^{2+} + 4H_2O$	1.51
$NaBiO_3 + 6H^+ + 2e^- \Longrightarrow Bi^{3+} + Na^+ + 3H_2O$	1.61
$HClO + 2H^+ + 2e^- \Longrightarrow Cl_2 + 2H_2O$	1.63
$MnO_4^- + 4H^+ + 3e^- \Longrightarrow MnO_2 + 2H_2O$	1.695
$H_2O_2 + 2H^+ + 2e^- \Longrightarrow 2H_2O$	1.77
$Co^{3+} + e^- \Longrightarrow Co^{2+}$	1.82
$S_2O_8^{2-} + 2e^- \Longrightarrow 2SO_4^{2-}$	2.01

注：本表所采用的标准电极电势系还原电势；表中凡前面有 * 符号的电极反应是在碱性溶液中进行，其余都在酸性溶液中进行。

本表数据录自 D. Dobos《Electrochemical Data》1975 年。

10. 条件电极电势（位）

电 极 反 应	$E^{\ominus\prime}/V$	介 质
$Ag(II) + e^- \Longrightarrow Ag^-$	1.927	$4mol \cdot L^{-1} HNO_3$
$Ce(IV) + e^- \Longrightarrow Ce(III)$	1.70	$1mol \cdot L^{-1} HClO_4$
	1.61	$1mol \cdot L^{-1} HNO_3$
	1.44	$0.5mol \cdot L^{-1} H_2SO_4$
	1.28	$1mol \cdot L^{-1} HCl$
$Co^{3+} + e^- \Longrightarrow Co^{2+}$	1.85	$4mol \cdot L^{-1} HNO_3$
$Co(乙二胺)_3^{3+} + e^- \Longrightarrow Co(乙二胺)_3^{2+}$	-0.2	$0.1mol \cdot L^{-1} KNO_3 + 0.1mol \cdot L^{-1}乙二胺$
$Cr(III) + e^- \Longrightarrow Cr(II)$	-0.40	$5mol \cdot L^{-1} HCl$
$Cr_2O_7^{2-} + 14H^+ + 6e^- \Longrightarrow 2Cr^{3+} + 7H_2O$	1.00	$1mol \cdot L^{-1} HCl$
	1.025	$1mol \cdot L^{-1} HClO_4$
	1.08	$3mol \cdot L^{-1} HCl$
	1.05	$2mol \cdot L^{-1} HCl$
	1.15	$4mol \cdot L^{-1} H_2SO_4$
$CrO_4^{2-} + 2H_2O + 3e^- \Longrightarrow CrO_2^- + 4OH^-$	0.12	$1mol \cdot L^{-1} NaOH$
$Fe(III) + e^- \Longrightarrow Fe(II)$	0.73	$1mol \cdot L^{-1} HClO_4$
	0.71	$0.5mol \cdot L^{-1} HCl$
	0.68	$1mol \cdot L^{-1} H_2SO_4$
	0.68	$1mol \cdot L^{-1} HCl$
	0.46	$2mol \cdot L^{-1} H_3PO_4$
	0.51	$1mol \cdot L^{-1} HCl + 0.25mol \cdot L^{-1} H_3PO_4$
$H_3AsO_4 + 2H^+ + 2e^- \Longrightarrow H_3AsO_3 + H_2O$	0.557	$1mol \cdot L^{-1} HCl$
	0.557	$1mol \cdot L^{-1} HClO_4$
$Fe(EDTA)^- + e^- \Longrightarrow Fe(EDTA)^{2-}$	0.12	$0.1mol \cdot L^{-1} EDTA(pH4\sim6)$
$Fe(CN)_6^{3-} + e^- \Longrightarrow Fe(CN)_6^{4-}$	0.48	$0.01mol \cdot L^{-1} HCl$
	0.56	$0.1mol \cdot L^{-1} HCl$
	0.71	$1mol \cdot L^{-1} HCl$
	0.72	$1mol \cdot L^{-1} HClO_4$
$I_2(水) + 2e^- \Longrightarrow 2I^-$	0.628	$1mol \cdot L^{-1} H^+$
$I_3^- + 2e^- \Longrightarrow 3I^-$	0.545	$1mol \cdot L^{-1} H^+$
$MnO_4^- + 8H^+ + 5e^- \Longrightarrow Mn^{2+} + 4H_2O$	1.45	$1mol \cdot L^{-1} HClO_4$

电 极 反 应	$E^{\ominus\prime}/V$	介 质
	1.27	$8mol \cdot L^{-1} H_3PO_4$
$Os(\text{VIII}) + 4e^- \Longrightarrow Os(\text{IV})$	0.79	$5mol \cdot L^{-1} HCl$
$SnCl_6^{2-} + 2e^- \Longrightarrow SnCl_4^{2-} + 2Cl^-$	0.14	$1mol \cdot L^{-1} HCl$
$Sn^{2+} + 2e^- \Longrightarrow Sn$	-0.16	$1mol \cdot L^{-1} HClO_4$
$Sb(\text{V}) + 2e^- \Longrightarrow Sb(\text{III})$	0.75	$3.5mol \cdot L^{-1} HCl$
$Sb(OH)_6^- + 2e^- \Longrightarrow SbO_2^- + 2OH^- + 2H_2O$	-0.428	$3mol \cdot L^{-1} NaOH$
$SbO_2^- + 2H_2O + 3e^- \Longrightarrow Sb + 4OH^-$	-0.675	$10mol \cdot L^{-1} KOH$
$Ti(\text{IV}) + e^- \Longrightarrow Ti(\text{III})$	-0.01	$0.2mol \cdot L^{-1} H_2SO_4$
	0.12	$2mol \cdot L^{-1} H_2SO_4$
	-0.04	$1mol \cdot L^{-1} HCl$
	-0.05	$1mol \cdot L^{-1} H_3PO_4$
$Pb(\text{II}) + 2e^- \Longrightarrow Pb$	-0.32	$1mol \cdot L^{-1} NaAc$
	-0.14	$1mol \cdot L^{-1} HClO_4$
$UO_2^{2+} + 4H^+ + 2e^- \Longrightarrow U(\text{IV}) + 2H_2O$	0.41	$0.5mol \cdot L^{-1} H_2SO_4$

11. 常见离子和化合物颜色

① 离子

a. $[Ti(H_2O)_6]^{3+}$　$[TiO(H_2O)_2]^{2+}$　TiO_2^{2+}
　　紫色　　　　　　橘黄色　　　　　橙红色

b. $[V(H_2O)_6]^{2+}$　$[V(H_2O)_6]^{3+}$　VO^{2+}　VO_2^+　VO_2^{3+}　$V(O_2)O_3^{3-}$
　　蓝色　　　　　暗绿色　　　　蓝色　黄色　棕红色　　黄色

c. $[Cr(H_2O)_6]^{2+}$　$[Cr(H_2O)_6]^{3+}$　$[Cr(H_2O)_5Cl]^{2+}$　$[Cr(H_2O)_4Cl_2]^+$　CrO_2^-　CrO_4^{2-}
　　天蓝色　　　　蓝紫色　　　　蓝绿色　　　　　　绿色　　　绿色　黄色
　$Cr_2O_7^{2-}$
　　橙色

d. $[Mn(H_2O)_6]^{2+}$　MnO_4^{2-}　MnO_4^-
　　浅红色　　　　绿色　　　紫红色

e. $[Fe(H_2O)_6]^{2+}$　$[Fe(H_2O)_6]^{3+}$　$[Fe(CN)_6]^{4-}$　$[Fe(CN)_6]^{3-}$　$[Fe(NCS)_n]^{3-n}$
　　浅绿色　　　　淡紫色　　　　黄色　　　　红棕色　　　血红色

f. $[Co(H_2O)_6]^{2+}$　$[Co(NH_3)_6]^{2+}$　$[Co(NH_3)_6]^{3+}$　$[Co(SCN)_4]^{2-}$
　　粉红色　　　　黄色　　　　橙黄色　　　　蓝色

g. $[Ni(H_2O)_6]^{2+}$　$[Ni(NH_3)_6]^{2+}$
　　亮绿色　　　　蓝色

h. $[Cu(H_2O)_4]^{2+}$　$[CuCl_4]^{2-}$　$[Cu(NH_3)_4]^{2+}$
　　蓝色　　　　棕黄色　　　深蓝色

② 化合物

a. **氧化物**　　　　V_2O_5　　Cr_2O_3　CrO_3　MnO_2　FeO　Fe_2O_3　CoO　Co_2O_3
　　　　　　　红棕色或橙黄色　绿色　橙红色　棕色　黑色　砖红色　灰绿色　黑色
　　　　　　　NiO　Ni_2O_3　Cu_2O　CuO　Ag_2O　ZnO　CdO　Hg_2O
　　　　　　　暗绿色　黑色　暗红色　黑色　褐色　白色　棕灰色　黑色
　　　　　　　HgO　PbO_2　Pb_3O_4　Sb_2O_3　Bi_2O_3
　　　　　　　红色或黄色　棕褐色　红色　白色　黄色

b. **氢氧化物**　　$Cr(OH)_3$　$Mn(OH)_2$　$Fe(OH)_2$　$Fe(OH)_3$　$Co(OH)_2$　$Co(OH)_3$
　　　　　　　灰绿色　　白色　　白色　　红棕色　　粉红色　　褐色
　　　　　　　$Ni(OH)_2$　$Ni(OH)_3$　$CuOH$　$Cu(OH)_2$　$Zn(OH)_2$　$Cd(OH)_2$
　　　　　　　淡绿色　　黑色　　黄色　　浅蓝色　　白色　　白色

$Sn(OH)_2$ $\quad$ PbOH $\quad$ $Sb(OH)_3$ $\quad$ $Bi(OH)_3$ $\quad$ BiO(OH)
白色 $\qquad$ 白色 $\qquad$ 白色 $\qquad$ 白色 $\qquad$ 灰黄色

c. 铬酸盐 $\qquad$ $CaCrO_4$ $\quad$ $BaCrO_4$ $\quad$ Ag_2CrO_4 $\quad$ $PbCrO_4$
$\qquad\qquad\qquad$ 黄色 $\qquad$ 黄色 $\qquad$ 砖红色 $\qquad$ 黄色

d. 硫酸盐 $\qquad$ $CaSO_4$ $\quad$ $BaSO_4$ $\quad$ Ag_2SO_4 $\quad$ $PbSO_4$ $\quad$ $Cr_2(SO_4)_3 \cdot 6H_2O$ $\quad$ $Cr_2(SO_4)_3 \cdot 18H_2O$
$\qquad\qquad\qquad$ 白色 $\quad$ 白色 $\quad$ 白色 $\qquad$ 白色 $\qquad\qquad$ 绿色 $\qquad\qquad\qquad$ 紫色

$\qquad\qquad\qquad$ $[Fe(NO)]SO_4$ $\quad$ $CoSO_4 \cdot 7H_2O$ $\quad$ $CuSO_4 \cdot 5H_2O$ $\quad$ $Cu_2(OH)_2SO_4$ $\quad$ Hg_2SO_4
$\qquad\qquad\qquad$ 深棕色 $\qquad\qquad$ 红色 $\qquad\qquad$ 蓝色 $\qquad\qquad$ 浅蓝色 $\qquad\qquad$ 白色

$\qquad\qquad\qquad$ $(NH_4)_2Fe(SO_4)_2 \cdot 6H_2O$ $\quad$ $NH_4Fe(SO_4)_2 \cdot 12H_2O$
$\qquad\qquad\qquad\qquad$ 蓝绿色 $\qquad\qquad\qquad$ 浅紫色

e. 磷酸盐 $\qquad$ $Ca_3(PO_4)_2$ $\quad$ $CaHPO_4$ $\quad$ $Ba_3(PO_4)_2$ $\quad$ $FePO_4$ $\quad$ Ag_3PO_4
$\qquad\qquad\qquad$ 白色 $\qquad\qquad$ 白色 $\qquad\qquad$ 白色 $\qquad\qquad$ 浅黄色 $\quad$ 黄色

f. 碳酸盐 $\qquad$ $CaCO_3$ $\quad$ $BaCO_3$ $\quad$ Ag_2CO_3 $\quad$ $PbCO_3$ $\quad$ $MgCO_3$ $\quad$ $FeCO_3$ $\quad$ $MnCO_3$ $\quad$ $CdCO_3$
$\qquad\qquad\qquad$ 白色 $\qquad$ 白色 $\qquad$ 白色 $\qquad\quad$ 白色 $\qquad$ 白色 $\qquad$ 白色 $\qquad$ 白色 $\qquad$ 白色

$\qquad\qquad\qquad$ $Bi(OH)CO_3$ $\quad$ $Co_2(OH)_2CO_3$ $\qquad$ $Ni_2(OH)_2CO_3$ $\qquad$ $Cu_2(OH)_2CO_3$
$\qquad\qquad\qquad$ 白色 $\qquad\qquad$ 红色 $\qquad\qquad\qquad$ 浅绿色 $\qquad\qquad\qquad$ 蓝色

$\qquad\qquad\qquad$ $Zn_2(OH)_2CO_3$ $\quad$ $Hg_2(OH)_2CO_3$
$\qquad\qquad\qquad$ 白色 $\qquad\qquad$ 红褐色

g. 草酸盐 $\qquad$ CaC_2O_4 $\quad$ BaC_2O_4 $\quad$ $Ag_2C_2O_4$ $\quad$ PbC_2O_4 $\quad$ FeC_2O_4
$\qquad\qquad\qquad$ 白色 $\qquad\qquad$ 白色 $\qquad\qquad$ 白色 $\qquad\qquad$ 白色 $\qquad$ 淡黄色

h. 硅酸盐 $\qquad$ $BaSiO_3$ $\quad$ $MnSiO_3$ $\quad$ $Fe_2(SiO_3)_3$ $\quad$ $CoSiO_3$ $\quad$ $NiSiO_3$ $\quad$ $CuSiO_3$ $\quad$ $ZnSiO_3$
$\qquad\qquad\qquad$ 白色 $\qquad$ 肉色 $\qquad\quad$ 棕红色 $\qquad\quad$ 紫色 $\qquad$ 翠绿色 $\qquad$ 蓝色 $\qquad$ 白色

$\qquad\qquad\qquad$ Ag_2SiO_3
$\qquad\qquad\qquad$ 黄色

i. 氯化物 $\qquad$ $CoCl_2$ $\quad$ $CoCl_2 \cdot H_2O$ $\quad$ $CoCl_2 \cdot 2H_2O$ $\quad$ $CoCl_2 \cdot 6H_2O$ $\quad$ $CrCl_3 \cdot 6H_2O$
$\qquad\qquad\qquad$ 蓝色 $\qquad$ 蓝紫色 $\qquad\qquad$ 紫红色 $\qquad\qquad$ 粉红色 $\qquad\qquad$ 绿色

$\qquad\qquad\qquad$ $FeCl_3 \cdot 6H_2O$ $\quad$ $TiCl_3 \cdot 6H_2O$ $\quad$ BiOCl $\quad$ SbOCl $\quad$ $Sn(OH)Cl$ $\quad$ $Co(OH)Cl$
$\qquad\qquad\qquad$ 黄棕色 $\qquad\qquad$ 紫色 $\qquad\qquad$ 白色 $\quad$ 白色 $\qquad$ 白色 $\qquad\quad$ 蓝色

$\qquad\qquad\qquad$ AgCl $\quad$ CuCl $\quad$ Hg_2Cl_2 $\quad$ $PbCl_2$ $\quad$ $HgNH_2Cl$
$\qquad\qquad\qquad$ 白色 $\quad$ 白色 $\quad$ 白色 $\qquad$ 白色 $\qquad$ 白色

j. 溴化物 $\qquad$ AgBr $\quad$ $PbBr_2$
$\qquad\qquad\qquad$ 浅黄色 $\quad$ 白色

k. 碘化物 $\qquad$ AgI $\quad$ Hg_2I_2 $\quad$ HgI_2 $\quad$ PbI_2 $\quad$ CuI
$\qquad\qquad\qquad$ 黄色 $\quad$ 黄色 $\quad$ 橘红色 $\quad$ 黄色 $\quad$ 白色

l. 拟卤化合物 $\qquad$ AgCN $\quad$ AgSCN $\quad$ CuCN $\quad$ $Cu(CN)_2$ $\quad$ $Cu(SCN)_2$
$\qquad\qquad\qquad$ 白色 $\qquad$ 白色 $\qquad$ 白色 $\qquad$ 黄色 $\qquad$ 黑色

m. 硫化物 $\qquad$ MnS $\quad$ FeS $\quad$ Fe_2S_3 $\quad$ CoS $\quad$ NiS $\quad$ Cu_2S $\quad$ CuS $\quad$ Ag_2S $\quad$ ZnS $\quad$ CdS
$\qquad\qquad\qquad$ 肉色 $\quad$ 黑色 $\quad$ 黑色 $\quad$ 黑色 $\quad$ 黑色 $\quad$ 黑色 $\quad$ 黑色 $\quad$ 黑色 $\quad$ 白色 $\quad$ 黄色

$\qquad\qquad\qquad$ HgS $\quad$ SnS $\quad$ SnS_2 $\quad$ PbS $\quad$ As_2S_3 $\quad$ Sb_2S_3 $\quad$ Sb_2S_5 $\quad$ Bi_2S_3
$\qquad\qquad\qquad$ 红色或黑色 $\quad$ 棕色 $\quad$ 黄色 $\quad$ 黑色 $\quad$ 黄色 $\quad$ 橙色 $\quad$ 橙红色 $\quad$ 黑褐色

n. 其他含氧酸盐 $\qquad$ $NaBiO_3$ $\quad$ BaS_2O_3 $\quad$ $BaSO_3$ $\quad$ $Ag_2S_2O_3$
$\qquad\qquad\qquad$ 黄棕色 $\qquad$ 白色 $\qquad$ 白色 $\qquad$ 白色

o. 其他化合物 $\qquad$ $Mn_2[Fe(CN)_6]$ $\quad$ $Zn_2[Fe(CN)_6]$ $\quad$ $Cu_2[Fe(CN)_6]$ $\quad$ $Ni_2[Fe(CN)_6]$
$\qquad\qquad\qquad$ 白色 $\qquad\qquad$ 白色 $\qquad\qquad$ 红棕色 $\qquad\qquad$ 浅绿色

$\qquad\qquad\qquad$ $Co_2[Fe(CN)_6]$ $\qquad\qquad$ $Fe_3[Fe(CN)_6]_2$ $\qquad\qquad$ $Fe_4[Fe(CN)_6]_3$
$\qquad\qquad\qquad$ 绿色 $\qquad\qquad\qquad$ 蓝色 $\qquad\qquad\qquad$ 蓝色

$\qquad\qquad\qquad$ $Na_2[Fe(CN)_6] \cdot 2H_2O$ $\quad$ $(NH_4)_3PO_4 \cdot 12MoO_3 \cdot 6H_2O$
$\qquad\qquad\qquad$ 红色 $\qquad\qquad\qquad$ 黄色

$$\left[\begin{array}{c} O \\ Hg \\ Hg \end{array} NH_2\right] I \qquad \left[\begin{array}{c} I-Hg \\ I-Hg \end{array} NH_2\right] I$$

红棕色   深褐色或红棕色   鲜红色

12. 不同温度下，水的密度、表面张力、黏度、蒸气压

温度 $t/℃$	密度 $\rho/kg \cdot m^{-3}$	表面张力 $\sigma/N \cdot m^{-1}$	黏度 $\eta/Pa \cdot s$	蒸气压 p/kPa
0	999.8425	0.07564	0.001787	0.6105
1	999.9015		0.001728	0.6567
2	999.9429		0.001671	0.7058
3	999.9672		0.001618	0.7579
4	999.9750		0.001567	0.8134
5	999.9668	0.07492	0.001519	0.8723
6	999.9432		0.001472	0.9350
7	999.9045		0.001428	1.0016
8	999.8512		0.001386	1.0726
9	999.7838		0.001346	1.1477
10	999.7026	0.07422	0.001307	1.2278
11	999.6081	0.07407	0.001271	1.3124
12	999.5004	0.07393	0.001235	1.4023
13	999.3801	0.07378	0.001202	1.4973
14	999.2474	0.07364	0.001169	1.5981
15	999.1026	0.07349	0.001139	1.7049
16	998.9460	0.07334	0.001109	1.8177
17	998.7779	0.07319	0.001081	1.9372
18	998.5986	0.07305	0.001053	2.0634
19	998.4082	0.07290	0.001027	2.1967
20	998.2071	0.07275	0.001002	2.3378
21	997.9955	0.07259	0.0009779	2.4865
22	997.7735	0.07244	0.0009548	2.6634
23	997.5415	0.07228	0.0009325	2.8088
24	997.2995	0.07213	0.0009111	2.9833
25	997.0479	0.07197	0.0008904	3.1672
26	996.7867	0.07182	0.0008705	3.3609
27	996.5162	0.07166	0.0008513	3.5649
28	996.2365	0.07150	0.0008327	3.7795
29	995.9478	0.07135	0.0008148	4.0054
30	995.6502	0.07118	0.0007975	4.2428
31	995.3440		0.0007808	4.4923
32	995.0292		0.0007647	4.7547
33	994.7060		0.0007491	5.0312
34	994.3745		0.0007340	5.3193
35	994.0349	0.07038	0.0007194	5.4895
36	993.6872		0.0007052	5.9412
37	993.3316		0.0006915	6.2751
38	992.9683		0.0006783	6.6250
39	992.5973		0.0006654	6.9917

参　考　文　献

[1]　张济新，邹文樵等．实验化学原理与技术．北京：化学工业出版社，1999.
[2]　徐志珍，王燕，李梅君编．实验化学（Ⅰ）．第三版．北京：化学工业出版社，2016.
[3]　俞晔，熊焰编．实验化学（Ⅱ）．第三版．北京：化学工业出版社，2016.
[4]　王燕，张敏，徐志珍，赵怡编．大学基础化学实验（Ⅰ）．第三版．北京：化学工业出版社，2016.
[5]　蔡良珍，虞大红编．大学基础化学实验（Ⅱ）．第二版．北京：化学工业出版社，2010.
[6]　胡坪，王月荣，王氢，王燕编．仪器分析实验．第三版．北京：高等教育出版社，2016.
[7]　华东理工大学、成都科学技术大学编．分析化学．第六版．北京：高等教育出版社，2009.
[8]　朱明华，胡坪编．仪器分析．第四版．北京：高等教育出版社，2010.
[9]　陈培榕，李景虹，邓勃主编．现代仪器分析实验与技术．第二版．北京：清华大学出版社，2006.
[10]　华东理工大学有机化学教研组．有机化学．北京：高等教育出版社，2013.
[11]　胡英主编．物理化学．第六版．北京：高等教育出版社，2014.
[12]　古映莹，郭丽萍主编．无机化学实验．北京：科学出版社，2013.
[13]　包新华，邢彦军，李向清编．无机化学实验．北京：科学出版社，2013.
[14]　杨秋华，余莉萍主编．无机化学与化学分析实验．北京：高等教育出版社，2016.
[15]　汪秋安，范华芳，廖头根．有机化学实验室技术手册．北京：化学工业出版社，2012.
[16]　刘新泳，刘兆鹏．实验室有机化合物制备与分离纯化技术．北京：人民卫生出版社，2011.
[17]　阴金香．基础有机化学实验．北京：清华大学出版社，2010.
[18]　谢如刚．现代有机合成化学．北京：华东理工大学出版社，2007.
[19]　兰州大学，复旦大学合编．有机化学实验．第二版．北京：高等教育出版社，2007.
[20]　高占先．有机化学实验．第四版．北京：高等教育出版社，2010.
[21]　武汉大学化学与分子科学学院实验中心编，有机化学实验．武汉：武汉大学出版社，2004.
[22]　薛永强，张蓉等编著，现代有机合成方法与技术．第二版．北京：化学工业出版社，2007.
[23]　宫为民主编．分析化学．第三版．大连：大连理工大学出版社，2006.
[24]　孙凤霞主编．仪器分析．第二版．北京：化学工业出版社，2011.
[25]　Adamson A W，Gast A P. Physical Chemistry of Surfaces. New York：John Wiley & Son，Inc. 1997.
[26]　Matijevic E. Surface and Colloid Science（1）. New York：John Wiley & Son，Inc. 1969.
[27]　赵国玺等．表面活性剂作用原理．北京：中国轻工业出版社，2003.
[28]　陆家和，陈长彦．表面分析技术．北京：电子工业出版社，1987.
[29]　赵振国．吸附作用原理．北京：化学工业出版社，2005.
[30]　杭州大学化学系分析化学教研室．分析化学手册．第二版，化学分析．北京：化学工业出版社，1997.
[31]　夏玉宇主编．化验员实用手册．北京：化学工业出版社，1999.
[32]　A. 米勒、E. F. 诺齐尔著，董庭威等译．现代有机化学实验技术导论．上海：上海翻译出版公司，1985.
[33]　黄枢，谢如刚，田宝芝，秦圣英编．有机合成试剂制备手册．第二版．北京：科学出版社，2005.